普通高等教育新工科电子信息类课改系列教材

信息论与编码

主　编　宋　鹏

副主编　范锦宏　王恩成

　　　　齐建中　王　乐

西安电子科技大学出版社

内 容 简 介

本书系统地讲述了信息论与编码的基本理论，共 11 章，内容包括：概论、信源及其信息量、信道及其容量、信息率失真函数、网络信息论初步、信源编码、信道编码的基本概念、线性分组码、循环码、卷积码、TCM 与 Turbo 码。除第 1、5、7、11 章外，每章后面都提供了相应内容的 Matlab 仿真源程序，供教学使用。本书力求内容精练、易读，强调掌握信息论与编码的基本理论和方法以及在通信系统中的应用，在不影响内容完整性的前提下省略了部分烦琐的定理证明。

本书可作为高等院校电子信息工程、通信工程等专业本科生的教材，也可供从事相关专业的科研和工程技术人员参考。

图书在版编目(CIP)数据

信息论与编码/宋鹏主编. —西安：西安电子科技大学出版社，2018.1
(2024.2 重印)
ISBN 978 - 7 - 5606 - 4767 - 8

Ⅰ. ① 信… Ⅱ. ① 宋… Ⅲ. ① 信息论—高等学校—教材 ②信源编码—编码理论—高等学校—教材 Ⅳ. ① TN911.2

中国版本图书馆 CIP 数据核字(2017)第 295158 号

策　　划　刘小莉
责任编辑　武翠琴
出版发行　西安电子科技大学出版社(西安市太白南路 2 号)
电　　话　(029)88202421　88201467　　　邮　　编　710071
网　　址　www. xduph.com　　　　　　电子邮箱　xdupfxb001@163.com
经　　销　新华书店
印刷单位　陕西天意印务有限责任公司
版　　次　2018 年 1 月第 1 版　2024 年 2 月第 3 次印刷
开　　本　787 毫米×1092 毫米　1/16　印张 19
字　　数　450 千字
定　　价　48.00 元
ISBN 978 - 7 - 5606 - 4767 - 8/TN

XDUP 5069001 - 3

前　言

　　信息论与编码是通信的数学理论，它是一门应用概率论与随机过程等方法来研究信息的传输、存储、处理、控制和利用的一般规律的科学。它主要研究如何提高通信系统的可靠性、有效性和保密性，以使通信系统最优化。近年来信息与通信技术的应用越来越广泛、越来越深入，特别是移动通信、卫星通信、深空远程通信、通信网的应用，涉及信息论与编码理论的一些深层次的、新的理论，这就需要我们在进行深入研究的同时，更加重视基础理论的教学，使本科生学好这门课程。"信息论与编码"是电子信息类专业的必修课程，该课程理论性较强，学生学习起来感觉比较难，这就更需要加强理论基础教学，在此基础上培养学生的实践能力，为学生未来的发展奠定坚实的基石。

　　本书是编者根据"信息论与编码"课程的特点和本科生的知识基础，在 2011 年由电子工业出版社出版的《信息论与编码原理》的基础上修改编写而成的。信息论涉及的内容非常抽象，本书强调基本概念和基本方法的讲解，对于难以理解的抽象概念用具体例子说明。在不影响内容完整性的前提下，省略了一部分烦琐的定理证明，以适合本科教学使用。信息论内容抽象，阅读对象是电子、通信领域的学生或科研技术人员，因此在介绍理论时，注重与通信技术、电子系统的联系，让学生对理论与工程应用有一个具体的了解，即强调信息理论与通信技术的结合。本书采用 Matlab 作为虚拟实验室，给出了解决教材中涉及的有关方面问题的分析思路、方法、Matlab 代码文件和处理结果示例，还给出了许多可供学生自学和研讨的 Matlab 习题。

　　全书共 11 章，系统地介绍了信息论与编码理论的基本内容。第 1～4 章为香农信息论基础理论，主要内容包括：信息测度、信道容量、信息率失真函数以及与这三个概念相对应的香农三大定理，即无失真信源编码定理、信道编码定理、保真度准则下的信源编码定理。第 5 章简要介绍了网络信息理论的一些基本内容。第 6 章为信源编码的基本内容，介绍了信源编码的基本理论和方法，具体讨论了六种常用的信源编码方法。第 7～10 章是信道编码的内容，主要讨论了线性分组码、循环码和卷积码的编码理论与方法。第 11 章简要介绍了 TCM 与 Turbo 码的基本概念和方法。部分章节后面提供了相应内容的 Matlab 仿真源程序，可依据教学需要选择使用，既可作为课后作业，又可作为单独的实验题目。

　　本书由北方工业大学教授宋鹏，讲师范锦宏、王恩成、齐建中、王乐编写。其中，第 1 章、第 6～9 章由宋鹏编写，第 2～4 章由范锦宏编写，第 5 章由王乐编写，第 10 章由齐建中编写，第 11 章及 Matlab 仿真源程序由王恩成编写。全书由宋鹏统稿。

感谢北方工业大学电子信息工程学院教务处对本书编写的大力支持。

由于编者水平所限，书中难免有漏误与不当之处，敬请广大读者批评指正。

编　者

2017 年 9 月

目　　录

— 1 —

第1章 概 论

1.1 信息的概念及其分类

当今社会，"信息"一词广泛应用于各种场合，人们在生产实践、科学研究和社会活动中，无处不涉及信息的交换和利用。可以说，在我们周围充满了信息，我们正处于信息社会中。物质、能源和信息构成了现代社会生存和发展的三大基本支柱，可见信息的重要性。

信息的重要性不言而喻，那么信息究竟是什么呢？

信息的概念非常广泛，不同的定义有百种以上。数学家认为"信息是使概率分布发生改变的东西"，哲学家认为"信息是物质成分和意识成分按完全特殊方式融合起来的产物"，美国数学家香农认为"信息就是一种消息"，美国数学家、控制论的主要奠基人维纳认为"信息既不是物质又不是能量，信息就是信息"……

在信息论和通信理论中经常会遇到信息、消息和信号这三个既有联系又有区别的名词。在学习信息论与编码技术之前，先介绍这几个基本概念。

信息：系统传输、交换、存储和处理的对象，信息载荷在语言、文字、数据和图像等消息之中。人们在对周围世界的观察中获得信息，信息是抽象的意识或知识，它是看不见、摸不着的。而且信息仅仅与随机事件的发生相关，非随机事件的发生不包含任何信息。从这一点上我们可以得知，信息量的大小与随机事件发生的概率有直接的关系，概率越小的随机事件一旦发生，它所包含的信息量就越大，而出现概率大的随机事件一旦发生，它所包含的信息量就比较小。

消息：信息的载体，如包含有信息的语言、文字和图像等。在世界各地的人要想知道其他地方发生的事情，只能从各种各样的消息中得到，这些消息可以是广播中的语言、报纸上的文字、电视中的图像或互联网上的文字与图像等。可见，消息是具体的，它载荷信息，但它不是物理性的。信息只与随机事件的发生有关。每时每刻在世界上的每个地方，都会有各种事件发生，这些事件的发生绝大多数是随机的，即这些随机事件的消息中含有信息；如果事件的发生不是随机的而是确定的，那么该消息中就不含信息，该消息的传输也就失去了意义。

信号：消息变换成的适合信道传输的物理量（如电信号、光信号、声信号等）。为了在信道上传输消息，就必须把消息加载（调制）到具有某种物理特征的信号上。以人类的语言为例，当人们说话时，发出声信号，这种声信号经过麦克风的转换变成了电信号，这里的声信号和电信号都是我们所指的信号。本书中涉及的信号主要是指电信号。

按照信息论的观点，信息不等于消息。在日常生活中，人们往往对消息和信息不加区别，认为得到了消息，就是获得了信息。例如，当人们收到一封电报，接到一个电话，收听了广播或看了电视等以后，就认为获得了"信息"。的确，人们从接收到的电报、电话、广播和电视的消息中能获得各种信息，信息与消息有着密切的联系。但是，信息与消息并不等同。人们收到消息后，如果消息告诉了我们很多原来不知道的新内容，我们就会感到获得了很多的信息，而如果消息是我们基本已经知道的内容，我们得到的信息就不多。所以，信息应该是可以测度的。在电报、电话、广播、电视(也包括雷达、导航、遥测)等通信系统中传输的是各种各样的消息，这些被传输的消息有着各种不同的形式，如文字、数据、语言、图像等。所有这些不同形式的消息都是能被人们的感觉器官所感知的，人们通过通信接收到消息后，得到的是关于描述某事物状态的具体内容。例如，电视中转播亚运会，人们从电视图像中看到了亚运会的进展情况，而电视的活动图像则是对亚运会运动状态的描述。当然，消息也可用来表达人们头脑里的思维活动。例如，朋友打电话说："我想上大学"，那么我们从这条消息中得知了朋友的想法，该语言消息反映了人的主观世界——大脑物质的思维运动所表现出来的思维状态。因此，用文字、符号、数据、语言、音符、图像等能够被人们的感觉器官所感知的形式，把客观物质运动和主观思维活动的状态表达出来就成为消息。所以，消息中包含信息，消息是信息的载体，得到消息，进而获得信息。同一则信息可用不同的消息形式来载荷，如前所述的亚运会进展情况可用电视图像、广播语言、报纸文字等不同消息来表述。而一则消息也可载荷不同的信息，它可能包含非常丰富的信息，也可能只包含很少的信息。因此，信息与消息是既有区别又有联系的。

在各种实际通信系统中，为了克服时间或空间的限制而进行通信，必须对消息进行加工处理，把消息变换成适合于信道传输的信号。信号携带着消息，它是消息的运载工具。如前例中，携带亚运会进展情况的电视图像转换成电信号，电信号经过调制变成高频调制电信号，才能在信道中传输；在通信系统的接收端，通过解调还原出原始电信号，在电视屏幕中呈现给观众，从而使观众获得信息。同样，同一消息可用不同的信号来表示，同一信号也可表示不同的消息。例如，在十字路口，红、绿灯信号表示能否通行的信息；而在电子仪器面板上，红、绿灯信号却表示仪器是否正常工作或者表示高、低电压等信息。所以，信息、消息和信号是既有区别又有联系的三个不同的概念。

从以上的讨论中可以看到，信息、消息和信号之间有着密切的关系。信息是一切通信系统所要传递的内容，而消息作为信息的载体可能是一种"高级"载体；信号作为消息的物理体现，是信息的一种"低级"载体。作为系统设计人员，我们所接触的只是信号，而信号最终要变成消息的形式才能被大众接受。信息的基本概念在于它的不确定性，任何已确定的事物都不含有信息。因此，我们说，信息、消息和信号是紧密相联的三个不同的概念，它们之间的关系如图1-1所示。

对信息的定义虽然各不相同，但实质内容并无太大的差异，主要差异在于侧面不同、详略不同、抽象的程度不同及概括的层次高低不同。根据不同的条件，区分不同的层次，可以给信息下不同的定义。最高的层次是最普遍的层次，也是无约束条件的层次，定义事物的信息是该事物运动的状态和状态改变的方式。我们把它叫做"本体论"层次。在这个层次上定义的信息是最广义的信息，

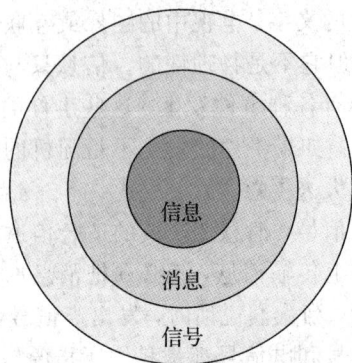

图1-1　信息、消息与信号之间的
关系示意图

使用范围也最广。每引入一个约束条件，定义的层次就降低一点，使用的范围就变窄一点。例如，引入一个最有实际意义的约束条件，即认识主体，站在认识主体的立场上定义信息，这时本体论层次的信息定义就转化为认识论层次的信息定义，即信息是认识主体（生物或机器）所感知的或所表述的相应事物的运动状态及其变化方式，包括状态及其变化方式的形式、含义和效用。其中认识主体所感知的东西是外部世界向认识主体输入的信息，而认识主体所表述的东西则是其向外部世界输出的信息。

虽然认识论比本体论的层次要低一些，所定义信息的使用范围也要窄一些，但是信息概念的内涵比本体论层次要丰富得多。因为认识主体具有感觉能力、理解能力和目的性，能够感觉到事物运动状态及其变化方式的外在形式和内在含义，并能够判断其效用价值。对认识主体来说，这三者之间是相互依存、不可分割的关系。因此，在认识论层次上研究信息的时候，"事物运动状态及其变化方式"就不再像本体论层次上那样简单了，它必须同时考虑到形式、含义和效用三个方面的因素。事实上，认识主体只有在感知了事物运动状态及其变化的形式、理解了它的含义、判明了它的效用之后，才算真正掌握了这个事物的认识论层次信息，才能做出正确的决策。把同时考虑事物运动状态及其变化方式的外在形式、内在含义和效用价值的认识论层次信息称为"全信息"，而把仅仅考虑其中形式因素的部分称为"语法信息"，把考虑其中含义因素的部分称为"语义信息"，把考虑其中效用因素的部分称为"语用信息"。换句话说，认识论层次的信息是同时考虑语法信息、语义信息和语用信息的全信息。

香农信息论仅考虑了事物运动状态及其变化方式的外在形式，实际上研究的是语法信息。从这个角度出发，可以对信息下这样的定义：信息是对事物运动状态和变化方式的表征，它存在于任何事物之中，可以被认识主体（生物或机器）获取和利用。从数学观点出发研究香农信息论，可以认为信息是对消息统计特性的一种定量描述。

信息存在于自然界，也存在于人类社会，其本质是运动和变化。可以说，哪里有事物的运动和变化，哪里就会产生信息。信息必须依附于一定的物质形式存在，这种运载信息的物质称为信息载体。人类交换信息的形式丰富多彩，使用的信息载体非常广泛，概括起来，有语言、文字、图像及电磁波。语言是信息的最早载体；文字和图像使信息保存得更持久，传播范围更大；电磁波则使载荷信息的容量和速度大为提高。信息本身既看不见，又摸不着，没有气味，没有颜色，没有形状，没有大小，没有重量……总之，它是非常抽象的东西。但信息又处处存在，它既区别于物质和能量，又与物质和能量有相互依赖的关系。

综合起来，信息具有以下特征：

（1）信息是可以识别的。我们知道信息离不开物理载体，人们可以通过对这些物理载体的识别来获得信息。有些信息可以用人的感官直接识别，例如承载于语言、文字中的信息可以直接用耳、目接收进而识别；而有些信息则需借助于各种传感器间接识别，例如在遥感测量中要利用对电磁波敏感的传感器来间接识别。

（2）信息是可以存储、传输与携带的。信息可以用多种方式存储起来，在需要的时候把存储的信息调取出来。相同的信息可以用文字的形式记录在书刊笔记中，也可以用录音、录像的方式存储在磁性介质中，或者利用计算机存储设备存储起来。信息可以通过多种途径进行传递，人与人之间的信息传递，既可以通过语言、文字，也可以通过体态、动作或表情；社会规模的信息传递，常通过报纸、杂志、电话、广播、电视和网络等。从原则上来说，各种物质的运动形式都可以用于信息的传递。信息依附于信息载体而存在，而任何物质都可以成为信息的载体，既然物质可以存储、传输和携带，那么信息也可通过信息载体以多种形式存储、传输和携带。

（3）信息是可以度量的。信息量有大小的差别，出现概率越大的随机事件一旦发生，它所包含的信息量就越小；出现概率越小的随机事件一旦发生，它所包含的信息量就越大。

（4）信息是可以加工的。人们在收到各种原始信息之后，经过各种方式的加工可以产生新的信息，如研究人员通过收集资料或实验获得的原始信息，经过加工处理可能提出新的见解；计算机通过对输入信息的加工处理，可为人们提供更有意义的结果。

（5）信息具有可替代性。信息能替代劳动力、资本、物质材料甚至时间。正确、及时、有效地利用信息，可创造更多的物质财富，开发或节约更多的能量，节省更多的时间，收到巨大的经济效益。

（6）信息是可以共享的。信息可以像实物一样作为商品出售，但信息的知识特性使其交易又不同于一般的实物交易，信息交易后，信息出售者与信息购买者共同享有信息。

（7）信息的载体是可以转换的。同样内容的信息，可以有不同的形态，可以被包含在不同的物体变化之中，可以从一种形态转换到另一种形态。如我们用感官识别出来的声音、味道、颜色等信息可以转换成语言、文字等形式。在这种转换中，信息的物理载体发生了变化，但信息的内容可以保持完好无损。信息的这个特性，为人们借助于仪器间接地识别信息提供了基础，也为信息的传递、存储和处理带来了方便。

由前述可知，信息是一种十分复杂的研究对象。要找到一种通用的方法来描述各种各样的信息以及用统一的方法来恰如其分地描述信息的方方面面，显然是非常困难的。要清楚、具体地认识信息，必须对信息进行分类。

信息分类有许多不同的原则和方法。按照信息的性质，信息可以分成语法信息、语义信息和语用信息；按照携带信息的信号性质，信息可以分成连续信息、离散信息和半连续信息；信息还可以按照地位、作用、应用部门等方式分类。我们研究信息的目的，是要准确地把握信息的本质和特点，以便更有效地利用信息。因此，在众多的分类原则和方法中，最重要的就是按照信息性质的分类，其中最基本也最抽象的类型是语法信息，它是迄今为止在理论上研究最多的类型。

语法信息考虑的是事物运动状态和变化方式的外在形式。香农信息论主要讨论的是语法信息中的概率信息，本书也以概率信息为主要研究对象。

1.2　信息论研究的对象和内容

1. 信息论研究的对象

由前面关于信息概念的讨论可知：各种通信系统如电报、电话、电视、广播、遥测、遥控、雷达和导航等，虽然它们的形式和用途各不相同，但本质是相同的，都是信息传输系统。为了便于研究信息传输和处理的共同规律，可以将各种通信系统中具有共同特性的部分抽取出来，概括成一个统一的理论模型，如图 1-2 所示，通常称它为通信系统模型。

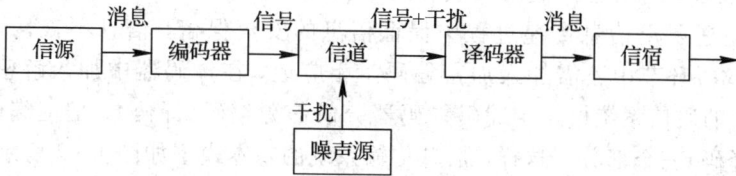

图 1-2 通信系统模型

该通信系统模型也适用于其他信息流通系统，如生物有机体的遗传系统、神经系统、视觉系统等，甚至人类社会的管理系统都可概括成这个模型。所以，这种统一的理论模型又可统称为信息传输系统模型。

信息论研究的对象正是这种统一的通信系统模型。人们通过系统中消息的传输和处理来研究信息传输和处理的共同规律。通信系统模型主要分成下列五个部分。

1) 信源

信源是产生消息和消息序列的源。它可以是人、生物、机器或其他事物。它是事物各种运动状态或存在状态的集合。例如："篮球比赛的实况"、"各种气象状态"等客观存在是信源；人的大脑思维活动也是一种信源。信源可能出现的状态（即信源输出的消息）是随机的、不确定的，但又有一定的规律性。

2) 编码器

编码是把消息变换成信号的方法。而译码就是编码的反变换。编码器输出的是适合信道传输的信号，信号携带着消息，它是消息的载体。编码器可分为两种，即信源编码器和信道编码器。信源编码是对信源输出的消息进行适当的变换和处理，目的是提高信息传输的效率。而信道编码是为了提高信息传输的可靠性而对消息进行的变换和处理。对于各种实际的通信系统，编码器还应包括换能、调制、发射等各种变换处理。

3) 信道

信道是指通信系统把载荷消息的信号从 A 地传输到 B 地的媒介。在狭义的通信系统中，实际信道有明线、电缆、波导、光纤、无线电波传播空间等，这些都是属于传输电磁波能量的信道。对广义的通信系统来说，信道还可以是其他的传输媒介。信道除了传送信号以外，还有存储信号的作用，如书写通信方式就是一例。在信道中引入噪声和干扰，这是一种简化的表达方式。为了分析方便，常把在系统其他部分产生的干扰和噪声都等效地折合成信道干扰，将其看成是由一个噪声源产生的，它将作用于所传输的信号上。这样，信道输出的是已叠加了干扰的信号。由于干扰或噪声往往具有随机性，因此信道的特性也可以用概率空间来描述。而噪声源的统计特性又是划分信道的依据。

4) 译码器

译码就是把信道输出的编码信号（已叠加了干扰）进行反变换，从受干扰的编码信号中最大限度地提取出有关信源输出的信息。译码器也可分成信源译码器和信道译码器。

5) 信宿

信宿是消息传送的对象，即接收消息的人或机器。信源和信宿可处于不同地点和不同时刻。

图 1-2 所示的是最基本的通信系统模型。近年来，通信技术和计算机技术尤其是互

联网的建立和发展，对信息传输的质量提出了更高的要求，不但要求快速、有效、可靠地传递信息，而且还要求信息传递过程中保证信息的安全保密，信息不被伪造和窜改。因此，在编码器这一环节中还需加入加密编码。相应地，在译码器中加入解密译码。为此，我们把图1-2的通信系统模型中编(译)码器分成信源编码(译码)、信道编码(译码)和加密编码(解密译码)三个部分。这样，信息传输系统的基本模型如图1-3所示。

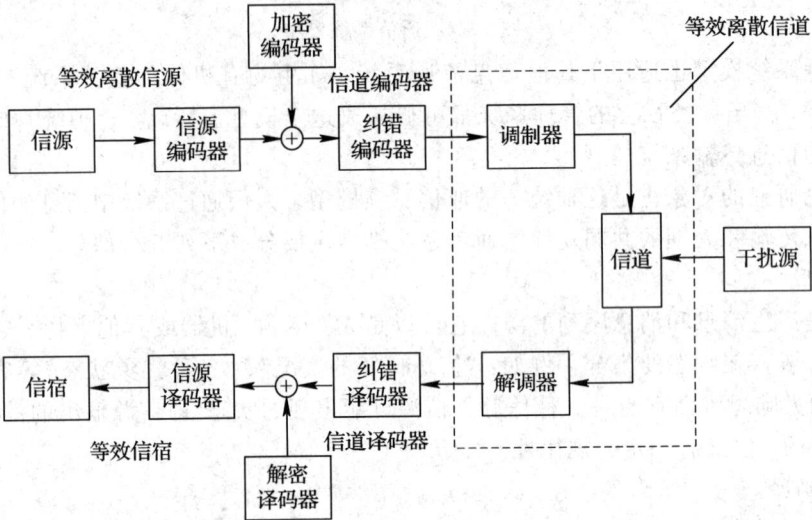

图 1-3　通信系统模型的细分

　　研究这样一个概括性很强的信息传输系统，其目的就是要找到信息传输过程的共同规律，以提高信息传输的可靠性、有效性和保密性，使其达到最优化。

　　所谓可靠性高，就是要使信源发出的消息经过信道传输以后，尽可能准确地、不失真地再现在接收端。而所谓有效性高，就是经济效果好，即用尽可能短的时间和尽可能少的设备来传送一定数量的信息。后面我们会看到，提高可靠性和提高有效性常常会发生矛盾，这就需要统筹兼顾。例如，为了兼顾有效性(考虑经济效果)，有时就不一定要求绝对准确地在接收端再现原来的消息，而是可以允许有一定的误差或一定的失真，或者说允许近似地再现原来的消息。所谓保密性高，就是隐蔽和保护通信系统中传送的消息，使它只能被授权接收者获取，而不能被未授权者接收和理解。有效性、可靠性和保密性这三者才体现了现代通信系统对信息传输的全面要求。

　　信息传输系统模型不是不变的，它根据信息传输的要求而定。当研究信息传输的有效性时，可只考虑信源与信宿之间的信源编(译)码，而将其他部分都看成一个无干扰信道；当研究信息传输的可靠性时，可将信源、信源编码和加密编码都等效成一个信源，而将信宿、信源译码和解密译码都等效成一个信宿。

2. 信息论研究的内容

目前，对信息论研究的内容一般有以下三种理解。

1) 信息论基础

信息论基础亦称香农信息论或狭义信息论，主要研究信息的测度、信道容量和信息率失真函数、与这三个概念相对应的香农三定理以及信源和信道编码。其研究的各部分内容可用图 1-4 来描述。

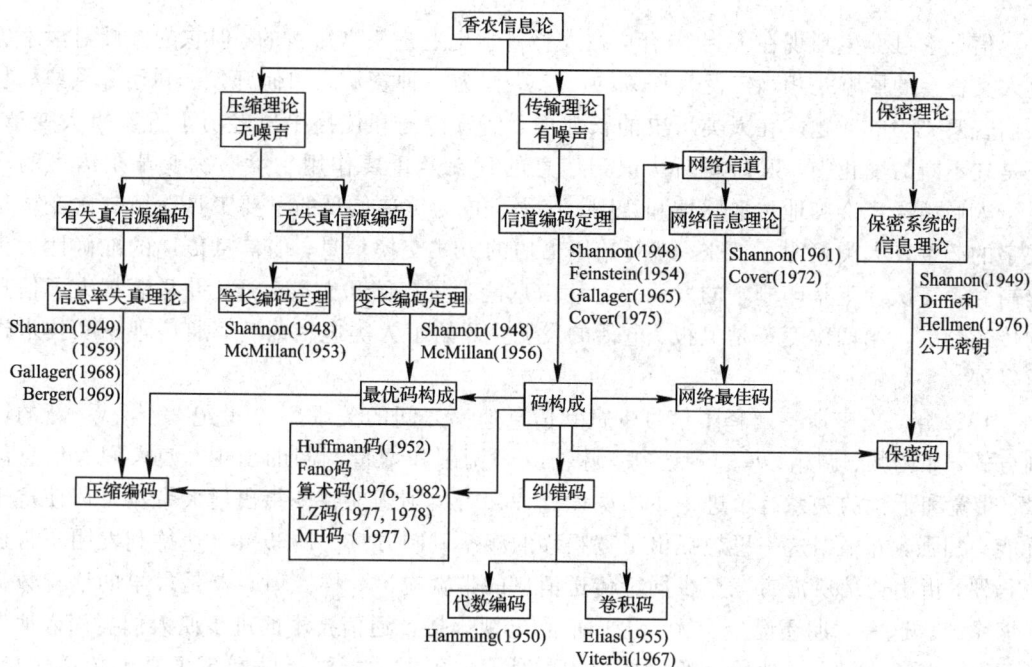

图 1-4 香农信息论的科学体系

2）一般信息论

一般信息论主要研究信息传输和处理问题。除了香农基本理论之外，还包括噪声理论、信号滤波和预测理论、统计检测与估计理论、调制理论，这部分内容以美国科学家维纳为代表。虽然维纳和香农等人都是运用概率和统计数学的方法研究准确或近似再现消息的问题，都是通信系统的最优化问题，但它们之间有一个重要的区别：维纳研究的重点是在接收端，研究消息在传输过程中受到干扰时，在接收端如何把消息从干扰中提取出来，在此基础上，建立了最佳过滤理论（维纳滤波器）、统计检测与估计理论、噪声理论等；香农研究的对象是从信源到信宿的全过程，是收、发端联合最优化问题，重点是编码。香农定理指出：只要在传输前后对消息进行适当的编码和译码，就能保证在有干扰的情况下，最佳地传送消息，并准确或近似地再现消息。为此，发展了信息测度理论、信道容量理论和编码理论等。

3）广义信息论

广义信息论是一门综合性的新兴学科，至今并没有严格的定义。概括说来，凡是能够用广义通信系统模型描述的过程或系统，都能用信息基本理论来研究。广义信息论不仅包括一般信息论的所有研究内容，还包括如医学、生物学、心理学、遗传学、神经生理学、语言学、语义学，甚至社会学和经济管理中有关信息的问题。反过来，所有研究信息的识别、控制、提取、变换、传输、处理、存储、显示、价值、作用和信息量大小的一般规律以及实现这些原理的技术手段的工程学科，也都属于广义信息论的范畴。

1.3　信息论的形成和发展

　　信息论自诞生到现在不到70年,在人类科学史上是相当短暂的,但它的发展对学术界及人类社会的影响是相当广泛和深刻的。信息作为一种资源,如何开发、利用和共享,是人们普遍关心的问题。在人类历史的长河中,信息传输和传播手段经历了五次重大变革,正是在不断的变化中,人们逐渐认识到信息的存在及重要作用。第一次变革是语言的产生。人们用语言准确地传递感情和意图,使语言成为传递信息的重要工具。第二次变革是文字的产生。人类发明了纸张,就开始用书信的方式交换信息,使信息传递的准确性大为提高。第三次变革是印刷术的发明。它使信息能大量存储和大量流通,并显著扩大了信息的传递范围。第四次变革是电报、电话的发明,开始了人类电信时代,通信理论和技术迅速发展。

　　1924年,奈奎斯特解释了信号带宽和信息速率之间的关系。20世纪30年代,新的调制方式,如调频、调相、单边带调制、脉冲编码调制和增量调制的出现,使人们对信息能量、带宽和干扰的关系有了进一步的认识。1936年,阿姆斯特朗指出增大带宽可以使抗干扰能力加强,并根据这一思想提出了宽频移的频率调制方法。1939年,达德利发明了带通声码器,指出通信所需带宽至少同待传送消息的带宽应该一样。声码器是最早的语言数据压缩系统。这一时期还诞生了无线电广播和电视广播。通信技术的进步使人们更深入地考虑问题:究竟如何定量地研究通信系统中的信息;怎样才能更有效和更可靠地传递信息;现有的各种通信体制如何改进;等等。

　　1928年,哈特莱首先提出了用对数度量信息的概念。哈特莱的工作给香农很大的启示,他在1941—1944年对通信和密码进行了深入研究,用概率论和数理统计的方法系统地讨论了通信的基本问题,得出了几个重要而带有普遍意义的结论。他阐明了通信系统传递的对象就是信息,并对信息给予了科学的定量描述,提出了信息熵的概念,指出通信系统的中心问题是在噪声下如何有效而可靠地传递信息,以及实现这一目标的方法是编码,等等。这些成果于1948年以"通信的数学理论"(A mathematical theory of communication)为题公开发表,标志着信息论的正式诞生。与此同时,维纳在研究火控系统和人体神经系统时,提出了在干扰作用下的信息最佳滤波理论,成为信息论的一个重要分支。

　　20世纪50年代,信息论在学术界引起了巨大反响。1951年,美国无线电工程师协会成立了信息论组,并于1955年正式出版了信息论汇刊。这一时期,包括香农本人在内的一些科学家做了大量工作,发表了许多重要文章,将香农的科学论断进一步推广,同时信道编码理论有了较大的发展。信源编码的研究落后于信道编码。1959年,香农在发表的"保真度准则下的离散信源编码定理"(Coding theorems for a discrete source at the fidelity criterion)一文中系统地提出了信息率失真理论,为信源压缩编码的研究奠定了理论基础。在香农编码定理的指导下,信道编码理论和技术逐步发展成熟。汉明提出了一种重要的线性分组码——汉明码,此后人们把代数方法引入到纠错码的研究中,形成了代数编码理论。1957年普兰奇伊提出了循环码,在随后的十多年里,纠错理论的研究主要是围绕着循环码进行的,并取得了许多重要成果。1959年霍昆格姆、1960年博斯和查德胡里各自分别提出了BCH码,这是一种可纠正多个随机错误的码,是迄今为止所发现的最好的线性分组码之一。1955 年埃利斯提出了不同于分组码的卷积码，接着伍成克拉夫提出了卷积码的序列译码。

20 世纪 60 年代，信道编码技术有了较大发展。1967 年维特比提出了卷积码的最大似然译码法，该译码方法效率高、速度快、译码较简单，得到了极为广泛的应用。1966 年福尼提出级联码概念，用两次或更多次编码的方法组合成很长的分组码，以获得性能优良的码，尽可能接近香农极限。随着科学的进步和工程实践的需要，纠错码理论还将进一步发展，它的应用范围也必将进一步扩大。

信源编码的研究由维纳于 1942 年进行了开创性的工作，以均方量化误差最小为准则，建立了最优预测原理，为后来的线性预测压缩编码铺平了道路。1952 年霍夫曼提出了一种重要的无失真信源编码方法——霍夫曼码。这是一种非等长码，它可以很好地达到香农无失真信源编码定理所指出的压缩极限，已被证明是平均码长最短的最佳码。为进一步提高有记忆信源的压缩效率，20 世纪六七十年代，人们开始将各种正交变换用于信源压缩编码，先后提出 DFT、DCT、WHT、KLT 等多种变换，其中 KLT 为最佳变换，但其实用性不强，综合性能最好的是 DCT（离散余弦变换），目前 DCT 已被多种图像压缩国际标准用作主要压缩手段，得到了极为广泛的应用。除了上述几类经典的信源压缩编码方法的研究外，从 20 世纪 90 年代初开始，主要针对图像类信源的特点，人们提出了多种新的压缩原理和方法，包括小波变换编码、分形编码、模型编码、子带编码等。这些方法可有效地消除图像信源的各种冗余，在目前还有很大的发展空间，有关其实际应用问题，还在继续探讨之中。

1961 年，香农的重要论文"双路通信信道"开拓了多用户信息理论的研究。

第五次变革是计算机技术与通信技术相结合，促进了网络通信的发展。宽带综合业务数字网的出现，给人们提供了除电话服务以外的多种服务，使人类社会逐渐进入了信息化时代，信息理论的研究得到进一步的发展，多用户理论的研究取得了突破性的进展。至此，香农的单用户信息论已推广到多用户信息论。20 世纪 70 年代以后，多用户信息论即现在所说的网络信息论成为中心研究课题之一。

信息论的研究对象是广义通信系统，不仅电子的、光学的信号传递系统，任何系统，只要能够抽象成通信系统模型，都可以用信息论研究，如质量控制系统、市场营销系统和神经传导系统等。

小 结

本章重点讨论了信息的概念和信息论研究的对象与内容。现代社会，信息无处不在，但信息的概念非常抽象和广泛，香农信息论对信息的定义是从认识论层次、建立在概率数学模型之上的。特别应该注意信息、消息和信号三个概念的区别和联系。对信息分类有许多不同方法，根据不同的方法可以得到不同的分类，按照信息的性质可以把信息分成语法信息、语义信息和语用信息，香农信息论主要讨论语法信息中的概率信息。

信息论研究的对象是通信系统（广义的），它是将各种通信系统中具有共同特性的部分抽取出来，概括成一个统一的理论模型。其目的就是要找到通信过程的共同规律，提高通信的可靠性、有效性和安全性，使其达到最优。对信息论研究的内容一般有三种解释：信息论基础(也称香农信息论或狭义信息论);一般信息论;广义信息论。

  以 1948 年香农的论文"通信的数学理论"为标志,信息论正式诞生,到现在将近 70 年的时间,信息论和编码理论取得了诸多重要成果,并且已应用于实际的通信系统。其理论和方法还在不断地发展,完全可以相信,这些理论将对 21 世纪新科技产生巨大的作用。

习　题　1

  1-1　简述一个通信系统包括的主要功能模块及其作用。

  1-2　信息、消息和信号的定义是什么? 简述这三者之间的关系。

第 2 章　信源及其信息量

　　信源是信息论与编码中最关键的部分，因为后续系统要根据其特性来决定应采取的方案。信源是信息的来源，输出以符号形式出现的具体消息，且消息是随机的，因此可用概率来描述其统计特性，这是香农信息论的基本点。在信源端需要解决两个问题：一个是如何定量地描述信源，即如何计算信源的信息量；另一个是如何有效地表示信源的输出或者说信源信息的载体形式，即信源编码问题。第二个问题将在信源编码中详细讨论，本章主要讨论第一个问题，并且按不同的信源特征来分别讨论。

　　下面先讨论信源按其发出的信息符号特征的分类。信源按照发出的消息在时间上和幅度上的分布情况，可分成离散信源、连续信源和波形信源。离散信源是指发出在时间上和幅度上都是离散分布的消息信源，即信源输出的消息是以一个一个符号的形式出现，例如文字、字母等，这些符号的取值是有限的或可数的；连续信源是指发出在时间上离散分布而在幅度上连续分布的消息信源，如抽样后的语音信号；波形信源是指发出在时间上和幅度上都是连续分布的消息信源，如语言、图像和图形等。此外，还可以根据各维随机变量的概率分布是否随时间的推移而变化将信源分为平稳信源和非平稳信源；根据随机变量间是否统计独立将信源分为有记忆信源和无记忆信源。

　　离散平稳信源还可按如下方式分类：

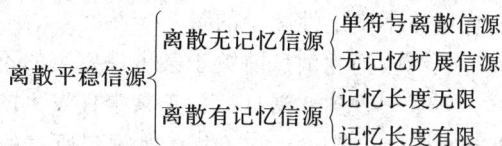

$$
离散平稳信源
\begin{cases}
离散无记忆信源
\begin{cases}
单符号离散信源 \\
无记忆扩展信源
\end{cases} \\
离散有记忆信源
\begin{cases}
记忆长度无限 \\
记忆长度有限
\end{cases}
\end{cases}
$$

　　一个实际信源的统计特性往往是相当复杂的，要想找到精确的数学模型很困难。实际应用时常常用一些可以处理的数学模型来近似。

2.1　单符号离散信源

　　单符号离散信源每次只发出一个符号，代表一个消息，且输出的消息数是有限的或可数的。它是最简单也是最基本的信源，是组成实际信源的基本单元，只涉及一个随机事件，可用一维离散型随机变量来表示。

2.1.1　离散信源的自信息量

　　离散信源输出的消息常常是以一个个符号形式出现的，这些符号的取值是有限的或可数的。单符号离散信源只涉及一个随机事件，可用随机变量描述。多符号离散信源/扩展信源每次输出一个符号序列，序列中每一位出现哪个符号都是随机的，而且一般前后符号之间是有依赖关系的，可用随机矢量描述。连续信源输出连续消息，可用随机过程描述。

定义 2-1 对于离散随机变量 X，取值于集合

$$\{x_1, x_2, \cdots, x_i, \cdots, x_n\}$$

单符号离散信源的数学模型用离散型概率空间表示为

$$\begin{bmatrix} X \\ P(X) \end{bmatrix} = \begin{bmatrix} x_1 & x_2 & \cdots & x_n \\ p(x_1) & p(x_2) & \cdots & p(x_n) \end{bmatrix}$$

其中 $p(x_i)$ 满足

$$0 \leqslant p(x_i) \leqslant 1, \qquad \sum_{i=1}^{n} p(x_i) = 1$$

式中，$X \in \{x_i\}$，$i = 1, 2, \cdots, n$，表示信源输出消息的整体；x_i 表示某个消息；$p(X = x_i)$ 表示随机事件 X 发生某一结果 x_i 的概率；n 表示信源可能输出的消息数，信源可能的取值可以是有限个，也可以是可数无限个，通常是有限个，信源每次输出其中的一个消息（取其中的一个值）。

需要注意的是：大写字母 X，Y，Z 代表随机变量，指的是信源总体，带下标的小写字母 x_i，y_j，z_k 代表随机事件的某一结果或信源的某个元素，两者不可混淆。

1. 自信息量

在引出信息量定义之前，我们先分析一下信息量应具备的特性。信源中某一消息发生的不确定性越大，一旦它发生，并为收信者收到后，消除信息发生的不确定性就越大，获得的信息也就越多，也就是说信息量具有不确定性。但由于种种原因（例如噪声太大），收信者接收到受干扰的消息后，对某信息发生的不确定性依然存在或者一点也未消除时，则收信者获得较少的信息或者说一点也没有获得信息。因此，我们可以给信息量一个直观定义：

　　收到某消息获得的信息量＝不确定性减少的量

　　　　　　　　　　　　＝收到此消息前关于某事件发生的不确定性

　　　　　　　　　　　　　－收到此消息后关于某事件发生的不确定性

在无噪声时，通过信道的传输，可以完全不失真地收到所发的消息，收到此消息后关于某事件发生的不确定性完全消除，此项为零。因此

　　收到某消息获得的信息量＝收到此消息前关于某事件发生的不确定性

　　　　　　　　　　　　　＝信源输出的某消息中所含有的信息量

另外，事件发生的概率越小，我们猜测它有没有发生的困难程度就越大，不确定性就越大；事件发生的概率越大，我们猜测这件事发生的可能性就越大，不确定性就越小。概率等于 1 的必然事件，就不存在不确定性。因此，某事件发生所含有的信息量应该是该事件发生的先验概率的函数，即 $f[p(x_i)]$。

函数 $f[p(x_i)]$ 应满足以下四个条件：

(1) $f[p(x_i)]$ 应是 $p(x_i)$ 的单调递减函数，即当 $p(x_1) > p(x_2)$ 时，有 $f[p(x_1)] < f[p(x_2)]$；

(2) 当 $p(x_i) = 1$ 时，有 $f[p(x_i)] = 0$；

(3) 当 $p(x_i) = 0$ 时，有 $f[p(x_i)] = \infty$；

(4) 两个独立事件的联合信息量应等于它们各自的信息量之和，即统计独立信源的信息量等于它们各自的信息量之和。

根据上述条件可以从数学上证明这种函数形式是对数形式：

$$f[p(x_i)] = \log \frac{1}{p(x_i)}$$

定义 2-2　设离散信源 X，其概率空间为

$$\begin{bmatrix} X \\ P(X) \end{bmatrix} = \begin{bmatrix} x_1 & x_2 & \cdots & x_n \\ p(x_1) & p(x_2) & \cdots & p(x_n) \end{bmatrix}$$

如果知道事件 x_i 已发生，则该事件所含有的自信息量定义为

$$I(x_i) = \log \frac{1}{p(x_i)} \tag{2-1}$$

$I(x_i)$ 代表两种含义：在事件 x_i 发生以前，表示事件 x_i 发生的不确定性的大小；在事件 x_i 发生以后，表示事件 x_i 所含有或所能提供的信息量。

自信息量的单位由对数的底数来决定：

(1) 若以 2 为底数，则单位为比特(bit, binary unit)；

(2) 若以 e 为底数，则单位为奈特(nat, nature unit)；

(3) 若以 10 为底数，则单位为哈特(hat, hartley unit)，这是由 Hartley 首先采用的；

(4) 若以 r 为底数，则为 r 进制单位。

应用换底公式 $\text{lb}x = \log_r x / \log_r 2$，$r$ 可为 e 或 10，可得到它们之间的关系为

$$1 \text{ nat} = \text{lbe} = 1.443 \text{ bit}, \qquad 1 \text{ hat} = \text{lb10} = 3.322 \text{ bit}$$

$$1 \text{ bit} = 0.693 \text{ nat} = 0.301 \text{ hat}$$

需要注意的是，信息量是纯数，信息量单位只是为了标示不同底数的对数值，并没有量纲的含义。

在信息论中，常用比特作为信息量单位；在理论推导中或用于连续信源时用以 e 为底的对数比较方便；在工程上用以 10 为底的对数较方便。

容易证明，自信息量具有下列性质：

(1) $I(x_i)$ 是非负值。

由于 $0 \leqslant p(x_i) \leqslant 1$，根据对数的性质，$\log p(x_i)$ 为负值，所以 $\log \frac{1}{p(x_i)}$ 为非负值，这一性质从对数的几何图形上也很容易理解(参见图 2-1)。

(2) 当 $p(x_i) = 1$ 时，$I(x_i) = 0$。

概率为 1 的确定事件，其自信息量为 0，即不含有任何信息量，发生以后也不会给人以任何信息量。

(3) 当 $p(x_i) = 0$ 时，$I(x_i) = \infty$。

这是数学运算带来的结果，有时令人难以接受。但如果与信息接收者的主观感受联系在一起，则有它的合理之处。说明不可能事件一旦发生，带来的信息量是非常大的，所产生的后果也是难以想象的。

(4) $I(x_i)$ 是 $p(x_i)$ 的单调递减函数。

图 2-1　对数曲线

因为 $p(x_i)$ 取值于 $[0, 1]$，所以 $1/p(x_i) \geqslant 1$，它随着 $p(x_i)$ 的增大而减小。根据对数性质可以看出，$I(x_i) = \log[1/p(x_i)]$ 随着 $p(x_i)$ 的增大而减小。小概率事件所包含的不

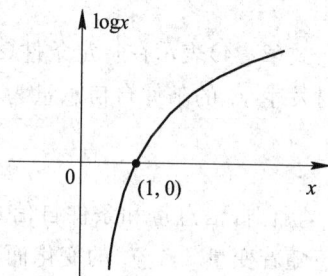

确定性大，其自信息量大，一旦出现必然使人感到意外；大概率事件所包含的不确定性小，是预料之中的事件，其自信息量小，即使发生，也没什么信息量。

(5) 自信息量也是一个随机变量。

因为 x_i 是一个随机变量，$I(x_i)$ 是 x_i 的函数，所以自信息量也是一个随机变量。自信息量曲线如图 2-2 所示。

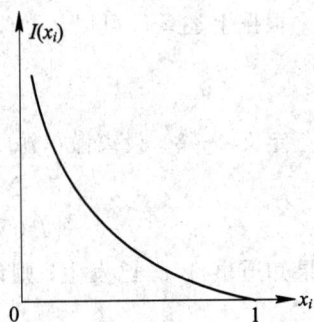

图 2-2　自信息量曲线

2. 联合自信息量

两个随机事件的离散信源，其信源模型为

$$\begin{bmatrix} XY \\ P(XY) \end{bmatrix} = \begin{bmatrix} x_1y_1 & \cdots & x_1y_m & x_2y_1 & \cdots & x_2y_m & \cdots & x_ny_1 & \cdots & x_ny_m \\ p(x_1y_1) & \cdots & p(x_1y_m) & p(x_2y_1) & \cdots & p(x_2y_m) & \cdots & p(x_ny_1) & \cdots & p(x_ny_m) \end{bmatrix}$$

其中

$$0 \leqslant p(x_iy_j) \leqslant 1(i=1,2,\cdots,n; j=1,2,\cdots,m), \quad \sum_{i=1}^{n}\sum_{j=1}^{m}p(x_iy_j)=1$$

定义 2-3　二维联合集 XY 中，对事件 x_i 和 y_j，若 x_i，y_j 同时出现，可用联合概率 $p(x_iy_j)$ 来表示，其联合自信息量定义为联合概率 $p(x_iy_j)$ 的倒数的对数值，即

$$I(x_iy_j) = \log \frac{1}{p(x_iy_j)} \tag{2-2}$$

当 x_i 和 y_j 相互独立时，$p(x_iy_j)=p(x_i)p(y_j)$，代入式(2-2)，有

$$I(x_iy_j) = \log \frac{1}{p(x_i)} - \log \frac{1}{p(y_j)} = I(x_i) + I(y_j) \tag{2-3}$$

说明两个随机事件相互独立时，同时发生得到的自信息量等于这两个随机事件各自独立发生得到的自信息量之和。

3. 条件自信息量

定义 2-4　二维联合集 XY 中，对事件 x_i 和 y_j，事件 x_i 在事件 y_j 给定条件下的条件自信息量定义为条件概率 $p(x_i|y_j)$ 的倒数的对数值，即

$$I(x_i \mid y_j) = \log \frac{1}{p(x_i \mid y_j)} \tag{2-4}$$

式(2-4)表示在特定条件(y_j 已定)下随机事件 x_i 发生所带来的信息量。同样，x_i 已知时发生 y_j 的条件自信息量为

$$I(y_j \mid x_i) = \log \frac{1}{p(y_j \mid x_i)} \tag{2-5}$$

联合自信息量和条件自信息量也满足非负和单调递减性，同时它们也都是随机变量，其值随着变量 x_i，y_j 的变化而变化。

容易证明，自信息量、条件自信息量和联合自信息量之间有如下关系：

$$I(x_iy_j) = \log \frac{1}{p(x_i)p(y_j \mid x_i)} = I(x_i) + I(y_j \mid x_i)$$

$$= \log \frac{1}{p(y_j)p(x_i \mid y_j)} = I(y_j) + I(x_i \mid y_j) \tag{2-6}$$

【例 2 - 1】　某地二月份天气的概率分布统计如下：

$$\begin{bmatrix} X \\ P(X) \end{bmatrix} = \begin{bmatrix} x_1(晴) & x_2(阴) & x_3(雨) & x_4(雪) \\ \dfrac{1}{2} & \dfrac{1}{4} & \dfrac{1}{8} & \dfrac{1}{8} \end{bmatrix}$$

分别求这 4 种天气的自信息量。

解　$I(x_1) = \log \dfrac{1}{p(x_1)} = -\mathrm{lb}\left(\dfrac{1}{2}\right) = 1（比特）$

$I(x_2) = \log \dfrac{1}{p(x_2)} = -\mathrm{lb}\left(\dfrac{1}{4}\right) = 2（比特）$

$I(x_3) = \log \dfrac{1}{p(x_3)} = -\mathrm{lb}\left(\dfrac{1}{8}\right) = 3（比特）$

$I(x_4) = \log \dfrac{1}{p(x_4)} = -\mathrm{lb}\left(\dfrac{1}{8}\right) = 3（比特）$

【例 2 - 2】　英文字母中"a"出现的概率为 0.064，"c"出现的概率为 0.022。

（1）分别计算它们的自信息量；

（2）假定前后字母出现是互相独立的，计算"ac"的自信息量；

（3）假定前后字母出现不是互相独立的，当"a"出现以后，"c"出现的概率为 0.04，计算"a"出现以后，"c"出现的条件自信息量。

解　（1）$I(a) = -\mathrm{lb}\,0.064 = 3.96（比特）$，$I(c) = -\mathrm{lb}\,0.022 = 5.51（比特）$

（2）由于前后字母出现是互相独立的，因此

$$I(ac) = I(a) + I(c) = 9.47（比特）$$

（3）$\quad I(c|a) = -\mathrm{lb}\,0.04 = 4.64（比特）$

2.1.2　信息熵

1. 信息熵

自信息量是信源发出某一具体消息所含有的信息量，对一个信源而言，发出的消息不同，它的自信息量就不同，所以自信息量本身为随机变量，不能作为整个信源的总体信息测度。在大多数情况下，我们更关心离散信源符号集的平均信息量问题，即信源中平均每个符号所能提供的信息量，这就需要对信源中所有符号的自信息进行统计平均。

定义 2 - 5　信源中各个离散消息自信息量的数学期望为信源的平均信息量，一般称为信源的信息熵，也叫信源熵或香农熵，有时称为无条件熵或熵函数，简称熵，记为 $H(X)$，即

$$H(X) = E[I(x_i)] = E\left[\log \dfrac{1}{p(x_i)}\right] = \sum_{i=1}^{n} p(x_i) \log \dfrac{1}{p(x_i)} \qquad (2-7)$$

注意：熵函数的自变量是大写的 X，表示信源整体。信息熵的单位由自信息的单位决定，即取决于对数选取的底数，当取以 2 为底的对数时，单位是比特/符号。

由于这个表达式和统计物理学中热熵的表达式相似，且在概念上也相似，因此借用熵这个名词，把 $H(X)$ 称为信息熵。

信源的信息熵 $H(X)$ 是从整个信源的统计特性来考虑的，是从平均意义上来表征信源的总体特性的。对于某特定的信源，其信息熵只有一个。不同的信源因统计特性不同，其

熵也不同。

信息熵是从平均意义上来表征信源总体特性的一个量。因此信息熵有以下三种物理含义：

(1) 信息熵 $H(X)$ 是表示信源输出后每个消息（符号）所提供的平均信息量。

(2) 信息熵 $H(X)$ 是表示信源输出前信源的平均不确定性。

(3) 用信息熵 $H(X)$ 来表征变量 X 的随机性。

【例 2 - 3】 有三个信源 X，Y，Z，其概率空间为

$$\begin{bmatrix} X \\ P(X) \end{bmatrix} = \begin{bmatrix} x_1 & x_2 \\ 0.5 & 0.5 \end{bmatrix}, \quad \begin{bmatrix} Y \\ P(Y) \end{bmatrix} = \begin{bmatrix} y_1 & y_2 \\ 0.99 & 0.01 \end{bmatrix}, \quad \begin{bmatrix} Z \\ P(Z) \end{bmatrix} = \begin{bmatrix} z_1 & z_2 \\ 0 & 1 \end{bmatrix}$$

分别求其信息熵。

解 根据定义计算：

$$H(X) = -0.5 \text{lb} 0.5 - 0.5 \text{lb} 0.5 = 1 (比特/符号)$$

$$H(Y) = -0.99 \text{lb} 0.99 - 0.01 \text{lb} 0.01 = 0.08 (比特/符号)$$

$$H(Z) = -0 \text{lb} 0 - 1 \text{lb} 1 = 0 (比特/符号)$$

可见，$H(X) > H(Y) > H(Z)$，信源符号的概率分布越均匀，则平均信息量越大，信源 X 比信源 Y 平均信息量大，Z 是确定事件，不含有信息量。

【例 2 - 4】 有一篇千字文章，假定每个字可从一万个汉字中任选，则共有不同的千字文篇数为 $N = 10\ 000^{1000} = 10^{4000}$ 篇，按等概率计算，平均每篇千字文可提供的信息量为

$$H(X) = -\sum_{i=1}^{N} p(x_i) \log p(x_i) = \text{lb} 10^{4000} \approx 1.33 \times 10^4 (比特/符号)$$

2. 条件熵

上面讨论的是单个离散随机变量的信息度量问题，实际应用中，常常需要考虑两个或两个以上的随机变量之间的相互关系，此时要引入条件熵的概念。

定义 2 - 6 条件熵是在联合符号集 XY 上的条件自信息量的数学期望，在已知随机变量 Y 的条件下，随机变量 X 的条件熵 $H(X|Y)$ 定义为

$$H(X|Y) = \sum_{i=1}^{n} \sum_{j=1}^{m} p(x_i y_j) I(x_i|y_j) = -\sum_{i=1}^{n} \sum_{j=1}^{m} p(x_i y_j) \log p(x_i|y_j) \quad (2-8)$$

要注意条件熵是用联合概率 $p(x_i y_j)$ 而不是用条件概率 $p(x_i|y_j)$ 进行加权平均。下面说明为什么要用联合概率进行加权平均。

在已知 y_j 条件下，x_i 的条件自信息量为 $I(x_i|y_j)$，按熵的定义，X 集合的条件熵 $H(X|y_j)$ 为

$$H(X|y_j) = \sum_{i=1}^{n} p(x_i|y_j) I(x_i|y_j) = -\sum_{i=1}^{n} p(x_i|y_j) \log p(x_i|y_j) \quad (2-9)$$

上式仅知某一个 y_j 时 X 的条件熵，它随着 y_j 的变化而变化，仍然是一个随机变量。所以应求出 $H(X|y_j)$ 的统计平均值，这样就得到条件熵的定义式为

$$H(X|Y) = \sum_{j=1}^{m} p(y_j) H(X|y_j)$$

$$= -\sum_{i=1}^{n} \sum_{j=1}^{m} p(y_j) p(x_i|y_j) \log p(x_i|y_j)$$

$$= -\sum_{i=1}^{n} \sum_{j=1}^{m} p(x_i y_j) \log p(x_i|y_j)$$

相应地，在给定 X 条件下，Y 的条件熵 $H(Y|X)$ 为

$$H(Y \mid X) = -\sum_{i=1}^{n}\sum_{j=1}^{m} p(x_i y_j)\log p(y_j \mid x_i) \qquad (2-10)$$

【例 2-5】 已知 $X,Y \in \{0,1\}$，XY 构成的联合概率为：$p(00)=p(11)=1/8$，$p(01)=p(10)=3/8$，计算条件熵 $H(X|Y)$。

解　由全概率公式，可得

$$p(y_1=0)=p(x_1 y_1=00)+p(x_2 y_1=10)=\frac{1}{8}+\frac{3}{8}=\frac{1}{2}$$

同理可得

$$p(y_2=1)=\frac{1}{2}$$

再由

$$p(x_i \mid y_j)=\frac{p(x_i y_j)}{p(y_j)} \qquad i,j=1,2$$

得

$$p(x_1=0 \mid y_1=0)=\frac{p(00)}{p(0)}=\frac{p(x_1 y_1=00)}{p(y_1=0)}=\frac{1/8}{1/2}=\frac{1}{4}=p(x_2=1 \mid y_2=1)$$

同理可得

$$p(x_2=1 \mid y_1=0)=p(x_1=0 \mid y_2=1)=\frac{3}{4}$$

由式(2-8)可得

$$\begin{aligned}
H(X \mid Y) &= -p(00)\mathrm{lb}p(0 \mid 0)-p(01)\mathrm{lb}p(0 \mid 1)\\
&\quad -p(10)\mathrm{lb}p(1 \mid 0)-p(11)\mathrm{lb}p(1 \mid 1)\\
&= \left[-(1/8)\mathrm{lb}\frac{1}{4}-\frac{3}{8}\mathrm{lb}\frac{3}{4}\right]\times 2\\
&= 0.812 （比特/符号）
\end{aligned}$$

3. 联合熵

定义 2-7　联合离散符号集 XY 上的每对元素 $x_i y_j$ 的联合自信息量的数学期望为联合熵，用 $H(XY)$ 表示，即

$$H(XY)=\sum_{i=1}^{n}\sum_{j=1}^{m}p(x_i y_j)I(x_i y_j)=-\sum_{i=1}^{n}\sum_{j=1}^{m}p(x_i y_j)\log p(x_i y_j) \qquad (2-11)$$

【例 2-6】 二进制通信系统用符号"0"和"1"表示，由于存在失真，传输时会产生误码，用符号表示下列事件：

x_0：一个"0"发出；x_1：一个"1"发出；y_0：一个"0"收到；y_1：一个"1"收到。

给定概率：$p(x_0)=\frac{1}{2}$，$p(y_0|x_0)=\frac{3}{4}$，$p(y_0|x_1)=\frac{1}{2}$。

(1) 已知发出一个"0"，求收到符号后得到的信息量；

(2) 已知发出的符号，求收到符号后得到的信息量；

(3) 已知发出的和收到的符号，求能得到的信息量；

(4) 已知收到的符号，求被告知发出的符号能得到的信息量。

解 （1）可求出：

$$p(y_1 \mid x_0) = 1 - p(y_0 \mid x_0) = \frac{1}{4}$$

$$H(Y \mid x_0) = -p(y_0 \mid x_0)\log p(y_0 \mid x_0) - p(y_1 \mid x_0)\log p(y_1 \mid x_0)$$

$$= -\frac{3}{4}\mathrm{lb}\frac{3}{4} - \frac{1}{4}\mathrm{lb}\frac{1}{4}$$

$$= 0.82 \text{（比特/符号）}$$

（2）联合概率 $p(x_0 y_0) = p(x_0)p(y_0 \mid x_0) = 3/8$，同理可得

$$p(x_0 y_1) = \frac{1}{8}, \quad p(x_1 y_0) = \frac{1}{4}, \quad p(x_1 y_1) = \frac{1}{4}$$

$$H(Y \mid X) = -\sum_{i=0}^{1}\sum_{j=0}^{1} p(x_i y_j)\log p(y_j \mid x_i)$$

$$= -\frac{3}{8}\mathrm{lb}\frac{3}{4} - \frac{1}{8}\mathrm{lb}\frac{1}{4} - 2\times\frac{1}{4}\mathrm{lb}\frac{1}{2}$$

$$= 0.91 \text{（比特/符号）}$$

（3） $H(XY) = -\sum_{i=0}^{1}\sum_{j=0}^{1} p(x_i y_j)\log p(x_i y_j) = 1.91 \text{（比特/符号）}$

（4）因为

$$p(y_0) = \sum_{i=0}^{1} p(x_i y_0) = \frac{5}{8}$$

$$p(y_1) = \sum_{i=0}^{1} p(x_i y_1) = \frac{3}{8}$$

利用贝叶斯公式可求出

$$p(x_0 \mid y_0) = \frac{p(x_0)p(y_0 \mid x_0)}{p(y_0)} = \frac{3}{5}$$

同理可得

$$p(x_1 \mid y_0) = \frac{2}{5}, \quad p(x_0 \mid y_1) = \frac{1}{3}, \quad p(x_1 \mid y_1) = \frac{2}{3}$$

所以

$$H(X \mid Y) = -\sum_{i=0}^{1}\sum_{j=0}^{1} p(x_i y_j)\log p(x_i \mid y_j) = 0.95 \text{（比特/符号）}$$

2.1.3 信息熵的性质

1. 非负性

信息熵的非负性可表示为

$$H(X) \geqslant 0 \tag{2-12}$$

其中等号成立的充要条件是当且仅当对某 i，$p(x_i)=1$，其余的 $p(x_k)=0(k\neq i)$。

证明 由 $H(X)$ 的定义式（2-7）可知，随机变量 X 的概率分布满足 $0\leqslant p(x)\leqslant 1$，$\log p(x)\leqslant 0$，所以 $H(X)\geqslant 0$。

因为每一项非负，所以必须是每一项为零等号才成立，即 $-p(x_i)\log p(x_i)=0$，此时

只有当 $p(x_i)=0$ 或 $p(x_i)=1$ 时等号才成立，而

$$\sum_{i=1}^{n} p(x_i)=1$$

所以只能有一个 $p(x_i)=1$，而其他 $p(x_k)=0(k \neq i)$。这个信源是一个确知信源，其熵等于零。

2. 对称性

信息熵的对称性是指 $H(X)$ 中的 $p(x_1)$，$p(x_2)$，$\cdots$，$p(x_i)$，$\cdots$，$p(x_n)$ 的顺序任意互换时，熵的值不变。即

$$H(p(x_1), p(x_2), \cdots, p(x_n)) = H(p(x_2), p(x_1), \cdots, p(x_n))$$
$$= \cdots = H(p(x_n), p(x_{n-1}), \cdots, p(x_2), p(x_1)) \tag{2-13}$$

由式(2-7)的右边可以看出，当概率的顺序互换时，只是求和顺序不同，并不影响求和结果。这一性质说明熵的总体特性只与信源的总体结构有关，而与个别消息的概率无关。

例如，两个信源：

$$\begin{bmatrix} X \\ P(X) \end{bmatrix} = \begin{bmatrix} x_1(红) & x_2(黄) & x_3(蓝) \\ \dfrac{1}{3} & \dfrac{1}{6} & \dfrac{1}{2} \end{bmatrix}, \quad \begin{bmatrix} Y \\ P(Y) \end{bmatrix} = \begin{bmatrix} y_1(晴) & y_2(雾) & _3(雨) \\ \dfrac{1}{6} & \dfrac{1}{2} & \dfrac{1}{3} \end{bmatrix}$$

的信息熵相等，其中 x_1，x_2，x_3 分别表示红、黄、蓝三个消息，而 y_1，y_2，y_3 分别表示晴、雾、雨三个消息。因为两个信源的总体统计特性相同，所以信息熵只抽取了信源输出的统计特征，而没有考虑信息的具体含义和效用。

3. 最大离散熵定理

定理 2-1　信源 X 中包含 n 个不同离散消息时，信源熵有

$$H(X) \leqslant \log n \tag{2-14}$$

当且仅当 X 中各个消息出现的概率相等时，等号成立。

证明　自然对数具有性质 $\ln x \leqslant x-1 (x>0)$，当且仅当 $x=1$ 时，该式取等号。这个性质可用图 2-3 表示。

$$H(X) - \log n = -\sum_{i=1}^{n} p(x_i) \log p(x_i) - \sum_{i=1}^{n} p(x_i) \log n$$

$$= \sum_{i=1}^{n} p(x_i) \log \frac{1}{np(x_i)}$$

令

$$u = \frac{1}{np(x_i)}$$

并且

$$\log u = \frac{\ln u}{\ln 2} = \frac{\ln u}{\dfrac{\text{lb } 2}{\text{lb e}}} = \ln u \, \text{lb e}$$

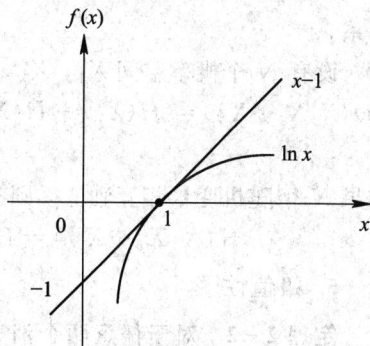

图 2-3　自然对数的性质

得

$$H(X) - \log n = \sum_{i=1}^{n} p(x_i) \ln \frac{1}{np(x_i)} \mathrm{lb}\, e \leqslant \sum_{i=1}^{n} p(x_i) \left[\frac{1}{np(x_i)} - 1 \right] \mathrm{lb}\, e$$

$$= \sum_{i=1}^{n} \left[\frac{1}{n} - p(x_i) \right] \mathrm{lb}\, e = \left[\sum_{i=1}^{n} \frac{1}{n} - \sum_{i=1}^{n} p(x_i) \right] \mathrm{lb}\, e = 0$$

所以

$$H(X) \leqslant \log n$$

等式成立的条件为

$$\frac{1}{np(x_i)} = 1$$

即 $p(x_i) = \frac{1}{n}$。上式表明，等概率分布信源的熵为最大，只要信源中某一信源符号出现的概率较大，就会引起整个信源的熵下降。由于对数函数的单调上升性，集合中元素的数目 n 越多，其熵值就越大。

4. 可加性

信息熵的可加性可表示为

$$H(XY) = H(X) + H(Y \mid X) = H(Y) + H(X \mid Y) \tag{2-15}$$

证明
$$H(XY) = -\sum_{i=1}^{n}\sum_{j=1}^{m} p(x_i y_j) \log p(x_i y_j)$$
$$= -\sum_{i=1}^{n}\sum_{j=1}^{m} p(x_i y_j) \log p(x_i) p(y_j \mid x_i)$$
$$= -\sum_{i=1}^{n}\sum_{j=1}^{m} p(x_i) p(y_j \mid x_i) \log p(x_i)$$
$$\quad -\sum_{i=1}^{n}\sum_{j=1}^{m} p(x_i y_j) \log p(y_j \mid x_i)$$
$$= -\sum_{i=1}^{n} p(x_i) \log p(x_i) \left[\sum_{j=1}^{m} p(y_j \mid x_i) \right] + H(Y \mid X)$$
$$= H(X) + H(Y \mid X)$$

可加性是信息熵的一个重要特性，可以推广到多个随机变量构成的概率空间之间的关系。

设有 N 个概率空间 $X_1, X_2, \cdots, X_N$，其联合熵可表示为

$$H(X_1 X_2 \cdots X_N) = H(X_1) + H(X_2 \mid X_1) + H(X_3 \mid X_1 X_2) + \cdots + H(X_N \mid X_1 X_2 \cdots X_{N-1}) \tag{2-16}$$

如果 N 个随机变量相互独立，则有

$$H(X_1 X_2 \cdots X_N) = H(X_1) + H(X_2) + H(X_3) + \cdots + H(X_N) \tag{2-17}$$

5. 极值性

定理 2-2 对于任意两个消息数相同的信源 X 和 Y，$i=1, 2, \cdots, n$，有

$$-\sum_{i=1}^{n} p(x_i) \log p(x_i) \leqslant -\sum_{i=1}^{n} p(x_i) \log p(y_i) \tag{2-18}$$

其中，$\sum_{i=1}^{n} p(x_i) = \sum_{i=1}^{n} p(y_i) = 1$。

其含义是：任一概率分布对其他概率分布的自信息量取数学期望，必大于等于本身的熵。

极值性的证明与最大离散熵定理的证明类似，此处不再赘述。

由熵的极值性可以证明条件熵小于等于无条件熵（信息熵），即

$$H(X \mid Y) \leqslant H(X) \tag{2-19}$$

证明

$$
\begin{aligned}
H(X \mid Y) &= -\sum_{i=1}^{n} \sum_{j=1}^{m} p(x_i y_j) \log p(x_i \mid y_j) \\
&= -\sum_{i=1}^{n} \sum_{j=1}^{m} p(y_j) p(x_i \mid y_j) \log p(x_i \mid y_j) \\
&= -\sum_{j=1}^{m} p(y_j) \sum_{i=1}^{n} p(x_i \mid y_j) \log p(x_i \mid y_j) \\
&\leqslant -\sum_{j=1}^{m} p(y_j) \sum_{i=1}^{n} p(x_i \mid y_j) \log p(x_i) \\
&= -\sum_{i=1}^{n} \Big[\sum_{j=1}^{m} p(y_j) p(x_i \mid y_j) \Big] \log p(x_i) \\
&= -\sum_{i=1}^{n} p(x_i) \log p(x_i) \\
&= H(X)
\end{aligned}
$$

其中：

$$\sum_{j=1}^{m} p(y_i) p(x_i \mid y_i) = \sum_{j=1}^{m} p(x_i y_i) = p(x_i)$$

当 X 与 Y 互相独立，即 $p(x_i \mid y_j) = p(x_i)$ 时，式（2-19）等号成立。

同理

$$H(Y \mid X) \leqslant H(Y) \tag{2-20}$$

6. 确定性

信息熵的确定性可表示为

$$H(1,0) = H(1,0,0) = \cdots = H(1,0,0,\cdots,0) = 0 \tag{2-21}$$

只要信源符号中有一个符号的出现概率为 1，信息熵就等于零。从总体来看，信源虽然有不同的输出符号，但它只有一个符号是必然出现的，而其他符号则是不可能出现的，这个信源是确知信源。

7. 上凸性

设有一个多元或矢量函数 $f(x_1, x_2, \cdots, x_n) = f(\boldsymbol{X})$，对任一小于 1 的正数 $\alpha(0 < \alpha < 1)$ 及 f 的定义域中任意两个矢量 $\boldsymbol{X}_1, \boldsymbol{X}_2$，若

$$f[\alpha \boldsymbol{X}_1 + (1-\alpha)\boldsymbol{X}_2] > \alpha f(\boldsymbol{X}_1) + (1-\alpha)f(\boldsymbol{X}_2) \tag{2-22}$$

则称 f 为严格上凸函数。

设 $\boldsymbol{P}, \boldsymbol{Q}$ 为两组归一的概率矢量，即

$$\boldsymbol{P} = [p(x_1), p(x_2), \cdots, p(x_n)], \quad \boldsymbol{Q} = [p(y_1), p(y_2), \cdots, p(y_n)]$$

而且

$$0 \leqslant p(x_i) \leqslant 1, \quad 0 \leqslant p(y_i) \leqslant 1, \quad \sum_{i=1}^{n} p(x_i) = \sum_{i=1}^{n} p(y_i) = 1$$

则有

$$H[\alpha \boldsymbol{P} + (1-\alpha)\boldsymbol{Q}] = \sum_{i=1}^{n} [\alpha p(x_i) + (1-\alpha)p(y_i)] \log \frac{1}{\alpha p(x_i) + (1-\alpha)p(y_i)}$$

可以证明

$$0 \leqslant \alpha p(x_i) + (1-\alpha)p(y_i) \leqslant 1$$

因为

$$\alpha > 0, \quad 1-\alpha > 0, \quad p(x_i) \geqslant 0, \quad p(y_i) \geqslant 0$$

所以

$$\alpha p(x_i) + (1-\alpha)p(y_i) \geqslant 0$$

如果

$$\alpha p(x_i) + (1-\alpha)p(y_i) > 1$$

则 $p(y_i) > \dfrac{1-\alpha p(x_i)}{1-\alpha} > 1$，$p(x_i) \neq 1$ 不可能。

当 $p(y_i) = \dfrac{1-\alpha p(x_i)}{1-\alpha}$ 时，有

$$\alpha p(x_i) + (1-\alpha)p(y_i) = 1$$

所以

$$0 \leqslant \alpha p(x_i) + (1-\alpha)p(y_i) \leqslant 1$$

由 $p(x_i)$，$p(y_i)$ 的归一性，证明 $[\alpha p(x_i) + (1-\alpha)p(y_i)]$ 的归一性：

$$\sum_{i=1}^{n} [\alpha p(x_i) + (1-\alpha)p(y_i)] = \alpha \sum_{i=1}^{n} p(x_i) + (1-\alpha) \sum_{i=1}^{n} p(y_i) = \alpha + 1 - \alpha = 1$$

故 $[\alpha p(x_i) + (1-\alpha)p(y_i)]$ 可看做一种新的概率分布，由熵的极值性

$$\alpha \sum_{i=1}^{n} p(x_i) \log \frac{1}{\alpha p(x_i) + (1-\alpha)p(y_i)} \geqslant \alpha H(\boldsymbol{P})$$

当各个 $p(x_i)$，$p(y_i)$ 不完全相等时，有

$$\alpha \sum_{i=1}^{n} p(x_i) \log \frac{1}{\alpha p(x_i) + (1-\alpha)p(y_i)} > \alpha H(\boldsymbol{P})$$

同理

$$(1-\alpha) \sum_{i=1}^{n} p(y_i) \log \frac{1}{\alpha p(x_i) + (1-\alpha)p(y_i)} > (1-\alpha)H(\boldsymbol{Q})$$

上两式相加并整理得

$$H[\alpha \boldsymbol{P} + (1-\alpha)\boldsymbol{Q}] > \alpha H(\boldsymbol{P}) + (1-\alpha)H(\boldsymbol{Q}) \tag{2-23}$$

这就证明了信息熵具有严格的上凸性。

2.1.4　互信息量

1. 互信息量

设有两个随机事件 X 和 Y，X 取值于信源发出的离散消息集合，Y 取值于信宿收到的

离散消息集合。由于信宿事先不知道信源在某一
时刻发出的是哪一个消息，因此每个消息都是随
机事件的一个结果。信源发出消息通过有干扰的
信道传递给信宿，如图 2 - 4 所示。这是最简单的
通信系统模型。

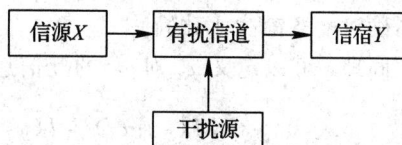

图 2 - 4　简单通信系统模型

由前可知，信源 X 的数学模型为

$$\begin{bmatrix} X \\ P(X) \end{bmatrix} = \begin{bmatrix} x_1 & x_2 & \cdots & x_i & \cdots & x_n \\ p(x_1) & p(x_2) & \cdots & p(x_i) & \cdots & p(x_n) \end{bmatrix}$$

其中 $p(x_i)$ 满足

$$0 \leqslant p(x_i) \leqslant 1, \quad \sum_{i=1}^{n} p(x_i) = 1$$

信宿 Y 的数学模型为

$$\begin{bmatrix} Y \\ P(Y) \end{bmatrix} = \begin{bmatrix} y_1 & y_2 & \cdots & y_j & \cdots & y_m \\ p(y_1) & p(y_2) & \cdots & p(y_j) & \cdots & p(y_m) \end{bmatrix}$$

其中 $p(y_j)$ 满足

$$0 \leqslant p(y_j) \leqslant 1, \quad \sum_{j=1}^{m} p(y_j) = 1$$

定义 2 - 8　一个事件 y_j 所给出的关于另一个事件 x_i 的信息定义为互信息量，用
$I(x_i ; y_j)$ 表示，为 x_i 的后验概率与先验概率比值的对数，即

$$I(x_i ; y_j) = \log \frac{p(x_i \mid y_j)}{p(x_i)} = \log \frac{1}{p(x_i)} - \log \frac{1}{p(x_i \mid y_j)}$$

$$= I(x_i) - I(x_i \mid y_j) \quad (i = 1, 2, \cdots, n; \ j = 1, 2, \cdots, m) \tag{2-24}$$

【例 2 - 7】　某地二月份天气构成的信源为

$$\begin{bmatrix} X \\ P(X) \end{bmatrix} = \begin{bmatrix} x_1(晴) & x_2(阴) & x_3(雨) & x_4(雪) \\ \dfrac{1}{2} & \dfrac{1}{4} & \dfrac{1}{8} & \dfrac{1}{8} \end{bmatrix}$$

收到消息 y_1："今天不是晴天"。收到 y_1 后：$p(x_1 \mid y_1) = 0$，$p(x_2 \mid y_1) = 1/2$，$p(x_3 \mid y_1) =$
$1/4$，$p(x_4 \mid y_1) = 1/4$。计算 y_1 与各种天气之间的互信息量。

解　对天气 x_1，不必再考虑。

对天气 x_2：

$$I(x_2 ; y_1) = \log \frac{p(x_2 \mid y_1)}{p(x_2)} = \text{lb} \frac{1/2}{1/4} = 1 \ (比特)$$

对天气 x_3：

$$I(x_3 ; y_1) = \log \frac{p(x_3 \mid y_1)}{p(x_3)} = \text{lb} \frac{1/4}{1/8} = 1 \ (比特)$$

对天气 x_4：

$$I(x_4 ; y_1) = \log \frac{p(x_4 \mid y_1)}{p(x_4)} = \text{lb} \frac{1/4}{1/8} = 1 \ (比特)$$

结果表明，从 y_1 分别得到了 x_2，x_3，x_4 各 1 比特的信息量，或者说 y_1 使 x_2，x_3，x_4

的不确定度各减少 1 比特。

同理，可以定义 x_i 对 y_j 的互信息量为

$$I(y_j;x_i) = I(y_j) - I(y_j \mid x_i) = \log \frac{p(y_j \mid x_i)}{p(y_j)} \qquad (2-25)$$

互信息量的单位与自信息量的单位一样取决于对数的底数。当对数的底数为 2 时，互信息量的单位为比特。式(2-24)中由于无法确定 $p(x_i \mid y_j)$ 和 $p(x_i)$ 的大小关系，因此 $I(x_i;y_j)$ 不一定大于或等于零。

2. 互信息量的三种不同表达式

1) 观察者站在输出端

$$I(x_i;y_j) = \log \frac{1}{p(x_i)} - \log \frac{1}{p(x_i \mid y_j)} = I(x_i) - I(x_i \mid y_j) \qquad (2-26)$$

其中：$\log \dfrac{1}{p(x_i)}$ 为自信息量，是对 y_j 一无所知的情况下 x_i 存在的不确定度；

$\log \dfrac{1}{p(x_i \mid y_j)}$ 为条件自信息量，是已知 y_j 的条件下 x_i 仍然存在的不确定度；

$I(x_i;y_j)$ 为互信息量，两个不确定度之差是不确定度被消除的部分，即等于自信息量减去条件自信息量。

2) 观察者站在输入端

$$I(y_j;x_i) = \log \frac{1}{p(y_j)} - \log \frac{1}{p(y_j \mid x_i)} = I(y_j) - I(y_j \mid x_i) \qquad (2-27)$$

是观察者得知输入端发出 x_i 前、后对输出端出现 y_j 的不确定度的差。

3) 观察者站在通信系统总体立场上

通信前，输入随机变量 X 和输出随机变量 Y 之间没有任何关联关系，即 X, Y 统计独立，其联合概率密度为

$$p(x_i y_j) = p(x_i) p(y_j)$$

其先验不确定度为

$$I'(x_i y_j) = \log \frac{1}{p(x_i) p(y_j)}$$

通信后，输入随机变量 X 和输出随机变量 Y 之间由信道的统计特性相联系，其联合概率密度为

$$p(x_i y_j) = p(x_i) p(y_j \mid x_i) = p(y_j) p(x_i \mid y_j)$$

其后验不确定度为

$$I''(x_i y_j) = \log \frac{1}{p(x_i y_j)}$$

通信后的互信息量，等于前后不确定度的差，即

$$I(x_i;y_j) = \log \frac{1}{p(x_i) p(y_j)} - \log \frac{1}{p(x_i y_j)} = I'(x_i y_j) - I''(x_i y_j)$$

$$= I(x_i) + I(y_j) - I(x_i y_j) \qquad (2-28)$$

式(2-26)~式(2-28)这三种表达式实际上是等效的，在实际应用中可根据具体情况选用一种较为方便的表达式。

3. 互信息量的性质

1) 对称性

互信息量的对称性可表示为

$$I(x_i;y_j)=I(y_j;x_i) \tag{2-29}$$

上式推导如下：

$$I(x_i;y_j)=\log\frac{p(x_i\mid y_j)}{p(x_i)}=\log\frac{p(x_i\mid y_j)p(y_j)}{p(x_i)p(y_j)}$$

$$=\log\frac{p(x_iy_j)/p(x_i)}{p(y_j)}=\log\frac{p(y_j\mid x_i)}{p(y_j)}$$

$$=I(y_j;x_i)$$

互信息量的对称性表明，两个随机事件的可能结果 x_i 和 y_j 之间的统计约束程度，即从 y_j 得到的关于 x_i 的信息量 $I(x_i;y_j)$ 与从 x_i 得到的关于 y_j 的信息量 $I(y_j;x_i)$ 是一样的，只是观察的角度不同而已。

2) 相互独立时的 X 和 Y

如果 X 发生的概率与 Y 没有任何关系，则

$$p(x_iy_j)=p(x_i)p(y_j) \tag{2-30}$$

此时互信息量为

$$I(x_i;y_j)=\log\frac{p(x_i\mid y_j)}{p(x_i)}=\log\frac{p(x_i\mid y_j)p(y_j)}{p(x_i)p(y_j)}$$

$$=\log\frac{p(x_iy_j)}{p(x_i)p(y_j)}=\log\frac{p(x_i)p(y_j)}{p(x_i)p(y_j)}$$

$$=0 \quad i=1,2,\cdots,n;\ j=1,2,\cdots,m$$

表明 x_i 和 y_j 之间不存在统计约束关系，从 y_j 得不到关于 x_i 的任何信息，反之亦然。

3) 互信息量可为正值或负值

当后验概率大于先验概率时，互信息量为正；当后验概率小于先验概率时，互信息量为负；当后验概率等于先验概率时，互信息量为零，这就是两个随机事件相互独立的情况。

当互信息量为负值时，说明信宿在收到 y_j 后，不仅没有使 x_i 的不确定度减少，反而使 x_i 的不确定度更大。这是通信受到干扰或发生错误所造成的。

【例 2-8】 设已发生的事件 b_j 代表天气的闪电，而 a_i 为各种与天气有关的事件，下面来讨论闪电发生条件对几种 a_i 发生的不确定性的影响。

a_1："打雷"事件，$I(a_1\mid b_j)=0$，$I(a_1;b_j)=I(a_1)>0$（闪电必打雷）；

a_2："下雨"事件，$I(a_2\mid b_j)<I(a_2)$，$I(a_2;b_j)>0$（为下雨提供了一些信息量）；

a_3："雾天"事件，$I(a_3\mid b_j)=I(a_3)$，$I(a_3;b_j)=0$（闪电与雾无关）；

a_4："飞机正点起飞"事件，$I(a_4\mid b_j)>I(a_4)$，$I(a_4;b_j)<0$。

飞机能否正点起飞是一种不确定性，而天气情况常常是这个不确定性的重要因素，闪电的出现增加了这种不确定性。或者说，闪电事件为正点起飞事件带来了负信息量。此时，$I(a_i\mid b_j)>I(a_i)$，而 $I(a_i;b_j)<0$。

4. 条件互信息量

消息 x_i 与消息对 y_jz_k 之间的互信息量定义为

$$I(x_i \,;\, y_j z_k) = \log \frac{p(x_i \mid y_j z_k)}{p(x_i)} \tag{2-31}$$

定义 2-9　在给定 z_k 条件下，x_i 与 y_j 之间的互信息量为

$$I(x_i \,;\, y_j \mid z_k) = \log \frac{p(x_i \mid y_j z_k)}{p(x_i \mid z_k)} \tag{2-32}$$

再引用互信息量的定义和式(2-31)，可得

$$I(x_i \,;\, y_j z_k) = I(x_i \,;\, z_k) + I(x_i \,;\, y_j \mid z_k) \tag{2-33}$$

上式推导过程如下：

$$I(x_i \,;\, y_j z_k) = \log \frac{p(x_i \mid y_j z_k)}{p(x_i)} = \log \frac{p(x_i \mid y_j z_k)}{p(x_i \mid z_k)} \cdot \frac{p(x_i \mid z_k)}{p(x_i)}$$

$$= \log \frac{p(x_i \mid z_k)}{p(x_i)} + \log \frac{p(x_i \mid y_j z_k)}{p(x_i \mid z_k)}$$

$$= I(x_i \,;\, z_k) + I(x_i \,;\, y_j \mid z_k)$$

式(2-33)表明：一个联合事件 $y_j z_k$ 发生后所提供的有关 x_i 的信息量 $I(x_i \,;\, y_j z_k)$，等于 z_k 发生后提供的有关 x_i 的信息量 $I(x_i \,;\, z_k)$ 与给定 z_k 条件下再出现 y_j 后所提供的有关 x_i 的信息量 $I(x_i \,;\, y_j \mid z_k)$ 之和。

2.1.5　平均互信息量

1. 平均互信息量的定义

互信息表示某一事件给出的关于另一事件的信息，它随 x_i 和 y_j 的变化而变化，为了从整体上表示一个随机变量 Y 所给出的关于另一个随机变量 X 的信息量，引入平均互信息量。

定义 2-10　互信息量 $I(x_i \,;\, y_j)$ 在 XY 的联合概率空间中的统计平均值为平均互信息量，用 $I(X \,;\, Y)$ 表示，即

$$I(X \,;\, Y) = \sum_{i=1}^{n} \sum_{j=1}^{m} p(x_i y_j) \log \frac{p(x_i \mid y_j)}{p(x_i)} \tag{2-34}$$

称 $I(X \,;\, Y)$ 是 Y 对 X 的平均互信息量。

同理，X 对 Y 的平均互信息量定义为

$$I(Y \,;\, X) = \sum_{i=1}^{n} \sum_{j=1}^{m} p(x_i y_j) \log \frac{p(y_j \mid x_i)}{p(y_j)} \tag{2-35}$$

根据

$$p(x_i \mid y_j) = \frac{p(x_i y_j)}{p(y_j)}$$

可推出

$$I(X \,;\, Y) = \sum_{i=1}^{n} \sum_{j=1}^{m} p(x_i y_j) \log \frac{p(x_i y_j)}{p(x_i) p(y_j)} \tag{2-36}$$

2. 平均互信息量的物理意义

式(2-34)～式(2-36)给出了平均互信息量的三种不同形式的表达式，下面将从三种不同的角度出发，阐述平均互信息量的物理意义。

（1）由式(2-34)推出：

$$I(X;Y) = \sum_{i=1}^{n} \sum_{j=1}^{m} p(x_i y_j) \log \frac{p(x_i \mid y_j)}{p(x_i)}$$

$$= \sum_{i=1}^{n} \sum_{j=1}^{m} p(x_i y_j) \log \frac{1}{p(x_i)} - \sum_{i=1}^{n} \sum_{j=1}^{m} p(x_i y_j) \log \frac{1}{p(x_i \mid y_j)}$$

$$= \sum_{i=1}^{n} p(x_i) \log \frac{1}{p(x_i)} - \sum_{i=1}^{n} \sum_{j=1}^{m} p(x_i y_j) \log \frac{1}{p(x_i \mid y_j)}$$

$$= H(X) - H(X \mid Y) \tag{2-37}$$

Y 关于 X 的平均互信息量表示接收到输出 Y 前、后关于 X 的平均不确定度减少的量，也就是从 Y 获得的关于 X 的平均信息量。

（2）由式(2-35)推出：

$$I(Y;X) = \sum_{i=1}^{n} \sum_{j=1}^{m} p(x_i y_j) \log \frac{p(y_j \mid x_i)}{p(y_j)}$$

$$= H(Y) - H(Y \mid X) \tag{2-38}$$

X 关于 Y 的平均互信息量表示发出信源 X 前、后关于 Y 的平均不确定度减少的量。

（3）由式(2-36)推出：

$$I(X;Y) = \sum_{i=1}^{n} \sum_{j=1}^{m} p(x_i y_j) \log \frac{p(x_i y_j)}{p(x_i) p(y_j)}$$

$$= H(X) + H(Y) - H(XY) \tag{2-39}$$

Y 关于 X 的平均互信息量还表示通信前后整个系统不确定度减少的量。

【例 2-9】 把已知信源

$$\begin{bmatrix} X \\ P(X) \end{bmatrix} = \begin{bmatrix} x_1 & x_2 \\ 0.5 & 0.5 \end{bmatrix}$$

接到图 2-5 所示的信道上，求在该信道上传输的平均互信息量 $I(X;Y)$、信道疑义度 $H(X \mid Y)$、噪声熵 $H(Y \mid X)$ 和联合熵 $H(XY)$。

解 （1）由 $p(x_i y_j) = p(x_i) p(y_j \mid x_i)$，求出联合概率：

$$p(x_1 y_1) = p(x_1) p(y_1 \mid x_1) = 0.5 \times 0.98 = 0.49$$
$$p(x_1 y_2) = p(x_1) p(y_2 \mid x_1) = 0.5 \times 0.02 = 0.01$$
$$p(x_2 y_1) = p(x_2) p(y_1 \mid x_2) = 0.5 \times 0.20 = 0.10$$
$$p(x_2 y_2) = p(x_2) p(y_2 \mid x_2) = 0.5 \times 0.80 = 0.40$$

（2）由

$$p(y_j) = \sum_{i=1}^{n} p(x_i y_j)$$

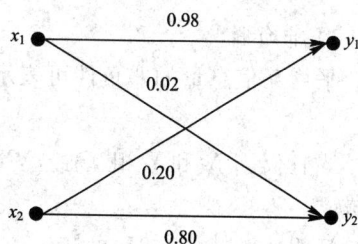

图 2-5　信道范例

得

$$p(y_1) = \sum_{i=1}^{2} p(x_i y_j) = p(x_1 y_1) + p(x_2 y_1) = 0.49 + 0.10 = 0.59$$

$$p(y_2) = 1 - p(y_1) = 1 - 0.59 = 0.41$$

（3）由

$$p(x_i \mid y_j) = \frac{p(x_i y_j)}{p(y_j)}$$

得

$$p(x_1 \mid y_1) = \frac{p(x_1 y_1)}{p(y_1)} = \frac{0.49}{0.59} = 0.831$$

$$p(x_2 \mid y_1) = 1 - p(x_1 \mid y_1) = 0.169$$

同理可推出

$$p(x_1 \mid y_2) = 0.024$$

$$p(x_2 \mid y_2) = 0.976$$

(4) 信息熵和联合熵：

$$H(X) = -\sum_{i=1}^{2} p(x_i) \log p(x_i) = -0.5 \text{lb} 0.5 - 0.5 \text{lb} 0.5 = 1 \text{（比特/符号）}$$

$$H(Y) = -\sum_{i=1}^{2} p(y_i) \log p(y_i) = -0.59 \text{lb} 0.59 - 0.41 \text{lb} 0.41 = 0.98 \text{（比特/符号）}$$

$$H(XY) = -\sum_{i=1}^{2} \sum_{j=1}^{2} p(x_i y_j) \log p(x_i y_j)$$

$$= -0.49 \text{lb} 0.49 - 0.01 \text{lb} 0.01 - 0.10 \text{lb} 0.10 - 0.40 \text{lb} 0.40$$

$$= 1.43 \text{（比特/符号）}$$

(5) 平均互信息量：

$$I(X;Y) = H(X) + H(Y) - H(XY) = 1 + 0.98 - 1.43 = 0.55 \text{（比特/符号）}$$

(6) 信道疑义度：

$$H(X \mid Y) = H(X) - I(X;Y) = 1 - 0.55 = 0.45 \text{（比特/符号）}$$

(7) 噪声熵：

$$H(Y \mid X) = H(Y) - I(X;Y) = 0.98 - 0.55 = 0.43 \text{（比特/符号）}$$

3. 平均互信息量的性质

1) 非负性

平均互信息量的非负性可表示为

$$I(X;Y) \geqslant 0 \tag{2-40}$$

当且仅当 X 和 Y 相互独立，即 $p(x_i y_j) = p(x_i) p(y_j)$ 对所有 i，j 都成立时，式中等号成立。

证明 由式(2-37)可知：

$$I(X;Y) = H(X) - H(X \mid Y)$$

由熵的极值性推出 $H(X \mid Y) \leqslant H(X)$，当 X 和 Y 相互独立时，等号成立。所以 $I(X;Y) \geqslant 0$。

非负性说明给定随机变量 Y 后，一般来说总能消除一部分关于 X 的不确定性。也可以说从一个事件提取关于另一个事件的信息，最坏的情况是 0，不会由于知道了一个事件反而使另一个事件的不确定度增加。

在例 2-8 关于闪电事件的例子中，设闪电是系统 B 中发生的一个事件，而打雷、下雨、下雾和飞机正点起飞是系统 A 中的事件，则闪电的发生虽给"正点起飞"带来负信息，使其不确定性更大了，但对其他事件，比如对"打雷"事件会消除全部不确定性，对"下雨"事件也通过了正信息，减少了不确定性。总体平均来说，闪电的发生，给系统 A 提供了有利于解除不确定性的信息，故 $I(A；闪电) > 0$。

2）对称性

平均互信息量的对称性可表示为

$$I(X；Y) = I(Y；X) \qquad (2-41)$$

证明　按定义：

$$I(X；Y) = \sum_{i=1}^{n} \sum_{j=1}^{m} p(x_i y_j) \log \frac{p(x_i \mid y_j)}{p(x_i)}$$

$$= \sum_{i=1}^{n} \sum_{j=1}^{m} p(x_i y_j) \log \frac{p(x_i y_j)}{p(x_i) p(y_j)}$$

$$= \sum_{i=1}^{n} \sum_{j=1}^{m} p(x_i y_j) \log \frac{p(y_j \mid x_i)}{p(y_j)}$$

$$= I(Y；X)$$

对称性表示从 Y 中获得的关于 X 的信息量等于从 X 中获得的关于 Y 的信息量。

3）极值性

平均互信息量的极值性可表示为

$$I(X；Y) \leqslant H(X) \qquad (2-42)$$
$$I(Y；X) \leqslant H(Y) \qquad (2-43)$$

证明　由于

$$\log \frac{1}{p(x \mid y)} \geqslant 0$$

根据 $H(X|Y)$ 的定义，可得 $H(X|Y) \geqslant 0$，同理 $H(Y|X) \geqslant 0$，而 $I(X；Y)$，$H(X)$，$H(Y)$，是非负的，又

$$I(X；Y) = H(X) - H(X \mid Y) = H(Y) - H(Y \mid X)$$

所以

$$I(X；Y) \leqslant H(X)，\quad I(X；Y) \leqslant H(Y)$$

当随机变量 X 和 Y 是确定意义的对应关系时，从数学上来说，有

$$p(x_i \mid y_j) = \begin{cases} 1 & i = j \\ 0 & i \neq j \end{cases}$$

此时条件熵

$$H(X \mid Y) = \sum_{i=1}^{n} \sum_{j=1}^{m} p(x_i y_j) \log p(x_i \mid y_j) = 0$$

则

$$I(X；Y) = H(X)$$

极值性说明从一个事件获得的关于另一个事件的信息量至多只能是另一个事件的平均自信息量，不会超过另一个事件本身所含的信息量。

4）凸函数性

由平均互信息量的定义：

$$I(Y;X) = \sum_{i=1}^{n}\sum_{j=1}^{m} p(x_iy_j)\log\frac{p(y_j\mid x_i)}{p(y_j)}$$

$$= \sum_{i=1}^{n}\sum_{j=1}^{m} p(x_i)p(y_j\mid x_i)\log\frac{p(y_j\mid x_i)}{\sum_{i=1}^{n}p(x_i)p(y_j\mid x_i)} \qquad (2-44)$$

显然，平均互信息量是 $p(x_i)$ 和 $p(y_j\mid x_i)$ 的函数，即

$$I(X;Y) = f[p(x_i),\ p(y_j\mid x_i)] \qquad (2-45)$$

若信道固定，则

$$I(X;Y) = f[p(x_i)] \qquad (2-46)$$

若信源固定，则

$$I(X;Y) = f[p(y_j\mid x_i)] \qquad (2-47)$$

定理 2-3　当条件概率分布 $p(y_j\mid x_i)$ 给定时，$I(X;Y)$ 是输入信源概率分布 $p(x_i)$ 的严格上凸函数。

证明　所谓上凸函数，是指同一信源集合 $\{x_1,\ x_2,\ \cdots,\ x_n\}$，对应两个不同的概率分布 $\{p_1(x_i),\ i=1,\ 2,\ \cdots,\ n\}$ 和 $\{p_2(x_i),\ i=1,\ 2,\ \cdots,\ n\}$，若有小于 1 的正数 $0<\alpha<1$，$\alpha+\beta=1$，使不等式

$$f[\alpha p_1(x_i) + \beta p_2(x_i)] \geqslant \alpha f[p_1(x_i)] + \beta f[p_2(x_i)] \qquad (2-48)$$

成立，则称函数 f 为 $\{p(x_i),\ i=1,\ 2,\ \cdots,\ n\}$ 的上凸函数。如果式 $(2-48)$ 中仅有大于号成立，则称 f 为严格上凸函数。

给定信道及其转移概率分布 $p(y_j\mid x_i)$，考虑两个输入随机变量 X_1，X_2，其概率分布为 $p_1(x_i)$，$p_2(x_i)$，输入随机变量 X，其概率分布 $p(x_i)=\alpha\,p_1(x_i)+\beta\,p_2(x_i)$，$\alpha,\ \beta\geqslant 0$，且 $\alpha+\beta=1$。

若定理成立，根据上凸函数的定义，需要证明：

$$\alpha I(X_1;Y_1) + \beta I(X_2;Y_2) \leqslant I(X;Y) \qquad (2-49)$$

其中 Y_1，Y_2，Y 是与 X_1，X_2，X 对应的输出。

$$\alpha I(X_1;Y_1) + \beta I(X_2;Y_2) - I(X;Y)$$

$$= \sum_{x,y}\alpha p_1(xy)\log\frac{p(y\mid x)}{p_1(y)} + \sum_{x,y}\beta p_2(xy)\log\frac{p(y\mid x)}{p_2(y)}$$

$$- \sum_{x,y}[\alpha p_1(xy)+\beta p_2(xy)]\log\frac{p(y\mid x)}{p(y)}$$

$$= \alpha\sum_{x,y} p_1(xy)\log\frac{p(y)}{p_1(y)} + \beta\sum_{x,y} p_2(xy)\log\frac{p(y)}{p_2(y)}$$

$$\leqslant \alpha\log\sum_{x,y} p_1(xy)\frac{p(y)}{p_1(y)} + \beta\log\sum_{x,y} p_2(xy)\frac{p(y)}{p_2(y)} \qquad \text{（根据詹森不等式）}$$

$$= \alpha\log\sum_{y}\frac{p(y)}{p_1(y)}\sum_{x} p_1(xy) + \beta\log\sum_{y}\frac{p(y)}{p_2(y)}\sum_{x} p_2(xy)$$

$$= \alpha\log\sum_{y}\frac{p(y)}{p_1(y)}p_1(y) + \beta\log\sum_{y}\frac{p(y)}{p_2(y)}p_2(y)$$

$$= \alpha\log 1 + \beta\log 1$$

$$= 0$$

这就证明了平均互信息量是输入信源概率分布 $p(x_i)$ 的严格上凸函数。

由上凸函数的定义可知,当条件概率分布 $p(y_j|x_i)$ 给定时,平均互信息量 $I(X;Y)$ 是输入分布 $p(x_i)$ 的上凸函数。如果把条件概率分布 $p(y_j|x_i)$ 看成信道的转移概率分布,那么存在一个最佳信道输入分布 $p(x_i)$ 使 $I(X;Y)$ 的值最大。

【例 2 - 10】 设二进制对称信道的输入概率空间为

$$\begin{bmatrix} X \\ P(X) \end{bmatrix} = \begin{bmatrix} x_1(0) & x_2(1) \\ p & \bar{p} = 1-p \end{bmatrix}$$

信道转移概率如图 2-6 所示。由信道决定的条件熵:

$$H(Y \mid X) = -\sum_{i=1}^{2} \sum_{j=1}^{2} p(x_i) p(y_j \mid x_i) \log p(y_j \mid x_i)$$

$$= \sum_{i=1}^{2} p(x_i) [-(\bar{q} \log \bar{q} + q \log q)]$$

$$= \sum_{i=1}^{2} p(x_i) H(q)$$

$$= H(q)$$

由

$$p(y_j) = \sum_{i=1}^{n} p(x_i) p(y_j \mid x_i)$$

求得

$$p(y_1) = P(Y=0) = pq + \bar{p}\,\bar{q}$$

$$p(y_2) = P(Y=1) = p\bar{q} + \bar{p}q$$

所以

$$H(Y) = -[(pq + \bar{p}\,\bar{q}) \log(pq + \bar{p}\,\bar{q}) + (p\bar{q} + \bar{p}q) \log(p\bar{q} + \bar{p}q)]$$

$$= H(p\bar{q} + \bar{p}q)$$

平均互信息量:

$$I(X;Y) = H(Y) - H(Y \mid X) = H(p\bar{q} + \bar{p}q) - H(q) \tag{2-50}$$

在式(2-50)中,当 q 不变即固定信道特性时,可得 $I(X;Y)$ 随输入概率分布 p 变化的曲线,如图 2-7 所示。二进制对称信道特性固定后,输入呈等概率分布时,平均而言在接收端可获得最大的信息量。

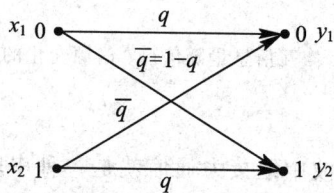

图 2-6 二元对称信道范例

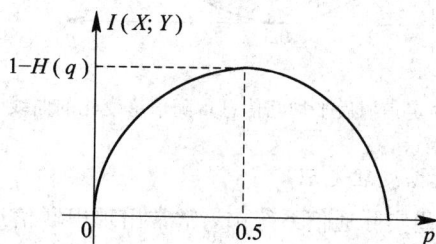

图 2-7 固定信道后平均互信息量随信源变化的曲线

定理 2-4 对于固定的输入分布 $p(x_i)$，$I(X;Y)$ 是条件概率分布 $p(y_j|x_i)$ 的严格下凸函数。

证明 给定信道输入的概率分布 $p(x_i)$，考虑两组信道转移概率分布 $p_1(y|x)$，$p_2(y|x)$ 和信道转移概率分布 $p(y|x)=\alpha p_1(y|x)+\beta p_2(y|x)$，$\alpha,\beta \geqslant 0$，$\alpha+\beta=1$ 时定理成立，即

$$\alpha I(X;Y_1)+\beta I(X;Y_2) \geqslant I(X;Y) \tag{2-51}$$

其中 Y，Y_1，Y_2 是对应转移概率分布 $p(y|x)$，$p_1(y|x)$、$p_2(y|x)$ 的输出。下凸函数的证明与上凸函数类似，此处不再赘述。

由下凸函数的定义可知，在给定输入分布的情况下，平均互信息量 $I(X;Y)$ 是输入分布 $p(y_j|x_i)$ 的下凸函数。如果把条件概率分布 $p(y_j|x_i)$ 看成信道的转移概率分布，那么对于给定的输入分布，必存在一种最差的信道，此信道的干扰最大，收信者获得的信息量最小。

在式(2-50)中，当固定信源特性 p 时，$I(X;Y)$ 就是信道特性 q 的函数，如图 2-8 所示。当二进制对称信道特性 $q=\bar{q}=\dfrac{1}{2}$ 时，信道输出端获得的信息量最小，即等于 0。说明信源的全部信息都损失在信道中了，这是一种最差的信道。

如果上凸函数在该函数的定义域内有极值的话，这个极值一定是极大值；而下凸函数在定义域内的极值一定是极小值。由此可见，定理 2-3 和定理 2-4 是两个互为对偶的问题。在后面的讨论中我们会逐渐明白，定理 2-3 是研究信道容量的理论基础，定理 2-4 是研究信源的信息率失真函数的理论基础。

图 2-9 是平均互信息量随信道、信源变化的仿真结果。

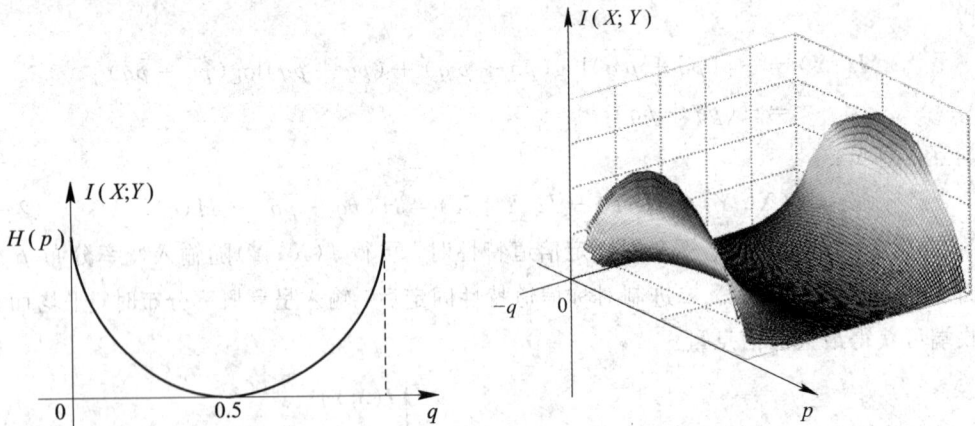

图 2-8 固定信源后平均互信息量随信道变化的曲线　图 2-9 平均互信息量随信道、信源变化的曲线

5) 数据处理定理

在一些实际通信系统中，常常出现串联信道。例如微波中继接力通信就是一种串联信道。另外，信宿收到的信号或数据，常常需要再进行适当的处理，数据处理系统可看成一种信道，它与前面传输数据的信道构成串联信道。

图 2-10 表示两个单符号离散信道串联的情况。信道 Ⅰ 的输入随机变量为 X，取值于集合 $\{x_1, x_2, \cdots, x_n\}$，其输出随机变量为 Y，取值于 $\{y_1, y_2, \cdots, y_m\}$；信道 Ⅱ 的输入随机变量是 Y，输出随机变量为 Z，取值于 $\{z_1, z_2, \cdots, z_k\}$。假设 Y 条件下 X 和 Z 相互独立。

定理 2-5　当消息经过多级处理后，随着处理器数目的增多，输入消息与输出消息之间的平均互信息量趋于变小。

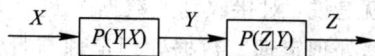

图 2-10　两级串联信道的情况

图 2-10 所示的两级串联信道，其数据处理定理的数学表示式为

$$I(X;Z) \leqslant I(X;Y) \tag{2-52}$$

$$I(X;Z) \leqslant I(Y;Z) \tag{2-53}$$

为了表述数据处理定理，需要引入三元随机变量 X，Y，Z 的平均条件互信息量和平均联合互信息量。

定义 2-11　平均条件互信息量为

$$I(X;Y \mid Z) = E[I(x;y \mid z)] = \sum_x \sum_y \sum_z p(xyz) \log \frac{p(x \mid yz)}{p(x \mid z)} \tag{2-54}$$

它表示随机变量 Z 给定后，从随机变量 Y 所得到的关于随机变量 X 的信息量。

定义 2-12　平均联合互信息量为

$$I(X;YZ) = E[I(x;yz)] = \sum_x \sum_y \sum_z p(xyz) \log \frac{p(x \mid yz)}{p(x)} \tag{2-55}$$

它表示从二维随机变量 YZ 所得到的关于随机变量 X 的信息量。

可以证明

$$I(X;YZ) = \sum_x \sum_y \sum_z p(xyz) \log \frac{p(x \mid z)p(x \mid yz)}{p(x)p(x \mid z)}$$

$$= I(X;Z) + I(X;Y \mid Z) \tag{2-56}$$

同理：

$$I(X;YZ) = I(X;Y) + I(X;Z \mid Y) \tag{2-57}$$

在此基础上，下面证明式(2-52)。

证明　当 X，Y，Z 构成一个马尔可夫链，Y 值给定后，X，Z 可以认为是互相独立的。所以

$$I(X;Z \mid Y) = 0$$

又因为

$$I(X;YZ) = I(X;Y) + I(X;Z \mid Y) = I(X;Z) + I(X;Y \mid Z)$$

并且 $I(X;Y \mid Z) \geqslant 0$，所以 $I(X;Z) \leqslant I(X;Y)$。

当 $p(x \mid yz) = p(x \mid z)$ 时，Z 值给定后，X 和 Y 相互独立，所以 $I(X;Y \mid Z) = 0$。因此 $I(X;Z) = I(X;Y)$。这时 $p(x \mid yz) = p(x \mid z) = p(x \mid y)$，$Y$，$Z$ 为确定关系时显然满足该条件。

同理可以证明 $I(X;Z) \leqslant I(Y;Z)$，并且当 $p(z|xy) = p(z|x)$ 时，等号成立。

$I(X;Z) \leqslant I(X;Y)$ 表明从 Z 所得到的关于 X 的信息量小于等于从 Y 所得到的关于 X 的信息量。如果把 $Y \rightarrow Z$ 看做数据处理系统，那么通过数据处理后，虽然可以满足我们的某种具体要求，但是从信息量来看，处理后会损失一部分信息，最多保持原有的信息，也就是说，对接收到的数据 Y 进行处理后，决不会减少关于 X 的不确定性。这个定理称为数据处理定理。数据处理定理与日常生活中的经验是一致的。比如，通过别人转述一段话或多或少会有一些失真，通过书本得到的间接经验总不如直接经验来得翔实。图 2-10 所示的两级串联信道可直观表明该定理的含义。

数据处理定理再一次说明，在任何信息传输系统中，最后获得的信息至多是信源所提供的信息，一旦在某一过程中丢失一些信息，以后的系统不管如何处理，如不触及丢失信息的输入端，就不能再恢复已丢失的信息，这就是信息不增性定理。

2.1.6 各种熵之间的关系

以上我们讨论了离散信源的无条件熵、条件熵、联合熵和平均互信息量（互熵）的概念。为了便于理解，我们把它们的关系列于表 2-1。

表 2-1 各种熵之间的关系

名 称	符 号	关 系	图 示
无条件熵	$H(X)$	$H(X) \geqslant H(X|Y)$ $= H(X|Y) + I(X;Y)$ $H(X) = H(XY) - H(Y|X)$	
无条件熵	$H(Y)$	$H(Y) \geqslant H(Y|X)$ $= H(Y|X) + I(X;Y)$ $H(Y) = H(XY) - H(X|Y)$	
条件熵	$H(X|Y)$	$H(X|Y) = H(XY) - H(Y)$ $= H(X) - I(X;Y)$	
条件熵	$H(Y|X)$	$H(Y|X) = H(XY) - H(X)$ $= H(Y) - I(X;Y)$	

续表

名　称	符　号	关　系	图　示
联合熵	$H(XY)=H(YX)$	$\begin{aligned} H(XY) &= H(X)+H(Y\mid X) \\ &= H(Y)+H(X\mid Y) \\ &= H(X)+H(Y)-I(X;Y) \\ &= H(X\mid Y)+H(Y\mid X)+I(X;Y) \end{aligned}$	X　Y
交互熵	$I(X;Y)=I(Y;X)$	$\begin{aligned} I(X;Y) &= H(X)-H(X\mid Y) \\ &= H(Y)-H(Y\mid X) \\ &= H(XY)-H(Y\mid X)-H(X\mid Y) \\ &= H(X)+H(Y)-H(XY) \end{aligned}$	X　Y

2.2　多符号离散平稳信源

前面讨论了单符号离散信源，实际的信源输出的消息是时间或空间上离散的一系列随机变量。这类信源每次输出的不是一个单个的符号，而是一个符号序列。例如计算机串行通信系统，发出的是一串有、无脉冲的信号序列。通常信源输出的序列中，每一位出现哪个符号都是随机的，而且一般前后符号的出现是有统计依赖关系的。这种信源我们称为多符号离散信源或扩展信源。这种信源可用随机矢量或随机变量序列来描述，即

$$\boldsymbol{X} = (X_1, X_2, X_3, \cdots)$$

此类信源在不同时刻的随机变量 X_i 和 X_{i+r} 的概率分布 $P(X_i)$ 和 $P(X_{i+r})$ 一般来说是不相同的，即随机变量的统计特性随着时间的推移而有所变化。这种情况比较复杂，分析起来也比较困难。为了便于研究，假定随机矢量 $\boldsymbol{X}$ 中随机变量的各维联合概率分布均不随时间的推移而变化，或者说，信源所发符号序列的概率分布与时间的起点无关，这种信源称为多符号离散平稳信源。

下面讨论多符号离散无记忆信源和两类较简单的离散有记忆序列信源，即离散平稳信源和马尔可夫信源。

2.2.1　无记忆扩展信源的熵

为了方便，假定随机变量序列的长度是有限的，如果信源输出的消息序列中符号之间无相互依赖关系即统计独立，则称这类信源为离散平稳无记忆信源，或称为离散平稳无记忆信源的扩展信源。

如上述计算机串行通信系统中，可以认为每次发出一组含两个以上符号的符号序列代表一个消息，而且所发出的各个符号是相互独立的信源。各个符号的出现概率是它自身先验概率，序列中符号组的长度即为扩展次数。为方便起见，可假定随机变量序列长度是有限的。

1. 离散无记忆二进制信源 $\boldsymbol{X}$ 的二次扩展信源

二次扩展信源输出的消息符号序列是分组发出的，每两个二进制数构成一组，则新的等效信源 $\boldsymbol{X}$ 的输出符号为 00，01，10，11。

若单符号离散信源的数学模型为

$$\begin{bmatrix} X \\ P(X) \end{bmatrix} = \begin{bmatrix} x_1 & x_2 \\ p(x_1) & p(x_2) \end{bmatrix}$$

则二次扩展信源的数学模型为

$$\begin{bmatrix} \boldsymbol{X} \\ P(\boldsymbol{X}) \end{bmatrix} = \begin{bmatrix} \boldsymbol{a}_1 & \boldsymbol{a}_2 & \boldsymbol{a}_3 & \boldsymbol{a}_4 \\ p(\boldsymbol{a}_1) & p(\boldsymbol{a}_2) & p(\boldsymbol{a}_3) & p(\boldsymbol{a}_4) \end{bmatrix}$$

其中，$\boldsymbol{X}$ 表示二次扩展信源。这里，$\boldsymbol{a}_1 = 00$，$\boldsymbol{a}_2 = 01$，$\boldsymbol{a}_3 = 10$，$\boldsymbol{a}_4 = 11$。且有

$$p(\boldsymbol{a}_i) = p(x_{i_1})p(x_{i_2}) \qquad i_1, i_2 \in \{1, 2\}$$

2. 离散无记忆信源 X 的 N 次扩展信源

定义 2-13 设一单符号离散信源的数学模型为

$$\begin{bmatrix} X \\ P(X) \end{bmatrix} = \begin{bmatrix} x_1 & x_2 & \cdots & x_n \\ p(x_1) & p(x_2) & \cdots & p(x_n) \end{bmatrix}$$

满足

$$\sum_{i=1}^{n} p(x_i) = 1$$

则其 N 次扩展信源用 $\boldsymbol{X}$ 来表示，其数学模型为

$$\begin{bmatrix} \boldsymbol{X} \\ P(\boldsymbol{X}) \end{bmatrix} = \begin{bmatrix} \boldsymbol{a}_1 & \boldsymbol{a}_2 & \cdots & \boldsymbol{a}_i & \cdots & \boldsymbol{a}_{n^N} \\ p(\boldsymbol{a}_1) & p(\boldsymbol{a}_2) & \cdots & p(\boldsymbol{a}_i) & \cdots & p(\boldsymbol{a}_{n^N}) \end{bmatrix}$$

满足

$$\sum_{i=1}^{n^N} p(\boldsymbol{a}_i) = 1$$

每个符号 $\boldsymbol{a}_i$ 对应于某个由 N 个 x_i 组成的序列。

在 N 次扩展信源 $\boldsymbol{X}$ 中，符号序列构成的矢量其各分量之间是彼此统计独立的，即

$$p(\boldsymbol{a}_i) = p(x_{i_1})p(x_{i_2}) \cdots p(x_{i_N}) \qquad i_1, i_2, \cdots, i_N \in \{1, 2, \cdots, n\}$$

定义 2-14 N 次扩展信源的熵按信息熵的定义为

$$H(\boldsymbol{X}) = -\sum_{i=1}^{n^N} p(\boldsymbol{a}_i) \log p(\boldsymbol{a}_i) \tag{2-58}$$

当取以 2 为底数的对数时，其单位为比特/符号序列。

N 次扩展信源的熵可以按熵的性质进行推导：

$$H(\boldsymbol{X}) = H(X_1 X_2 \cdots X_N)$$
$$= H(X_1) + H(X_2 \mid X_1) + H(X_3 \mid X_1 X_2) + \cdots + H(X_N \mid X_1 X_2 \cdots X_{N-1})$$

由于无记忆扩展信源的各 X_i 之间是彼此独立的，且各个 $H(X_i) = H(X)$，因此

$$H(\boldsymbol{X}) = H(X_1 X_2 \cdots X_N)$$
$$= H(X_1) + H(X_2) + H(X_3) + \cdots + H(X_N) = NH(X) \tag{2-59}$$

离散平稳无记忆信源 X 的 N 次扩展信源的熵是离散信源 X 的 N 倍。

【例 2-11】 有一离散平稳无记忆信源：

$$\begin{bmatrix} X \\ P(X) \end{bmatrix} = \begin{bmatrix} x_1 & x_2 & x_3 \\ 1/2 & 1/4 & 1/4 \end{bmatrix} \qquad \sum_{i=1}^{3} p(x_i) = 1$$

求这个信源的二次扩展信源的概率空间及信息熵。

解 信源 X 的二次扩展信源 $X^2(\boldsymbol{X})$ 的概率空间见表 2-2。

表 2-2 信源 X^2 的概率空间

X^2 信源符号 a_i	a_1	a_2	a_3	a_4	a_5	a_6	a_7	a_8	a_9
对应的符号序列	$x_1 x_1$	$x_1 x_2$	$x_1 x_3$	$x_2 x_1$	$x_2 x_2$	$x_2 x_3$	$x_3 x_1$	$x_3 x_2$	$x_3 x_3$
概率 $p(a_i)$	$\dfrac{1}{4}$	$\dfrac{1}{8}$	$\dfrac{1}{8}$	$\dfrac{1}{8}$	$\dfrac{1}{16}$	$\dfrac{1}{16}$	$\dfrac{1}{8}$	$\dfrac{1}{16}$	$\dfrac{1}{16}$

由于信源 X 共有 3 个不同的消息符号，所以信源 X 中每两个符号组成的不同排列共有 $3^2=9$ 种，可得二次扩展信源共有 9 个不同的符号。又因为信源 X 是无记忆的，所以二次扩展信源的概率空间为

$$\begin{bmatrix} X^2 \\ P(X^2) \end{bmatrix} = \begin{bmatrix} a_1 & a_2 & a_3 & a_4 & a_5 & a_6 & a_7 & a_8 & a_9 \\ \dfrac{1}{4} & \dfrac{1}{8} & \dfrac{1}{8} & \dfrac{1}{8} & \dfrac{1}{16} & \dfrac{1}{16} & \dfrac{1}{8} & \dfrac{1}{16} & \dfrac{1}{16} \end{bmatrix}$$

单符号离散信源熵：

$$H(X) = -\sum_{i=1}^{3} p(x_i) \log p(x_i) = \frac{1}{2} \text{lb} \, 2 + \frac{1}{4} \text{lb} \, 4 + \frac{1}{4} \text{lb} \, 4 = 1.5 \, (\text{比特/符号})$$

二次扩展信源的熵：

$$H(X^2) = -\sum_{i=1}^{9} p(a_i) \log p(a_i) = 3 \, (\text{比特/符号序列}) = 2H(X)$$

2.2.2 离散平稳信源的熵

前面讨论的是离散无记忆信源及其扩展信源，实际中大多数信源不是这种简单的无记忆信源。一般情况下，离散信源的输出是空间和时间的离散符号序列，而且在序列中符号之间有依赖关系，可用联合概率分布函数来描述，而且其统计特性可能会随时间而变化，在不同时刻其输出序列的概率分布可能不同，这是最一般的有记忆信源的情况。为便于分析，本书只讨论其中一类特殊的信源，即平稳信源。

1. 定义

定义 2-15 对于随机变量序列 $\boldsymbol{X} = (X_1, X_2, \cdots, X_N)$，若任意两个不同时刻 i 和 j（大于 2 的任意整数），信源发出消息的概率分布完全相同，即

$$P(X_i = x_1) = P(X_j = x_1) = p(x_1)$$
$$P(X_i = x_2) = P(X_j = x_2) = p(x_2)$$
$$\vdots$$
$$P(X_i = x_n) = P(X_j = x_n) = p(x_n)$$

则称这种信源为一维平稳信源。一维平稳信源无论在什么时刻均以 $\{p(x_1), p(x_2), \cdots, p(x_n)\}$ 分布发出符号。

定义 2-16 除上述条件外，如果联合概率分布 $P(X_i X_{i+1})$ 也与时间起点无关，即

$$P(X_i = x_1, X_{i+1} = x_2) = P(X_j = x_1, X_{j+1} = x_2) = p(x_1 x_2)$$

其中，$x_1, x_2 \in X = (x_1, x_2, \cdots, x_n)$，则称信源为二维平稳信源。这种信源在任何时刻发出两个符号的概率完全相同。

定义 2-17 如果各维联合概率分布均与时间起点无关，即对两个不同的时刻 i 和 j，有

$$P(X_i) = P(X_j)$$
$$P(X_i X_{i+1}) = P(X_j X_{j+1})$$
$$\vdots$$
$$P(X_i X_{i+1} X_{i+2} \cdots X_{i+N}) = P(X_j X_{j+1} X_{j+2} \cdots X_{j+N})$$

这种各维联合概率分布均与时间起点无关的完全平稳信源称为离散平稳信源。

2. 二维平稳信源

最简单的离散有记忆平稳信源是 N 为 2 的情况，即二维平稳信源，它满足一维和二维概率分布与起点无关。信源发出的符号序列中，每两个符号看做一组，每组代表信源 $\boldsymbol{X} = X_1 X_2$ 的一个消息。由平稳的定义可知，每组中的后一个符号与前一个符号有统计关联关系，而这种概率性的关联与时间的起点无关。为了便于分析，我们假定符号序列的组与组之间是统计独立的。这与实际情况不符，由此得到的信源熵仅仅是近似值。但是当每组中符号的个数很多(组的长度很长)时，组与组之间关联性比较强的只是前一组末尾的一些符号和后一组开头的一些符号，随着每组序列长度的增加，这种差距越来越小。

1) 数学模型

假设 X_1，$X_2 \in \{x_1, x_2, \cdots, x_n\}$，则矢量

$$\boldsymbol{X} \in \{x_1 x_1, \cdots, x_1 x_n, x_2 x_1, \cdots, x_2 x_n, \cdots, x_n x_1, \cdots, x_n x_n\}$$

令

$$\boldsymbol{a}_i = x_{i1} x_{i2} \qquad i_1, i_2 = 1, 2, \cdots, n$$

则

$$i = 1, 2, \cdots, n^2$$

设单符号离散信源的概率空间为

$$\begin{bmatrix} X \\ P(X) \end{bmatrix} = \begin{bmatrix} x_1 & x_2 & \cdots & x_n \\ p(x_1) & p(x_2) & \cdots & p(x_n) \end{bmatrix}$$

满足

$$\sum_{i=1}^{n} p(x_i) = 1$$

二维平稳信源 $\boldsymbol{X} = X_1 X_2$ 的概率空间为

$$\begin{bmatrix} \boldsymbol{X} \\ P(\boldsymbol{X}) \end{bmatrix} = \begin{bmatrix} \boldsymbol{a}_1 & \boldsymbol{a}_2 & \cdots & \boldsymbol{a}_{n^2} \\ p(\boldsymbol{a}_1) & p(\boldsymbol{a}_2) & \cdots & p(\boldsymbol{a}_{n^2}) \end{bmatrix}$$

并且

$$\sum_{i=1}^{n^2} p(\boldsymbol{a}_i) = \sum_{i_1=1}^{n} \sum_{i_2=1}^{n} p(x_{i_1}) p(x_{i_2} \mid x_{i_1})$$
$$= \sum_{i_1=1}^{n} p(x_{i_1}) \sum_{i_2=1}^{n} p(x_{i_2} \mid x_{i_1}) = 1$$

即新的信源也满足概率的归一性。

2) 熵

根据信息熵的定义，新信源 $X_1 X_2$ 的熵为

$$H(\boldsymbol{X}) = H(X_1 X_2) = \sum_{i_1=1}^{n} \sum_{i_2=1}^{n} p(x_{i_1} x_{i_2}) \log \frac{1}{p(x_{i_1} x_{i_2})}$$

$$= \sum_{i_1=1}^{n} \sum_{i_2=1}^{n} p(x_{i_1} x_{i_2}) \log \frac{1}{p(x_{i_1}) p(x_{i_2} \mid x_{i_1})}$$

$$= \sum_{i_1=1}^{n} \sum_{i_2=1}^{n} p(x_{i_1} x_{i_2}) \log \frac{1}{p(x_{i_1})} + \sum_{i_1=1}^{n} \sum_{i_2=1}^{n} p(x_{i_1} x_{i_2}) \log \frac{1}{p(x_{i_2} \mid x_{i_1})}$$

$$= H(X_1) + H(X_2 \mid X_1) \tag{2-60}$$

其中：

$$\sum_{i_2=1}^{n} p(x_{i_1} x_{i_2}) = p(x_{i_1})$$

由式(2-60)得到这样一个结论：两个有相互依赖关系的随机变量 X_1 和 X_2 所组成的随机矢量 $\boldsymbol{X} = X_1 X_2$ 的联合熵 $H(\boldsymbol{X})$，等于第一个随机变量的熵 $H(X_1)$ 与第一个随机变量 X_1 已知的前提下第二个随机变量 X_2 的条件熵 $H(X_2 \mid X_1)$ 之和。

当随机变量 X_1 和 X_2 相互统计独立时，有

$$p(\boldsymbol{a}_i) = p(x_{i_1} x_{i_2}) = p(x_{i_1}) p(x_{i_2})$$

代入式(2-60)，得

$$H(\boldsymbol{X}) = \sum_{i_1=1}^{n} \sum_{i_2=1}^{n} p(x_{i_1}) p(x_{i_2}) \log \frac{1}{p(x_{i_1}) p(x_{i_2})}$$

$$= \sum_{i_1=1}^{n} p(x_{i_1}) \log \frac{1}{p(x_{i_1})} \sum_{i_2=1}^{n} p(x_{i_2}) + \sum_{i_2=1}^{n} p(x_{i_2}) \log \frac{1}{p(x_{i_2})} \sum_{i_1=1}^{n} p(x_{i_1})$$

$$= H(X_1) + H(X_2)$$

其中：

$$\sum_{i_1=1}^{n} p(x_{i_1}) = \sum_{i_2=1}^{n} p(x_{i_2}) = 1$$

即随机变量 X_1 和 X_2 统计独立时，二维离散平稳无记忆信源 $\boldsymbol{X} = X_1 X_2$ 的熵 $H(\boldsymbol{X})$ 等于 X_1 的熵 $H(X_1)$ 与 X_2 的熵 $H(X_2)$ 之和。当 X_1 和 X_2 取值于同一集合时，$H(X_1) = H(X_2) = H(X)$，$H(\boldsymbol{X}) = H(X^2) = 2H(X)$，与离散无记忆信源的二次扩展信源的情况相同。

所以我们可以把离散无记忆信源的二次扩展信源看成是二维离散平稳信源的特例；反过来又可以把二维离散平稳信源看成是离散无记忆信源的二次扩展信源的推广。

由公式(2-19)可知，条件熵小于等于无条件熵，即

$$H(X_2 \mid X_1) \leqslant H(X_2)$$

故有

$$H(X_2 X_1) \leqslant H(X_1) + H(X_2) \tag{2-61}$$

上式说明，二维离散平稳有记忆信源的熵小于等于二维平稳无记忆信源的熵。这是因为对于二维离散平稳无记忆信源 $\boldsymbol{X} = X_1 X_2$ 来说，X_1 和 X_2 之间不存在任何统计依赖关系，也就是说前后两个符号是互不相关的，第一个符号发生与否对第二个符号不产生任何影响。因此，已知 X_1 的情况下 X_2 仍然存在的不确定度 $H(X_2 \mid X_1)$ 与对 X_1 一无所知的情况下 X_2 本身存在的不确定度 $H(X_2)$ 是一样的，即 $H(X_2 \mid X_1) = H(X_2)$，所以两个随机变量的联合熵等于各随机变量的无条件熵之和。

　　而对于二维离散平稳有记忆信源来说，X_1 和 X_2 之间存在统计依赖关系，前一个符号发生以后，后一个符号到底是什么虽然是不确定的，但是第一个符号的发生已经提供了第二个符号的部分相关信息，其不确定度当然要比 X_1 和 X_2 统计独立的情况下要小一些。

　　$H(X_1X_2)$ 称为符号序列 X_1X_2 的联合熵。它表示原来信源 X 输出任意一对可能的消息的平均不确定性。二维平稳信源的平均符号熵用 $H_2(X)$ 表示，定义为

$$H_2(X) = \frac{1}{2}H(X_1X_2) \tag{2-62}$$

这里下标 2 是表示通过二维平稳信源的符号序列的联合熵求取信源信息熵，所以称 $H_2(X)$ 为二维平稳信源的平均符号熵。

　　【例 2 - 12】 设某二维离散信源 X_1X_2 的原始信源 X 的信源模型为

$$\begin{bmatrix} X \\ P(X) \end{bmatrix} = \begin{bmatrix} x_1 & x_2 & x_3 \\ \dfrac{1}{4} & \dfrac{4}{9} & \dfrac{11}{36} \end{bmatrix}$$

输出符号序列中，只有前后两个符号有记忆，条件概率 $P(X_2|X_1)$ 列于表 2-3。求信源 X_1X_2 的熵。

表 2 - 3　条件概率 $P(X_2|X_1)$

X_1 ＼ X_2	x_1	x_2	x_3
x_1	$\dfrac{7}{9}$	$\dfrac{2}{9}$	0
x_2	$\dfrac{1}{8}$	$\dfrac{3}{4}$	$\dfrac{1}{8}$
x_3	0	$\dfrac{2}{11}$	$\dfrac{9}{11}$

　　解　原始信源 X 的熵为

$$H(X) = \sum_{i=1}^{3} p(x_i)\log\frac{1}{p(x_i)} = -\left(\frac{1}{4}\right)\mathrm{lb}\left(\frac{1}{4}\right) - \left(\frac{4}{9}\right)\mathrm{lb}\left(\frac{4}{9}\right) - \left(\frac{11}{36}\right)\mathrm{lb}\left(\frac{11}{36}\right)$$
$$= 1.542（比特/符号）$$

　　由表 2-3 确定的条件熵为

$$H(X_2 \mid X_1) = \sum_{i_1=1}^{3}\sum_{i_2=1}^{3} p(x_{i_1})p(x_{i_2} \mid x_{i_1})\log\frac{1}{p(x_{i_2} \mid x_{i_1})} = 0.870（比特/符号）$$

　　条件熵 $H(X_2|X_1)$ 比信源熵（无条件熵）$H(X)$ 减少了 0.672 比特/符号，这是由于符号之间的依赖性造成的。信源 $X = X_1X_2$ 平均每发一个消息能提供的信息量，即联合熵为

$$H(X_1X_2) = H(X_1) + H(X_2 \mid X_1) = 1.542 + 0.870 = 2.412（比特/符号）$$

则每一个信源符号提供的平均信息量为

$$H_2(X) = \frac{1}{2} \cdot H(X) = \frac{1}{2} \cdot H(X_1X_2) = 1.206（比特/符号）$$

$H_2(X)$ 小于信源提供的平均信息量 $H(X)$，这同样是由于符号之间的统计相关性所引起的。

3. N 维离散平稳有记忆信源

　　对于一般的离散平稳信源，符号的相互依赖关系往往不仅存在于相邻两个符号之间，而且存在于更多的符号之间。下面将二维离散平稳有记忆信源推广到 N 维。

1) 熵

已知 N 维联合概率分布可求得离散平稳信源的联合熵，即表示平均发一个消息（由 N 个符号组成）所提供的信息量。将二维离散平稳信源推广到 N 维的情况，可以证明：

$$H(\boldsymbol{X}) = H(X_1) + H(X_2 \mid X_1) + H(X_3 \mid X_1 X_2) + \cdots + H(X_N \mid X_1 X_2 \cdots X_{N-1})$$

$$(2-63)$$

证明　$$H(\boldsymbol{X}) = H(X_1 X_2 \cdots X_{N-1} X_N)$$

令

$$Y_1 = X_1 X_2 \cdots X_{N-1}, Y_2 = X_1 X_2 \cdots X_{N-2}, \cdots, Y_{N-2} = X_1 X_2$$

则

$$
\begin{aligned}
H(\boldsymbol{X}) &= H(Y_1 X_N) = H(Y_1) + H(X_N \mid Y_1) \\
&= H(X_1 X_2 \cdots X_{N-1}) + H(X_N \mid X_1 X_2 \cdots X_{N-1}) \\
&= H(Y_2) + H(X_{N-1} \mid Y_2) + H(X_N \mid X_1 X_2 \cdots X_{N-1}) \\
&= H(X_1 X_2 \cdots X_{N-2}) + H(X_{N-1} \mid X_1 X_2 \cdots X_{N-2}) \\
&\quad + H(X_N \mid X_1 X_2 \cdots X_{N-1}) \\
&\vdots \\
&= H(Y_{N-2}) + H(X_3 \mid Y_{N-2}) + \cdots + H(X_N \mid X_1 X_2 \cdots X_{N-1}) \\
&= H(X_1 X_2) + H(X_3 \mid X_1 X_2) + \cdots + H(X_N \mid X_1 X_2 \cdots X_{N-1}) \\
&= H(X_1) + H(X_2 \mid X_1) + H(X_3 \mid X_1 X_2) \\
&\quad + \cdots + H(X_N \mid X_1 X_2 \cdots X_{N-1})
\end{aligned}
$$

多符号离散平稳有记忆信源 $\boldsymbol{X}$ 的熵 $H(\boldsymbol{X})$ 是 $\boldsymbol{X}$ 中起始时刻随机变量 X_1 的熵与各阶条件熵之和。由于信源是平稳的，这个和值与起始时刻无关。

2) 极限熵

定义 2-18　信源输出为 N 长符号序列，平均每发一个符号所提供的信息量为平均符号熵，即

$$H_N(X) = \frac{1}{N} H(X_1 X_2 \cdots X_N) \qquad (2-64)$$

定义 2-19　信源输出为 N 长符号序列，当 $N \to \infty$ 时，平均符号熵的极限为极限熵，即

$$H_\infty = \lim_{N \to \infty} \frac{1}{N} H(X_1 X_2 \cdots X_N) \qquad (2-65)$$

3) 性质

一般平稳有记忆信源具有以下性质。

（1）条件熵 $H(X_N \mid X_1 X_2 \cdots X_{N-1})$ 随着 N 的增加而递减。

证明

$$
\begin{aligned}
H(X_N \mid X_1 X_2 \cdots X_{N-1}) &\leqslant H(X_N \mid X_2 \cdots X_{N-1}) \text{（条件熵小于等于无条件熵）} \\
&= H(X_{N-1} \mid X_1 X_2 \cdots X_{N-2}) \text{（序列的平稳性）} \qquad (2-66)
\end{aligned}
$$

表明记忆长度越长，条件熵越小，也就是序列的统计约束关系增加时，不确定性减少。

（2）若 N 一定，则平均符号熵大于等于条件熵，即

$$H_N(X) \geqslant H(X_N \mid X_1 X_2 \cdots X_{N-1}) \qquad (2-67)$$

证明

$$NH_N(X) = H(X_1 X_2 \cdots X_N)$$
$$= H(X_1) + H(X_2 \mid X_1) + \cdots + H(X_N \mid X_1 X_2 \cdots X_{N-1})$$
$$= H(X_N) + H(X_N \mid X_{N-1}) + \cdots + H(X_N \mid X_1 X_2 \cdots X_{N-1}) \text{(序列平稳性)}$$
$$\geqslant NH(X_N \mid X_1 X_2 \cdots X_{N-1}) \text{(条件熵小于等于无条件熵)}$$

所以 $H_N(X) \geqslant H(X_N \mid X_1 X_2 \cdots X_{N-1})$，即 N 给定时平均符号熵大于等于条件熵。

（3）平均符号熵也随 N 的增加而递减。

证明

$$NH_N(X) = H(X_1 X_2 \cdots X_N) = H(X_N \mid X_1 X_2 \cdots X_{N-1}) + H(X_1 X_2 \cdots X_{N-1})$$
$$= H(X_N \mid X_1 X_2 \cdots X_{N-1}) + (N-1)H_{N-1}(X)$$
$$\leqslant H_N(X) + (N-1)H_{N-1}(X) \tag{2-68}$$

所以 $H_N(X) \leqslant H_{N-1}(X)$，即序列的统计约束关系增加时，由于符号间的相关性，平均每个符号所携带的信息量减少。

（4）极限熵的存在性：当离散有记忆信源是平稳信源时，从数学上可以证明，极限熵是存在的，且等于关联长度 $N \to \infty$ 时条件熵 $H(X_N \mid X_1 X_2 \cdots X_{N-1})$ 的极限值，即

$$H_\infty = \lim_{N \to \infty} H_N(\boldsymbol{X}) = \lim_{N \to \infty} \frac{1}{N} H(X_1 X_2 \cdots X_{N-1} X_N)$$
$$= \lim_{N \to \infty} H(X_N \mid X_1 X_2 \cdots X_{N-1}) \tag{2-69}$$

证明　设有一整数 k，有

$$H_{N+k}(\boldsymbol{X}) = \frac{1}{N+k} H(X_1 X_2 \cdots X_N \cdots X_{N+k})$$
$$= \frac{1}{N+k} [H(X_1 X_2 \cdots X_{N-1}) + H(X_N \mid X_1 X_2 \cdots X_{N-1}) + \cdots$$
$$+ H(X_{N+k} \mid X_1 X_2 \cdots X_{N+k-1})]$$

根据条件熵的非递增性和平稳性，有

$$H_{N+k}(\boldsymbol{X}) \leqslant \frac{1}{N+k} [H(X_1 X_2 \cdots X_{N-1}) + H(X_N \mid X_1 X_2 \cdots X_{N-1})$$
$$+ H(X_N \mid X_1 X_2 \cdots X_{N-1}) + \cdots + H(X_N \mid X_1 X_2 \cdots X_{N-1})]$$
$$= \frac{1}{N+k} H(X_1 X_2 \cdots X_{N-1}) + \frac{k+1}{N+k} H(X_N \mid X_1 X_2 \cdots X_{N-1})$$

当 k 取足够大时（$k \to \infty$），固定 N，而 $H(X_1 X_2 \cdots X_{N-1})$ 和 $H(X_N \mid X_1 X_2 \cdots X_{N-1})$ 为定值，前一项因为 $\frac{1}{N+k} \to 0$ 而可以忽略，后一项因为 $\frac{k+1}{N+k} \to 1$，所以

$$\lim_{k \to \infty} H_{N+k}(\boldsymbol{X}) \leqslant H(X_N \mid X_1 X_2 \cdots X_{N-1})$$

再令 $N \to \infty$，因存在极限 $\lim_{N \to \infty} H_N(X) = H_\infty$，所以

$$\lim_{N \to \infty} H_N(\boldsymbol{X}) \leqslant \lim_{N \to \infty} H(X_N \mid X_1 X_2 \cdots X_{N-1})$$

根据性质（2）（平均符号熵 $\geqslant$ 条件熵），令 $N \to \infty$，得

$$\lim_{N \to \infty} H_N(\boldsymbol{X}) \geqslant \lim_{N \to \infty} H(X_N \mid X_1 X_2 \cdots X_{N-1})$$

最后，由上两式得

$$H_\infty = \lim_{N \to \infty} H_N(\boldsymbol{X}) = \lim_{N \to \infty} H(X_N \mid X_1 X_2 \cdots X_{N-1}) \qquad (2-70)$$

极限熵代表了一般离散平稳有记忆信源平均每发一个符号提供的信息量。多符号离散平稳信源实际上就是原始信源在不断地发出符号，符号之间的统计关联关系也并不仅限于长度 N 之内，而是伸向无穷远。所以要研究实际信源，必须求出极限熵 H_∞，才能确切地表达多符号离散平稳有记忆信源平均每发一个符号提供的信息量。

从式 $(2-70)$ 可以看出，极限熵的计算十分困难，必须测定信源的无穷阶联合概率和条件概率分布，这是相当困难的。有时为了简化分析，往往用条件熵或平均符号熵作为极限熵的近似值。在有些情况下，即使 N 值并不大，这些熵值也很接近 H_∞，例如马尔可夫信源。

2.2.3　马尔可夫信源

实际信源中，常常是前面部分的消息对即将出现的消息符号有很大的影响。在计算机系统中的所谓联想输入、智能输入等，就是应用这种前后关联特性的。当信源输出序列长度很大甚至趋于无穷大时，描述有记忆信源要比描述无记忆信源困难得多。在实际问题中，试图限制记忆长度，就是说任何时刻信源发出符号的概率只与前面已经发出的 $m(m<N)$ 个符号有关，而与更前面发出的符号无关，即马尔可夫信源，它是十分重要而又常用的一种有记忆信源。

有一类信源，输出的符号序列中符号之间的依赖关系是有限的，即任何时刻信源符号发生的概率只与前面已经发出的若干个符号有关，而与更前面发出的符号无关。这类信源输出符号时不仅与符号集有关，还与信源所处的状态有关。设符号集为 $X \in \{x_1, x_2, \cdots, x_n\}$，状态为 $S \in \{s_1, s_2, \cdots, s_J\}$。每一时刻信源发出一个符号后，所处的状态将发生转移。设信源输出的随机符号序列为

$$X_1, X_2, \cdots, X_{l-1}, X_l, \cdots \qquad (2-71)$$

信源所处的随机状态序列为

$$S_1, S_2, \cdots, S_{l-1}, S_l, \cdots \qquad (2-72)$$

在第 l 时刻，信源状态为 s_i 时，输出符号 x_k 的概率为

$$p_l(x_k \mid s_i) = P(X_l = x_k \mid S_l = s_i) \qquad (2-73)$$

另在第 $l-1$ 时刻，信源状态为 s_i 时，下一时刻转移到 s_j 的状态转移概率为

$$p_l(s_j \mid s_i) = P(S_l = s_j \mid S_{l-1} = s_i) \qquad (2-74)$$

称信源的随机状态序列服从马尔可夫链。式 $(2-74)$ 称为马尔可夫链在时刻 l 的状态一步转移概率。一般情况下，状态转移概率和已知状态下符号发生的概率均与时刻 l 有关。若这些概率与时刻 l 无关，即

$$p_l(x_k \mid s_i) = p(x_k \mid s_i) \qquad (2-75)$$

$$p_l(s_j \mid s_i) = p(s_j \mid s_i) \qquad (2-76)$$

则称为时齐的或齐次的。此时的信源状态服从时齐马尔可夫链。

若信源输出的符号和所处的状态满足下列两个条件，则称为马尔可夫信源。

(1) 某一时刻信源符号的输出只与此刻信源所处的状态有关，与以前的状态和以前的输出符号都无关，即

$$P(X_l = x_k \mid S_l = s_i, X_{l-1} = x_{k1}, S_{l-1} = s_j, \cdots) = p_l(x_k \mid s_i) \qquad (2-77)$$

当具有时齐性时，有

$$p_l(x_k \mid s_i) = p(x_k \mid s_i) \qquad (2-78)$$

(2) 信源在 l 时刻所处的状态由当前的输出符号和前一时刻$(l-1)$信源的状态唯一确定，即

$$P(S_l = s_j \mid X_l = x_m, S_{l-1} = s_i) = \begin{cases} 0 \\ 1 \end{cases} \qquad (2-79)$$

也就是说，若信源处于某一状态 s_i，当它发出一个符号后，所处的状态就变了。任何时刻信源所处的状态完全由前一时刻的状态和发出的符号决定。又因为条件概率 $p(x_k \mid s_i)$ 已给定，所以状态的转移满足一定的概率分布，据此可求出状态的一步转移概率 $p(s_j \mid s_i)$。

这种信源的状态序列在数学上可以作为马尔科夫链来处理，故可用马尔科夫链的状态转移图来描述信源。在马尔可夫链的状态转移图中，每个圆圈代表一种状态，状态之间的有向线代表某一状态向另一状态的转移，有向线一侧的符号和数字分别代表发出的符号和条件概率。

【例 2-13】 设一个二元一阶马尔可夫信源，信源符号集为 $X = \{0, 1\}$，信源输出符号的条件概率为 $p(0|0) = 0.25$，$p(0|1) = 0.50$，$p(1|0) = 0.75$，$p(1|1) = 0.50$，求状态转移概率。

解 由于信源符号数 $n = 2$，因此二进制一阶信源仅有 2 个状态：$s_1 = 0$，$s_2 = 1$；符号：$x_1 = 0$，$x_2 = 1$。由条件概率求得信源状态转移概率为

$$p(s_1 \mid s_1) = 0.25, \quad p(s_1 \mid s_2) = 0.50, \quad p(s_2 \mid s_1) = 0.75, \quad p(s_2 \mid s_2) = 0.50$$

信源的状态转移图如图 2-11 所示。

将图 2-11 中信源在 s_i 状态下发符号 x_k 的条件概率 $p(x_k \mid s_i)$ 用矩阵表示为

$$\begin{array}{cc} & \begin{array}{cc} x_1 & x_2 \end{array} \\ \begin{array}{c} s_1 \\ s_2 \end{array} & \begin{bmatrix} 0.25 & 0.75 \\ 0.5 & 0.5 \end{bmatrix} \end{array} \qquad (2-80)$$

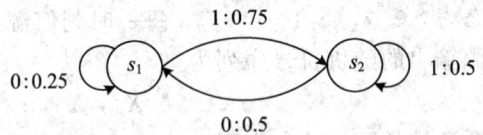

图 2-11 一阶马尔可夫信源状态转移图

由矩阵看出：$\sum\limits_{k=1}^{3} p(x_k \mid s_i) = 1 (i = 1, 2, 3, 4, 5)$，另从图 2-11 中可得

$$\begin{cases} P(S_l = s_2 \mid X_l = x_1, S_{l-1} = s_1) = 0 \\ P(S_l = s_1 \mid X_l = x_1, S_{l-1} = s_1) = 1 \\ P(S_l = s_2 \mid X_l = x_2, S_{l-1} = s_1) = 1 \\ P(S_l = s_1 \mid X_l = x_2, S_{l-1} = s_1) = 0 \end{cases} \qquad (2-81)$$

由图 2-11 可得状态的一步转移概率：

$$\begin{array}{cc} & \begin{array}{cc} s_1 & s_2 \end{array} \\ \begin{array}{c} s_1 \\ s_2 \end{array} & \begin{bmatrix} 0.25 & 0.75 \\ 0.5 & 0.5 \end{bmatrix} \end{array} \qquad (2-82)$$

该信源满足式$(2-77)$～式$(2-79)$，所以是马尔可夫信源，而且是齐次的马尔科夫信源。

一般有记忆信源发出的是有关联性的各符号构成的整体消息，即发出的是符号序列，并用符号间的联合概率描述这种关联性。马尔可夫信源的不同之处在于它用符号之间的转移概率(条件概率)来描述这种关联关系，即马尔可夫信源是以转移概率发出每个信源符

号。转移概率的大小取决于它与前面符号之间的关联性。

对 m 阶有记忆离散信源，在任何时刻 l，符号发出的概率只与前面 m 个符号有关，我们把这 m 个符号看做信源在 l 时刻的状态。信源符号集共有 n 个符号，则有记忆信源 n^m 个不同的状态分别对应 n^m 个长度为 m 的序列。这样，信源输出依赖长度为 $m+1$ 的随机序列转化为对应的状态序列，这种状态序列符合简单的马尔可夫链的性质，可用马尔可夫链来描述，称为 m 阶马尔可夫信源。

其数学模型为

$$\begin{bmatrix} X \\ P(X_{m+1} \mid X_1 \cdots X_m) \end{bmatrix} = \begin{bmatrix} x_1, x_2, \cdots, x_n \\ p(x_{k_{m+1}} \mid x_{k_1} x_{k_2} \cdots x_{k_m}) \end{bmatrix}$$

并满足：

$$\sum_{k_{m+1}=1}^{n} p(x_{k_{m+1}} \mid x_{k_1} x_{k_2} \cdots x_{k_m}) = 1 \qquad k_1, k_2, \cdots, k_{m+1} = 1, 2, \cdots, n \qquad (2-83)$$

当 $m=1$ 时，任何时刻信源符号发生的概率只与前面一个符号有关，称为一阶马尔可夫信源。

根据 m 阶马尔可夫信源的条件概率并考虑其平稳性，有

$$p(x_{k_N} \mid x_{k_1} x_{k_2} \cdots x_{k_m} x_{k_{m+1}} \cdots x_{k_{N-1}}) = p(x_{k_N} \mid x_{k_{N-m}} x_{k_{N-m+1}} \cdots x_{k_{N-1}})$$
$$= p(x_{k_{m+1}} \mid x_{k_1} x_{k_2} \cdots x_{k_m}) \qquad (2-84)$$

由式 $(2-70)$ 可得 m 阶马尔可夫信源的熵为

$$H_\infty = \lim_{N \to \infty} H(X_N \mid X_1 X_2 \cdots X_{N-1})$$
$$= \lim_{N \to \infty} \left[-\sum_{k_1=1}^{n} \cdots \sum_{k_N=1}^{n} p(x_{k_1} x_{k_2} \cdots x_{k_N}) \log p(x_{k_N} \mid x_{k_1} x_{k_2} \cdots x_{k_{N-1}}) \right]$$
$$= \lim_{N \to \infty} \left\{ -\sum_{k_1=1}^{n} \cdots \sum_{k_N=1}^{n} p(x_{k_1} x_{k_2} \cdots x_{k_N}) \log p(x_{k_{m+1}} \mid x_{k_1} x_{k_2} \cdots x_{k_m}) \right\}$$
$$= -\sum_{k_1=1}^{n} \cdots \sum_{k_{m+1}=1}^{n} p(x_{k_1} x_{k_2} \cdots x_{k_{m+1}}) \log p(x_{k_{m+1}} \mid x_{k_1} x_{k_2} \cdots x_{k_m})$$
$$= H(X_{m+1} \mid X_1 X_2 \cdots X_m) \qquad (2-85)$$

这表明 m 阶马尔可夫信源的极限熵就等于 m 阶条件熵，记为 H_{m+1}。

式 $(2-85)$ 中的 $(x_{k_1} x_{k_2} \cdots x_{k_m})$ 可表示为状态 $s_i (i=1, 2, \cdots, n^m)$。信源处于状态 s_i 时，再发下一个符号 $x_{k_{m+1}}$（或写成 x_k），则信源从状态 s_i 转移到状态 s_j，即 $(x_{k_2} x_{k_3} \cdots x_{k_m} x_{k_{m+1}})$，所以

$$p(x_{k_{m+1}} \mid x_{k_1} x_{k_2} \cdots x_{k_m}) = p(x_k \mid s_i) = p(s_j \mid s_i)$$

由此，式 $(2-85)$ 又可以表示为

$$H_\infty = H_{m+1} = -\sum_{i=1}^{n^m} \sum_{j=1}^{n^m} p(s_i) p(s_j \mid s_i) \log p(s_j \mid s_i) \qquad (2-86)$$

其中，$p(s_i)(i=1, 2, \cdots, n^m)$ 是 m 阶马尔可夫信源稳定后的状态极限概率，$p(s_j \mid s_i)$ 是一步转移概率。

这里利用了 m 阶马尔可夫信源"有限记忆长度"的根本特性，使式 $(2-85)$ 中的无限大参数 N 变为有限值 m，把求极限熵的问题变成了一个求 m 阶条件熵的问题。

在式 $(2-86)$ 中，状态一步转移概率 $p(s_j \mid s_i)$ 是给定或测定的。这样，求解 H_{m+1} 条件

熵的关键就是要得到 $p(s_i)$ $(i=1,2,\cdots,n^m)$。$p(s_i)$ 是马尔可夫信源稳定后 $(N\rightarrow\infty)$ 各状态的极限概率。

状态空间的状态是有限时称为有限状态马尔可夫链，状态空间 I 是 $\{0,\pm 1,\pm 2,\cdots\}$ 时称为可列状态马尔可夫链。

定理 2-6 对于有限齐次马尔可夫链，若存在一个正整数 $l_0\geqslant 1$，对一切 $i,j=1,2,\cdots,n^m$，都有

$$p_{l_0}(s_j\mid s_i)>0$$

则对每一个 j 都存在不依赖于 i 的极限

$$\lim_{l\rightarrow\infty}p_l(s_j\mid s_i)=p(s_j)\qquad j=1,2,\cdots,n^m \tag{2-87}$$

称这种马尔可夫链是各态历经的。其极限概率是方程组

$$p(s_j)=\sum_{i=1}^{n^m}p(s_i)p(s_j\mid s_i)\qquad j=1,2,\cdots,n^m \tag{2-88}$$

满足条件

$$p(s_j)>0,\quad \sum_{i=1}^{n^m}p(s_j)=1 \tag{2-89}$$

的唯一解。

凡具有各态历经性的 m 阶马尔可夫信源，其状态极限概率 $p(s_i)$ 可由式(2-88)求出。有了 $p(s_i)$ 和测定的 $p(s_j\mid s_i)$，就可求出 m 阶马尔可夫信源的熵 H_{m+1}。

m 阶马尔可夫信源在起始的有限时间内，信源不是平稳和遍历(各态历经性)的，状态的概率分布有一段起始渐变过程。经过足够长时间之后，信源处于什么状态已与初始状态无关，这时每种状态出现的概率已达到一种稳定分布。

一般马尔可夫信源并非是平稳信源，但当时齐、遍历的马尔可夫信源达到稳定后，这时就可以看成是平稳信源。

【例 2-14】 设有一个二元二阶马尔可夫信源，其信源符号集为 $X=\{0,1\}$，输出符号的条件概率为 $p(0|00)=p(1|11)=0.8$，$p(1|00)=p(0|11)=0.2$，$p(0|01)=p(0|10)=p(1|01)=p(1|10)=0.5$，求状态转移概率和极限熵。

解 信源的符号数是 $n=2$，$m=2$，故共有 $n^m=4$ 个可能的状态：$s_1=00$，$s_2=01$，$s_3=10$，$s_4=11$。如果信源原来所处状态为 s_1，则下一个状态信源只可能发出 0 或 1。故下一时刻只可能转移到 00 或 01 状态，而不会转移到 10 或 11 状态。同理可分析出其他状态转移过程。

由输出符号的条件概率容易求得状态转移概率为

$$p(s_1\mid s_2)=p(s_4\mid s_4)=0.8$$
$$p(s_2\mid s_1)=p(s_3\mid s_4)=0.2$$
$$p(s_3\mid s_2)=p(s_1\mid s_3)=p(s_4\mid s_2)$$
$$=p(s_2\mid s_3)=0.5$$

该信源的状态转移图如图 2-12 所示。

设状态的平稳分布为 $p(s_1)$，$p(s_2)$，$p(s_3)$，$p(s_4)$，根据式(2-88)可得

$$0.8p(s_1)+0.5p(s_3)=p(s_1)$$
$$0.2p(s_1)+0.5p(s_3)=p(s_2)$$

$$0.5p(s_2) + 0.2p(s_4) = p(s_3)$$
$$0.5p(s_2) + 0.8p(s_4) = p(s_4)$$

并且满足 $p(s_1) + p(s_2) + p(s_3) + p(s_4) = 1$。因此
可解得

$$p(s_1) = \frac{5}{14}, \quad p(s_2) = \frac{1}{7}, \quad p(s_3) = \frac{1}{7}, \quad p(s_4) = \frac{5}{14}$$

可计算出极限熵为

$$_{+1} = -\sum_{i=1}^{4}\sum_{j=1}^{4} p(s_i)p(s_j \mid s_i)\log p(s_j \mid s_i) = 0.8 \, (\text{比特/符号序列})$$

当马尔可夫信源达到稳定后，符号 0 和 1 的概率
分布可根据下式计算：

$$p(x_k) = \sum_{i=1}^{n^m} p(s_i)p(x_k \mid s_i) \qquad k = 1,2$$

所以

$$(0) = 0.8p(s_1) + 0.5\,p(s_2) + 0.5\,p(s_3) + 0.2\,p(s_4) = 0.5$$
$$p(1) = 0.2p(s_1) + 0.5\,p(s_2) + 0.5p(s_3) + 0.8p(s_4) = 0.5$$

它与状态的平稳分布是有区别的。

如果不考虑符号间的相关性，则由符号的平稳概率分布可得信源熵 $H(X) = 1$ 比特/符号，
考虑符号间的相关性，该信源的熵为

$$H_\infty = H_{m+1} = H_3 = 0.8 \, (\text{比特/符号序列})$$

m 阶马尔可夫信源是离散平稳有记忆信源的一个特例。

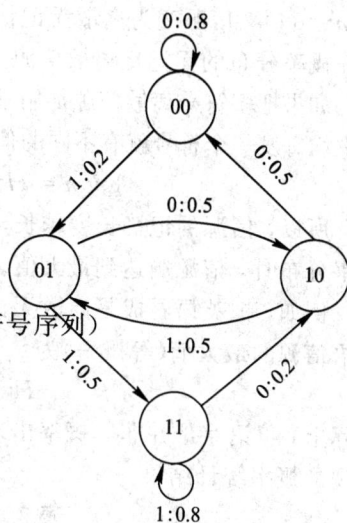

图 2-12 二阶马尔可夫信源状态转移图

2.2.4 信源的冗余度

冗余度也称多余度或剩余度，它表示给定信源在实际发出消息时所包含的多余信息。如
果一个消息所包含的符号比表达这个消息所需要的符号多的话，则这个消息就存在冗余度。

实际信源可能是非平稳的，极限熵 H_∞ 不一定存在。有时为了方便，假设它是平稳的。
测得 N 足够大时的条件概率：

$$P(X_N \mid X_1 X_2 \cdots X_{N-1})$$

再计算出 $H_N(\boldsymbol{X})$，近似极限熵 H_∞ 为

$$H_\infty = \lim_{N\to\infty} H_N(\boldsymbol{X}) = \lim_{N\to\infty} \frac{1}{N} H(X_1 X_2 \cdots X_{N-1} X_N)$$
$$= \lim_{N\to\infty} H(X_N \mid X_1 X_2 \cdots X_{N-1})$$
$$= \lim_{N\to\infty} \left[-\sum_{k_1=1}^{n} \cdots \sum_{k_N=1}^{n} p(x_{k_1} \cdots x_{k_N}) \log p(x_{k_N} \mid x_{k_1} \cdots x_{k_{N-1}}) \right]$$

即便如此，计算 N 足够大时的 $H_N(\boldsymbol{X})$ 往往也十分困难，可进一步假设离散平稳信源
是 m 阶马尔可夫信源，信源熵用 m 阶马尔可夫信源的熵 H_{m+1} 来近似，需要测定的条件概
率要少得多。近似程度的高低取决于记忆长度 m。越接近实际信源，m 值越大；反之对信
源简化的越多，m 值越小。最简单的马尔可夫信源记忆长度 $m=1$，信源熵为

$$H_2 = H_{1+1} = H(X_2 \mid X_1)$$

当 $m=0$ 时，信源变为离散无记忆信源，其熵可用 $H_1(X)$ 表示。继续简化下去，假定信源是等概率分布的无记忆离散信源，这种信源的熵就是最大熵值 $H_0(X)=\log n$。

如果把多符号离散信源都用马尔可夫信源来逼近，则记忆长度不同，熵值就不同，意味着平均每发一个符号就有不同的信息量。将数据处理定理推广并结合离散熵的性质可知：

$$\log n = H_0 \geq H_1 \geq H_2 \geq \cdots \geq H_m \geq H_\infty$$

所以，信源的记忆长度越长，熵值越小。当信源符号间彼此没有任何依赖关系且呈等概率分布时，信源熵达到最大值。即信源符号的相关性越强，提供的平均信息量越小。

例如，把英语看成是离散无记忆信源。英语字母 26 个，加上一个空格，共 27 个符号。英语信源的最大熵（等概率）为

$$H_0 = \text{lb } 27 = 4.76（比特/符号）$$

实际上，英语字母并非等概率出现，字母之间有严格的依赖关系。表 2-4 是对 27 个符号出现的概率统计结果。

表 2-4　27 个英语符号出现的概率

符号	概率	符号	概率	符号	概率
空格	0.2	S	0.052	Y,W	0.012
E	0.105	H	0.047	G	0.011
T	0.072	D	0.035	B	0.0105
O	0.0654	L	0.029	V	0.008
A	0.063	C	0.023	K	0.003
N	0.059	F,U	0.0225	X	0.002
I	0.055	M	0.021	J,Q	0.001
R	0.054	P	0.0175	Z	0.001

如果不考虑符号间的依赖关系，近似认为信源是离散无记忆的，则

$$H_1 = -\sum_{i=1}^{27} p(x_i)\log p(x_i) = 4.03（比特/符号）$$

按表 2-4 的概率分布，随机地选择英语字母并排列起来，得到一个输出序列：

AI_NGAE_ITE_NNR_ASAEV_OTE_BAINTHA_HYROO_PORE_SETRYGAIETRWCO_EHDUA-RU_EUEU_C_FT_NSREM_DIY_EESE_F_O_SRIS_R_UNNASHOR…

序列中"_"表示空格。这个序列看起来有点像英语，但实际不是。实际英语的某个字母出现后，后面的字母并非完全随机出现，而是满足一定关系的条件概率分布。例如 T 后面出现 H，R 的可能性较大，出现 J，K，M，N 的可能性极小，而根本不会出现 Q，F，X。即英语字母之间有强烈的依赖性。上述序列仅考虑了字母出现的概率，忽略了依赖关系。

为了进一步逼近实际情况，可把英语信源近似看做 1 阶，2 阶，…，∞ 阶马尔可夫信源，它们的熵为

$$H_2 = 3.32（比特/符号）$$

$$H_3 = 3.1（比特/符号）$$

若把英语信源近似成 2 阶马尔可夫信源，可得到某个输出序列：

IANKS_CAN_OU_ANG_RLER_THTTED_OF_TO_SHOR_OF_TO_HAVEMEM_A_I_MAND_

AND_BUT_WHISS_ITABLY_THERVEREER…

　　这个序列中被空格分开的两字母或三字母，组成的大都是有意义的英语单词，而 4 个以上字母组成的"单词"，很难从英语词典中查到。因为该序列仅考虑了 3 个以下字母之间的依赖关系。实际英语字母之间的关系可延伸到更多的符号，单词之间也有依赖关系。

　　有依赖关系的字母数越多，即马尔可夫信源的阶数越高，输出的序列就越接近于实际情况。当依赖关系延伸到无穷远时，信源输出的就是真正的英语，此时可求出马尔可夫信源的极限熵为

$$H_\infty = 1.4（比特/符号）$$

　　对一般离散平稳信源，H_∞ 就是实际信源熵。理论上只要有传送 H_∞ 的手段，就能把信源包含的信息全部发送出去。但实际上确定 H_∞ 非常困难，只好用 H_{m+1} 来代替。因为 $H_{m+1} > H_\infty$，所以在传输手段上必然富裕，这样做很不经济，特别是有时只能得到 H_1，甚至 H_0，就更不经济。这种浪费是由信源符号的相关性引起的。

　　为了衡量信源的相关性程度，引入信源冗余度的概念。

　　定义 2-20　信源实际的信息熵 H_∞ 与同样符号数的最大熵 H_0 的比值为信源熵的相对率，即

$$\eta = \frac{H_\infty}{H_0} \tag{2-90}$$

其中，H_∞ 为信源实际熵；H_0 为信源最大熵，即信源输出符号等概率分布时的熵。

　　定义 2-21　信源冗余度定义为 1 减去信源熵的相对率 η，即

$$\xi = 1 - \eta = \frac{H_0 - H_\infty}{H_0} \tag{2-91}$$

　　从式(2-91)可以看出，信源输出符号间的依赖关系越大，相关长度越长，则信源的实际熵越小，熵的相对率越小，信源的冗余度越大；反之，信源冗余度越小。对于一般平稳信源来说，其极限熵远小于最大熵，传送一个信源的信息实际只需要传送的信息量为 H_∞，如果用二元符号来表示，只需用 H_∞ 个二元符号。为了最有效地传递信源的信息，需要掌握信源全部的概率统计特性，即任意维的概率分布，这显然是不现实的。实际上，往往只能掌握有限 N 维的概率分布，这时需要传送 H_N 个二元符号，与理论值 H_∞ 相比，相当于多传送了 $H_N - H_\infty$ 个二元符号。

　　上述英语信源的冗余度为

$$\xi = \frac{4.76 - 1.4}{4.76} = 0.71$$

　　这说明，写英语文章时，71%是由语言结构定好的，只有 29%是写文字的人可以自由选择的。100 页的书，大约只传输 29 页就可以了，其余 71 页可以压缩掉。信息的冗余度能用来表示信源可压缩的程度。

　　在设计实际通信系统时，信源冗余度的存在对传输是不利的，应尽量压缩信源冗余度。压缩冗余度的方法就是尽量减小符号间的相关性，并且尽可能地使信源输出消息等概率分布，以使每个信源发出的符号平均携带的信息量最大，即信源编码问题。如发中文电报，尽可能把中文写得简洁些。例如把"中华人民共和国"压缩成"中国"，冗余度大大减小。反之，若考虑通信中的抗干扰问题，则信源冗余度是有利的，传输之前常人为地加入

某种特殊的冗余度,以增强通信系统的抗干扰能力,即信道编码问题,例如,收到"×华人民×和国",很容易纠正为"中华人民共和国"。但若我们发的是压缩后的电文"中国",而接收端收到的是"×国",就不知道电文是"中国"还是"美国"等,若收到"中×",则可能是"中国"、"中间"、"中立"等。

听外语广播比听母语广播费劲是英语冗余度不够造成的。因此,英语听力要过关,除了多听多练以外,并无多少捷径可走。

从第 6 章开始,我们将讨论信源编码和信道编码。通过讨论,可以进一步理解:信源编码就是通过减少或消除冗余度来提高通信效率;而信道编码则是通过增加冗余度来提高通信的抗干扰能力,即提高通信的可靠性。通信的效率问题和可靠性问题往往是一对矛盾。

2.3 连续信源

前面讨论的是离散信源的情形,其统计特性可以用信源的概率分布来描述。但在实际中更常见的是连续信源,这类信源在变量和函数上的取值都是连续的,如语音、电视信源都属于连续信源,其统计特性需要用信源的概率密度函数来描述。连续变量可用离散变量来逼近,因而连续信源的分析可借用离散信源的一些结果。

2.3.1 连续信源的信息熵

连续随机变量的取值是连续的,一般用概率密度函数来描述其统计特征。

单变量连续信源的数学模型为

$$\begin{bmatrix} X \\ p(x) \end{bmatrix} = \begin{bmatrix} \mathbf{R} \\ p(x) \end{bmatrix}$$

并满足

$$\int_{\mathbf{R}} p(x) \mathrm{d}x = 1$$

其中,$\mathbf{R}$ 是实数域,表示连续变量 X 的取值范围。

对于取值范围有限的连续信源还可以表示成:

$$\begin{bmatrix} X \\ p(x) \end{bmatrix} = \begin{bmatrix} (a,b) \\ p(x) \end{bmatrix}$$

并满足

$$\int_{a}^{b} p(x) \mathrm{d}x = 1$$

其中,(a,b) 是 X 的取值范围。

通过对连续信源在时间上离散化,再对连续变量进行量化分层,可用离散变量来逼近连续变量。量化间隔越小,离散变量与连续变量越接近,当量化间隔趋近于零时,离散变量就等于连续变量。

设概率密度函数 $p(x)$ 如图 2 - 13 所示。把连续随机变量 X 的取值分割成 n 个小区间,各小区间等宽,即 $\Delta = (b-a)/n$。则变量落在第 i 个小区间的概率为

$$P\{[a+(i-1)\Delta] \leqslant X \leqslant (a+i\Delta)\} = \int_{a+(i-1)\Delta}^{a+i\Delta} p(x) \mathrm{d}x = p(x_i)\Delta \qquad (2-92)$$

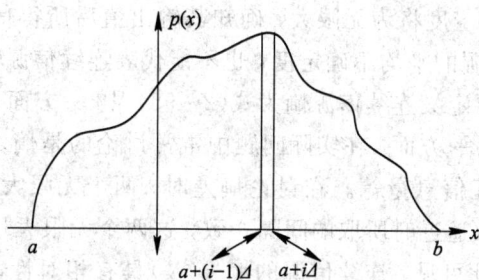

图 2 - 13　概率密度函数

其中，x 是 $a+(i-1)\Delta$ 到 $a+i\Delta$ 之间的某一值。当 $p(x)$ 是 x 的连续函数时，由中值定理可知，必存在一个 x_i 值使上式成立。这样连续变量 X 就可用取值为 $x_i(i=1,2,\cdots,n)$ 的离散变量近似，连续信源被量化成离散信源，这时的离散信源熵是

$$H(X)=-\sum_{i=1}^{n}p(x_i)\Delta\log p(x_i)\Delta=-\sum_{i=1}^{n}p(x_i)\Delta\log p(x_i)-\sum_{i=1}^{n}p(x_i)\Delta\log\Delta$$

$$(2-93)$$

当 $n\to\infty$，$\Delta\to 0$ 时，若极限存在，即得连续信源的熵为

$$\lim_{\substack{n\to\infty\\ \Delta\to 0}}H(X)=-\lim_{\substack{n\to\infty\\ \Delta\to 0}}\sum_{i=1}^{n}p(x_i)\Delta\log p(x_i)-\lim_{\substack{n\to\infty\\ \Delta\to 0}}(\log\Delta)\sum_{i=1}^{n}p(x_i)\Delta$$

$$=-\int_{a}^{b}p(x)\log p(x)\mathrm{d}x-\lim_{\Delta\to 0}(\log\Delta)\int_{a}^{b}p(x)\mathrm{d}x$$

$$=-\int_{a}^{b}p(x)\log p(x)\mathrm{d}x-\lim_{\Delta\to 0}(\log\Delta)$$

$$(2-94)$$

上式右端的第一项一般是定值，而第二项在 $\Delta\to 0$ 时是一无穷大量。因此连续信源的熵实际是无穷大量。因为连续信源的可能取值是无限多的，所以它的不确定性是无限大的。丢掉后一项，定义第一项为连续信源的熵，即

$$h(X)=-\int_{\mathbf{R}}p(x)\log p(x)\mathrm{d}x$$

$$(2-95)$$

上式定义的熵在形式上和离散信源相似，也满足离散熵的主要特性，如可加性，但在概念上与离散熵有差异是因为它失去了离散熵的部分含义和性质。

【例 2 - 15】　若连续信源的统计特性为均匀分布的概率密度函数，求其信息熵。

解　均匀分布的概率密度函数为

$$p(x)=\begin{cases}\dfrac{1}{b-a} & a\leqslant x\leqslant b\\ 0 & x>b,x<a\end{cases}$$

则

$$h(X)=-\int_{a}^{b}\frac{1}{b-a}\log\frac{1}{b-a}\mathrm{d}x=\log(b-a)$$

当 $(b-a)<1$ 时，$h(X)<0$，为负值，即连续熵不具备非负性。

其实，式(2-95)定义的连续信源熵并不是实际信源输出的绝对熵。由式(2-94)可知，连续信源的绝对熵还有一项正的无限大量。虽然 $\log(b-a)$ 小于 0，但两项相加还是正值，且一般还是一个无限大量。这一点也容易理解，因为连续信源的可能取值数有无限

多，若假定等概率，不确定度将为无限大，确知其输出值后所得信息量也将为无限大。可见，$h(X)$ 已不能代表信源的平均不确定度，也不能代表连续信源输出的信息量。

既然如此，为什么要定义连续信源熵为式 (2-95) 呢？一方面，这种定义可以与离散信源在形式上统一起来；另一方面，在实际问题中常常讨论的是熵之间的差值问题，如信息变差 $(H_0 - H_\infty)$、平均互信息量等。在讨论熵差时，两个无限大量将有两项，一项为正，一项为负，只要两者离散逼近时所取的间隔一致，这两个无限大量就将互相抵消。所以熵差具有信息的特征。由此可见，连续信源的熵 $h(X)$ 具有相对性，因此 $h(X)$ 也称为相对熵，以区别于离散信源的绝对熵。

同样可以定义两个连续变量 X, Y 的联合熵为

$$h(XY) = -\iint_{\mathbf{R}^2} p(xy) \log p(xy) \mathrm{d}x \mathrm{d}y \tag{2-96}$$

以及两个连续变量的条件熵为

$$\begin{cases} h(Y \mid X) = -\iint_{\mathbf{R}^2} p(xy) \log p(y \mid x) \mathrm{d}x \mathrm{d}y \\ \\ h(X \mid Y) = -\iint_{\mathbf{R}^2} p(xy) \log p(x \mid y) \mathrm{d}x \mathrm{d}y \end{cases} \tag{2-97}$$

2.3.2 几种特殊连续信源的熵

下面我们来计算几种特殊连续信源的熵。

1. 均匀分布连续信源的熵

一维连续随机变量 X 在 $[a, b]$ 区间内均匀分布时的熵为

$$h(X) = \log(b - a)$$

若 N 维矢量 $\boldsymbol{X} = (X_1 X_2 \cdots X_N)$ 中各分量彼此统计独立，且分别在 $[a_1, b_1][a_2, b_2] \cdots [a_N, b_N]$ 的区域内均匀分布，即

$$p(x) = \begin{cases} \dfrac{1}{\prod\limits_{i=1}^{N}(b_i - a_i)} & x \in \prod\limits_{i=1}^{N}(b_i - a_i) \\ \\ 0 & x \notin \prod\limits_{i=1}^{N}(b_i - a_i) \end{cases} \tag{2-98}$$

可以证明，N 维均匀分布连续信源的熵为

$$\begin{aligned} h(\boldsymbol{X}) &= h(X_1 X_2 \cdots X_N) \\ &= -\int_{a_N}^{b_N} \cdots \int_{a_1}^{b_1} p(x) \log p(x) \mathrm{d}x_1 \cdots \mathrm{d}x_N \\ &= -\int_{a_N}^{b_N} \cdots \int_{a_1}^{b_1} \frac{1}{\prod\limits_{i=1}^{N}(b_i - a_i)} \log \frac{1}{\prod\limits_{i=1}^{N}(b_i - a_i)} \mathrm{d}x_1 \cdots \mathrm{d}x_N \\ &= \log \prod_{i=1}^{N}(b_i - a_i) \end{aligned} \tag{2-99}$$

可见，N 维统计独立均匀分布连续信源的熵是 N 维区域体积的对数，其大小仅与各

维区域的边界有关。这是信源熵总体特性的体现，因为各维区域的边界决定了概率密度函数的总体形状。

根据对数的性质，式(2-99)还可以写成：

$$h(\boldsymbol{X}) = \sum_{i=1}^{N} \log(b_i - a_i) = h(X_1) + h(X_2) + \cdots + h(X_N) \qquad (2-100)$$

这说明连续随机矢量中各分量相互统计独立时，其矢量熵就等于各单个随机变量的熵之和。这与离散信源的情况类似。

2. 高斯分布连续信源的熵

均值为 m、方差为 σ^2 的高斯随机变量的概率密度函数为

$$p(x) = \frac{1}{\sqrt{2\pi\sigma^2}} e^{-\frac{(x-m)^2}{2\sigma^2}} \qquad (2-101)$$

概率密度函数曲线图如图 2-14 所示，其中，m 是 X 的均值，即

$$m = E[X] = \int_{-\infty}^{\infty} x p(x) \mathrm{d}x \qquad (2-102)$$

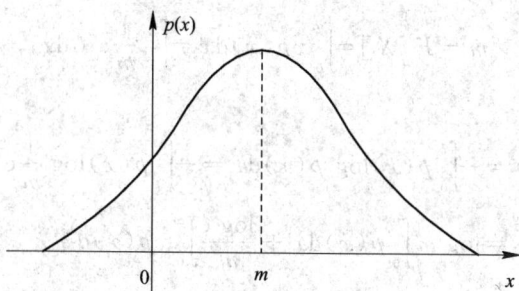

图 2-14　一维正态分布的概率密度函数

σ^2 是 X 的方差，即

$$\sigma^2 = E[(X-m)^2] = \int_{-\infty}^{\infty} (x-m)^2 p(x) \mathrm{d}x \qquad (2-103)$$

当 $m = 0$ 时，σ^2 就是随机变量的平均功率：

$$P = \int_{-\infty}^{\infty} x^2 p(x) \mathrm{d}x \qquad (2-104)$$

由这样的随机变量 X 所代表的连续信源，称为高斯分布的连续信源。这个连续信源的熵为

$$
\begin{aligned}
h(X) &= -\int_{-\infty}^{\infty} p(x) \log p(x) \mathrm{d}x \\
&= -\int_{-\infty}^{\infty} p(x) \log \frac{1}{\sqrt{2\pi\sigma^2}} e^{-\frac{(x-m)^2}{2\sigma^2}} \mathrm{d}x \\
&= -\int_{-\infty}^{\infty} p(x)(-\log\sqrt{2\pi\sigma^2}) \mathrm{d}x + \int_{-\infty}^{\infty} p(x)(\log e)\left[\frac{(x-m)^2}{2\sigma^2}\right] \mathrm{d}x \quad (2-105)
\end{aligned}
$$

因为

$$\int_{-\infty}^{\infty} p(x) \mathrm{d}x = 1, \quad \int_{-\infty}^{\infty} (x-m)^2 p(x) \mathrm{d}x = \sigma^2 \qquad (2-106)$$

所以

$$h(X) = \log \sqrt{2\pi\sigma^2} + \frac{1}{2}\log e = \frac{1}{2}\log 2\pi e\sigma^2 \qquad (2-107)$$

式(2-107)说明，高斯连续信源的熵与数学期望 m 无关，只与方差 σ^2 有关。

在介绍离散信源熵时讲过，熵描述的是信源的整体特性，由图 2-14 可以看出，当均值 m 变化时，只是 $p(x)$ 的对称中心在横轴上发生平移，曲线的形状没有任何变化，即数学期望 m 对高斯信源的总体特性没有任何影响。但是，若方差 σ^2 不同，曲线的形状随之改变，所以高斯连续信源的熵与方差有关而与数学期望无关。这是信源熵的总体特性的再度体现。

3. 指数分布连续信源的熵

若一维随机变量 X 的取值区间是 $[0, \infty)$，其概率密度函数为

$$p(x) = \frac{1}{m}e^{-\frac{x}{m}} \qquad x \geqslant 0$$

称 X 代表的单变量连续信源为指数分布的连续信源。其中，m 是随机变量 X 的数学期望，即

$$m = E[X] = \int_0^\infty x p(x)\mathrm{d}x = \int_0^\infty \frac{1}{m}e^{-\frac{x}{m}}\mathrm{d}x \qquad (2-108)$$

其熵为

$$\begin{aligned} h(X) &= -\int_0^\infty p(x)\log p(x)\mathrm{d}x = -\int_0^\infty p(x)\log\frac{1}{m}e^{-\frac{x}{m}}\mathrm{d}x \\ &= \log m\int_0^\infty p(x)\mathrm{d}x + \frac{\log e}{m}\int_0^\infty x p(x)\mathrm{d}x \\ &= \log me \end{aligned} \qquad (2-109)$$

其中：

$$\log x = \log e \ln x, \qquad \int_0^\infty p(x)\mathrm{d}x = 1, \qquad \int_0^\infty x p(x)\mathrm{d}x = m$$

式(2-109)说明，指数分布的连续信源的熵只取决于均值。因为指数分布函数的均值决定函数的总体特性。

2.3.3 连续熵的性质

1. 连续熵可为负值

均匀分布的连续信源的熵有正，有负，也可能为 0，均匀分布的连续熵已经证明了这一结论。

信息熵在数量上与信源输出的平均信息量相等，平均信息量为负值在概念上难以理解。虽然在讨论它的原因时，已经知道是由连续熵的相对性所致，但另一方面，也说明香农熵在描述连续信源时还不是很完善。

2. 可加性

连续熵也有与离散信源熵类似的可加性，即

$$h(XY) = h(X) + h(Y \mid X) \qquad (2-110)$$

$$h(XY) = h(Y) + h(X \mid Y) \qquad (2-111)$$

下面证明式(2-110)。

$$h(XY) = -\iint_{\mathbf{R}^2} p(xy) \log p(xy) \mathrm{d}x \mathrm{d}y = -\iint_{\mathbf{R}^2} p(xy) \log p(x) p(y \mid x) \mathrm{d}x \mathrm{d}y$$

$$= -\iint_{\mathbf{R}^2} p(xy) \log p(x) \mathrm{d}x \mathrm{d}y - \iint_{\mathbf{R}^2} p(xy) \log p(y \mid x) \mathrm{d}x \mathrm{d}y$$

$$= -\int_{\mathbf{R}} \log p(x) \left[\int_{\mathbf{R}} p(xy) \mathrm{d}y \right] \mathrm{d}x + h(Y \mid X)$$

$$= h(X) + h(Y \mid X) \qquad (2-112)$$

其中:

$$\int_{\mathbf{R}} p(xy) \mathrm{d}y = p(x)$$

同理可证明式(2-111)。

连续信源的可加性可推广到 N 个变量的情况:

$$h(X_1 X_2 \cdots X_N) = h(X_1) + h(X_2 \mid X_1) + h(X_3 \mid X_1 X_2) + \cdots + h(X_N \mid X_1 X_2 \cdots X_{N-1})$$
$$\qquad (2-113)$$

3. 平均互信息的非负性

平均互信息用量 $I_c(X;Y)$ 来表示:

$$I_c(X;Y) = h(X) - h(X \mid Y) \qquad (2-114)$$

同理

$$I_c(Y;X) = h(Y) - h(Y \mid X) \qquad (2-115)$$

而且

$$I_c(X;Y) \geqslant 0 \qquad (2-116)$$

$$I_c(Y;X) \geqslant 0 \qquad (2-117)$$

首先证明条件熵小于等于无条件熵,即

$$h(X \mid Y) \leqslant h(X) \qquad (2-118)$$

$$h(Y \mid X) \leqslant h(Y) \qquad (2-119)$$

现在证明式(2-118):

$$h(X \mid Y) - h(X) = -\iint_{\mathbf{R}^2} p(xy) \log p(x \mid y) \mathrm{d}x \mathrm{d}y + \int_{\mathbf{R}} p(x) \log p(x) \mathrm{d}x$$

$$= -\iint_{\mathbf{R}^2} p(xy) \log p(x \mid y) \mathrm{d}x \mathrm{d}y + \iint_{\mathbf{R}^2} p(xy) \log p(x) \mathrm{d}x \mathrm{d}y$$

$$= \iint_{\mathbf{R}^2} p(xy) \log \frac{p(x)}{p(x \mid y)} \mathrm{d}x \mathrm{d}y \qquad (2-120)$$

根据对数变换关系

$$\log z = \log e \ln z$$

和著名不等式

$$\ln z \leqslant z - 1, \quad z > 0 \qquad (2-121)$$

故有

$$\frac{p(x)}{p(x \mid y)} \geqslant 0 \qquad p(x) \geqslant 0, \, p(x \mid y) \geqslant 0 \qquad (2-122)$$

令

$$z = \frac{p(x)}{p(x \mid y)}$$

只要 $p(x)$ 不恒为 0，则

$$z > 0$$

应用式（2-121），得

$$h(X \mid Y) - h(X) \leqslant \iint_{\mathbf{R}^2} p(xy) \left[\frac{p(x)}{p(x \mid y)} - 1 \right] \mathrm{d}x\, \mathrm{d}y \cdot \log e$$

$$= \log e \cdot \iint_{\mathbf{R}^2} p(y) p(x \mid y) \left[\frac{p(x)}{p(x \mid y)} - 1 \right] \mathrm{d}x\, \mathrm{d}y$$

$$= \log e \cdot \left[\int_{\mathbf{R}} p(x)\mathrm{d}x \int_{\mathbf{R}} p(y)\mathrm{d}y - \iint_{\mathbf{R}^2} p(xy)\mathrm{d}x\, \mathrm{d}y \right]$$

$$= \log e(1-1) = 0 \qquad (2-123)$$

即

$$h(X \mid Y) \leqslant h(X) \qquad (2-124)$$

其中：

$$\int_{\mathbf{R}} p(x)\mathrm{d}x = 1, \quad \int_{\mathbf{R}} p(y)\mathrm{d}y = 1, \quad \iint_{\mathbf{R}^2} p(xy)\mathrm{d}x\, \mathrm{d}y = 1$$

所以

$$I_c(X;Y) = h(X) - h(X \mid Y) \geqslant 0 \qquad (2-125)$$

同理可证

$$I_c(Y;X) = h(Y) - h(Y \mid X) \geqslant 0 \qquad (2-126)$$

4. 对称性

连续信源的平均互信息量也满足对称性，即

$$I_c(X;Y) = I_c(Y;X) \qquad (2-127)$$

5. 数据处理定理

连续信源也满足数据处理定理。即把连续随机变量 Y 处理成另一连续随机变量 Z 时，一般也会丢失信息，即

$$I_c(X;Z) \leqslant I_c(X;Y) \qquad (2-128)$$

$$I_c(X;Z) \leqslant I_c(Y;Z) \qquad (2-129)$$

2.3.4 最大熵和熵功率

1. 最大熵定理

对于离散信源，当信源呈等概率分布时，信息熵取最大值；对于连续信源，如果没有限制条件，就没有最大熵；连续信源在不同的限制条件下，信源的最大熵也不同。

1）幅度受限条件下的最大熵定理

若代表信源的 N 维随机变量的取值被限制在一定的范围之内，则在有限的定义域内，

均匀分布的连续信源具有最大熵。

峰值功率受限条件就是：取值被限制在 N 维多面体内。

设 N 维随机变量：

$$\boldsymbol{x} \in \prod_{i=1}^{N}(a_i, b_i) \qquad b_i > a_i$$

其均匀分布的概率密度函数为

$$p(\boldsymbol{x}) = \begin{cases} \dfrac{1}{\displaystyle\prod_{i=1}^{N}(b_i - a_i)} & \boldsymbol{x} \in \prod_{i=1}^{N}(b_i - a_i) \\[4mm] 0 & \boldsymbol{x} \notin \prod_{i=1}^{N}(b_i - a_i) \end{cases}$$

定义 $q(\boldsymbol{x})$ 为除均匀分布以外的其他任意概率密度函数，$h[p(\boldsymbol{x}), \boldsymbol{X}]$ 表示均匀分布连续信源的熵，$h[q(\boldsymbol{x}), \boldsymbol{X}]$ 表示任意分布连续信源的熵。

在 $\displaystyle\int_{a_N}^{b_N} \cdots \int_{a_1}^{b_1} p(\boldsymbol{x})\mathrm{d}x_1 \cdots \mathrm{d}x_N = 1$ 和 $\displaystyle\int_{a_N}^{b_N} \cdots \int_{a_1}^{b_1} q(\boldsymbol{x})\mathrm{d}x \cdots \mathrm{d}x_N = 1$ 条件下，有

$$\begin{aligned} h[q(\boldsymbol{x}), \boldsymbol{X}] &= -\int_{a_N}^{b_N} \cdots \int_{a_1}^{b_1} q(\boldsymbol{x})\log q(\boldsymbol{x})\mathrm{d}x_1 \cdots \mathrm{d}x_N \\ &= \int_{a_N}^{b_N} \cdots \int_{a_1}^{b_1} q(\boldsymbol{x})\log\left[\frac{1}{q(\boldsymbol{x})}\frac{p(\boldsymbol{x})}{p(\boldsymbol{x})}\right]\mathrm{d}x_1 \cdots \mathrm{d}x_N \\ &= -\int_{a_N}^{b_N} \cdots \int_{a_1}^{b_1} q(\boldsymbol{x})\log p(\boldsymbol{x})\mathrm{d}x_1 \cdots \mathrm{d}x_N + \int_{a_N}^{b_N} \cdots \int_{a_1}^{b_1} q(\boldsymbol{x})\log\left[\frac{p(\boldsymbol{x})}{q(\boldsymbol{x})}\right]\mathrm{d}x_1 \cdots \mathrm{d}x_N \end{aligned}$$

令

$$z = \frac{p(\boldsymbol{x})}{q(\boldsymbol{x})}$$

显然

$$z \geqslant 0$$

只要 $p(\boldsymbol{x})$ 不恒为 0，则

$$z > 0$$

根据

$$\ln z \leqslant z - 1, \qquad \log z = \log e \ln z$$

可得

$$\begin{aligned} h[q(\boldsymbol{x}), \boldsymbol{X}] &\leqslant -\int_{a_N}^{b_N} \cdots \int_{a_1}^{b_1} q(\boldsymbol{x})\log\frac{1}{\displaystyle\prod_{i=1}^{N}(b_i - a_i)}\mathrm{d}x_1 \cdots \mathrm{d}x_N \\ &\quad + \int_{a_N}^{b_N} \cdots \int_{a_1}^{b_1} q(\boldsymbol{x})\left[\frac{p(\boldsymbol{x})}{q(\boldsymbol{x})} - 1\right]\mathrm{d}x_1 \cdots \mathrm{d}x_N \cdot \log e \\ &= \log\prod_{i=1}^{N}(b_i - a_i) + (1-1)\log e = h[p(\boldsymbol{x}), \boldsymbol{X}] \end{aligned} \tag{2-130}$$

即

$$h[q(\boldsymbol{x}), \boldsymbol{X}] \leqslant h[p(\boldsymbol{x}), \boldsymbol{X}] \tag{2-131}$$

当 $\boldsymbol{X}$ 取值于任意 N 维区域而不是立方体时，结果也一样。

在实际问题中，常令 $b_i \geqslant 0$，$a_i = -b_i$，$i=1, 2, \cdots, N$。这种定义域边界的平移并不影响信源的总体特性，因此不影响熵的取值。此时，随机变量 $X_i(i=1, 2, \cdots, N)$ 的取值就被限制在 $\pm b_i$ 之间，峰值就是 $|b_i|$。如果把取值看做输出信号的幅度，则相应的峰值功率为 b_i^2。所以上述定理被称为峰值功率受限条件下的最大连续熵定理，简称限峰值功率的最大熵定理。此时最大熵值为

$$h[p(\boldsymbol{x}), \boldsymbol{X}] = \log \prod_{i=1}^{N}[b_i - (-b_i)] = \log \prod_{i=1}^{N} 2b_i \tag{2-132}$$

2）平均功率受限条件下的最大熵定理

若信源输出信号的平均功率 P 和均值 m 被限定，则输出信号幅度的概率密度函数为高斯分布时，信源具有最大熵值。

单变量连续信源 X 呈高斯分布时的概率密度函数为

$$p(x) = \frac{1}{\sqrt{2\pi\sigma^2}} e^{-\frac{(x-m)^2}{2\sigma^2}}$$

当 X 是高斯分布以外的其他任意分布时，概率密度函数记为 $q(x)$。约束条件为

$$\int_{-\infty}^{\infty} p(x)\mathrm{d}x = 1, \quad \int_{-\infty}^{\infty} q(x)\mathrm{d}x = 1 \tag{2-133}$$

$$\int_{-\infty}^{\infty} xp(x)\mathrm{d}x = m, \quad \int_{-\infty}^{\infty} xq(x)\mathrm{d}x = m \tag{2-134}$$

$$\int_{-\infty}^{\infty} x^2 p(x)\mathrm{d}x = P, \quad \int_{-\infty}^{\infty} x^2 q(x)\mathrm{d}x = P \tag{2-135}$$

因为，随机变量 X 的方差为

$$E[(X-m)^2] = E[X^2] - m^2 = P - m^2 = \sigma^2 \tag{2-136}$$

所以，上述平均功率和均值的限制就等于方差受限的条件：

$$\int_{-\infty}^{\infty} (x-m)^2 p(x)\mathrm{d}x = \int_{-\infty}^{\infty} (x-m)^2 q(x)\mathrm{d}x = \sigma^2 \tag{2-137}$$

当均值 $m=0$ 时，平均功率就等于方差，即

$$P = \sigma^2 \tag{2-138}$$

所以，对平均功率和均值的限制就等于对方差的限制。这样，就可以把平均功率受限的问题变成方差受限的问题来讨论，而把平均功率受限当成是 $m=0$ 情况下方差受限的特例。

为方便起见，定义高斯分布的连续信源的熵记为 $h[p(x), X]$，定义任意分布的连续信源的熵记为 $h[q(x), X]$。从前面的讨论已知：

$$h[p(x), X] = \frac{1}{2}\log(2\pi e\sigma^2)$$

而任意分布的连续信源的熵为

$$h[q(x), X] = -\int_{-\infty}^{\infty} q(x)\log q(x)\mathrm{d}x = \int_{-\infty}^{\infty} q(x)\log\left[\frac{1}{q(x)}\frac{p(x)}{p(x)}\right]\mathrm{d}x$$

$$= -\int_{-\infty}^{\infty} q(x)\log p(x)\mathrm{d}x + \int_{-\infty}^{\infty} q(x)\log\left[\frac{p(x)}{q(x)}\right]\mathrm{d}x$$

因为

$$-\int_{-\infty}^{\infty} q(x)\log p(x)\mathrm{d}x = -\int_{-\infty}^{\infty} q(x)\log\left[\frac{1}{\sqrt{2\pi\sigma^2}}\mathrm{e}^{-\frac{(x-m)^2}{2\sigma^2}}\right]\mathrm{d}x$$

$$= -\int_{-\infty}^{\infty} q(x)\log\frac{1}{\sqrt{2\pi\sigma^2}}\mathrm{d}x + \int_{-\infty}^{\infty} q(x)\frac{(x-m)^2}{2\sigma^2}(\log \mathrm{e})\mathrm{d}x$$

$$= \frac{1}{2}\log 2\pi\mathrm{e}\sigma^2$$

由式

$$\ln z \leqslant z - 1,\quad z > 0,\quad \log z = \log \mathrm{e} \ln z$$

$$\int_{-\infty}^{\infty} p(x)\mathrm{d}x = \int_{-\infty}^{\infty} q(x)\mathrm{d}x = 1$$

$$\int_{-\infty}^{\infty} (x-m)^2 p(x)\mathrm{d}x = \int_{-\infty}^{\infty} (x-m)^2 q(x)\mathrm{d}x = \sigma^2$$

可得

$$h[q(x),X] \leqslant \frac{1}{2}\log(2\pi\mathrm{e}\sigma^2) + (1-1)\log \mathrm{e} = h[p(x),X]$$

所以

$$h[q(x),X] \leqslant h[p(x),X] \tag{2-139}$$

式(2-139)说明,当连续信源输出信号的均值为零、平均功率受限时,只有信源输出信号的幅度呈高斯分布时,才会有最大熵值。

两种功率受限情况与噪声比较:峰值功率受限、均匀分布的连续信源熵最大,平均功率受限、均值为零的高斯分布的连续信源熵最大;在这两种情况下,信源的统计特性与两种常见噪声——均匀噪声和高斯噪声的统计特性相一致,从概念上讲这是合理的,因为噪声是一个最不确定的随机过程,而最大的信息量只能从最不确定的事件中获得。

3) 均值受限条件下的最大熵定理

若连续信源 X 输出非负信号的均值受限,则其输出信号幅度呈指数分布时,连续信源 X 具有最大熵值。

上述三种关系都属于最大熵定理,通过以上的讨论可知:连续信源与离散信源不同,它不存在绝对的最大熵;连续信源的最大熵与信源的限制条件有关,在不同的限制条件下有不同的最大连续熵值。

2. 熵功率

与离散信源一样,在讨论了连续信源的最大熵问题之后,也要考虑没有达到最大熵的信源的冗余度问题。从这个角度出发,引出熵功率的概念。我们知道在不同的约束条件下,连续信源有不同的最大熵,因为均值为零、平均功率受限的连续信源是实际中最常见的一种信源,所以我们重点讨论这种信源的冗余问题。

均值为零、平均功率限定为 P 的连续信源服从高斯分布时达到最大熵:

$$h_0(X) = \frac{1}{2}\log(2\pi\mathrm{e}\sigma^2) = \frac{1}{2}\log(2\pi\mathrm{e}P) \tag{2-140}$$

其熵值仅随限定功率 P 的变化而变化。熵与 P 有确定的关系:

$$P = \frac{1}{2\pi e} 2^{2h_0(X)} \tag{2-141}$$

如果另一信源的平均功率也为 P，但不是高斯分布，那么它的熵 $h(X)$ 一定比高斯信源的熵 $h_0(X)$ 小。反过来说，如果有一个信源与这个高斯信源有相同的熵 $h(X)$，则它的平均功率 $P \geqslant \bar{P}$，$\bar{P}$ 为高斯信源的平均功率。因为对于非高斯信源，$h(X) \leqslant \frac{1}{2} \log(2\pi e P)$，而对于高斯信源，$h(X) \leqslant \frac{1}{2} \log(2\pi e \bar{P})$。

现在假定某连续信源的熵为 $h(X)$，平均功率为 P，则也将它具有相同熵的高斯信源的平均功率 $\bar{P}$ 定义为熵功率，即

$$\bar{P} = \frac{1}{2\pi e} 2^{2h(X)} \tag{2-142}$$

所以 $P \leqslant \bar{P}$，当该连续信源为高斯信源时等号成立。

$\bar{P}$ 的大小可以表示连续信源冗余度的大小。如果熵功率等于信源平均功率，则表示信源没有冗余；熵功率和信源的平均功率相差越大，说明信源的冗余度越大。所以把信源平均功率和熵功率之差 $(P - \bar{P})$ 称为连续信源的冗余度。

2.4　离散无失真信源编码定理

信源的两个重要问题是信源输出的信息量计算问题和如何更有效地表示信源输出的问题。前面讨论了信息量的计算问题，下面我们讨论信源的输出问题。由前述可知，由于离散信源符号的概率分布存在不均匀性和符号之间的相关性，使得信源存在着冗余度，从而使信息传输效率比较低，降低了信源效率。解决这一问题的办法是对信源进行压缩编码，减少冗余，离散信源的无失真信源编码是要将信源输出的离散消息符号变换成适合于信道传输的信道基本符号，在这一变换过程中同时还要考虑在信源消息不失真的前提下，如何用较短的码字来代表每一条消息。

1. 信源编码器

信源输出的符号序列，需要变换成适合信道传输的符号序列，称为码序列。对信源输出的原始符号按照一定的数学规则进行的这种变换称为编码，完成编码功能的器件，称为编码器。接收端有一个译码器完成相反的功能。

对单符号离散信源进行无失真编码的基本原理如图 2-15 所示。其中 X 为原始信源，有 $x_1, x_2, \cdots, x_n$ 共 n 个信源符号；信源符号序列为 $X^N = (x_{i_1}, x_{i_2}, \cdots, x_{i_k}, \cdots, x_{i_N})$，$x_{i_k} \in X$；$C$ 为编码器所用的编码符号集，包含 $c_1, c_2, \cdots, c_r$ 共 r 个码符号，当 $r = 2$ 时即为二元码；C 中的元素称为码元或码符号；W 为编码器输出的码字集合，有 $W_1, W_2, \cdots$，W_n 共 n 个码字。这 n 个码字与 X 的 n 个信源符号一一对应，其中每个码字 W_i 是由 l_i 个编码符号 c_{i_j} 组成的序列 $c_{i_1}, c_{i_2}, \cdots, c_{i_{l_i}}$，$l_i$ 称为码字 W_i 的码长。全体码字 W_i 的集合 W 称为码，它等价于一种特定的编码方法。

编码是从信源符号到码符号的一种映射。若要实现无失真编码，这种映射必须是一一

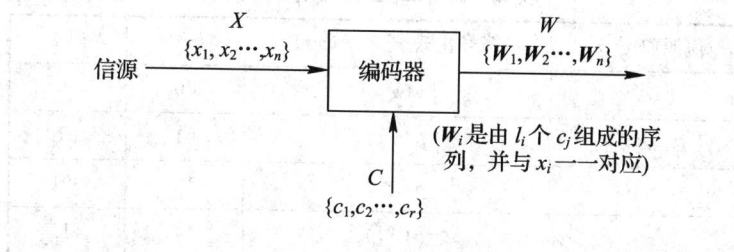

图 2-15 单符号离散信源无失真编码器的基本原理图

对应的、可逆的。编码器的功能是将信源符号集中的符号 x_i(或者长为 N 的信源符号序列)变换成由 $c_j(j=1,2,\cdots,r)$ 组成的长度为 l_i 的序列。即

$$x_i(i=1,2,\cdots,n)\Leftrightarrow W_i=(c_{i_1},c_{i_2},\cdots,c_{i_{l_i}}) \qquad c_{i_k}\in C \qquad (k=1,2,\cdots,l_i)$$

或者

$$X^N=(x_{i_1},x_{i_2},\cdots,x_{i_N})\Leftrightarrow W_i=(c_{i_1},c_{i_2},\cdots,c_{i_{l_i}})$$

$$x_{i_k}\in X \quad (k=1,2,\cdots,N), \quad c_{i_k}\in C \quad (k=1,2,\cdots,l_i)$$

下面,我们给出一些码的定义,并举例说明。

1) 二元码

若码符号集为 $X=\{0,1\}$,所得码字都是一些二元序列,则称为二元码。

若将信源通过一个二元信道进行传输,为使信源适合信道传输,就必须把信源符号变换成 0,1 符号组成的码符号序列(二元序列),这种编码所得的码为二元码。二元码是数字通信和计算机系统中最常用的一种码。

2) 等长码(定长码)

若一组码中所有码字的码长都相同,即 $l_i=L(i=1,2,\cdots,n)$,则称为等长码。

3) 不等长码(变长码)

若一组码字中所有码字的码长各不相同,即任意码字由不同长度 l_i 的码符号序列组成,则称为不等长码。

4) 非奇异码

若一组码字中所有码字都不相同,即所有信源符号影射到不同的码符号序列,则称为非奇异码。

5) 奇异码

若一组码中有相同的码字,则称为奇异码。

6) 码的 N 次扩展

举例:设信源 X 的概率空间为

$$\begin{bmatrix} X \\ p(x) \end{bmatrix}=\begin{bmatrix} x_1 & x_2 & \cdots & x_n \\ p(x_1) & p(x_2) & \cdots & p(x_n) \end{bmatrix}, \quad \sum_{i=1}^{n}p(x_i)=1$$

把它通过一个二元信道传输,为使信源适合信道传输,必须把信源符号变换成 0,1 符号组成的码符号序列(二元序列)。我们可采用不同的二元序列使其与信源符号一一对应,得到不同的二元码,如表 2-5 所示。

表 2-5　二元序列的码符号

信源符号 x_i	符号出现概率 $p(x_i)$	码1	码2
x_1	$p(x_1)$	00	0
x_2	$p(x_2)$	01	01
x_3	$p(x_3)$	10	001
x_4	$p(x_4)$	11	111

表 2-5 中,码 1 是等长非奇异码,码 2 是不等长非奇异码。

我们可求得表 2-5 中码 1 和码 2 的任意 N 次扩展码,以 2 次扩展为例:

$$X^2 = [\alpha_1 = x_1 x_1, \alpha_2 = x_1 x_2, \alpha_3 = x_1 x_3, \cdots, \alpha_{16} = x_4 x_4]$$

所以码 2 的 2 次扩展如表 2-6 所示。

表 2-6　二元码的 2 次扩展

信源符号	码字	信源符号	码字	信源符号	码字
α_1	$00 = x_1 x_1 = B_1$	α_5	$010 = x_2 x_1 = B_5$		
α_2	$001 = x_1 x_2 = B_2$	$\vdots$	$\vdots$		
α_3	$0001 = x_1 x_3 = B_3$	$\vdots$	$\vdots$		
α_4	$0111 = x_1 x_4 = B_4$			α_{16}	$111111 = x_4 x_4 = B_{16}$

7) 唯一可译码

若码的任意一串有限长的码符号序列只能被唯一地译成所对应的信源符号,则称为唯一可译码。否则,就称为非唯一可译码。

有时消息太多,不可能或者没必要给每个消息都分配一个码字。那么给多少消息分配码字可以做到几乎无失真译码呢?显然,传送码字需要一定的信息率,码字越多,所需的信息率越大。编多少码字的问题可以转化为确定信息率大小的问题。我们当然希望信息率越小越好,最小能小到多少才能做到无失真译码呢?这些就是信源编码定理要研究的问题。

信源编码有等长和不等长两种方法。等长编码的码字长度 L 是固定的,相应的编码定理称为等长信源编码定理,是寻求最小 L 值的编码方法。不等长编码的 L 是变值,相应的编码定理称为不等长信源编码定理。这里的 L 值最小意味着数学期望最小。

2. 等长信源编码定理

等长信源编码定理:一个熵为 $H(X)$ 的离散无记忆信源 $X_1 X_2 \cdots X_l \cdots X_N$,若对信源长为 N 的符号序列进行等长编码,设码字是从 r 个字母的码符号集中,选取 L 个码元组成 $c_1 c_2 \cdots c_l \cdots c_L$。对于任意 $\varepsilon > 0, \delta > 0$,只要满足:

$$\frac{L}{N} \log r \geqslant H(X) + \varepsilon \qquad (2-143)$$

则当 N 足够大时,必可使译码差错小于 δ,即译码错误概率能为任意小。反之,若

$$\frac{L}{N} \log r \leqslant H(X) - 2\varepsilon \qquad (2-144)$$

则不可能实现无失真编码,而当 N 足够大时,译码错误概率近似等于 1。

在式(2-143)中，r 代表码序列中每个符号的可能取值，假定 r 个取值是等概率的，则单个符号的信息量为 $\log r$。对于等长码，每个码字的长度都是 L，故码字总数是 r^L。若信源是平稳无记忆的，则长度为 L 的码序列的总信息量就等于各符号信息量之和，即

$$\log r^L = L \log r \tag{2-145}$$

$L \log r$ 表示长为 L 的码符号序列能载荷的最大信息量。若用 $NH(X)$ 代表长为 N 的信源序列平均携带的信息量平均符号熵，把定理中的公式改写成 $L \log r > NH(X)$，则等长信源编码正定理告诉我们，只要码字传输的信息量大于信源携带的信息量，总可实现几乎无失真编码，条件是 N 必须足够大。可以证明，只要

$$N \geqslant \frac{\sigma^2(x)}{\varepsilon^2 \delta} \Leftrightarrow N \geqslant \frac{\sigma^2(x)}{H(X)} \frac{\eta^2}{(1-\eta)^2 \delta} \tag{2-146}$$

译码差错概率一定小于正数 δ。其中：

$$\sigma^2(x) = D[I(x_i)] = E\{[I(x_i) - H(X)]^2\}$$
$$= E\{I^2(x_i) - 2I(x_i)H(X) + [H(X)]^2\}$$
$$= E[I^2(x_i)] - [H(X)]^2$$
$$= \sum_{i=1}^n p(x_i)[\log p(x_i)]^2 - [H(X)]^2$$

逆定理说明，信息率比信源熵略小一点(小一个 ε)时，译码差错未必超过限定值 δ，但若比 $H(X)$ 小 2ε，则译码失真一定大于 δ，$N \to \infty$ 时，必定失真。

实际上，信息熵 $H(X)$ 就是一个界限(临界值)。当编码器输出的信息率超过这个临界值时，就能无失真译码，否则就不行。

等长信源编码定理从理论上说明了编码效率接近于 1，即 $\dfrac{H(X)}{\dfrac{L}{N}\log r} \to 1$ 的理想编码器的

存在性，代价是在实际编码时取无限长的信源符号 $(N \to \infty)$ 进行统一编码。

等长信源编码定理是在平稳无记忆离散信源的条件下论证的，但它同样适用于平稳有记忆信源，只是要求有记忆信源的极限熵和极限方差存在即可。对于平稳有记忆信源，定理中的熵应改为极限熵。

【例 2-16】 设单符号信源模型为

$$\begin{bmatrix} X \\ P(X) \end{bmatrix} = \begin{bmatrix} x_1 & x_2 & x_3 & x_4 & x_5 & x_6 & x_7 & x_8 \\ 0.4 & 0.18 & 0.10 & 0.10 & 0.07 & 0.06 & 0.05 & 0.04 \end{bmatrix}$$

其信息熵为

$$H(X) = 2.55（比特/符号）$$

方差为

$$\sigma^2(x) = 1.323$$

若要求编码效率为 $\eta = 90\%$，即 $\dfrac{H(X)}{H(X)+\varepsilon} = 0.90$，译码差错率为 $\delta = 10^{-6}$，则

$$\varepsilon = 0.28$$

$$N = \frac{\sigma^2(x)}{\varepsilon^2 \delta} = 1.6875 \times 10^7$$

在差错率和效率要求都不苛刻的情况下，就必须有 1600 多万个信源符号一起编码，技

术实现非常困难。

3. 不等长信源编码定理

不等长信源编码(变长编码)允许把等长的消息变换成不等长的码序列。通常把经常出现的消息编成短码,不常出现的消息编成长码。这样可使平均码长最短,从而提高通信效率,代价是增加了编译码设备的复杂度。例如,在不等长码字组成的序列中要正确识别每个长度不同的码字的起点就比等长码复杂得多。不等长编码往往在 N 不很大时就可编出效率很高而且无失真的码。

不等长码也必须是唯一可译码才能实现无失真编码。对于不等长码,要满足唯一可译性,不但码本身必须是非奇异的,而且任意有限长 N 次扩展码也都必须是非奇异的。

定义 2-22 接收到一个不等长码序列后,有时不能马上断定码字是否真正结束,因而不能立即译出该码,要等到后面的符号收到后才能正确译出,称为译码延时或译码同步。

现在观察表 2-7 中各个码。

表 2-7 几种不等长编码

信源消息	出现概率	码1	码2	码3	码4
x_1	1/2	0	0	1	1
x_2	1/4	11	10	10	01
x_3	1/8	00	00	100	001
x_4	1/8	11	01	1000	0001

对于码1,显然不是唯一可译码。因为信源符号 x_2 和 x_4 对应于同一码字11,码1是一个奇异码。

对于码2,是非奇异码,但它仍然不是唯一可译码。因为当收到一串码符号序列时无法唯一地译出对应的信源符号。例如,当我们接收到一串码符号 01000 时,可将它译成 $x_4 x_3 x_1$,也可译成 $x_4 x_1 x_3$,$x_1 x_2 x_3$ 或 $x_1 x_2 x_1 x_1$ 等,这种码从单个码字来看虽然不是奇异的,但从有限长的码序列来看,它仍然是一个奇异码。

码3虽然是唯一可译码,但它要等到下一个 1 收到后才能确定码字的结束,译码有延时。

码4既是唯一可译码,又没有译码延时。码字中的符号 1 起了逗点的作用,故称为逗点码。

定义 2-23 如果一个码的任何一个码字都不是其他码字的前缀,则称该码为即时码,也称为异前置码、逗点码或非延长码。

不等长信源编码定理(香农第一定理):若一离散无记忆信源的信息熵为 $H(X)$,对信源符号进行 r 元不等长编码,一定存在一种无失真编码方法,其码字平均长度满足下列不等式:

$$1 + \frac{H(X)}{\log r} > \bar{L} \geqslant \frac{H(X)}{\log r} \qquad (2-147)$$

其平均信息率满足不等式:

$$H(X) + \varepsilon > R \geqslant H(X) \qquad (2-148)$$

式中，ε 为任意正数，$\bar{L}=\sum_{i=1}^{n}p(x_i)l_i$ 为平均码长。

在多符号情况下，对于平稳无记忆信源来说，当信源输出的是长度为 N 的消息序列时，容易证明定理中式(2-147)可改进为

$$1+\frac{NH(X)}{\log r}>\bar{L}_N\geqslant\frac{NH(X)}{\log r} \tag{2-149}$$

这时的 $\bar{L}_N$ 代表平均码序列长度。

已知编码后平均每个信源符号能载荷的最大信息量(不等长信源编码信源平均输出信息率)为

$$R=\frac{\bar{L}_N}{N}\log r \tag{2-150}$$

故有

$$H(X)+\frac{\log r}{N}\geqslant R\geqslant H(X) \tag{2-151}$$

当 N 足够大时，可使

$$\frac{\log r}{N}<\varepsilon \tag{2-152}$$

由 $H(X)\leqslant R<H(X)+\varepsilon$，得到编码效率的下界：

$$\eta=\frac{H(X)}{R}>\frac{H(X)}{H(X)+\frac{\log r}{N}} \tag{2-153}$$

$\bar{L}$ 和 $\bar{L}_N/N$ 两者都是每个原始信源符号 $x_i(i=1,2,\cdots,n)$ 所需要的码符号的平均数。但不同的是，对于 $\bar{L}_N/N$，为了得到这个平均值，不是直接对单个信源符号 x_i 进行编码，而是对 N 次扩展信源符号序列 $\alpha_i(i=1,2,\cdots,n^N)$ 进行编码，然后对 N 求平均。对于单符号离散信源可以看做是定理在 $N=1$ 的特殊情况。

不等长信源编码定理是香农信息论的主要定理之一，其结论有：

(1) 要做到无失真的信源编码，每个信源符号平均所需最少的 r 元码元数为信源的熵 $\frac{H(X)}{\log r}$，即 $\frac{H(X)}{\log r}$ 是无失真信源压缩的极限值。

(2) 若编码的平均码长小于信源的熵 $\frac{H(X)}{\log r}$，则唯一可译码不存在，在译码时必然会带来失真或差错。

(3) 通过增加信源扩展的次数 N，即让输入编码器的信源分组长度 N 增大，可使编码平均码长 $\bar{L}_N/N$ 趋于下限值。显然，减少平均码长所付出的代价是增加了编码的复杂性。

信道的信息传输率为(从信道的角度看)

$$R=\frac{H(X)}{\bar{L}}\left(\frac{比特/信源符号}{码符号/信源符号}\right)=\frac{H(X)}{\bar{L}}(比特/码符号) \tag{2-154}$$

根据定理有 $\frac{\bar{L}_N}{N}\geqslant\frac{H(X)}{\log r}$，所以编码效率为

$$\eta=\frac{H(X)}{\bar{L}\log r}\leqslant 1, \quad \bar{L}=\frac{\bar{L}_N}{N} \tag{2-155}$$

在二元无损无噪信道中，$r=2$，所以

$$\eta = \frac{H(X)}{\bar{L}} = R \qquad (2-156)$$

当平均码长 $\bar{L}_N/N$ 达到极限值 $\frac{H(X)}{\log r}$ 时，编码效率为

$$\eta = \frac{H(X)}{\frac{\bar{L}_N}{N} \log r} = 1 \qquad (2-157)$$

即编码达到了最高效率。

习惯上，都以二元码表示编码的码字，此时 $r=2$，即 $X=\{0,1\}$，则香农第一定理可表达为

$$\frac{1}{N} + H(X) > \frac{\bar{L}_N}{N} \geqslant H(X) \qquad (2-158)$$

即平均码长的极限值为 $H(X)$，且达到极限值时，编码的信息传输效率为

$$R = \text{lb } 2 = 1(\text{比特/码符号})$$

香农第一定理的结论可以推广到平稳遍历的有记忆信源，对一般离散信源或马尔可夫信源，有

$$\lim_{N \to \infty} \frac{\bar{L}_N}{N} = \frac{H_\infty}{\log r}$$

其中，H_∞ 为有记忆信源的极限熵。

【例 2-17】 设单符号信源模型为

$$\begin{bmatrix} X \\ P(X) \end{bmatrix} = \begin{bmatrix} x_1 & x_2 & x_3 & x_4 & x_5 & x_6 & x_7 & x_8 \\ 0.4 & 0.18 & 0.10 & 0.10 & 0.07 & 0.06 & 0.05 & 0.04 \end{bmatrix}$$

其信息熵为 $H(X)=2.55$(比特/符号)，这里 $r=2$，$\text{lb } r=1$，要求 $\eta > 90\%$，则

$$\eta = \frac{2.55}{2.55 + \frac{1}{N}} = 0.9$$

$$N = \frac{1}{0.28} \approx 4$$

与等长编码相比，对同一信源，要求编码效率都达到 90% 时，变长编码只需 $N=4$ 进行编码，而等长码则要求 N 大于 1.6875×10^7。用不等长编码时，N 不需要很大就可以达到相当高的编码效率而且可实现无失真编码。

小　结

信息论建立在信息可以度量的基础上。本章从信息量的定义出发，阐述了离散无记忆信源各种信息量的定义及其含义。在此基础上，主要讨论了单符号无记忆离散信源各种熵的定义、性质、计算方法和各种熵之间的关系；同时从信源编码、信道编码和信息处理等方面阐述了各种熵的含义。对于多符号无记忆离散信源，给出了扩展信息熵的概念、计算方法以及与单符号熵之间的关系，对于有记忆信源，给出了马尔可夫信息熵的计算方法。

接着介绍了连续信源的熵与互信息量，并且简单给出了相互之间的关系。最后介绍了离散无失真信源编码定理，它为信源编码提供一定的理论依据。本章内容是香农信息论的基础，是讨论、研究信源编码和信道编码理论必不可少的知识。

习 题 2

2-1 如果你在不知道今天是星期几的情况下问你的朋友"明天是星期几"，则答案中含有多少信息量？如果你在已知今天是星期四的情况下提出同样的问题，则答案中你能获得多少信息量？（假设已知星期一至星期日的排序）

2-2 若采用 3 作为信息量对数的底数，试求该信息量单位与比特单位的关系。

2-3 居住在某地区的女孩子有 25% 是大学生，在女大学生中有 75% 是身高 160 厘米以上的，而女孩子中身高 160 厘米以上的占总数的一半。假如我们得知"身高 160 厘米以上的某女孩是大学生"的消息，问获得多少信息量？

2-4 设离散无记忆信源 $\begin{bmatrix} X \\ P(X) \end{bmatrix} = \begin{bmatrix} x_1=0 & x_2=1 & x_3=2 & x_4=3 \\ \dfrac{3}{8} & \dfrac{1}{4} & \dfrac{1}{4} & \dfrac{1}{8} \end{bmatrix}$，其发出的信息为"202120130213001203210110321010021032011223210"，求：

(1) 此消息的自信息量是多少？

(2) 此消息中平均每符号携带的信息量是多少？

2-5 从大量统计资料知道，男性中红绿色盲的发病率为 7%，女性发病率为 0.5%，如果你问一位男士："你是否是色盲？"他的回答可能是"是"，可能是"否"，问这两个回答中各含多少信息量？平均每个回答中含有多少信息量？如果问一位女士，则答案中含有的平均自信息量是多少？

2-6 国际莫尔斯电码用"点"和"划"的序列发送英文字母，"划"用持续 3 个单位的电流脉冲表示，"点"用持续 1 个单位的电流脉冲表示，其"划"出现的概率是"点"出现概率的 1/3。

(1) 计算"点"和"划"的信息量；

(2) 计算"点"和"划"的平均信息量。

2-7 同时掷出两个正常的骰子，也就是各面呈现的概率都为 1/6，求：

(1) "3 和 5 同时出现"这一事件的自信息量；

(2) "两个 1 同时出现"这一事件的自信息量；

(3) 两个点数的各种组合（无序）对的熵和平均信息量；

(4) 两个点数之和（即 2，3，…，12 构成的子集）的熵；

(5) 两个点数中至少有一个是 1 的自信息量。

2-8 一信源有 6 种输出状态，概率分别为：$p(A)=0.5$，$p(B)=0.25$，$p(C)=0.125$，$p(D)=p(E)=0.5$，$p(F)=0.125$，试计算 $H(X)$。然后求消息 $ABABBA$ 和 $FDDFDF$ 的信息量（设信源先后发出的符号相互独立），并将之与长度为 6 的消息序列信息量的期望值比较。

2-9 设信源 $\begin{bmatrix} X \\ P(X) \end{bmatrix} = \begin{bmatrix} x_1 & x_2 & x_3 & x_4 & x_5 & x_6 \\ 0.2 & 0.19 & 0.18 & 0.17 & 0.16 & 0.17 \end{bmatrix}$，求这个信源的

熵，并解释为什么 $H(X)>$ lb 6 不满足最大离散熵定理。

2-10 有两个试验结果 X 和 Y，$X=\{x_1,x_2,x_3\}$，$Y=\{y_1,y_2,y_3\}$，联合概率 $p(x_iy_j)=p_{ij}$ 已给出：

$$\begin{bmatrix} p_{11} & p_{12} & p_{13} \\ p_{21} & p_{22} & p_{23} \\ p_{31} & p_{32} & p_{33} \end{bmatrix} = \begin{bmatrix} \dfrac{7}{24} & \dfrac{1}{24} & 0 \\ \dfrac{1}{24} & \dfrac{1}{4} & \dfrac{1}{24} \\ 0 & \dfrac{1}{24} & \dfrac{7}{24} \end{bmatrix}$$

(1) 如果有人告诉你 X 和 Y 的试验结果，你得到的平均信息量是多少？

(2) 如果有人告诉你 Y 的试验结果，你得到的平均信息量是多少？

(3) 在已知 Y 试验结果的情况下，告诉你 X 的试验结果，你得到的平均信息量是多少？

2-11 已知随机变量 X 和 Y 的联合概率分布 $p(a_ib_j)$ 满足

$$p(a_1)=1/2,\ p(a_2)=p(a_3)=1/4,\ p(b_1)=2/3,\ p(b_2)=p(b_3)=1/6$$

试求能使 $H(XY)$ 取最大值的联合概率分布。

2-12 已知信源发出 a_1 和 a_2 两种消息，且 $p(a_1)=p(a_2)=1/2$，此消息在二进制对称信道上传输，信道传输特性为 $p(b_1|a_1)=p(b_2|a_2)=1-\varepsilon$，$p(b_1|a_2)=p(b_2|a_1)=\varepsilon$。求互信息量 $I(a_1;b_1)$ 和 $I(a_1;b_2)$。

2-13 在一个二进制信道中，信源消息集 $X=\{0,1\}$，且 $p(1)=p(0)$，信宿消息集 $Y=\{0,1\}$，信道传输概率 $p(1|0)=1/4$，$p(0|1)=1/8$。求：

(1) 在接收端收到 $y=0$ 后，所提供的关于传输消息 X 的平均条件互信息量 $I(X;y=0)$；

(2) 该情况所能提供的平均互信息量 $I(X;Y)$。

2-14 证明：任何两个事件之间的互信息量不可能大于其中任一事件的自信息量。

2-15 设有随机变量 X,Y,Z 均取值于 $\{0,1\}$，已知 $I(X;Y)=0$，$I(X;Y|Z)=1$。求证：$H(Z)=1$，$H(XYZ)=2$。（单位：比特/符号）

2-16 每帧电视图像可以认为是由 3×10^5 个像素组成的，所有像素均是独立变化的，且每像素又取 128 个不同的亮度电平，并设亮度电平是等概率出现的，问每帧图像含有多少信息量？若有一个广播员，在约 10 000 个汉字中选出 1000 个汉字来口述此电视图像，试问广播员描述此图像所广播的信息量是多少（假设汉字字汇是等概率分布，并彼此无依赖）？若要恰当地描述此图像，广播员在口述中至少需要多少汉字？

2-17 某一无记忆信源的符号集为 $\{0,1\}$，已知 $p(0)=1/4$，$p(1)=3/4$。

(1) 求符号的平均熵；

(2) 有 100 个符号构成的序列，求某一特定序列（例如有 m 个"0"和 $100-m$ 个"1"）的自信息量的表达式；

(3) 计算(2)中序列的熵。

2-18 设有一个信源，它产生 0,1 序列的信息。它在任意时间而且不论以前发生过什么符号，均按 $p(0)=0.4$，$p(1)=0.6$ 的概率发出符号。

(1) 试问这个信源是否是平稳的？

（2）试计算 $H(X^2)$，$H(X_3|X_1X_2)$ 及 H_∞；

（3）试计算 $H(X^4)$ 并写出 X^4 信源中可能有的所有符号。

2-19　二次扩展信源的熵为 $H(X^2)$，而一阶马尔可夫信源的熵为 $H(X_2|X_1)$。试比较两者的大小。

2-20　黑白气象传真图的消息只有黑色和白色两种，即信源 $X=\{黑，白\}$。设黑色出现的概率为 $p(黑)=0.3$，白色出现的概率为 $p(白)=0.7$。

（1）假设图上黑白消息出现前后没有关联，求熵 $H(X)$；

（2）假设消息前后有关联，其依赖关系为 $p(白|白)=0.9$，$p(黑|白)=0.1$，$p(白|黑)=0.2$，$p(黑|黑)=0.8$，求此一阶马尔可夫信源的熵 $H_2(X)$；

（3）分别求上述两种信源的冗余度，比较 $H(X)$ 和 $H_2(X)$ 的大小，并说明其物理含义。

2-21　有两个二元随机变量 X 和 Y，它们的联合概率如表 2-8 所示。

表 2-8　题 2-21 表

Y ＼ X	$x_1=0$	$x_2=1$
$y_1=0$	$\dfrac{1}{8}$	$\dfrac{3}{8}$
$y_2=1$	$\dfrac{3}{8}$	$\dfrac{1}{8}$

并定义另一随机变量 $Z=XY$（一般乘积），试计算：

（1）$H(X)$，$H(Y)$，$H(Z)$，$H(XZ)$，$H(YZ)$ 和 $H(XYZ)$；

（2）$H(X|Y)$，$H(Y|X)$，$H(X|Z)$，$H(Z|X)$，$H(Y|Z)$，$H(Z|Y)$，$H(X|YZ)$，$H(Y|XZ)$ 和 $H(Z|XY)$；

（3）$I(X;Y)$，$I(X;Z)$，$I(Y;Z)$，$I(X;Y|Z)$，$I(Y;Z|X)$ 和 $I(X;Z|Y)$。

2-22　两个离散随机变量 X 和 Y，其和为 $Z=X+Y$，且 X 与 Y 相互独立。求证：
$$H(X)\leqslant H(Z),\ H(Y)\leqslant H(Z),\ H(XY)\geqslant H(Z)$$

2-23　设有一个二进制一阶马尔可夫信源，其信源符号为 $X\in(0,1)$，条件概率为 $p(0|0)=0.25$，$p(0|1)=0.5$，$p(1|0)=0.75$，$p(1|1)=0.5$，画出状态转移图并求出各符号稳态概率。

2-24　一阶马尔可夫链信源有 3 个符号 $\{u_1，u_2，u_3\}$，转移概率为 $p(u_1|u_1)=1/2$，$p(u_2|u_1)=1/2$，$p(u_3|u_1)=0$，$p(u_1|u_2)=1/3$，$p(u_2|u_2)=0$，$p(u_3|u_2)=2/3$，$p(u_1|u_3)=1/3$，$p(u_2|u_3)=2/3$，$p(u_3|u_3)=0$，画出状态转移图并求出各符号稳态概率。

2-25　由符号集 $\{0,1\}$ 组成的二阶马尔可夫链，转移概率为 $p(0|00)=0.8$，$p(0|11)=0.2$，$p(1|00)=0.2$，$p(1|11)=0.8$，$p(0|01)=0.5$，$p(1|01)=0.5$，$p(1|10)=0.5$，画出状态转移图，并计算各状态的稳态概率。

2-26　一个马尔可夫信源，已知转移概率为 $p(s_1|s_1)=2/3$，$p(s_2|s_1)=1/3$，$p(s_1|s_2)=1$，$p(s_2|s_2)=0$，画出状态转移图，并求出信息熵。

2-27　一阶马尔可夫信源的状态图如图 2-16 所示，信源 X 的符号集为 $\{0,1,2\}$。

(1) 求平稳后信源的概率分布；

(2) 求信源的熵 H_∞。

2-28　一个二元马尔可夫信源，其状态转移概率如图 2-17 所示，求各状态的稳态概率和信源的符号熵。

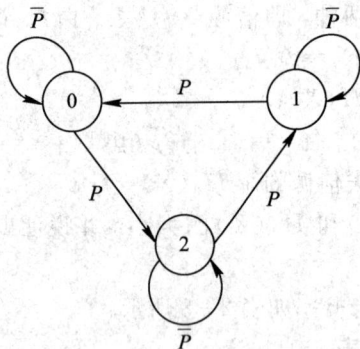

图 2-16　题 2-27 图　　　　　图 2-17　题 2-28 图

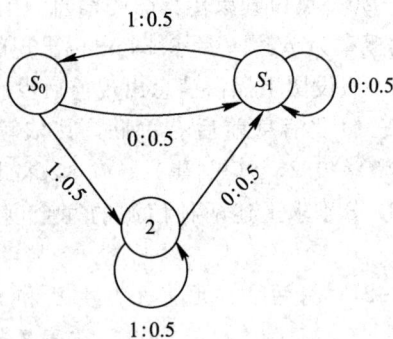

2-29　一个一阶马尔可夫链 X_1，X_2，$\cdots$，X_r，$\cdots$，各 X_r 取值于集 $A=\{a_1,a_2,\cdots,a_q\}$，已知起始概率 $p(x)$ 为 $p_1=P(x_1=a_1)=1/2$，$p_2=p_3=1/4$，其转移概率如表 2-9 所示。

表 2-9　题 2-29 表

i \ j	1	2	3
1	$\frac{1}{2}$	$\frac{1}{4}$	$\frac{1}{4}$
2	$\frac{2}{3}$	0	$\frac{1}{3}$
3	$\frac{2}{3}$	$\frac{1}{3}$	0

(1) 求 $X_1X_2X_3$ 的联合熵和平均符号熵；

(2) 求这个链的极限平均符号熵；

(3) 求 H_0，H_1，H_2 和它们对应的冗余度。

2-30　信源 X 发出两个消息 x_1 和 x_2，它们的概率分布为 $p(x_1)=3/4$，$p(x_2)=1/4$，求该信源的熵和冗余度。

2-31　用 α，β，γ 三个字符组字，设组成的字有以下三种情况：

(1) 只用 α 一个字母的单字母字；

(2) 用 α 开头或结尾的两字母字；

(3) 把 α 夹在中间的三字母字。

假定由这三种字母组成一种简单语言，试计算当所有字等概率出现时语言的冗余度。

2-32　一个随机变量 x 的概率密度函数 $p_X(x)=kx$，$0\leqslant x\leqslant 2$，求该信源的信息熵。

2-33　给定声音样值 X 的概率密度为拉普拉斯分布 $p(x)=\frac{1}{2}\lambda\mathrm{e}^{-\lambda|x|}$，$-\infty<x<+\infty$，求 $h(X)$，并证明它小于同样方差的正态变量的连续熵。

2-34　求具有如下概率密度函数的随机变量的熵：

（1）指数分布 $f(x) = \lambda \mathrm{e}^{-\lambda x}$，$x \geqslant 0$；

（2）单边高斯分布 $f(x) = \dfrac{2}{\sqrt{2\pi\sigma^2}}\mathrm{e}^{-x^2/2\sigma^2}$，$x \geqslant 0$。

2-35　连续随机变量 X 和 Y 的联合概率密度为

$$p(x,y) = \begin{cases} \dfrac{1}{\pi r^2} & x^2 + y^2 \leqslant r^2 \\ 0 & \text{其他} \end{cases}$$

求 $h(X)$，$h(Y)$，$h(XY)$ 和 $I_{\mathrm{c}}(X;Y)$。

上机要求与 Matlab 源程序

2-1　画出自变量为输入概率 p 的自信息量函数图，其中 $I = -\mathrm{lb}\ p$。

参考代码：

```
%自信息量是事件发生概率的对数的负值
clear all;
close all;
clc;
p=0:0.01:1;
I=−log2(p+eps);                    %使用 eps 避免 log 0 的情况
plot(p, I);
xlabel('\it{p(x_i)}');
ylabel('\it{I(x_i)}','rotation',0,'position',[−0.05 , 3.5 , 0]);
ylim([0 , 7]);
```

2-2　画出自变量为输入概率 p 的二进制熵函数图，其中 $H(p) = -p\ \mathrm{lb}\ p - (1-p)\mathrm{lb}(1-p)$。

参考代码：

```
clear all;
close all;
clc;
p=0:0.01:1;
q=1−p;
H=−p.*log2(p+eps)−q.*log2(q+eps);
plot(p , H);
xlabel('\it{p}');
ylabel('\it{H(p)}' , 'rotation' , 0 , 'position' , [−0.1,0.5,0]);
xlim([0 , 1]);
ylim([0 , 1]);
```

第3章 信道及其容量

信道是信息论中与信源并列的另一个主要研究对象,其任务是以信号方式传输信息和存储信息。通信的本质就是信息通过信道得以传输,实现异地间的信息交流。在通信系统中研究信道,主要是为了描述、度量、分析不同类型的信道,计算其能够传输的最大信息量,即信道容量,并分析其特点。

3.1 信道模型与分类

通信中,信道按其物理组成可分成微波信道、光纤信道、电缆信道等,这种分类是因为信号在这些信道中传输时遵循不同的物理规律,而通信技术必须研究这些规律以获得信号在这些信道中的传输特性。信息论不研究怎样获得这些传输特性,而是假定传输特性已知,并在此基础上研究信息的传输问题,这样信息论就可以抽象地将信道用数学模型来描述。

3.1.1 信道的模型

一般信道的数学模型如图 3-1 所示。

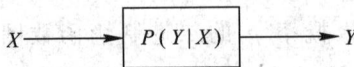

$$X \longrightarrow \boxed{P(Y|X)} \longrightarrow Y$$

图 3-1 一般信道的数学模型

输入事件的概率空间以 $[X\ P(X)]$ 表示,输出事件的概率空间以 $[Y\ P(Y)]$ 表示。信道用在输入已知情况下输出的条件概率分布 $P(Y|X)$ 来表示,通常表示成 $[X\ P(Y|X)\ Y]$。

3.1.2 信道的分类

信道可以按多种不同的方法进行分类。

1. 根据输入和输出信号的时间特性及取值特性分类

(1) 离散信道:输入、输出随机变量都取离散值的信道。

(2) 连续信道:输入、输出随机变量都取连续值的信道。

(3) 半离散/半连续信道:输入随机变量取离散值而输出随机变量取连续值的信道,或反之。

2. 根据输入/输出随机变量的个数分类

(1) 单符号信道:输入和输出端都只用一个随机变量来表示。

(2) 多符号信道:输入和输出端用随机变量序列来表示。

3. 根据输入/输出的个数分类

（1）单用户信道：只有一个输入端和一个输出端的单向通信的信道。

（2）多用户信道：在输入端或输出端至少一端有两个以上的用户，并且还可以双向通信的信道。

4. 根据信道上有无干扰分类

（1）有扰信道：存在干扰或噪声或两者都有的信道。实际信道一般都是有扰信道。

（2）无扰信道：不存在干扰或噪声，或干扰和噪声可忽略不计的信道。计算机和外存设备之间的信道可看做是无扰信道。

5. 根据信道有无记忆特性分类

（1）无记忆信道：信道输出仅与信道当前输入有关，而与过去输入无关的信道。

（2）有记忆信道：信道输出不仅与信道当前输入有关，还与过去输入和过去输出有关的信道。实际信道一般都是有记忆的。

6. 根据信道的统计特性是否随时间变化分类

（1）恒参信道：信道的统计特性不随时间而变化。例如有线信道可认为是恒参信道。

（2）随参信道：信道的统计特性随时间而变化。例如短波信道是一种随参信道。

实际信道的带宽总是有限的，所以输入和输出信号总可以分解成随机序列来研究。一个实际信道可同时具有多种属性。最简单的信道是单符号离散信道。本章主要讨论无记忆、恒参、单用户的离散信道。

3.2　单符号离散信道

若信道在任意时刻的输出只与此时刻信道的输入有关，而与其他时刻的输入和输出无关，则称之为离散无记忆信道，简称为 DMC(Discrete Memoryless Channel)。首先从最简单的离散无记忆信道，即单符号离散信道入手。

3.2.1　信道容量的定义

1. 单符号离散信道的数学模型

单符号离散信道是指信道的输入、输出都取值于离散符号集，且都用一个随机变量来表示的信道。它是实际信道的基本组成单元。

设单符号离散信道的输入随机变量为 $X \in \{x_1, x_2, \cdots, x_i, \cdots, x_n\}$，输出随机变量为 $Y \in \{y_1, y_2, \cdots, y_j, \cdots, y_m\}$。信道统计特性由条件概率 $p(y_j | x_i)$ 表示，有时把 $p(y_j | x_i)$ 称为信道转移概率或信道传递概率。为直观起见，可表示成信道转移概率矩阵，简称信道矩阵 $\boldsymbol{P}$，即

$$\boldsymbol{P} = \begin{bmatrix} p(y_1 | x_1) & p(y_2 | x_1) & \cdots & p(y_m | x_1) \\ p(y_1 | x_2) & p(y_2 | x_2) & \cdots & p(y_m | x_2) \\ \vdots & \vdots & \ddots & \vdots \\ p(y_1 | x_n) & p(y_2 | x_n) & \cdots & p(y_m | x_n) \end{bmatrix}$$

其中：

$$p(y_j \mid x_i) \geqslant 0$$

$$\sum_{j=1}^{m} p(y_j \mid x_i) = 1$$

即信道矩阵中每个元素均为非负，每一行元素之和为 1。矩阵中的行表示输入 X，列表示输出 Y，该矩阵为 n 行 m 列矩阵。

下面通过例子介绍两种重要的信道：二元对称信道和二元删除信道。

【例 3 - 1】 给定一个二元对称信道 BSC (Binary Symmetric Channel)，如图 3 - 2 所示。输入符号集和输出符号集分别为 $X = \{0, 1\}$ 和 $Y = \{0, 1\}$，求其信道矩阵。

解 由图可知，

$$p(y_1 \mid x_1) = p(0 \mid 0) = 1 - p$$
$$p(y_2 \mid x_2) = p(1 \mid 1) = 1 - p$$
$$p(y_1 \mid x_2) = p(0 \mid 1) = p$$
$$p(y_2 \mid x_1) = p(1 \mid 0) = p$$

图 3 - 2 二元对称信道

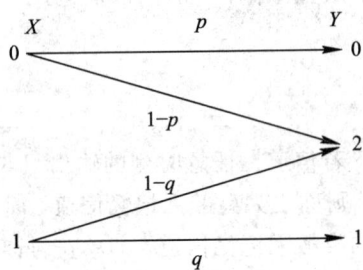

其信道矩阵为

$$\boldsymbol{P} = \begin{bmatrix} 1-p & p \\ p & 1-p \end{bmatrix}$$

【例 3 - 2】 二元删除信道简记为 BEC (Binary Erasure Channel)，如图 3 - 3 所示，求其信道矩阵。

解 由图可知，$n = 2$，$m = 3$，输入符号 X 取值于 $\{0, 1\}$，输出符号 Y 取值于 $\{0, 2, 1\}$。其信道转移矩阵为

$$\boldsymbol{P} = \begin{bmatrix} p & 1-p & 0 \\ 0 & 1-q & q \end{bmatrix}$$

图 3 - 3 二元删除信道

这种信道实际上是存在的，当信号波形传输中失真较大时，我们在接收端不是对接收信号硬性地判为 0 或 1，而是根据最佳接收机额外给出的信道失真信息增加一个中间状态 2（称为删除符号），采用见"2"就删去的做法。

2. 信道的信息传输率

由前面讨论可知，如果信息熵为 $H(X)$，我们希望在信道的输出端接收的信息量就是 $H(X)$。但由于干扰的存在，接收端收到 Y 后对信源仍然存在的不确定性为 $H(X|Y)$，又称为信道疑义度或损失熵，在输出端只能接收到 $I(X; Y)$，它是平均意义上每传送一个符号流经信道的平均信息量。从这个意义上讲，我们也可以把 $I(X; Y)$ 理解为信道的信息传输率，用 R 来表示。即

$$R = I(X; Y) = H(X) - H(X \mid Y) \tag{3-1}$$

有时我们所关心的是信道在单位时间内平均传输的信息量。如果平均传输一个符号为 t 秒，则信道平均每秒钟传输的信息量为

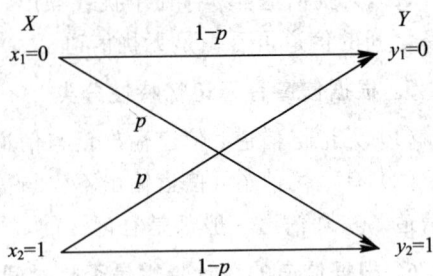

$$R_t = \frac{1}{t}I(X;Y) \tag{3-2}$$

称 R_t 为信息传输速率。当 $I(X;Y)$ 的单位是比特/符号时，R_t 的单位是比特/秒。

3. 信道容量

由平均互信息量的性质可知，对于给定信道，$I(X;Y)$ 是 $p(x_i)$ 的上凸函数，因此总能找到一种概率分布 $p(x_i)$（即某一种信源），使信道传输一个符号时接收端获得的平均信息量最大，即对于一个固定的信道总有一个最大的信息传输率。

定义 3-1 最大的信息传输率定义为信道容量，用 C 表示：

$$C = \max_{p(x_i)} R = \max_{p(x_i)} I(X;Y) \tag{3-3}$$

当取以 2 为底数的对数时，其单位是比特/符号。实际中，若信道平均传输一个符号需要 t 秒钟，则单位时间的信道容量 C_t 为

$$C_t = \frac{1}{t}\max_{p(x_i)} I(X;Y) \tag{3-4}$$

其单位是比特/秒。

信道容量是信道传送信息最大能力的度量，它只与信道的统计特性有关，而与输入信源的概率分布无关。即对于一个特定的信道，其信道容量 C 是确定的，是不随输入信源概率分布的变化而改变的。信道容量 C 取值的大小，直接反映了信道质量的高低。信道实际传送的信息量必须不大于信道容量，如果待传输的信息量大于信道容量，则在传送过程中将会发生错误。

3.2.2 几种特殊离散信道的信道容量

研究信道的核心问题是求出信道容量及达到信道容量的信源概率分布。对于一般信道，求信道容量的计算是非常复杂的，需要对平均互信息量求极大值。但对于某些特殊信道，可利用其特点，运用信息理论的基本概念，简化信道容量的计算，直接得到信道容量的数值。下面先讨论某些特殊类型信道的信道容量，然后再讨论一般离散信道的信道容量。

1. 简单离散信道的信道容量

1）有一一对应关系的无噪无损信道

该信道的输入和输出符号之间存在确定的一一对应关系，输入和输出符号集的元素个数相等，如图 3-4 所示。

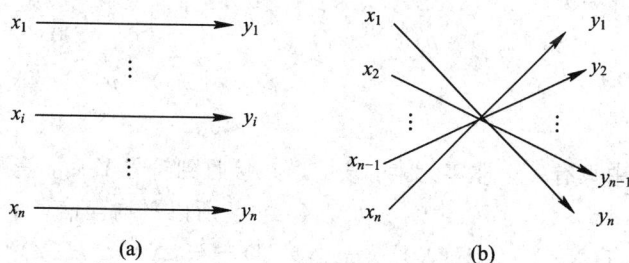

图 3-4 无噪无损信道

图 3-4(a)的信道转移矩阵是单位矩阵，当 $n=3$ 时，其信道矩阵为

$$\boldsymbol{P} = \begin{bmatrix} 1 & 0 & 0 \\ 0 & 1 & 0 \\ 0 & 0 & 1 \end{bmatrix}$$

当 $n=3$ 时，图 3-4(b)的信道转移矩阵为

$$\boldsymbol{P} = \begin{bmatrix} 0 & 0 & 1 \\ 0 & 1 & 0 \\ 1 & 0 & 0 \end{bmatrix}$$

其信道中每一行、每一列都只有一个"1"，已知 X 后对 Y 不存在不确定性，收到 Y 后对 X 也不存在不确定性，其损失熵 $H(X|Y)$ 和噪声熵 $H(Y|X)$ 都为 0，所以平均互信息量为

$$I(X;Y) = H(X) = H(Y) \tag{3-5}$$

它表示接收端收到符号 Y 后平均获得的信息量等于信源发出每个符号所包括的平均信息量，在信道传输过程中没有产生任何信息损失。由于噪声熵 $H(Y|X)$ 和损失熵 $H(X|Y)$ 都等于零，因此信道称为无噪无损信道。根据信道容量的定义，当信道输入呈等概率分布时，信道达到信道容量：

$$C = \max_{p(x_i)} I(X;Y) = \max_{p(x_i)} H(X) = \log n \tag{3-6}$$

式中，n 为信道的输入符号数。结果表明，信道容量只取决于信道的输入符号数 n，与信源无关，它是表征信道特性的一个参量。

2）具有扩展性能的无损有噪信道

无损有噪信道是一个输入对应多个输出，而且每个输入值所对应的输出值不重合，如图 3-5 所示。

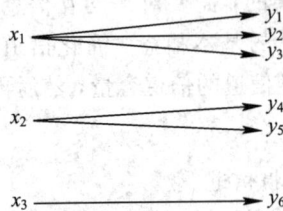

图 3-5　无损有噪信道

其信道转移矩阵为

$$\boldsymbol{P} = \begin{bmatrix} p(y_1|x_1) & p(y_2|x_1) & p(y_3|x_1) & 0 & 0 & 0 \\ 0 & 0 & 0 & p(y_4|x_2) & p(y_5|x_2) & 0 \\ 0 & 0 & 0 & 0 & 0 & p(y_6|x_3) \end{bmatrix}$$

信道矩阵每列中只有一个非零元素，该信道在接收到符号 Y 后，信源符号 X 是完全确定的，损失熵 $H(X|Y)=0$，而噪声熵 $H(Y|X)>0$，所以平均互信息量为

$$I(X;Y) = H(X) - H(X|Y) = H(X) < H(Y) \tag{3-7}$$

其信道容量为

$$C = \max_{p(x_i)} I(X;Y) = \max_{p(x_i)} H(X) = \log n \tag{3-8}$$

当信道输入呈等概率分布时，信道达到信道容量。

3）有归并性能的无噪有损信道

无噪有损信道是一个输出对应多个输入，如图 3-6 所示，其信道矩阵为

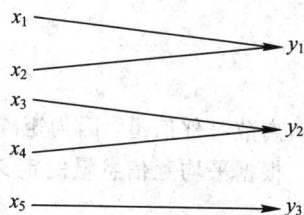

图 3-6　无噪有损信道

$$P = \begin{bmatrix} 1 & 0 & 0 \\ 1 & 0 & 0 \\ 0 & 1 & 0 \\ 0 & 1 & 0 \\ 0 & 0 & 1 \end{bmatrix}$$

信道矩阵中每行有一个非零元素，且矩阵中的元素非 0 即 1。对这种信道，每个输入符号都确定地变成某一个输出符号，因此 $H(Y|X)=0$，而接收到输出符号却不能确切地判断发出的输入符号是什么，因此 $H(X|Y)>0$，平均互信息量为

$$I(X;Y) = H(Y) < H(X) \tag{3-9}$$

设输出 Y 的符号集个数为 m，当 Y 等概率分布时，$I(X;Y)$ 为最大，而且总能找到一种最佳的输入分布使输出 Y 达到等概率分布，其信道的信道容量为

$$C = \max_{p(x_i)} I(X;Y) = \max_{p(x_i)} H(Y) = \log m \tag{3-10}$$

注意：在求信道容量时，调整的始终是输入端的概率分布 $p(x_i)$，尽管信道容量式中平均互信息量 $I(X;Y)$ 等于输出端符号熵 $H(Y)$，但是在求极大值时调整的仍然是输入端的概率分布 $p(x_i)$，而不能用输出端的概率分布 $p(y_j)$ 来代替。

对于以上三种信道，求信道容量 C 的问题已经从求 $I(X;Y)$ 的极值问题转化为求 $H(X)$ 或 $H(Y)$ 的极值问题。信道容量 C 只取决于信道的输入符号数 n 或输出符号数 m，与信源无关，它表征信道的统计特性。

2. 离散对称信道的信道容量

离散信道中有一类特殊的信道，其特点是信道矩阵具有很强的对称性，下面介绍这类信道。

1）离散对称信道的信道容量

如果信道矩阵共有 m 行、n 列（一般 $m \neq n$），若信道矩阵中每一行都是第一行元素的不同排列，即行可排列，而且信道矩阵中的每一列也是第一列的重新排列，即列可排列，则具有这种特点的信道矩阵所对应的离散信道称为离散对称信道。

例如，信道矩阵：

$$P_1 = \begin{bmatrix} \dfrac{1}{3} & \dfrac{1}{3} & \dfrac{1}{6} & \dfrac{1}{6} \\ \dfrac{1}{6} & \dfrac{1}{6} & \dfrac{1}{3} & \dfrac{1}{3} \end{bmatrix} \qquad P_2 = \begin{bmatrix} \dfrac{1}{2} & \dfrac{1}{3} & \dfrac{1}{6} \\ \dfrac{1}{6} & \dfrac{1}{2} & \dfrac{1}{3} \\ \dfrac{1}{3} & \dfrac{1}{6} & \dfrac{1}{2} \end{bmatrix}$$

是离散对称信道。

而信道矩阵

$$\boldsymbol{P}_3 = \begin{bmatrix} \dfrac{1}{3} & \dfrac{1}{3} & \dfrac{1}{6} & \dfrac{1}{6} \\[2ex] \dfrac{1}{6} & \dfrac{1}{3} & \dfrac{1}{3} & \dfrac{1}{6} \end{bmatrix}$$

不是离散对称信道，因为矩阵中的第 2 列和第 4 列不是第 1 列的重新排列。

根据平均互信息量的定义

$$I(X;Y) = H(Y) - H(Y \mid X)$$

其中：

$$\begin{aligned} H(Y \mid X) &= \sum_{i=1}^{n} \sum_{j=1}^{m} p(x_i y_j) \log \frac{1}{p(y_j \mid x_i)} \\ &= \sum_{i=1}^{n} p(x_i) \sum_{j=1}^{m} p(y_j \mid x_i) \log \frac{1}{p(y_j \mid x_i)} \\ &= \sum_{i=1}^{n} p(x_i) H(Y \mid x_i) \end{aligned}$$

由于信道的对称性，$H(Y \mid x_i)$ 与 x_i 无关，所以

$$H(Y \mid X) = H(Y \mid x_i)$$

得

$$I(X;Y) = H(Y) - H(Y \mid x_i)$$

根据信道容量的定义可得

$$C = \max_{p(x_i)} I(X;Y) = \max_{p(x_i)} [H(Y) - H(Y \mid x_i)] = \max_{p(x_i)} H(Y) - H(Y \mid x_i)$$

当信道输出 Y 是等概率分布时，Y 的熵达到最大值 $\log m$，所以

$$C = \log m - H(Y \mid x_i) \tag{3-11}$$

接下来的问题是当输入信源 X 的概率分布是什么分布时，才能使输出随机变量 Y 达到等概率分布，使输出随机变量 Y 的熵 $H(Y)$ 达到最大值。

由于输出随机变量 Y 的概率分布为

$$\begin{aligned} p(y_j) &= \sum_{i=1}^{n} p(x_i) p(y_j \mid x_i) \\ &= p(x_1) p(y_j \mid x_1) + p(x_2) p(y_j \mid x_2) + \cdots + p(x_n) p(y_j \mid x_n) \end{aligned}$$

式中，$p(y_j \mid x_1)$，$p(y_j \mid x_2)$，$\cdots$，$p(y_j \mid x_n)(j=1,2,\cdots,m)$ 都是离散对称信道列元素集合的 n 个元素。由于其每一列都由同一符号集元素的不同排列组成，因此要使随机变量 Y 等概率，即

$$p(y_1) = p(y_2) = \cdots = p(y_m) = \frac{1}{m} \tag{3-12}$$

则必须要求输入信源 X 等概率分布，即

$$p(x_1) = p(x_2) = \cdots = p(x_n) = \frac{1}{n}$$

所以对于离散对称信道，只有输入呈等概率分布时，才能达到信道容量 C。

式(3-12)中，m 为输出符号数，当且仅当信道的输入与输出均为等概率分布时，信道达到信道容量值，且离散对称信道的信道容量只与输出符号个数和信道矩阵中的任一行元素有关。

下面证明对于离散对称信道，当输入分布为等概率分布时，输出分布必能达到等概率分布。

当输入为等概率分布时：

$$p(x_i) = \frac{1}{n} \qquad i = 1, 2, \cdots$$

输出

$$p(y_j) = \sum_{i=1}^{n} p(x_i) p(y_j \mid x_i) = \frac{1}{n} \sum_{i=1}^{n} p(y_j \mid x_i) = \frac{1}{n} H_j$$

其中，H_j 表示信道矩阵 $\boldsymbol{P}$ 中第 j 列元素之和。由信道的对称性可知，H_j 是一个与 j 无关的常数，每一列元素之和均为 H_j。由于信道矩阵每一行的元素之和为 1，所以 n 行元素之和为 n，并且 n 行元素之和等于 m 列元素之和，即 $mH_j = n$，$H_j = n/m$，所以

$$p(y_j) = \frac{1}{n} H_j = \frac{1}{m}$$

【例 3-3】　设某离散对称信道的信道矩阵为

$$\boldsymbol{P} = \begin{bmatrix} \dfrac{1}{2} & \dfrac{1}{3} & \dfrac{1}{6} \\[2mm] \dfrac{1}{6} & \dfrac{1}{2} & \dfrac{1}{3} \\[2mm] \dfrac{1}{3} & \dfrac{1}{6} & \dfrac{1}{2} \end{bmatrix}$$

求信道容量。

解　由信道矩阵可知该信道是对称信道，所以

$$C = \log m - H(Y \mid x_i)$$

$$= \text{lb } 3 + \frac{1}{2} \text{lb}\left(\frac{1}{2}\right) + \frac{1}{3} \text{lb}\left(\frac{1}{3}\right) + \frac{1}{6} \text{lb}\left(\frac{1}{6}\right)$$

$$= 0.126 \text{（比特/符号）}$$

在这个信道中，每个符号平均能够传输的最大信息为 0.126 比特，而且只有当信道的输入符号是等概率分布时才能达到这个最大值。

2）强对称离散信道的信道容量

若输入符号和输出符号个数都等于 n，且信道矩阵为

$$\boldsymbol{P}_{n \times n} = \begin{bmatrix} \bar{p} & \dfrac{p}{n-1} & \cdots & \dfrac{p}{n-1} \\[2mm] \dfrac{p}{n-1} & \bar{p} & \cdots & \dfrac{p}{n-1} \\[2mm] \vdots & \vdots & \ddots & \vdots \\[2mm] \dfrac{p}{n-1} & \dfrac{p}{n-1} & \cdots & \bar{p} \end{bmatrix}$$

其中 $\bar{p} + p = 1$，则此信道称为强对称信道或均匀信道。该信道总的错误概率为 p，对称地平均分配给 $n-1$ 个输出符号。

强对称信道是离散对称信道的一个特例。该信道矩阵中各列之和也等于 1。于是，可得强对称信道的信道容量为

$$C = \log m - H(Y \mid x_i)$$

$$= \log m + \bar{p} \log \bar{p} + \frac{p}{n-1} \log \frac{p}{n-1} + \cdots + \frac{p}{n-1} \log \frac{p}{n-1}$$

$$= \log m + \bar{p} \log \bar{p} + p \log \frac{p}{n-1}$$

$$= \log m - p \log(n-1) + \bar{p} \log \bar{p} + p \log p$$

$$= \log m - p \log(n-1) - H(p) \tag{3-13}$$

当输入为等概率分布时,输出也为等概率分布,信道达到信道容量。$n=2$ 时的均匀信道常称为二元对称信道,这时 $C = 1 - H(p)$。

3) 准对称离散信道的信道容量

若信道转移矩阵中,每一行都是第一行元素的不同排列,每一列并不都是第一列元素的不同排列,但是该信道按列可以划分成几个互不相交的子集合,而每个子矩阵(由子集所对应的信道转移矩阵中的列所组成)具有下述性质:

(1) 每一行都是第一行的一种排列;

(2) 每一列都是第一列的一种排列。

则该信道为准对称矩阵。例如信道矩阵:

$$\boldsymbol{P} = \begin{bmatrix} 0.8 & 0.1 & 0.1 \\ 0.1 & 0.1 & 0.8 \end{bmatrix}$$

的行具有可排列性,列不具有可排列性。但是把矩阵可以划分成两个互不相交的子集,构成两个子矩阵:

$$\boldsymbol{P}_1 = \begin{bmatrix} 0.8 & 0.1 \\ 0.1 & 0.8 \end{bmatrix} \qquad \boldsymbol{P}_2 = \begin{bmatrix} 0.1 \\ 0.1 \end{bmatrix}$$

两个子矩阵的行和列均是可排列的,因此矩阵 $\boldsymbol{P}$ 是准对称信道。

对于准对称信道而言,可以证明达到信道容量的输入分布是等概率分布的。设准对称离散信道矩阵可划分为 r 个互不相交的子集。N_k 是第 k 个子矩阵中的行元素之和,M_k 是第 k 个子矩阵中的列元素之和。经分析可计算出准对称离散信道容量为

$$C = \log n - H(p_1', p_2', \cdots, p_m') - \sum_{k=1}^{r} N_k \log M_k \tag{3-14}$$

其中,n 为输入符号集的个数,$(p_1', p_2', \cdots, p_m')$ 为准对称离散信道矩阵中的行元素。

【例 3 - 4】 信道转移矩阵为

$$\boldsymbol{P} = \begin{bmatrix} \dfrac{1}{3} & \dfrac{1}{3} & \dfrac{1}{6} & \dfrac{1}{6} \\ \dfrac{1}{6} & \dfrac{1}{3} & \dfrac{1}{6} & \dfrac{1}{3} \end{bmatrix}$$

求信道容量 C。

解 通过观察可知,该信道是准对称信道,可以分解为 3 个互不相交的子集,分别为

$$\boldsymbol{P}_1 = \begin{bmatrix} \dfrac{1}{3} & \dfrac{1}{6} \\ \dfrac{1}{6} & \dfrac{1}{3} \end{bmatrix}, \quad \boldsymbol{P}_2 = \begin{bmatrix} \dfrac{1}{3} \\ \dfrac{1}{3} \end{bmatrix}, \quad \boldsymbol{P}_3 = \begin{bmatrix} \dfrac{1}{6} \\ \dfrac{1}{6} \end{bmatrix}$$

对应的参数分别为

$$N_1 = \frac{1}{3} + \frac{1}{6} = \frac{1}{2}, \quad N_2 = \frac{1}{3}, \quad N_3 = \frac{1}{6}$$

$$M_1 = \frac{1}{3} + \frac{1}{6} = \frac{1}{2}, \quad M_2 = \frac{1}{3} + \frac{1}{3} = \frac{2}{3}, \quad M_3 = \frac{1}{6} + \frac{1}{6} = \frac{1}{3}$$

所以信道容量为

$$C = \log n - H(p'_1, p'_2, \cdots, p'_m) - \sum_{k=1}^{r} N_k \log M_k$$

$$= \text{lb}2 - H\left(\frac{1}{3}, \frac{1}{3}, \frac{1}{6}, \frac{1}{6}\right) - \frac{1}{2}\text{lb}\frac{1}{2} - \frac{1}{3}\text{lb}\frac{2}{3} - \frac{1}{6}\text{lb}\frac{1}{3}$$

$$= 0.041 \text{（比特/符号）}$$

3.2.3　离散信道容量的一般计算方法

当信道不具有对称性时，信道容量不容易求出。对一般离散信道求信道容量，就是在固定信道条件下，对所有可能的输入概率分布 $p(x_i)$，求平均互信息量的极大值。由于 $I(X;Y)$ 是输入概率分布 $p(x_i)$ 的上凸函数，因此极大值一定存在。因为 $I(X;Y)$ 是 n 个变量 $\{p(x_1), p(x_2), \cdots, p(x_n)\}$ 的多元函数，并满足约束条件：

$$\sum_{i=1}^{n} p(x_i) = 1$$

所以可用拉格朗日乘子法计算这个条件极值。

引进一个新函数：

$$\Phi = I(X;Y) - \lambda \left[\sum_{i=1}^{n} p(x_i) - 1\right] \tag{3-15}$$

其中 λ 为拉格朗日乘子，解方程组：

$$\frac{\partial \Phi}{\partial p(x_i)} = \frac{\partial \left\{ I(X;Y) - \lambda \left[\sum_{i=1}^{n} p(x_i) - 1\right]\right\}}{\partial p(x_i)} = 0 \tag{3-16}$$

求得的 $I(X;Y)$ 值即为信道容量 C。

由

$$p(y_j) = \sum_{i=1}^{n} p(x_i) p(y_j \mid x_i) \tag{3-17}$$

得

$$\frac{\mathrm{d}p(y_j)}{\mathrm{d}p(x_i)} = p(y_j \mid x_i)$$

将 $I(X;Y)$ 的表达式代入式(3-16)，得

$$\frac{\partial}{\partial p(x_i)} \left\{ H(Y) - H(Y \mid X) - \lambda \left[\sum_{i=1}^{n} p(x_i) - 1\right]\right\}$$

$$= \frac{\partial}{\partial p(x_i)} \left\{ -\sum_{j=1}^{m} p(y_j) \log p(y_j) + \sum_{i=1}^{n} \sum_{j=1}^{m} p(x_i) p(y_j \mid x_i) \log p(y_j \mid x_i) \right.$$

$$\left. - \lambda \left[\sum_{i=1}^{n} p(x_i) - 1\right]\right\}$$

$$= 0$$

求偏导得

$$-\sum_{j=1}^{m}\left[p(y_j\mid x_i)\log p(y_j)+p(y_j\mid x_i)\log \mathrm{e}\right]+\sum_{j=1}^{m}p(y_j\mid x_i)\log p(y_j\mid x_i)-\lambda=0$$

整理得

$$\sum_{j=1}^{m}p(y_j\mid x_i)\log \frac{p(y_j\mid x_i)}{p(y_j)}=\log \mathrm{e}+\lambda \qquad (3-18)$$

其中

$$\log p(y_j)=\ln p(y_j)\log \mathrm{e}$$

$$\sum_{j=1}^{m}p(y_j\mid x_i)=1$$

将式(3-18)两边同乘以 $p(x_i)$ 并对 i 求和,得

$$\sum_{i=1}^{n}\sum_{j=1}^{m}p(x_i)p(y_j\mid x_i)\log \frac{p(y_j\mid x_i)}{p(y_j)}=\sum_{i=1}^{n}p(x_i)(\log \mathrm{e}+\lambda)=\log \mathrm{e}+\lambda \qquad (3-19)$$

上式左边即为平均互信息的最大值 C,所以

$$C=\log \mathrm{e}+\lambda \qquad (3-20)$$

这样得到的信道容量有一个参数 λ,在某些情况下可以消去 λ 得到信道容量值。

将式(3-20)代入式(3-18),得

$$\sum_{j=1}^{m}p(y_j\mid x_i)\log p(y_j\mid x_i)=\sum_{j=1}^{m}p(y_j\mid x_i)\log p(y_j)+C$$

$$=\sum_{j=1}^{m}p(y_j\mid x_i)\left[\log p(y_j)+C\right]$$

令

$$\beta_j=\log p(y_j)+C \qquad (3-21)$$

则

$$\sum_{j=1}^{m}p(y_j\mid x_i)\beta_j=\sum_{j=1}^{m}p(y_j\mid x_i)\log p(y_j\mid x_i) \qquad (3-22)$$

由式(3-22)和信道矩阵求出 β_j。当取以 2 为底数的对数时,由式(3-21)得

$$p(y_j)=2^{\beta_j-C} \qquad (3-23)$$

上式两边对 j 求和,得

$$\sum_{j=1}^{m}p(y_j)=\sum_{j=1}^{m}2^{\beta_j-C}=1$$

$$\sum_{j=1}^{m}2^{\beta_j}=2^{C}$$

求出信道容量为

$$C=\mathrm{lb}\left(\sum_{j=1}^{m}2^{\beta_j}\right) \qquad (3-24)$$

再根据式(3-17)列方程组求出 $p(x_i)$。

一般离散信道容量的计算步骤如下:

(1) 由 $\sum_{j=1}^{m}p(y_j\mid x_i)\beta_j=\sum_{j=1}^{m}p(y_j\mid x_i)\log p(y_j\mid x_i)$,求 β_j;

(2) 由 $C = \text{lb}\left(\sum_{j=1}^{m} 2^{\beta_j}\right)$，求 C；

(3) 由 $p(y_j) = 2^{\beta_j - C}$，求 $p(y_j)$；

(4) 由 $p(y_j) = \sum_{i=1}^{n} p(x_i) p(y_j \mid x_i)$，求 $p(x_i)$。

需要强调的是，在信道容量求出以后，计算并没有结束，还必须解出 $p(x_i)$，如果所有的 $p(x_i) \geqslant 0$，则求出的信道容量才是正确的。因为用拉格朗日乘子法没有加入 $p(x_i) \geqslant 0$ 的约束条件，所以算出的 $p(x_i)$ 有可能是负值。如果 $p(x_i)$ 有负值，则此解无效，它表明所求得的极限值出现的区域不满足概率条件，那么这时最大值必在边界上，即有某些输入符号的概率 $p(x_i) = 0$。因此必须设某些输入符号的概率 $p(x_i) = 0$，然后重新进行计算。

从以上计算可以看出，一般离散信道的信道容量计算比较复杂，可通过计算机编程进行求解。

【例 3 - 5】　求如下信道的信道容量：

$$P = \begin{bmatrix} \frac{1}{2} & \frac{1}{4} & 0 & \frac{1}{4} \\ 0 & 1 & 0 & 0 \\ 0 & 0 & 1 & 0 \\ \frac{1}{4} & 0 & \frac{1}{4} & \frac{1}{2} \end{bmatrix}$$

解　信道矩阵中 $n = m$，且为可逆矩阵（满秩矩阵），所以以下方程组有唯一解。

$$\begin{cases} \frac{1}{2}\beta_1 + \frac{1}{4}\beta_2 + \frac{1}{4}\beta_4 = \frac{1}{2}\text{lb}\frac{1}{2} + \frac{1}{4}\text{lb}\frac{1}{4} + \frac{1}{4}\text{lb}\frac{1}{4} \\ \beta_2 = 0 \\ \beta_3 = 0 \\ \frac{1}{4}\beta_1 + \frac{1}{4}\beta_3 + \frac{1}{2}\beta_4 = \frac{1}{4}\text{lb}\frac{1}{4} + \frac{1}{4}\text{lb}\frac{1}{4} + \frac{1}{2}\text{lb}\frac{1}{2} \end{cases}$$

解方程组，得

$$\beta_2 = \beta_3 = 0, \ \beta_1 = \beta_4 = -2$$

$$C = \text{lb}\left(\sum_{j=1}^{m} 2^{\beta_j}\right) = \text{lb}(2^{-2} + 2^0 + 2^0 + 2^{-2}) = \text{lb}\,5 - 1$$

再根据式(3-23)求 $p(y_j)$，得

$$p(y_1) = p(y_4) = 2^{-2 - \text{lb}\,5 + 1} = \frac{1}{10}$$

$$p(y_2) = p(y_3) = 2^{0 - \text{lb}\,5 + 1} = \frac{4}{10}$$

最后根据式(3-17)列方程组求 $p(x_i)$，求出最佳输入分布为

$$p(x_1) = p(x_4) = \frac{4}{30}$$

$$p(x_2) = p(x_3) = \frac{11}{30}$$

上述求得 $p(x_i)$ 都大于 0，故求得的结果是正确的。

3.3 多符号离散信道

前面讨论的是最简单的单符号离散信道，其输入和输出都只是单个随机变量。实际离散信道的输入和输出常常是随机变量序列，用随机矢量来表示，称为多符号离散信道，也称离散扩展信道。实际离散信道往往是有记忆信道，为了简化起见，我们主要研究离散无记忆信道。

3.3.1 多符号离散信道的数学模型

前面已讨论多符号离散信源的概念，它是将 N 个信源符号连接成串作为一个新的符号，并由所有可能的新符号组成一个新的信源，称之为多符号离散信源（N 次扩展信源）。多符号离散信道（N 次扩展信道）就是以新符号集 $X^N = X_1 X_2 \cdots X_N$ 中元素为输入变量，以 $Y^N = Y_1 Y_2 \cdots Y_N$ 中元素为输出变量的一种信道模型。多符号离散信道的数学模型仍然表示为 $[X^N \ P(Y^N | X^N) \ Y^N]$，如图 3-7 所示。

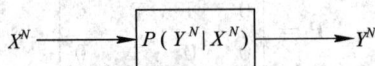

$$X^N \longrightarrow \boxed{P(Y^N | X^N)} \longrightarrow Y^N$$

图 3-7 多符号离散信道数学模型

设单符号离散信道的输入随机变量为 $X \in \{x_1, x_2, \cdots, x_i, \cdots, x_n\}$，输出随机变量为 $Y \in \{y_1, y_2, \cdots, y_j, \cdots, y_m\}$，转移概率为 $P(Y|X):\{p(y_j | x_i) \ (i=1, 2, \cdots, n; j=1, 2, \cdots, m)\}$。又设多符号离散信道输入 $X^N = X_1 X_2 \cdots X_N$ 每一时刻的随机变量 $X_l(l=1, 2, \cdots, N)$ 均取自且取遍于信道的输入符号集 X，则 N 次扩展信道输入符号为

$$X^N \in \{\boldsymbol{\alpha}_1, \boldsymbol{\alpha}_2, \cdots, \boldsymbol{\alpha}_i, \cdots, \boldsymbol{\alpha}_{n^N}\}$$

其中，$\boldsymbol{\alpha}_k = (x_{k_1} x_{k_2} \cdots x_{k_N})$，$x_{k_i} \in \{x_1, x_2, \cdots, x_j, \cdots, x_n\}(i=1, 2, \cdots, N; k=1, 2, \cdots, n^N)$。

输出符号为

$$Y^N \in \{\boldsymbol{\beta}_1, \boldsymbol{\beta}_2, \cdots, \boldsymbol{\beta}_i, \cdots, \boldsymbol{\beta}_{m^N}\}$$

其中，$\boldsymbol{\beta}_h = (y_{h_1} y_{h_2} \cdots y_{h_N})$，$y_{h_i} \in \{y_1, y_2, \cdots, y_j, \cdots, y_m\}(i=1, 2, \cdots, N; h=1, 2, \cdots, m^N)$。

与单符号离散信道相比，N 次扩展信道的输入符号数由 n 种扩展为 n^N 种，输出符号数由 m 种扩展为 m^N。

表征 N 次扩展信道传递特性的基本参量，是在输入随机矢量 $X^N = X_1 X_2 \cdots X_N$ 的条件下，输出随机矢量 $Y^N = Y_1 Y_2 \cdots Y_N$ 的条件概率：

$$P(Y^N | X^N) = P(Y_1 Y_2 \cdots Y_N | X_1 X_2 \cdots X_N) \tag{3-25}$$

它由 $n^N \times m^N$ 个在输入消息 $\boldsymbol{\alpha}_k (k=1, 2, \cdots, n^N)$ 的条件下，输出消息 $\boldsymbol{\beta}_h (h=1, 2, \cdots, m^N)$ 的转移概率

$$p(\boldsymbol{\beta}_h | \boldsymbol{\alpha}_k) = p(y_{h_1} y_{h_2} \cdots y_{h_N} | x_{k_1} x_{k_2} \cdots x_{k_N})$$

组成。当然，同样可把 $n^N \times m^N$ 个转移概率构成 N 次扩展信道的信道转移概率矩阵：

$$P = \begin{bmatrix} p(\boldsymbol{\beta}_1 \mid \boldsymbol{\alpha}_1) & p(\boldsymbol{\beta}_2 \mid \boldsymbol{\alpha}_1) & \cdots & p(\boldsymbol{\beta}_{m^N} \mid \boldsymbol{\alpha}_1) \\ p(\boldsymbol{\beta}_1 \mid \boldsymbol{\alpha}_2) & p(\boldsymbol{\beta}_2 \mid \boldsymbol{\alpha}_2) & \cdots & p(\boldsymbol{\beta}_{m^N} \mid \boldsymbol{\alpha}_2) \\ \vdots & \vdots & \ddots & \vdots \\ p(\boldsymbol{\beta}_1 \mid \boldsymbol{\alpha}_{n^N}) & p(\boldsymbol{\beta}_2 \mid \boldsymbol{\alpha}_{n^N}) & \cdots & p(\boldsymbol{\beta}_{m^N} \mid \boldsymbol{\alpha}_{n^N}) \end{bmatrix}$$

其中：

$$\sum_{h=1}^{m^N} p(\boldsymbol{\beta}_h \mid \boldsymbol{\alpha}_k) = 1 \qquad k = 1, 2, \cdots, n^N$$

若 N 次扩展信道的转移概率 $P(Y^N \mid X^N)$ 等于 N 个单位时刻相应的单符号离散信道的转移概率的连乘：

$$P(Y^N \mid X^N) = P(Y_1 Y_2 \cdots Y_N \mid X_1 X_2 \cdots X_N)$$
$$= P(Y_1 \mid X_1) P(Y_2 \mid X_2) \cdots P(Y_N \mid X_N) \tag{3-26}$$

即

$$p(\boldsymbol{\beta}_h \mid \boldsymbol{\alpha}_k) = \prod_{i=1}^{N} p(y_{h_i} \mid x_{k_i}) \qquad k = 1, 2, \cdots, n^N, \ h = 1, 2, \cdots, m^N \tag{3-27}$$

则单符号离散信道称为离散无记忆信道，相应的 N 次扩展信道称为离散无记忆信道的 N 次扩展信道。具有这种特征的离散信道在时刻 i 的输出随机变量 Y_i 只与时刻 i 的输入随机变量 $X_i (i = 1, 2, \cdots, N)$ 有关，与 i 时刻之前的输入随机变量序列 $X_1 X_2 \cdots X_{i-1}$ 和输出随机变量序列 $Y_1 Y_2 \cdots Y_{i-1}$ 无关。

【例 3-6】 求图 3-2 所示的二元无记忆对称信道的二次扩展信道的信道矩阵和信道容量。

解 因为二元对称信道的输入和输出变量 X 和 Y 的取值都是 0 和 1，因此二次扩展信道的输入符号集为 $X^2 = \{00, 01, 10, 11\}$，共有 $2^2 = 4$ 个符号。输出符号集为 $Y^2 = \{00, 01, 10, 11\}$，也有 4 个符号。根据无记忆信道的特性，求得二次扩展信道的转移概率为

$$p(\boldsymbol{\beta}_1 \mid \boldsymbol{\alpha}_1) = p(00 \mid 00) = p(0 \mid 0) p(0 \mid 0) = (1-p)^2$$
$$p(\boldsymbol{\beta}_2 \mid \boldsymbol{\alpha}_1) = p(01 \mid 00) = p(0 \mid 0) p(1 \mid 0) = (1-p)p$$
$$p(\boldsymbol{\beta}_3 \mid \boldsymbol{\alpha}_1) = p(10 \mid 00) = p(1 \mid 0) p(0 \mid 0) = p(1-p)$$
$$p(\boldsymbol{\beta}_4 \mid \boldsymbol{\alpha}_1) = p(11 \mid 00) = p(1 \mid 0) p(1 \mid 0) = p^2$$

同理可求得其他转移概率 $p(\boldsymbol{\beta}_h \mid \boldsymbol{\alpha}_k)$，最后得到二次扩展信道的信道矩阵为

$$P = \begin{bmatrix} (1-p)^2 & (1-p)p & p(1-p) & p^2 \\ (1-p)p & (1-p)^2 & p^2 & p(1-p) \\ p(1-p) & p^2 & (1-p)^2 & (1-p)p \\ p^2 & p(1-p) & (1-p)p & (1-p)^2 \end{bmatrix}$$

下面求二次扩展信道的信道容量，从二次扩展信道的信道矩阵可以看出，这是一个对称信道。由对称信道容量的公式（3-11）得

$$C_2 = \log m - H(Y \mid x_i) = \text{lb} 4 - H \left[(1-p)^2, (1-p)p, p(1-p), p^2 \right]$$

若 $p = 0.1$，则 $C_2 = 2 - 0.938 = 1.062$（比特/符号）。

3.3.2 多符号离散信道的信道容量

从总体上来看，单符号离散信道的 N 次扩展信道把输入随机矢量 $X^N = X_1 X_2 \cdots X_N$

传输为输出随机矢量 $Y^N = Y_1 Y_2 \cdots Y_N$ 的过程中,传递的平均互信息量 $I(X^N; Y^N)$ 与其中各随机变量的平均互信息量之和 $\sum_{i=1}^{N} I(X_i; Y_i)$ 之间有什么关系呢? 这是下面要讨论的问题。关于多符号离散信道的平均互信息量,有以下定理:

定理 3 - 1 若信道的输入和输出分别是 N 长序列 X^N 和 Y^N,且信道是无记忆的,则

$$I(X^N; Y^N) \leqslant \sum_{i=1}^{N} I(X_i; Y_i) \qquad (3-28)$$

其中,X_i,Y_i 分别是序列 X^N 和 Y^N 中的第 i 位随机变量。

证明 由前可知

$$I(X^N; Y^N) = H(Y^N) - H(Y^N \mid X^N)$$

根据熵的性质得

$$
\begin{aligned}
H(Y^N) &= H(Y_1 Y_2 \cdots Y_N) \\
&= H(Y_1) + H(Y_2 \mid Y_1) + \cdots + H(Y_N \mid Y_1 Y_2 \cdots Y_{N-1}) \\
&\leqslant \sum_{i=1}^{N} H(Y_i) \qquad (3-29)
\end{aligned}
$$

$$
\begin{aligned}
H(Y^N \mid X^N) &= H(Y_1 Y_2 \cdots Y_N \mid X_1 X_2 \cdots X_N) \\
&= H(Y_1 \mid X_1 X_2 \cdots X_N) + H(Y_2 \mid X_1 X_2 \cdots X_N Y_1) + \cdots \\
&\quad + H(Y_N \mid X_1 X_2 \cdots X_N Y_1 Y_2 \cdots Y_{N-1}) \qquad (3-30)
\end{aligned}
$$

由离散无记忆 N 次扩展信道的定义得

$$H(Y^N \mid X^N) = \sum_{i=1}^{N} H(Y_i \mid X_i) \qquad (3-31)$$

所以

$$
\begin{aligned}
I(X^N; Y^N) &\leqslant \sum_{i=1}^{N} H(Y_i) - \sum_{i=1}^{N} H(Y_i \mid X_i) \\
&= \sum_{i=1}^{N} [H(Y_i) - H(Y_i \mid X_i)] = \sum_{i=1}^{N} I(X_i; Y_i) \qquad (3-32)
\end{aligned}
$$

式(3-32)说明,离散无记忆信道的 N 次扩展信道的平均互信息量不大于 N 个随机变量 $X_1 X_2 \cdots X_N$ 单独通过信道 $[X\ P(Y|X)\ Y]$ 的平均互信息量之和 $\sum_{i=1}^{N} I(X_i; Y_i)$。

当信源也是无记忆信源时,有

$$P(X^N) = \prod_{i=1}^{N} P(X_i)$$

$$
\begin{aligned}
P(X^N Y^N) &= P(X^N) P(Y^N \mid X^N) = \prod_{i=1}^{N} P(X_i) \prod_{i=1}^{N} P(Y_i \mid X_i) \\
&= \prod_{i=1}^{N} P(X_i) P(Y_i \mid X_i) = \prod_{i=1}^{N} P(X_i Y_i) \qquad (3-33)
\end{aligned}
$$

所以

$$
\begin{aligned}
p(\boldsymbol{\beta}_j) &= \sum_{i=1}^{n^N} p(\boldsymbol{\alpha}_i \boldsymbol{\beta}_j) = \sum_{i_1=1}^{n^N} \cdots \sum_{i_N=1}^{n^N} p(x_{i_1} y_{j_1}) p(x_{i_2} y_{j_2}) \cdots p(x_{i_N} y_{j_N}) \\
&= \sum_{i_1=1}^{n} p(x_{i_1} y_{j_1}) \sum_{i_2=1}^{n} p(x_{i_2} y_{j_2}) \cdots \sum_{i_N=1}^{n} p(x_{i_N} y_{j_N}) = \prod_{i_k=1}^{N} p(y_{i_k}) \qquad (3-34)
\end{aligned}
$$

即

$$P(Y^N) = \prod_{i=1}^{N} P(Y_i)$$

因此

$$H(Y^N) = \sum_{i=1}^{N} H(Y_i) \tag{3-35}$$

所以

$$I(X^N ; Y^N) = \sum_{i=1}^{N} I(X_i ; Y_i) \tag{3-36}$$

即信源和信道均为无记忆时,其序列 X^N 和 Y^N 的平均互信息量 $I(X^N ; Y^N)$ 等于序列中所有对应时刻随机变量 X_i,Y_i 的平均互信息量 $I(X_i ; Y_i)$ 之和。

对于离散无记忆 N 次扩展信道,如果信道的输入序列中的每一个随机变量均取值于同一信源符号集并且具有同一种概率分布,通过相同的信道传送到输出端,则输出序列中的每一个随机变量也取自同一符号集,并且具有相同的概率分布。因此有

$$X_1 = X_2 = \cdots = X_N = X ; Y_1 = Y_2 = \cdots = Y_N = Y$$

所以

$$I(X_1 ; Y_1) = I(X_2 ; Y_2) = \cdots = I(X_N ; Y_N) = I(X ; Y) \tag{3-37}$$

于是

$$I(X^N ; Y^N) = \sum_{i=1}^{N} I(X_i ; Y_i) = NI(X ; Y) \tag{3-38}$$

式(3-38)表明,对于离散无记忆 N 次扩展信道,当信源是平稳无记忆信源时,其平均互信息量等于单符号信道平均互信息量的 N 倍。

离散无记忆信道的 N 次扩展信道的信道容量 C^N 为

$$C^N = \max_{p(X^N)} I(X^N ; Y^N) = \max_{p(X^N)} \sum_{i=1}^{N} I(X_i ; Y_i) = \sum_{i=1}^{N} \max_{p(X_i)} I(X_i ; Y_i) = \sum_{i=1}^{N} C_i \tag{3-39}$$

式中:

$$C_i = \max_{p(X_i)} I(X_i ; Y_i)$$

C_i 是时刻 i 通过离散无记忆信道传输的最大信息量,可以用前面介绍的求解单符号离散信道的信道容量的方法求解。因为输入随机序列 $X^N = X_1 X_2 \cdots X_N$ 在同一信道中传输,所以任何时刻通过离散无记忆信道传输的最大信息量都相同,即 $C_i = C (i = 1, 2, \cdots, N)$。

所以

$$C^N = NC \tag{3-40}$$

即离散无记忆信道的 N 次扩展信道的信道容量等于单符号离散信道的信道容量的 N 倍,当信源也是无记忆信源并且每一时刻的输入分布各自达到最佳输入分布时,才能达到这个信道容量 NC。

现在再分析例 3-6,由强对称离散信道的信道容量分析可知,无记忆二元对称信道的信道容量为 $C = 1 - H(p)$,若 $p = 0.1$,则 $C = 1 - H(0.1) = 0.531$(比特/符号),由式(3-40)可直接求出其二次扩展信道的信道容量 $C^N = 2C = 1.062$(比特/符号)。计算结果与例 3-6 相同。

一般情况下，消息序列在离散无记忆 N 次扩展信道中传输时，其平均互信息量 $I(X^N; Y^N) \leqslant NC$。

3.4 连续信道

连续信道的输入和输出均为连续的，但从时间关系上来看，可以分为时间离散和时间连续两大类型。当信道的输入和输出只能在特定的时刻变化，即时间为离散值时，称信道为离散时间信道；当信道的输入和输出的取值是随时间变化的，即时间为连续值时，称信道为连续信道或波形信道。下面将分别讨论这两种类型的信道。

3.4.1 时间离散的连续信道

1. 加性噪声信道

连续信道的输入和输出为随机过程 $X(t)$ 和 $Y(t)$，设 $N(t)$ 为随机噪声，那么简单的加性噪声信道模型可以表示为

$$Y(t) = X(t) + N(t) \tag{3-41}$$

根据随机信号的采样定理，可将随机信号离散化。因此，对于时间离散信道的输入和输出序列可以分别表示为

$$X^N = [X_1, X_2, \cdots, X_N]$$
$$Y^N = [Y_1, Y_2, \cdots, Y_N]$$

如果信道转移概率密度满足

$$p(\boldsymbol{\beta} \mid \boldsymbol{\alpha}) = p(y_1 \mid x_1) p(y_2 \mid x_2) \cdots p(y_N \mid x_N)$$

则称信道为无记忆连续信道。

同离散信道情况相同，存在

$$I(X^N; Y^N) \leqslant \sum_{i=1}^{N} I(X_i; Y_i) \leqslant NC$$

上式中信道容量 C 定义为

$$C = \max_{p(x)} I(X; Y) \tag{3-42}$$

式中，$p(x)$ 为输入信源的概率密度函数。

由于输入和干扰是相互独立的，对于一维随机变量，其信道模型可以表示为

$$Y = X + N \tag{3-43}$$

式中，X 为输入随机变量，Y 为输出随机变量，N 为随机噪声，且 X 和 N 统计独立。

下面将讨论这种最简单的时间离散加性噪声信道的信道容量。设随机变量 X 和 N 的概率密度分别为 $p(x)$ 和 $p(n)$，对于加性连续信道，利用坐标变换理论可以证明：

$$p(y \mid x) = p(n) \tag{3-44}$$

则有

$$h(Y \mid X) = -\int_{-\infty}^{\infty} \int_{-\infty}^{\infty} p(xy) \log p(y \mid x) \mathrm{d}x \mathrm{d}y$$

$$= -\int_{-\infty}^{\infty} \int_{-\infty}^{\infty} p(x) p(y \mid x) \log p(y \mid x) \mathrm{d}x \mathrm{d}y$$

$$= -\int_{-\infty}^{\infty} p(x) \int_{-\infty}^{\infty} p(n) \log p(n) \mathrm{d}x \mathrm{d}n$$

$$= \int_{-\infty}^{\infty} p(x) h(N) \mathrm{d}x = h(N) \qquad (3-45)$$

其中 $h(N)$ 为信道的噪声熵，所以

$$I(X;Y) = h(Y) - h(Y\mid X) = h(Y) - h(N) \qquad (3-46)$$

其信道容量为

$$C = \max_{p(x)} I(X;Y) = \max_{p(x)} [h(Y) - h(N)] \qquad (3-47)$$

由于加性信道的噪声 N 和信源 X 相互统计独立，X 的概率密度 $p(x)$ 的变动不会引起噪声熵 $h(N)$ 的改变，因此通过选择 $p(x)$ 使输出随机变量熵 $h(Y)$ 达到最大值时，加性信道即达到信道容量：

$$C = \max_{p(x)} I(X;Y) = \max_{p(x)} h(Y) - h(N) \qquad (3-48)$$

对于不同的限制条件，连续随机变量具有不同的最大值，所以连续信道的信道容量取决于输入随机变量 X 所受限制条件及噪声 N（即信道）的统计特性。

2. 平均功率受限的加性噪声信道

实际信道中无论是信号还是干扰，它们的能量和功率总是受限的。下面讨论功率受限情况下时间离散信道的信道容量。

假设输入信号平均功率限定为 P_X，而噪声的平均功率限定为 $P_N = \sigma_N^2$，因而输出随机变量 Y 的平均功率也是有限的，设为 $P_Y = \sigma_Y^2$。根据最大连续熵定理，要使 $h(Y)$ 达到最大，Y 必须是一个高斯随机变量。而当输入 $p(x)$ 满足什么条件时才能使 Y 为高斯分布呢？

由概率论的知识可知，当 X，N 统计独立且 $Y = X + N$ 时，若输入是均值为 0、方差为 $\sigma_X^2 = P_X$ 的高斯随机变量，则 Y 为高斯分布，并且

$$\sigma_Y^2 = \sigma_X^2 + \sigma_N^2 = P_Y$$

当输入信源 X 和噪声源 N 分别为均值为 0、方差为 σ_X^2 和 σ_N^2 的高斯分布时，则随机变量 Y 为均值为 0、方差为 $\sigma_X^2 + \sigma_N^2$ 的高斯分布，此时输出随机变量的熵 $h(Y)$ 达到最大，而信道达到信道容量：

$$C = \max_{p(x)} I(X;Y) = \max_{p(x)} h(Y) - h(N)$$

$$= \frac{1}{2}\log\left[2\pi e(\sigma_X^2 + \sigma_N^2)\right] - \frac{1}{2}\log\left[2\pi e(\sigma_N^2)\right]$$

$$= \frac{1}{2}\log\left(\frac{\sigma_X^2 + \sigma_N^2}{\sigma_N^2}\right) = \frac{1}{2}\log\left(1 + \frac{\sigma_X^2}{\sigma_N^2}\right)$$

$$= \frac{1}{2}\log\left(1 + \frac{P_X}{P_N}\right) \qquad (3-49)$$

其中，P_X 是输入平均功率的上限，σ_X^2 是均值为 0 的高斯噪声的方差。最佳输入分布就是均值为 0、方差为 σ_X^2 的高斯分布。

对于一般非高斯加性噪声信道，其信道容量的计算相当复杂，往往只能给出上、下限。在平均功率受限条件下，令输入平均功率小于等于 P_X，信道加性噪声平均功率为 σ^2，则有下述结论：

对平均功率受限的时间离散的恒参加性噪声信道，其信道容量 C 满足

$$\frac{1}{2}\log\left(1+\frac{\sigma_X^2}{\overline{\sigma}^2}\right) \leqslant C \leqslant \frac{1}{2}\log\left(1+\frac{\sigma_X^2+\sigma^2}{\overline{\sigma}^2}\right) \tag{3-50}$$

其中，$\overline{\sigma}^2$ 是噪声 N 的熵功率，其表达式为

$$\overline{\sigma}^2 = \frac{1}{2\pi e}2^{2h(n)} \tag{3-51}$$

式(3-51)说明，在给定噪声功率下，高斯干扰是最坏的干扰，在其作用下的信道容量最小。如果信道干扰统计特性未知，把干扰看做是高斯分布来设计系统就比较安全。

3.4.2 时间连续的连续信道

在实际中常常遇到连续时间函数通过信道传送，信道中的干扰也是连续的随机函数，这就需要更一般的信道模型。

由于信道的带宽总是有限的，根据随机信号采样定理，可把一个时间连续的信道变换成时间离散的随机序列进行处理。设输入、噪声和输出随机序列分别为 $X=(X_1, X_2, \cdots, X_N)$；$N=(N_1, N_2, \cdots, N_N)$，$Y=(Y_1, Y_2, \cdots, Y_N)$，则有

$$Y_i = X_i + N_i \qquad i=1,2,\cdots,N \tag{3-52}$$

下面讨论平均功率受限情况下时间连续的高斯信道。

设高斯噪声的平均功率为 σ_N^2，则

$$D[N(t)] = \sigma_N^2$$

对于随机序列 $N_i(i=1,2,\cdots,N)$ 有

$$D[N_i] = \sigma_N^2 \tag{3-53}$$

因为高斯白噪声的各样本彼此相互独立，所以 N 维高斯分布的联合概率密度为

$$p(n)=p(n_1,n_2,\cdots,n_N)=\frac{1}{(2\pi\sigma_N^2)^{N/2}}\exp\left(-\frac{n_1^2+n_2^2+\cdots+n_N^2}{\sigma_N^2}\right) \tag{3-54}$$

对于加性噪声信道，由概率理论可知：

$$p(\boldsymbol{\beta}\mid\boldsymbol{\alpha})=p(n)=\prod_{i=1}^N p(n_i)=\prod_{i=1}^N p(y_i\mid x_i)$$

由于信道是无记忆信道，因此 N 维随机序列的平均互信息量满足

$$I(X^N;Y^N)\leqslant\sum_{i=1}^N I(X_i;Y_i)$$

所以时间连续信道的信道容量为

$$C=\max_{p(X)}I(X^N;Y^N)=\max_{p(X)}\sum_{i=1}^N I(X_i;Y_i) \tag{3-55}$$

若信道为高斯信道，则时间连续的高斯信道容量为

$$C=\frac{N}{2}\log\left(1+\frac{\sigma_X^2}{\sigma_N^2}\right) \tag{3-56}$$

达到该信道容量则要求 N 维输入随机序列中的每一分量都必须是零均值、方差为 σ_X^2 且相互独立的高斯变量。

设信道传送带限为 $[0,W]$ 的时间连续信号 $X(t)$；信道噪声也相应地定义为单边功率谱密度 N_0 的加性高斯白噪声；若在 $[0,T]$ 时间内，信道输入功率不超过 P_X，则噪声功率

可由带宽计算为 WN_0。由采样定理可知，可用 $N=2TW$ 个样本近似表示 $X(t)$ 和 $N(t)$。将 $N=2TW$ 代入式(3-56)，得信道容量为

$$C = TW\log\left(1+\frac{P_X}{WN_0}\right) \tag{3-57}$$

一般都是取单位时间的信道容量，它常常代表数据速率的意义。此时，便得到著名的关于信道容量的香农公式：

$$C_t = \lim_{T\to\infty}\frac{C}{T} = W\log\left(1+\frac{P_X}{WN_0}\right) \tag{3-58}$$

当取以 2 为底数的对数时，其单位是比特/秒。由式(3-58)可以清楚地看到，香农公式把信道的统计参量（信道容量）和实际物理量（频带宽度 W、传输时间 T、信噪功率比 P_X/WN_0）联系起来。它表明一个信道可靠传输的最大信息量完全由 W，T，P_X/WN_0 所确定，一旦这三个物理量给定，理想通信系统的极限信息传输率就确定了。由此可见，对一定的信息传输率来说，频带宽度 W、传输时间 T、信噪功率比 P_X/WN_0 这三者之间可以互相转换。

(1) 若传输时间 T 固定，则扩展信道的带宽 W 就可以降低信噪比的要求；反之带宽变窄，就要增加信噪功率比。也就是说，可以通过带宽和信噪比的互换保持信息传输率不变。

(2) 若信噪功率比不变，则增加信道带宽 W 就可以缩短传输时间 T，换取传输时间的节省；或者花费较长的传输时间来换取频带的节省，也就是实现频带和通信时间的互换。

(3) 若保持频带不变，则可以采用增加传输时间 T 来改善信噪比，即所谓的积累法。这种方法是将重复多次收到的信号叠加起来，由于有用信号直接相加，而干扰则是按功率相加，因而经积累相加后，信噪比得到改善，但所需接收时间相应增长。

一般地，究竟谁换取谁，要根据实际情况来决定。例如深空通信中探测器与地面的通信，由于信噪功率比很小，故着重考虑增加带宽和增加传输时间来换取信噪功率比。若信道频带十分紧张，则要考虑提高信噪功率比或传输时间来降低对带宽的要求。

特别是当 $W\to\infty$ 时，有

$$C_t = \lim_{W\to\infty}W\log\left(1+\frac{P_X}{WN_0}\right) = \frac{P_X}{N_0}\text{lb }e = 1.44\frac{P_X}{N_0}\text{（比特/秒）} \tag{3-59}$$

上式表明，当频带很宽或信噪比很低时，信道容量和信号功率与噪声密度之比成正比，这一比值是加性高斯噪声信道信息传输速率的极限值。香农公式对实际通信系统有非常重要的意义，因为它给出了理想通信系统的极限信息传输率。

【例 3-7】 在电话信道中常允许多路复用。一般电话信号的带宽为 3.3 kHz。若信噪功率比为 20 dB，求电话通信的信道容量。

解
$$10\lg\frac{P_X}{WN_0} = 20$$
得
$$\frac{P_X}{WN_0} = 100$$
所以
$$C_t = W\log\left(1+\frac{P_X}{WN_0}\right) = 3.3\times10^3\text{lb }(1+100) = 22\times10^3\text{（比特/秒）}$$

3.5　信道编码定理

定理 3-2　有噪信道编码定理(香农第二定理)：若有一离散无记忆平稳信道，其容量为 C，输入序列长度为 L，只要待传送的信息率 $R<C$，就总可以找到一种编码，当 L 足够长时，译码差错概率 $P_e<\varepsilon$，ε 为任意大于零的正数。反之，当 $R>C$ 时，任何编码的 P_e 必大于零，当 $L\to\infty$ 时，$P_e\to1$。

同无失真信源编码定理类似，信道编码定理也是一个理想编码的存在性定理。它指出信道容量是一个临界值，只要信息传输率不超过这个临界值，信道就可以几乎无失真地把信息传送过去，否则就会产生失真。连续信道也有类似结论。该定理没有具体说明如何构造这种码，但它对信道编码技术与实践仍然具有根本性的指导意义。

小　　结

信道是通信系统的重要组成部分，本章从不同角度对信道进行分类。在信息论中，信道容量是信道能够有效进行信息传输的重要参数。首先讨论了几种特殊离散信道的简单模型及其信道容量的计算，特别是离散无记忆对称信道的信道容量计算。目的在于建立关于信道的研究方法及关于信道容量的基本概念，没有涉及如何实现这些模型及其信道容量的问题。对于一般离散信道而言，信道容量和最佳输入分布的计算十分复杂，可用拉格朗日乘子法来计算信道容量。连续信道是比较接近实际应用的一种信道模型，关于频带与输入功率有限的假设也是比较符合实际的。只有噪声干扰模型很难符合实际，也太复杂。在讨论中使用加性高斯白噪声模型是一种最好的选择，在加性高斯白噪声条件下得出的关于信道容量的香农公式，从数量上给出了信道容量、带宽与信噪比之间的换算关系。

习　题　3

3-1　写出图 3-8 所示信道的转移概率矩阵，并指出其是否为对称信道。

3-2　已知信源 X 包含两种消息$\{x_0,x_1\}$，且 $p(x_0)=1/2$，$p(x_1)=1/2$，信源是有扰的，信宿收到的消息集合 Y 包含$\{y_0,y_1\}$。给定信道矩阵：

$$\boldsymbol{P}=\begin{bmatrix}p(y_0\mid x_0)&p(y_1\mid x_0)\\p(y_0\mid x_1)&p(y_1\mid x_1)\end{bmatrix}=\begin{bmatrix}0.98&0.02\\0.2&0.8\end{bmatrix}$$

求平均互信息量 $I(X;Y)$。

图 3-8　题 3-1 图

3-3　设有一离散无记忆信源，其概率空间为

$$\begin{bmatrix}X\\P\end{bmatrix}=\begin{bmatrix}x_1&x_2\\0.6&0.4\end{bmatrix}$$

它们通过干扰信道，信道输出端的接收符号集为 $Y=[y_1,y_2]$，信道传输概率如图 3-9 所示。求：

(1) 信源 X 中事件 x_1 和 x_2 分别含有的自信息量；

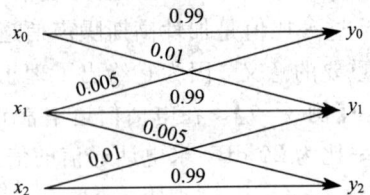

(2) 收到消息 $y_j(j=1,2)$ 后，获得的关于 $x_i(i=1,2)$ 的信息量；

(3) 信源 X 和信源 Y 的信息熵；

(4) 信道疑义度 $H(X|Y)$ 和噪声熵 $H(Y|X)$；

(5) 收到消息 Y 后获得的平均互信息量。

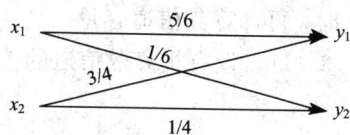

图 3-9 题 3-3 图

3-4 设一个二元信道如图 3-10 所示，其输入概率空间为

$$\begin{bmatrix} X \\ P \end{bmatrix} = \begin{bmatrix} x_1 & x_2 \\ 0.2 & 0.8 \end{bmatrix}$$

试计算 $I(X=0; Y=1)$，$I(X=1; Y)$ 和 $I(X; Y)$。

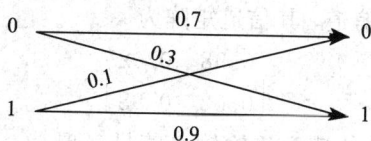

图 3-10 题 3-4 图

3-5 设有扰离散信道的输入端是以等概率出现的 A，B，C，D 4 个字母。该信道的正确传输概率为 1/2，错误传输概率平均分布在其他 3 个字母上。验证在该信道上每个字母传输的平均信息量为 0.21 比特。

3-6 已知信源的各个消息分别为字母 A，B，C，D，现用二进制码元对各消息字母做信源编码，$A \rightarrow 00$，$B \rightarrow 01$，$C \rightarrow 10$，$D \rightarrow 11$，每个二进制码元的宽度为 5 ms。

(1) 若各个字母以等概率出现，计算传输的平均信息速率；

(2) 若各个字母的出现概率分别为 $p(A)=1/5$，$p(B)=1/4$，$p(C)=1/4$，$p(D)=3/10$，再计算传输的平均信息速率。

3-7 设二元对称信道的传递矩阵为

$$\begin{bmatrix} \dfrac{2}{3} & \dfrac{1}{3} \\ \dfrac{1}{3} & \dfrac{2}{3} \end{bmatrix}$$

(1) 若 $p(0)=3/4$，$p(1)=1/4$，求 $H(X)$，$H(X|Y)$，$H(Y|X)$ 和 $I(X; Y)$；

(2) 求该信道的信道容量及其达到信道容量时的输入概率分布。

3-8 设对称离散信道矩阵为

$$P = \begin{bmatrix} \dfrac{1}{3} & \dfrac{1}{3} & \dfrac{1}{6} & \dfrac{1}{6} \\ \dfrac{1}{6} & \dfrac{1}{6} & \dfrac{1}{3} & \dfrac{1}{3} \end{bmatrix}$$

求信道容量 C。

3-9 在有扰离散信道上传输符号 0 和 1，在传输过程中每 100 个符号发生一个错误。已知 $p(0)=p(1)=1/2$，信源每秒钟内发出 1000 个符号，求此信道的信道容量。

3-10 求图 3-11 所示信道的信道容量及对应的最佳输入概率分布。当 $\varepsilon=0$ 和 $\varepsilon=$

1/2 时，再计算其信道容量。

3-11 设有扰离散信道的传输情况如图 3-12 所示，求该信道的信道容量。

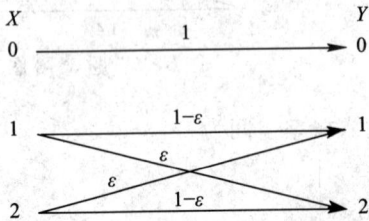

图 3-11　题 3-10 图　　　　　图 3-12　题 3-11 图

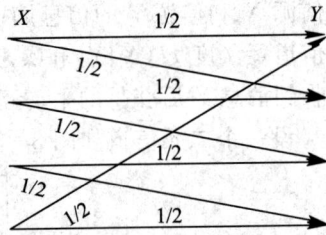

3-12 有一个二元对称信道，其信道矩阵为

$$\begin{bmatrix} 0.98 & 0.02 \\ 0.02 & 0.98 \end{bmatrix}$$

设该信源以 1500 二元符号/秒的速度传输输入符号。现有一消息序列共有 14 000 个二元符号，并设 $p(0)=p(1)=1/2$，问从消息传输的角度来考虑，10 秒钟内能否将这个消息序列无失真地传递完？

3-13 已知离散信源为

$$\begin{bmatrix} X \\ P(X) \end{bmatrix} = \begin{bmatrix} x_1 & x_2 & x_3 & x_4 \\ 0.1 & 0.3 & 0.2 & 0.4 \end{bmatrix}$$

某信道的信道矩阵为

$$\begin{bmatrix} 0.2 & 0.3 & 0.1 & 0.4 \\ 0.6 & 0.2 & 0.1 & 0.1 \\ 0.5 & 0.2 & 0.1 & 0.2 \\ 0.1 & 0.3 & 0.4 & 0.2 \end{bmatrix}$$

试求：

(1)"输入 x_3，输出 y_2"的概率；

(2)"输出 y_4"的概率；

(3)"收到 y_3 的条件下推测输入 x_2"的概率。

3-14 试求以下各信道矩阵代表的信道的容量。

$$(1)\ \boldsymbol{P}_1 = \begin{bmatrix} 0 & 0 & 1 & 0 \\ 1 & 0 & 0 & 0 \\ 0 & 0 & 0 & 1 \\ 0 & 1 & 0 & 0 \end{bmatrix} \qquad (2)\ \boldsymbol{P}_2 = \begin{bmatrix} 1 & 0 & 0 \\ 1 & 0 & 0 \\ 0 & 1 & 0 \\ 0 & 1 & 0 \\ 0 & 0 & 1 \\ 0 & 0 & 1 \end{bmatrix}$$

$$(3)\ \boldsymbol{P}_3 = \begin{bmatrix} 0.1 & 0.2 & 0.3 & 0.4 & 0 & 0 & 0 & 0 & 0 \\ 0 & 0 & 0 & 0 & 0.3 & 0.7 & 0 & 0 & 0 \\ 0 & 0 & 0 & 0 & 0 & 0 & 0.4 & 0.2 & 0.1 & 0.3 \end{bmatrix}$$

3-15 某信源发送端有 2 个符号 $x_i(i=1,2)$，$p(x_1)=a$，每秒发出一个符号。接收端有 3 种符号 $y_j(j=1,2,3)$，转移概率矩阵：

$$P = \begin{bmatrix} \dfrac{1}{2} & \dfrac{1}{2} & 0 \\ \dfrac{1}{2} & \dfrac{1}{4} & \dfrac{1}{4} \end{bmatrix}$$

（1）计算接收端的平均不确定度；

（2）计算由于噪声产生的不确定度 $H(Y|X)$；

（3）计算信道容量。

3-16 已知一个高斯信道，输入信噪比为 3（比率），频带为 3 kHz，求最大可能传输的消息率。若信噪比提高到 15，理论上传送同样的信息率所需的频带为多少？

3-17 在图片传输中，每帧约有 2.25×10^6 个像素，为了能很好地重现图像，需分 16 个亮度电平，并假设亮度电平等概率分布。试计算每分钟传送一帧图片所需信道的带宽（信噪功率比为 30 dB）。

3-18 一个通信系统，每秒传送 10^5 个二进制码元，求在信噪功率比为 5 和 10 的条件下，信道容量各为多大？

3-19 设电话信号的信息传输率为 5.6×10^4 比特/秒，在一个噪声功率谱为 $N_0=5\times10^{-6}$ mW/Hz、限频 F、限输入功率 P 的高斯信道中传送，若 $F=4$ kHz，问无差错传输所需的最小功率 P 是多少瓦？若 $F\to\infty$，则 P 是多少瓦？

3-20 一个平均功率受限制的连续信道，其通频带为 1 MHz，信道上存在高斯白噪声。

（1）已知信道上的信号与噪声的平均功率比值为 10，求该信道的信道容量；

（2）若信道上的信号与噪声的平均功率比值降至 5，要达到相同的信道容量，信道通频带应为多大？

（3）若信道通频带减小为 0.5 MHz 时，要保持相同的信道容量，信道上的信号与噪声的平均功率比值应等于多大？

3-21 若以 $R=10^5$ 比特/秒的速率通过带宽为 8 kHz、信噪比为 30 的连续信道传送，是否可实现？

上机要求与 Matlab 源程序

3-1 利用 BPSK 信号在一个加性高斯白噪声信道上传输二进制数据，并在最佳匹配滤波器检测的输出端利用硬判决译码。

（1）画出该信道的差错概率函数图，以 γ 作为自变量，且

$$\gamma = \frac{\varepsilon}{N_0}$$

其中，ε 为每个 BPSK 信号中的能量，$N_0/2$ 为噪声功率谱密度。

最佳检测的 BPSK 的差错率是：

$$p = Q(\sqrt{2\gamma}) = \frac{1}{2}\mathrm{erfc}(\sqrt{r})$$

（2）画出 γ 函数的信道容量图，其中

$$C = 1 - H_b(p) = 1 - H_b(Q\sqrt{2\gamma})$$

参考代码：

```
%画出γ函数的差错概率函数图
clear all;
gamma_db = [-20:0.1:20];
gamma = 10 .^ ( gamma_db . / 10 );
p_error = (1/2) * erfc(sqrt(gamma));
semilogx( gamma, p_error)
xlabel('SNR/bit')
title('Error probability versus SNR/bit')
ylabel('Error Prob.')
pause
%画出γ函数的信道容量图
clear all;
gamma_db = [-20:0.1:20];
gamma = 10 .^ ( gamma_db . / 10 );
p_error = (1/2) * erfc(sqrt(gamma));
capacity = 1-(-p_error). * log2(p_error)-(-(1-p_error). * log2(1-p_error));
semilogx( gamma, capacity)
xlabel('SNR/bit')
title('Channel capacity versus SNR/bit')
ylabel('Channel capacity')
```

3-2 信道容量与带宽和 P/N_0 的关系。

（1）画出带宽 $W = 3000$ Hz 的加性高斯白噪声信道的信道容量图，以 P/N_0 作为变量，P/N_0 在 $-20\sim30$ dB 之间变化。

（2）画出 $P/N_0 = 25$ dB 时，加性高斯白噪声信道的信道容量图，以 W 作为变量，尤其是当 W 无限增大时，信道容量是什么？

参考代码：

```
% W=3000 Hz 的加性高斯白噪声信道的信道容量图，以 P/N0 作为变量
clear all
echo on
pn0_db=[-20:0.1:30];
pn0=10 .^ ( pn0_db ./10);
capacity=3000. * log2(1+pn0/3000);
pause
clf
semilogx(pn0, capacity)
title('Capacity vs. P/N0 in an AWGN channel')
xlabel('P/N0')
ylabel('Capacity (bits/second)')
clear
```

```
w=[1:10, 12:2:100,105:5:500,510:10:5000,5025:25:20000,20050:50:100000];
pn0_db=25;
pn0=10^(pn0_db/10);
capacity=w. * log2(1+pn0. /w);
pause
clf
%在 AWGN 信道中以带宽作为变量的信道容量图
semilogx(w, capacity)
title('Capacity vs. bandwidth in an AWGN channel')
xlabel('Bandwidth (Hz)')
ylabel('Capacity (bits/second)')
```

3-3　完成离散无记忆信道容量的迭代计算，包括 Matlab 编程、调试、运行及结果打印。

要求：输入为正向转移概率矩阵 P 和迭代精度 k，输出为信道容量 C 及最佳输入概率矩阵。

参考代码：

```
% 离散无记忆信道容量的迭代计算
function[cc, paa]=channelcap(p, k)
%离散无记忆信道容量的迭代计算
%p:输入的正向转移概率矩阵；k:迭代计算精度
%cc:最佳信道容量；paa：最佳输入概率矩阵
%pa:初始输入概率矩阵；pba：正向转移概率矩阵
%pb:输出概率矩阵；pab：反向转移概率矩阵
%c:初始信道容量；r：输入符号数；s：输出符号数
%提示错误信息
if(length(find(p<0))~=0)
    error('not a prob. vector,negative component')        % 判断是否符合概率分布条件
end
if(abs(sum( p')-1)>10e-10)
    error('not a prov. vector, component do no add up to 1')      % 判断是否符合概率和为 1
end
%初始化 pa
[r, s]=size(p);
pa=(1/(r+eps)) * ones(1, r);
sumrow=zeros(1, r);
pba=p;
%进行迭代计算
n=0;
c=0;
cc=1;
while abs(cc-c)>=k
        n=n+1;
```

信息论与编码

```
%先求 pb
pb=zeros(1, s);
    for j=1:s
        for i=1:r
            pb(j)=pb(j)+pa(i)*pba(i, j);
        end
    end
%再求 pab
suma=zeros(1, s);
for j=1:s
    for i=1:r
        pab(j, i)=pa(i)*pba(i, j)/(pb(j)+eps);
        suma(j)=suma(j)+pa(i)*pba(i, j)*log2((pab(j, i)+eps)/(pa(i)+eps));
    end
end
%求信道容量
c=sum(suma);
%求下一次 pa, 即 paa
l=zeros(1, r);
sumaa=0;
for i=1:r
    for j=1:s
        l(i)=l(i)+pba(i, j)*log(pab(j, i)+eps);
    end
    a(i)=exp(l(i));
end
sumaa=sum(a);
for i=1:r
    paa(i)=a(i)/(sumaa+eps);
end
%求下一次 c,即 cc
cc=log2(sumaa);
pa=paa;
end
```

— 98 —

第 4 章　信息率失真函数

有噪信道编码定理告诉我们：只要信道的信息传输率 R 小于信道容量 C，就总能找到一种编码方法，使得在该信道上的信息传输差错概率任意小；反之，若信道的信息传输率 R 大于信道容量 C，则不可能使该信道上的信息传输差错概率任意小。但是无失真的编码并非总是必要的。在实际生活中，人们一般并不要求获得完全无失真的消息，通常只要求再现原始消息的近似值，也就是允许一定的失真存在；其次，无失真的编码并非总是可能。实际上，信源的输出常常是连续的消息，所以信源的信息量无限大。要想无失真地传送连续信源的消息，要求信息传输率 R 必须为无穷大；再者由于信道噪声的影响，即使信源消息的编码是无失真的，信息在传输过程中也会产生差错或失真。所以，在实际信息传输系统中，失真是不可避免的，有时甚至是必要的。在允许一定程度失真的条件下，能够多大程度地压缩信息，即最少需要多少比特数才能描述信源，这是本章要讨论的问题。

4.1　失真度与信息率失真函数

4.1.1　失真度与平均失真度

1. 失真度

定义 4-1　设单符号离散信源 X 的数学模型为

$$\begin{bmatrix} X \\ P(X) \end{bmatrix} = \begin{bmatrix} x_1 & x_2 & \cdots & x_n \\ p(x_1) & p(x_2) & \cdots & p(x_n) \end{bmatrix}$$

通过信道传送到接收端的离散变量 Y 的概率空间为

$$\begin{bmatrix} Y \\ P(Y) \end{bmatrix} = \begin{bmatrix} y_1 & y_2 & \cdots & y_m \\ p(y_1) & p(y_2) & \cdots & p(y_m) \end{bmatrix}$$

对于每一对 (x_i, y_j)，指定一个非负的函数 $d(x_i, y_j)(i=1, 2, \cdots, n; j=1, 2, \cdots, m)$，定义 $d(x_i, y_j)$ 为单个符号的失真度或失真函数，用它来表示信源发出一个符号 x_i，而在接收端收到 y_j 所引起的误差或失真的大小。通常规定：$d(x_i, y_j)$ 越小，表示引起的失真越小；$d(x_i, y_j)=0$，表示没有失真。

由于信源 X 有 n 个符号，而接收变量 Y 有 m 个符号，因此 $d(x_i, y_j)$ 有 $n \times m$ 个，可以表示成矩阵的形式，即

$$\boldsymbol{D} = \begin{bmatrix} d(x_1,y_1) & d(x_1,y_2) & \cdots & d(x_1,y_m) \\ d(x_2,y_1) & d(x_2,y_2) & \cdots & d(x_2,y_m) \\ \vdots & \vdots & & \vdots \\ d(x_n,y_1) & d(x_n,y_2) & \cdots & d(x_n,y_m) \end{bmatrix} \tag{4-1}$$

$\boldsymbol{D}$ 称为失真矩阵，是 $n \times m$ 阶矩阵。

在连续信源和连续信道的情况下，失真函数可用 $d(x,y) \geqslant 0$ 表示。

【例 4-1】 设信道输入 $X=\{0,1\}$，输出 $Y=\{0,1,2\}$，规定失真函数：

$$d(0,0)=d(1,1)=0, \quad d(0,1)=d(1,0)=1, \quad d(0,2)=d(1,2)=0.5$$

求失真矩阵 $\boldsymbol{D}$。

解
$$\boldsymbol{D} = \begin{bmatrix} 0 & 1 & 0.5 \\ 1 & 0 & 0.5 \end{bmatrix}$$

2. 常用的失真函数

失真函数是根据人们的实际需要和失真引起的损失、风险、主观感觉上的差别大小等因素而人为规定的。常用的失真函数有以下几种。

1）汉明失真函数

在离散对称信道（$n=m$）中，定义单个符号失真函数为

$$d(x_i,y_j) = \begin{cases} 0 & x_i = y_j \\ 1 & x_i \neq y_j \end{cases} \tag{4-2}$$

它表示当再现的接收符号与发送的信源符号相同时，不存在失真和错误；当再现的接收符号与发送的信源符号不同时，存在失真，且失真都相同，取值为 1，这种失真称为汉明失真。失真矩阵为

$$\boldsymbol{D} = \begin{bmatrix} 0 & 1 & \cdots & 1 \\ 1 & 0 & \cdots & 1 \\ \vdots & \vdots & & \vdots \\ 1 & 1 & \cdots & 0 \end{bmatrix}$$

称为汉明失真矩阵，通常为 $n \times n$ 方阵，且对角线上的元素为 0，其他全为 1。

2）平方误差失真函数

平方误差失真函数为

$$d(x_i,y_j) = (y_j - x_i)^2 \quad i=1,2,\cdots,n; j=1,2,\cdots,m \tag{4-3}$$

若信源符号代表输出信号的幅度值，则较大的幅度失真比较小的幅度失真引起的错误更为严重，严重程度用平方表示。

3）绝对失真函数

绝对失真函数为

$$d(x_i,y_j) = |y_j - x_i| \tag{4-4}$$

当 $x_i = y_j$ 时，$d(x_i,y_j)=0$。

4）序列失真函数

以上是单符号的失真函数，可以推广到长度为 N 的 N 次扩展信源的失真函数。

设 N 次扩展信源 $X^N=X_1 X_2 \cdots X_N$，其中每一个随机变量 $X_i(i=1,2,\cdots,N)$ 取值于同一符号集 $X=\{x_1,x_2,\cdots,x_n\}$，所以共有 n^N 个不同的符号序列。在信道中，传递作用相当于单符号无记忆信道的 N 次扩展信道，而接收端的符号序列为 $Y^N=Y_1 Y_2 \cdots Y_N$，其中每一个随机变量 $Y_j(j=1,2,\cdots,N)$ 取值于同一符号集 $Y=\{y_1,y_2,\cdots,y_m\}$，所以共有 m^N 个不同的符号序列。设发送序列为 $\boldsymbol{\alpha}_i = x_{i_1} x_{i_2} \cdots x_{i_N}$；接收序列为 $\boldsymbol{\beta}_j = y_{j_1} y_{j_2} \cdots y_{j_N}$，离散无记忆信道的 N 次扩展信道的输入序列 $\boldsymbol{\alpha}_i$ 和输出序列 $\boldsymbol{\beta}_j$ 之间的失真函数定义为

$$d(\boldsymbol{\alpha}_i,\boldsymbol{\beta}_j)=d(x_{i_1}x_{i_2}\cdots x_{i_N},y_{j_1}y_{j_2}\cdots y_{j_N})$$
$$=d(x_{i_1},y_{j_1})+d(x_{i_2},y_{j_2})+\cdots+d(x_{i_N},y_{j_N})$$
$$=\sum_{k=1}^{N}d(x_{i_k},y_{j_k}) \tag{4-5}$$

也就是说，离散无记忆信道的 N 次扩展信道输入、输出之间的失真度等于序列中对应单个符号失真度之和，写成矩阵形式时，是 $n^N\times m^N$ 阶矩阵。

【例 4 - 2】 信源 $X=\{0,1,2\}$，接收变量 $Y=\{0,1,2\}$，失真函数为 $d(x_i,y_j)=(x_i-y_j)^2$，求失真矩阵。

解　由失真函数定义得

$$d(0,0)=d(1,1)=d(2,2)=0$$
$$d(0,1)=d(1,0)=d(1,2)=d(2,1)=1$$
$$d(0,2)=d(2,0)=4$$

所以失真矩阵为

$$\boldsymbol{D}=\begin{bmatrix}0 & 1 & 4\\ 1 & 0 & 1\\ 4 & 1 & 0\end{bmatrix}$$

【例 4 - 3】 设信源输出序列 $X^N=X_1X_2X_3$，其中每个随机变量取值于 $X=\{0,1\}$，经信道传输后的输出序列为 $Y^N=Y_1Y_2Y_3$，其中每个随机变量取值于 $Y=\{0,1\}$。定义失真函数 $d(0,0)=d(1,1)=0$，$d(0,1)=d(1,0)=1$，求失真矩阵。

解　由序列失真函数的定义有

$$d(000,000)=d(0,0)+d(0,0)+d(0,0)=0$$
$$d(000,001)=d(0,0)+d(0,0)+d(0,1)=1$$

同理可得到矩阵其他元素的数值，故失真矩阵为

$$\boldsymbol{D}(N)=\begin{bmatrix}0 & 1 & 1 & 2 & 1 & 2 & 2 & 3\\ 1 & 0 & 2 & 1 & 2 & 1 & 3 & 2\\ 1 & 2 & 0 & 1 & 2 & 3 & 1 & 2\\ 2 & 1 & 1 & 0 & 3 & 2 & 2 & 1\\ 1 & 2 & 2 & 3 & 0 & 1 & 1 & 2\\ 2 & 1 & 3 & 2 & 1 & 0 & 2 & 1\\ 2 & 3 & 1 & 2 & 1 & 2 & 0 & 1\\ 3 & 2 & 2 & 1 & 2 & 1 & 1 & 0\end{bmatrix}$$

3. 平均失真度

单符号失真函数 $d(x_i,y_j)$ 只能表示两个特定的具体符号 x_i 和 y_j 之间的失真，为了能在平均意义上表示信道每传递一个符号所引起失真的大小，需引入平均失真度。

1) 单符号的平均失真度

定义 4 - 2　平均失真度为失真函数的数学期望，即 $d(x_i,y_j)$ 在随机变量 X 和 Y 的联合概率空间的统计平均值，可表示为

$$\overline{D} = E[d(x_i, y_j)] = \sum_{i=1}^{n} \sum_{j=1}^{m} p(x_i y_j) d(x_i, y_j)$$

$$= \sum_{i=1}^{n} \sum_{j=1}^{m} p(x_i) p(y_j \mid x_i) d(x_i, y_j) \tag{4-6}$$

由此可知，平均失真度是信源统计特性 $p(x_i)$、信道统计特性 $p(y_j|x_i)$ 和失真度 $d(x_i, y_j)$ 的函数，此值描述了某一信源在试验信道传输下的失真大小。

2) 信源序列的平均失真度

对于 N 次扩展信源，平均失真度为

$$\overline{D}(N) = E[d(\boldsymbol{\alpha}_i, \boldsymbol{\beta}_j)] = \sum_{i=1}^{n^N} \sum_{j=1}^{m^N} p(\boldsymbol{\alpha}_i \boldsymbol{\beta}_j) d(\boldsymbol{\alpha}_i, \boldsymbol{\beta}_j)$$

$$= \sum_{i=1}^{n^N} \sum_{j=1}^{m^N} p(\boldsymbol{\alpha}_i) p(\boldsymbol{\beta}_j \mid \boldsymbol{\alpha}_i) d(\boldsymbol{\alpha}_i, \boldsymbol{\beta}_j)$$

$$= \sum_{i=1}^{n^N} \sum_{j=1}^{m^N} p(\boldsymbol{\alpha}_i) p(\boldsymbol{\beta}_j \mid \boldsymbol{\alpha}_i) \sum_{k=1}^{N} d(x_{i_k}, y_{j_k}) \tag{4-7}$$

当信源与信道都是无记忆时，有

$$\overline{D}(N) = \sum_{k=1}^{N} \overline{D}_k \tag{4-8}$$

其中 D_k 是同一信源 X 在 N 个不同时刻通过同一信道所造成的平均失真度，因此等于单符号信源 X 通过信道所造成的平均失真度，即

$$\overline{D}_k = \overline{D} \tag{4-9}$$

将式(4-9)代入式(4-8)，得

$$\overline{D}(N) = N\overline{D} \tag{4-10}$$

说明离散无记忆 N 次扩展信源通过离散无记忆 N 次扩展信道的平均失真度是单符号信源通过单符号信道的平均失真的 N 倍。

3) 连续信源的平均失真度

设连续信源输出随机变量 X 在实数域 $\mathbf{R}$ 上取值，其概率密度分布为 $p(x)$，通过转移概率密度为 $p(y|x)$ 的连续信道传输到信宿，接收的随机变量 Y 在实数域 $\mathbf{R}$ 上取值，则连续信源平均失真度定义为

$$\overline{D} = E[d(x, y)] = \int_{-\infty}^{\infty} \int_{-\infty}^{\infty} p(x) p(y \mid x) d(x, y) \mathrm{d}x \mathrm{d}y \tag{4-11}$$

4.1.2 信息率失真函数

1. 保真度准则

若离散无记忆信源的平均失真度 $\overline{D}$ 不大于所允许的失真 D，即

$$\overline{D} \leqslant D \tag{4-12}$$

则称之为保真度准则，其中 D 称为允许平均失真度。同理，N 次扩展信源的保真度准则为

$$\overline{D}(N) \leqslant ND \tag{4-13}$$

由前可知，当信源和单个符号失真度固定时，选择不同的试验信道相当于选择不同的编码方法，所得的平均失真度不同，有些试验信道满足保真度准则，而有些试验信道不满

足保真度准则。

凡满足保真度准则的信道称为 D 失真许可的试验信道，所有 D 失真许可的试验信道的集合用 P_D 来表示，即

$$P_D = \{ p(y_j \mid x_i) : \overline{D} \leqslant D \} \qquad i = 1, 2, \cdots, n; j = 1, 2, \cdots, m \qquad (4-14)$$

对于离散无记忆信源的 N 次扩展信源和离散无记忆信道的 N 次扩展信道，相应的 D 失真许可的试验信道为

$$P_{D(N)} = \{ p(\boldsymbol{\beta}_j \mid \boldsymbol{\alpha}_i) : \overline{D}(N) \leqslant ND \} \qquad i = 1, 2, \cdots, n^N; j = 1, 2, \cdots, m^N$$

$$(4-15)$$

2. 信息率失真函数的定义

对于单符号信源和单符号信道，在信源给定，并定义了具体的失真度后，人们总希望在一定失真的情况下，传送信源所必需的信息传输率越小越好。从接收端来看，就是在满足保真度准则的条件下，寻找再现信源消息所必需的最低平均信息量，即平均互信息量最小值。前面已证明，在信源给定的条件下，平均互信息量是信道转移概率的下凸函数。

定义 4 - 3　在许可试验信道集合中，总可以找到某一试验信道 $p(y_j \mid x_i)$，使经信道传输后的 $I(X; Y)$ 达到最小值，记作 $R(D)$，即

$$R(D) = \min_{p(y_j \mid x_i) \in P_D} I(X; Y) \qquad (4-16)$$

称为信息率失真函数，简称率失真函数。当取以 2 为底的对数时，$R(D)$ 的单位是比特/信源符号，其中 D 是允许平均失真度。

对于离散无记忆的 N 次扩展信源和离散无记忆的 N 次扩展信道，同样可以得其信息率失真函数为

$$R_N(D) = \min_{p(\boldsymbol{\beta}_j \mid \boldsymbol{\alpha}_i) \in P_D} I(X^N; Y^N) \qquad (4-17)$$

当信源和信道均为无记忆时，$I(X^N; Y^N) = NI(X; Y)$，所以

$$R_N(D) = NR(D) \qquad (4-18)$$

类似地，可以定义连续信源的信息率失真函数：

$$R(D) = \inf_{p(y \mid x) : \overline{D} \leqslant D} I(X; Y) \qquad (4-19)$$

其中，inf 表示下确界，它相当于离散信源中的极小值。严格地说，连续集合中可能不存在极小值，但下确界肯定存在。

4.1.3　信息率失真函数的性质

$R(D)$ 是允许平均失真度 D 的函数，不同的 D 对应不同的 $R(D)$。下面通过 $R(D)$ 函数的定义来讨论它的一些性质。

1. 信息率失真函数的定义域

信息率失真函数 $R(D)$ 中的自变量 D 是允许平均失真度，也就是人们规定的平均失真度 $\overline{D}$ 的上限值，其定义域也就是 D 的取值范围，需根据信源的概率分布和选定的失真函数来确定，在不同的试验信道下，求 $\overline{D}$ 的可能取值范围。

1）$D_{\min}$ 和 $R(D_{\min})$

平均失真度 $\overline{D}$ 是非负实函数 $d(x_i, y_j)$ 的数学期望，所以 $\overline{D}$ 也是一个非负的实数，显

然其下限为0。因此允许平均失真度 D 的下限也必然是0，即 $D_{min}=0$，这就是不允许有任何失真的情况。对于通信信道而言，就是信道中没有干扰和噪声存在，或者是对信源进行无失真编码，其输入、输出形成了一一映射关系，信道或者试验信道传输的信息量即信源的熵，有

$$R(D_{min})=R(0)=H(X) \tag{4-20}$$

一般情况下，当给定信源和失真矩阵时，信源的最小允许平均失真度不一定为0，应当根据给定条件求解，最小允许平均失真度计算公式为

$$D_{min}=\min\Big[\sum_{i=1}^{n}\sum_{j=1}^{m}p(x_i)p(y_j\mid x_i)d(x_i,y_j)\Big] \tag{4-21}$$

考虑到信源给定时，先验概率 $p(x_i)$ 是一定的，所以上式可以表示为

$$D_{min}=\sum_{i=1}^{n}p(x_i)\min\Big[\sum_{j=1}^{m}p(y_j\mid x_i)d(x_i,y_j)\Big]$$

由于 $d(x_i,y_j)$ 是已知的，因此现在的任务就是选择试验信道的转移概率 $p(y_j|x_i)$，对每个信源符号 x_i，使得下列表示式最小：

$$\sum_{j=1}^{m}p(y_j\mid x_i)d(x_i,y_j)$$

从而使得平均失真最小。考虑到转移概率 $p(y_j|x_i)$ 为不大于1的正数，以及约束条件：

$$\sum_{j=1}^{m}p(y_j\mid x_i)=1$$

上述的最小值问题就是对给定 x_i，找出一个最小的失真 $d(x_i,y_j)$，使得对应的条件概率 $p(y_j|x_i)=1$，而对于其他失真 $d(x_i,y_j)$，$p(y_j|x_i)=0$。因为对于给定 x_i，最小失真 $d(x_i,y_j)$ 可能不是唯一的，所以试验信道的选择也不是唯一的，只要满足下列条件即可得到最小平均失真：

$$\begin{cases}p(y_j\mid x_i)=1 & \text{对于所有 } d(x_i,y_j) \text{ 为最小值时的 } y_j\\ p(y_j\mid x_i)=0 & \text{对于所有 } d(x_i,y_j) \text{ 不为最小值时的 } y_j\end{cases} \tag{4-22}$$

于是最小允许平均失真度为

$$D_{min}=\sum_{i=1}^{n}p(x_i)\min_j d(x_i,y_j) \tag{4-23}$$

从失真矩阵来看，平均失真最小值就是矩阵每行元素的最小值乘以对应符号概率，然后求累加。只有当失真矩阵的每一行至少有一个0元素时，信源的平均失真度才能达到下限值0。当 $D_{min}=0$ 时(信源不允许任何失真存在)，信息率至少应等于信源输出的平均信息量(信息熵)，即 $R(0)=H(X)$。但是当失真矩阵除了满足 $D_{min}=0$ 的条件，即每行至少有一个0以外，某些列还有不止一个0时，说明信源符号集有些符号可以压缩、合并而不带来任何失真，压缩后的信息率必然减小，这时 $R(D)$ 小于 $H(X)$。

对于连续信源，一般 $H(X)\to\infty$，所以

$$\lim_{D\to0}R(D)=\infty \tag{4-24}$$

【例4-4】 设信源 $X=\{0,1\}$，信宿 $Y=\{0,1,2\}$，失真矩阵：

$$\boldsymbol{D}=\begin{bmatrix}0 & 1 & \frac{1}{2}\\ 1 & 0 & \frac{1}{2}\end{bmatrix}$$

求 $D_{\min}$。

解 最小允许平均失真度为

$$D_{\min} = \sum_{i=1}^{2} p(x_i) \min_j d(x_i, y_j) = \sum_{i=1}^{2} p(x_i) \cdot 0 = 0$$

满足最小允许平均失真度的试验信道是一个一一对应的试验信道,信道矩阵为

$$\boldsymbol{P} = \begin{bmatrix} 1 & 0 & 0 \\ 0 & 1 & 0 \end{bmatrix}$$

并且 P_D 中只有这样一个信道。

由前知 $I(X;Y) = H(X)$,因此

$$R(0) = \min_{p(y_j|x_i) \in P_D} I(X;Y) = H(X)$$

【例 4 - 5】 设信源:

$$\begin{bmatrix} X \\ P(X) \end{bmatrix} = \begin{bmatrix} 0 & 1 & 2 \\ \dfrac{1}{3} & \dfrac{1}{3} & \dfrac{1}{3} \end{bmatrix}$$

信宿 $Y = \{0, 1\}$,失真矩阵:

$$\boldsymbol{D} = \begin{bmatrix} 0 & 1 \\ \dfrac{1}{2} & \dfrac{1}{2} \\ 1 & 0 \end{bmatrix}$$

求 $D_{\min}$。

解
$$D_{\min} = \frac{1}{3} \times 0 + \frac{1}{3} \times \frac{1}{2} + \frac{1}{3} \times 0 = \frac{1}{6}$$

满足这个最小允许平均失真度的试验信道是:

$$p(y_1 \mid x_1) = 1$$
$$p(y_2 \mid x_1) = 0$$
$$p(y_1 \mid x_2) + p(y_2 \mid x_2) = 1$$
$$p(y_1 \mid x_3) = 0$$
$$p(y_2 \mid x_3) = 1$$

$P_{D\min}$ 的试验信道有无穷多个,因为 $p(y_1|x_2)$ 和 $p(y_2|x_2)$ 可以为无穷多个,只要满足和为 1 即可。这些信道的共同特征是信道矩阵中每列有不止一个非零元素,所以信道疑义度 $H(X|Y) \neq 0$,且

$$R(D_{\min}) = R(1/6) = \min_{p(y_j|x_i) \in P_{D_{\min}}} I(X;Y) < H(X)$$

2) $D_{\max}$ 和 $R(D_{\max})$

平均失真度也有一上界值 $D_{\max}$。根据 $R(D)$ 的定义可知,$R(D)$ 是在一定约束条件下,平均互信息量 $I(X;Y)$ 的极小值。已知 $I(X;Y)$ 是非负的,其下限值为 0,由此可得,$R(D)$ 也是非负的,它的下限值也为 0。从直观概念上来讲,不允许任何失真时,平均传送一个信源符号所需的信息率最大,也就是信源的熵,即平均互信息量的上限值。当允许一定的失真存在时,传送信源符号所需的信息率就可小一些,或者说,所必需的信息率越小,容忍的失真就越大。当 $R(D)$ 等于 0 时,对应的平均失真最大,也就是函数 $R(D)$ 定义域的上界值

$D_{\max}$，如图 4-1 所示。

信息率失真函数是平均互信息量的极小值。当 $R(D)=0$ 时，平均互信息量的极小值等于 0；当 $D>D_{\max}$ 时，因为 $R(D)$ 是非负函数，所以它仍只能等于 0。这就相当于输入 X 和输出 Y 统计独立，意味着在接收端收不到信源发送的任何信息，与信源不发送任何信息等效。或者说，传送信源符号的信息率可以压缩至 0。

现在来计算 $D_{\max}$ 的值，令试验信道特性为

$$p(y_j \mid x_i)=p(y_j) \qquad i=1,2,\cdots,n \qquad (4-25)$$

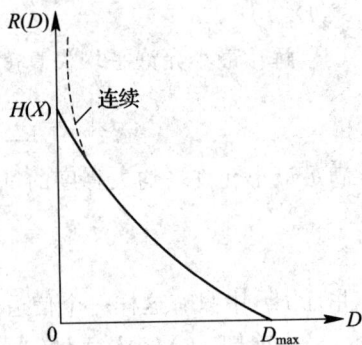

图 4-1 $R(D)$ 函数的一般形式

此时 X 和 Y 相互独立，等效于通信中断的情况，因此 $I(X;Y)=0$，即 $R(D)=0$。满足式(4-25)的试验信道有许多，相应地可求出许多平均失真度值，从中选取最小的一个，就是这类平均失真值的下界值 $D_{\max}$。

将式(4-25)代入平均失真度的定义式，得

$$D_{\max}=\min_{p(y_j)}\sum_{i=1}^{n}\sum_{j=1}^{m}p(x_i)p(y_j)d(x_i,y_j)=\min_{p(y_j)}\sum_{j=1}^{m}p(y_j)\sum_{i=1}^{n}p(x_i)d(x_i,y_j)$$

令

$$\sum_{i=1}^{n}p(x_i)d(x_i,y_i)=D_j$$

则

$$D_{\max}=\min_{p(y_j)}\sum_{j=1}^{m}p(y_1)D_j \qquad (4-26)$$

式(4-26)是用不同的概率分布 $\{p(y_j)\}$ 对 D_j 求数学期望，取数学期望中最小的一个作为 $D_{\max}$。实际上是用 $p(y_j)$ 对 D_j 进行线性分配，使线性分配的结果最小。

当 $p(x_i)$ 和 $d(x_i,y_j)$ 给定时，一定可以计算出 D_j，D_j 随 j 的变化而变化；$p(y_j)$ 是任选的，只需满足非负性和归一性。若 D_s 是所有 D_j 当中最小的一个，可取 $p(y_s)=1$，其他 $p(y_j)$ 为 0，则 D_j 的线性分配（数学期望）必然最小，即

$$p(y_j)=\begin{cases}1 & j=s \\ 0 & j\neq s\end{cases}$$

$$D_{\max}=\min(D_1,D_2,\cdots,D_m)$$

【例 4-6】 二元信源：

$$\begin{bmatrix}X \\ P(X)\end{bmatrix}=\begin{bmatrix}x_1 & x_2 \\ 0.4 & 0.6\end{bmatrix}$$

失真矩阵为

$$\boldsymbol{D}=\begin{bmatrix}\alpha & 0 \\ 0 & \alpha\end{bmatrix}$$

计算 $D_{\max}$。

解
$$D_1=0.4\alpha$$
$$D_2=0.6\alpha$$
$$D_{\max}=\min(0.4\alpha,0.6\alpha)=0.4\alpha$$

综上所述，$R(D)$ 的定义域为 $(D_{\min}, D_{\max})$。一般情况下，$D_{\min}=0$，$R(D_{\min})=H(X)$；当 $D \geqslant D_{\max}$ 时，$R(D)=0$；而当 $D_{\min}<D<D_{\max}$ 时，$H(X)>R(D)>0$。

2. 信息率失真函数对允许平均失真度的下凸性

在允许平均失真度 D 的定义域内，$R(D)$ 是 D 的下凸函数。要证明是下凸函数，只需证明下列不等式成立。

对任一 $0 \leqslant \alpha \leqslant 1$ 和任意平均失真度 D_1，$D_2 \leqslant D_{\max}$，有

$$R[\alpha D_1 + (1-\alpha)D_2] \leqslant \alpha R(D_1) + (1-\alpha)R(D_2) \tag{4-27}$$

证明　设给定信源 X 和失真函数 $d(x_i, y_j)$，$(i=1, 2, \cdots, n; j=1, 2, \cdots, m)$，在 $R(D)$ 函数定义域内任意选取两个允许平均失真度 D_1 和 D_2，并设两个试验信道 $p_1(y_j|x_i)$ 和 $p_2(y_j|x_i)$ 分别达到相应的信息率失真函数 $R(D_1)$ 和 $R(D_2)$，即分别满足保真度准则：

$$\overline{D}_1 = \sum_{i=1}^{n}\sum_{j=1}^{m} p(x_i)p_1(y_j|x_i)d(x_i,y_j) \leqslant D_1 \tag{4-28}$$

$$\overline{D}_2 = \sum_{i=1}^{n}\sum_{j=1}^{m} p(x_i)p_2(y_j|x_i)d(x_i,y_j) \leqslant D_2 \tag{4-29}$$

并且

$$I(X;Y_1) = \sum_{i=1}^{n}\sum_{j=1}^{m} p(x_i)p_1(y_j|x_i)\log\frac{p_1(y_j|x_i)}{p_1(y_j)} = R(D_1) \tag{4-30}$$

$$I(X;Y_2) = \sum_{i=1}^{n}\sum_{j=1}^{m} p(x_i)p_2(y_j|x_i)\log\frac{p_2(y_j|x_i)}{p_2(y_j)} = R(D_2) \tag{4-31}$$

其中，$p_1(y_j) = \sum_{i=1}^{n} p(x_i)p_1(y_j|x_i)$；$p_2(y_j) = \sum_{i=1}^{n} p(x_i)p_2(y_j|x_i)$。

定义一个新的试验信道，传递概率为

$$p(y_j|x_i) = \alpha p_1(y_j|x_i) + (1-\alpha)p_2(y_j|x_i) \tag{4-32}$$

对应的

$$\begin{aligned}
\overline{D} &= \sum_{i=1}^{n}\sum_{j=1}^{m} p(x_i)p(y_j|x_i)d(x_i,y_j) \\
&= \alpha \sum_{i=1}^{n}\sum_{j=1}^{m} p(x_i)p_1(y_j|x_i)d(x_i,y_j) \\
&\quad + (1-\alpha)\sum_{i=1}^{n}\sum_{j=1}^{m} p(x_i)p_2(y_j|x_i)d(x_i,y_j) \\
&\leqslant \alpha D_1 + (1-\alpha)D_2
\end{aligned} \tag{4-33}$$

所以 $p(y_j|x_i)$ 是满足保真度准则 $\overline{D} \leqslant \alpha D_1 + (1-\alpha)D_2$ 的试验信道。但它不一定是达到信息率失真函数 $R(D)$ 的试验信道，所以一般有

$$I(X;Y) \geqslant R[\alpha D_1 + (1-\alpha)D_2] \tag{4-34}$$

对于固定信源 X 来说，平均互信息量是信道传递概率 $p(y_j|x_i)$ 的下凸函数，所以

$$I(X;Y) \leqslant \alpha I(X;Y_1) + (1-\alpha)I(X;Y_2) = \alpha R(D_1) + (1-\alpha)R(D_2) \tag{4-35}$$

综合式(4-34)和式(4-35)，得

$$R[\alpha D_1 + (1-\alpha)D_2] \leqslant \alpha R(D_1) + (1-\alpha)R(D_2)$$

所以信息率失真函数 $R(D)$ 在定义域内是允许平均失真度 D 的下凸函数。

3. 信息率失真函数的单调递减和连续性

由于函数 $R(D)$ 具有凸状性，因此保证了它在定义域内是连续的。用 $R(D)$ 函数的下凸性可以证明它是严格递减的，即在 $D_{min} < D < D_{max}$ 范围内 $R(D)$ 不可能为常数。

证明 设区间 $[D_1，D_2]$，且有 $0 < D_1 < D_2 < D_{max}$，若 $R(D)$ 函数在该区间上为常数，则 $R(D)$ 不是严格递减，现证明该假设不成立。

设 $p_1(y_j|x_i)$ 和 $p_m(y_j|x_i)$ 是分别达到相应的信息率失真函数 $R(D_1)$ 和 $R(D_{max})$ 的两个试验信道，即

$$\overline{D}_1 = \sum_{i=1}^{n} \sum_{j=1}^{m} p(x_i) p_1(y_j|x_i) d(x_i, y_j) \leqslant D_1 \qquad (4-36)$$

$$\overline{D}_m = \sum_{i=1}^{n} \sum_{j=1}^{m} p(x_i) p_m(y_j|x_i) d(x_i, y_j) \leqslant D_m \qquad (4-37)$$

$$R(D_1) = I(X;Y_1) \qquad (4-38)$$

$$R(D_{max}) = I(X;Y_m) = 0 \qquad (4-39)$$

总能找到足够小的 $\alpha > 0$，使

$$D_1 < \alpha D_{max} + (1-\alpha) D_1 < D_2 \qquad (4-40)$$

不等式左边 $D_1 < \alpha D_{max} + (1-G\alpha) D_1$ 肯定成立。不等式右边总能找到一个 α 使 $\alpha(D_{max} - D_1) < D_2 - D_1$。令 $D_0 = \alpha D_{max} + (1-\alpha) D_1$，则 $D_1 < D_0 < D_2$。

现在定义一个新的试验信道，设其信道传递概率为

$$p(y_j|x_i) = \alpha p_m(y_j|x_i) + (1-\alpha) p_1(y_j|x_i) \qquad (4-41)$$

对应的

$$\begin{aligned}
\overline{D} &= \sum_{i=1}^{n} \sum_{j=1}^{m} p(x_i) p(y_j|x_i) d(x_i, y_j) \\
&= \alpha \sum_{i=1}^{n} \sum_{j=1}^{m} p(x_i) p_m(y_j|x_i) d(x_i, y_j) \\
&\quad + (1-\alpha) \sum_{i=1}^{n} \sum_{j=1}^{m} p(x_i) p_1(y_j|x_i) d(x_i, y_j) \\
&= \alpha \overline{D}_m + (1-\alpha) \overline{D}_1 \\
&\leqslant \alpha D_{max} + (1-\alpha) D_1 = D_0 \qquad (4-42)
\end{aligned}$$

可见新试验信道满足保真度准则，因此

$$I(X;Y) = R(D_0) \qquad (4-43)$$

由于平均互信息量是信道传递概率 $p(y_j|x_i)$ 的下凸函数，即

$$I(X;Y) \leqslant \alpha I(X;Y_m) + (1-\alpha) I(X;Y_1) = (1-\alpha) R(D_1) < R(D_1) \quad (4-44)$$

因此 $R(D_0) < R(D_1)$，而 $D_1 < D_0 < D_2$，所以 $R(D)$ 在 $(D_1，D_2)$ 内不为常数，$R(D)$ 是定义域内的严格递减函数。

$R(D)$ 的非增性也是容易理解的，因为允许失真越大，所要求信息率越小。

根据上述几点性质，可以画出信息率失真函数的一般形式，如图 4-1 所示。$R(0) = H(X)$，$R(D_{max}) = 0$，决定了曲线边缘上的两个点；在 0 和 D_{max} 之间，$R(D)$ 是单调递减的下凸函数。在连续信源的情况下，当 $D \to 0$ 时，$R(D) \to \infty$，曲线将不与 $R(D)$ 轴相交。

4.2　离散信源的信息率失真函数

对于离散信源来说，求信息率失真函数和求信道容量类似，是一个在有约束条件下求平均互信息量极值的问题，只是约束条件不同。另外，信道容量 C 是求平均互信息量的条件极大值，而信息率失真函数 $R(D)$ 是在已知信源的概率分布和失真函数的条件下求平均互信息量的条件极小值。用拉格朗日乘子法，原则上可以求出上述最小值，但是要得到它的显式表达式一般是困难的，通常只能求出信息率失真函数的参量表达式。

4.2.1　信息率失真函数的计算

下面采用拉格朗日乘子法求解 $R(D)$ 函数，采用 S 作为参量来表示信息率失真函数 $R(S)$ 和失真函数 $D(S)$。设给定信源 X 的概率分布 $P(X) = \{p(x_i), i = 1, 2, \cdots, n\}$，规定失真函数为 $d(x_i, y_j)(i = 1, 2, \cdots, n; j = 1, 2, \cdots, m)$，选定允许平均失真度 D。那么信源 X 的信息率失真函数 $R(D)$ 是在

$$p(y_j \mid x_i) \geqslant 0 \quad i = 1, 2, \cdots, n; j = 1, 2, \cdots, m \tag{4-45}$$

$$\sum_{j=1}^{m} p(y_j \mid x_i) = 1 \quad i = 1, 2, \cdots, n \tag{4-46}$$

$$\sum_{i=1}^{n} \sum_{j=1}^{m} p(x_i) p(y_j \mid x_i) d(x_i, y_j) = D \tag{4-47}$$

的约束条件下

$$I(X; Y) = \sum_{i=1}^{n} \sum_{j=1}^{m} p(x_i) p(y_j \mid x_i) \ln \frac{p(y_j \mid x_i)}{\sum_{k=1}^{n} p(x_k) p(y_j \mid x_k)} \tag{4-48}$$

的极小值。由式(4-48)知当信源的概率分布 $P(X)$ 固定时，平均互信息量 $I(X; Y)$ 是试验信道 $p(y_j \mid x_i)$ 的函数。现暂且不考虑式(4-45)的约束，取拉格朗日常数 $\mu_i(i = 1, 2, \cdots, n)$ 与约束式(4-46)中的 n 个等式对应，并取拉格朗日乘子 S 与式(4-47)对应，构成辅助函数

$$F = I(X; Y) - \mu_i \Big[\sum_{i=1}^{m} p(y_j \mid x_i) - 1 \Big] - S \Big[\sum_{i=1}^{n} \sum_{j=1}^{m} p(x_i) p(y_j \mid x_i) d(x_i, y_j) - \bar{D} \Big]$$

$$\tag{4-49}$$

然后将 F 对 $p(y_j|x_i)$ 求偏导并令其为零，即

$$\frac{\partial F}{\partial p(y_j \mid x_i)} = 0 \tag{4-50}$$

为此

$$\frac{\partial I(X; Y)}{\partial p(y_j \mid x_i)} = -p(x_i) \ln p(y_j) - p(x_i) + p(x_i) \ln p(y_j \mid x_i) + p(x_i)$$

$$= p(x_i) \ln \frac{p(y_j \mid x_i)}{p(y_j)}$$

$$\frac{\partial \mu_i \Big[\sum\limits_{j=1}^{m} p(y_j \mid x_i) - 1 \Big]}{\partial p(y_j \mid x_i)} = \mu_i$$

$$\frac{\partial S\left[\sum\limits_{i=1}^{n}\sum\limits_{j=1}^{m}p(x_i)p(y_j\mid x_i)d(x_i,y_j)-\overline{D}\right]}{\partial p(y_j\mid x_i)}=Sp(x_i)d(x_i,y_j)$$

所以

$$\frac{\partial F}{\partial p(y_j\mid x_i)}=p(x_i)\ln\frac{p(y_j\mid x_i)}{p(y_j)}-\mu_i-Sp(x_i)d(x_i,y_j)=0 \qquad (4-51)$$

令

$$\ln\lambda_i=\frac{\mu_i}{p(x_i)} \qquad (4-52)$$

整理式(4-51),可得

$$\ln p(y_j\mid x_i)-\ln p(y_j)-Sd(x_i,y_j)-\ln\lambda_i=0 \qquad (4-53)$$

解方程(4-53),可得 $n\times m$ 个信道转移概率

$$p(y_j\mid x_i)=p(y_j)\lambda_i e^{Sd(x_i,y_j)} \qquad (4-54)$$

将上式对 j 求和,可得

$$\sum_{j=1}^{m}p(y_j\mid x_i)=\sum_{j=1}^{m}p(y_j)\lambda_i e^{Sd(x_i,y_j)}=1 \qquad (4-55)$$

于是可得

$$\lambda_i=\frac{1}{\sum\limits_{j=1}^{m}p(y_j)e^{Sd(x_i,y_j)}} \qquad (4-56)$$

将式(4-54)乘以 $p(x_i)$,再对 i 求和,得

$$\sum_{i=1}^{n}p(x_i)p(y_j\mid x_i)=p(y_j)=p(y_j)\sum_{i=1}^{n}\lambda_i p(x_i)e^{Sd(x_i,y_j)} \qquad (4-57)$$

若 $p(y_j)\neq0$,则有

$$\sum_{i=1}^{n}\lambda_i p(x_i)e^{Sd(x_i,y_j)}=1 \qquad (4-58)$$

将式(4-56)代入式(4-58),可得到用参量 S 表示的 $p(y_j)$:

$$\sum_{i=1}^{n}\frac{p(x_i)e^{Sd(x_i,y_j)}}{\sum\limits_{j=1}^{m}p(y_j)e^{Sd(x_i,y_j)}}=1 \qquad j=1,2,\cdots,m \qquad (4-59)$$

然后将求得的 $p(y_j)$ 代入式(4-56)可求出 λ_i,将式(4-56)代入式(4-54)得

$$p(y_j\mid x_i)=\frac{p(y_j)e^{Sd(x_i,y_j)}}{\sum\limits_{j=1}^{m}p(y_j)e^{Sd(x_i,y_j)}} \qquad (4-60)$$

将式(4-59)解得的 $p(y_j)$ 代入式(4-60)就可求出极小值的试验信道 $p(y_j|x_i)$。

这时得到的结果是以 S 为参量的表达式,而不是显式的表达式。参量 S 的限制条件为式(4-47)。将式(4-54)代入式(4-47)和式(4-48),得到以 S 为参量的失真函数 $D(S)$ 和信息率失真函数 $R(S)$ 分别为

$$D(S)=\sum_{i=1}^{n}\sum_{j=1}^{m}p(x_i)p(y_j)d(x_i,y_j)\lambda_i e^{Sd(x_i,y_j)} \qquad (4-61)$$

$$R(S) = \sum_{i=1}^{n} \sum_{j=1}^{m} p(x_i) p(y_j) \lambda_i e^{Sd(x_i, y_j)} \ln \lambda_i e^{Sd(x_i, y_j)}$$

$$= S \sum_{i=1}^{n} \sum_{j=1}^{m} p(x_i) p(y_j) \lambda_i d(x_i, y_j) e^{Sd(x_i, y_j)} + \sum_{i=1}^{n} \sum_{j=1}^{m} p(x_i) p(y_j) \lambda_i \ln \lambda_i e^{Sd(x_i, y_j)}$$

$$= SD(S) + \sum_{i=1}^{n} p(x_i) \ln \lambda_i \sum_{j=1}^{m} p(y_j \mid x_i)$$

$$= SD(S) + \sum_{i=1}^{n} p(x_i) \ln \lambda_i \tag{4-62}$$

一般情况下，参量 S 无法消去，因此得不到 $R(D)$ 的显式解，只有某些特定的简单问题才能消去参量 S，得到 $R(D)$ 的显式解。若无法消去参量 S，就需要进行逐点计算。下面分析一下 S 的意义。

由于 $p(y_j)$ 不能为负值，因此参量 S 的取值有一定的限制。由于 D 是参量 S 的函数，λ_i 也是 S 的函数，因此可以把 S 看成 D 的函数，所以 λ_i 也是 D 的函数。利用全微分公式对 $R(D)$ 求导，可得

$$\frac{dR(D)}{dD} = \frac{\partial R}{\partial S} \frac{dS}{dD} = \frac{\partial}{\partial S} \left[SD(S) + \sum_{i=1}^{n} p(x_i) \ln \lambda_i \right] \frac{dS}{dD}$$

$$= \left[D + S \frac{dD}{dS} + \sum_{i=1}^{n} p(x_i) \frac{1}{\lambda_i} \frac{d\lambda_i}{dS} \right] \frac{dS}{dD}$$

$$= S + \left[D + \sum_{i=1}^{n} p(x_i) \frac{1}{\lambda_i} \frac{d\lambda_i}{dS} \right] \frac{dS}{dD} \tag{4-63}$$

为求出 $\dfrac{d\lambda_i}{dS}$，将式(4-58)两边对 S 取导数，得

$$\sum_{i=1}^{n} \left[p(x_i) e^{Sd(x_i, y_j)} \frac{d\lambda_i}{dS} + \lambda_i p(x_i) d(x_i, y_j) e^{Sd(x_i, y_j)} \right] = 0$$

上式两边乘以 $p(y_j)$ 并对 j 求和，得

$$\sum_{i=1}^{n} \sum_{j=1}^{m} p(x_i) p(y_j) e^{Sd(x_i, y_j)} \frac{d\lambda_i}{dS} + \sum_{i=1}^{n} \sum_{j=1}^{m} \lambda_i p(x_i) p(y_j) d(x_i, y_j) e^{Sd(x_i, y_j)} = 0$$

即

$$\sum_{i=1}^{n} p(x_i) \frac{d\lambda_i}{dS} \sum_{j=1}^{m} p(y_j) e^{Sd(x_i, y_j)} + D(S) = 0$$

将式(4-56)代入上式，得

$$\sum_{i=1}^{n} \frac{p(x_i) d\lambda_i}{\lambda_i dS} + D = 0 \tag{4-64}$$

将上式代入式(4-63)，得

$$\frac{dR(D)}{dD} = S \tag{4-65}$$

至此，证明了参量 S 是 $R(D)$ 函数的斜率。由 $R(D)$ 在 $0 < D < D_{\max}$ 之间是严格的单调递减函数可知，S 必是负值。并且因为 $R(D)$ 是下凸函数，所以 S 将随 D 的增加而增加。在 $D = 0$ 处，$S \to -\infty$，当 $D > D_{\max}$ 时，$R(D) = 0$，斜率为 0，所以 $S = 0$，因此参量 S 的取值为 $(-\infty, 0)$。进一步还可以证明：信息率失真函数 $R(D)$ 是参量 S 的连续函数；S 是失真度 D 的连续函数，而在 $D = D_{\max}$ 处，S 的斜率可能是不连续的。

4.2.2 二元离散信源信息率失真函数的计算

二元信源是最简单的无记忆离散信源，既可作为计算 $R(D)$ 函数的一个例子，又是一个典型应用。

设二元信源：

$$\begin{bmatrix} X \\ P(X) \end{bmatrix} = \begin{bmatrix} 0 & 1 \\ p & 1-p \end{bmatrix} \qquad p \leqslant \frac{1}{2}$$

输出符号 $Y=\{0,1\}$，失真矩阵为汉明失真矩阵：

$$\boldsymbol{D} = \begin{bmatrix} 0 & \alpha \\ \alpha & 0 \end{bmatrix}$$

求该信源的信息率失真函数 $R(D)$。

由于在失真矩阵中，每行最小值均等于零，于是最小失真度为

$$D_{\min} = \sum_{i=1}^{2} p(x_i)\min_j d(x_i,y_j) = 0 \tag{4-66}$$

最大失真度为

$$\begin{aligned} D_{\max} &= \min_{p(y_j)} \sum_{i=1}^{2} p(x_i)d(x_i,y_j) \\ &= \min_{p(y_j)} [p(0)\times 0 + p(1)\times \alpha; p(0)\times \alpha + p(1)\times 0] \\ &= \min_{p(y_j)} [(1-p)\alpha; p\alpha] = \alpha p \end{aligned} \tag{4-67}$$

因此，$R(D)$ 的定义域为 $(0,\alpha p)$。由失真矩阵知 $d_{11}=d_{22}=0$，$d_{12}=d_{21}=\alpha$，同时 $p(x_1)=p$，$p(x_2)=1-p$。由式(4-58)求 λ_i：

$$\begin{cases} \lambda_1 p(x_1)e^{Sd(x_1,y_1)} + \lambda_2 p(x_2)e^{Sd(x_2,y_1)} = 1 \\ \lambda_1 p(x_1)e^{Sd(x_1,y_2)} + \lambda_2 p(x_2)e^{Sd(x_2,y_2)} = 1 \end{cases} \tag{4-68}$$

得

$$\begin{cases} \lambda_1 = \dfrac{1}{p(1+e^{\alpha S})} \\ \lambda_2 = \dfrac{1}{(1-p)(1+e^{\alpha S})} \end{cases} \tag{4-69}$$

由式(4-56)求 $p(y_j)$：

$$\begin{cases} p(y_1)e^{Sd(x_1,y_1)} + p(y_2)e^{Sd(x_2,y_1)} = \dfrac{1}{\lambda_1} \\ p(y_1)e^{Sd(x_1,y_2)} + p(y_2)e^{Sd(x_2,y_2)} = \dfrac{1}{\lambda_2} \end{cases} \tag{4-70}$$

得

$$\begin{cases} p(y_1) = \dfrac{p-(1-p)e^{\alpha S}}{1-e^{\alpha S}} \\ p(y_2) = \dfrac{(1-p)-pe^{\alpha S}}{1-e^{\alpha S}} \end{cases} \tag{4-71}$$

将 λ_i 和 $p(y_j)$ 代入式(4-54)，得

$$\begin{cases} p(y_1 \mid x_1) = p(y_1)\lambda_1 e^{Sd(x_1,y_1)} \\ p(y_1 \mid x_2) = p(y_1)\lambda_2 e^{Sd(x_2,y_1)} \\ p(y_2 \mid x_1) = p(y_2)\lambda_1 e^{Sd(x_1,y_2)} \\ p(y_2 \mid x_2) = p(y_2)\lambda_2 e^{Sd(x_2,y_2)} \end{cases}$$

解得

$$\begin{cases} p(y_1 \mid x_1) = \dfrac{p - (1-p)e^{\alpha S}}{p(1 - e^{2\alpha S})} \\[2mm] p(y_1 \mid x_2) = \dfrac{p - (1-p)e^{\alpha S}}{(1-p)(1 - e^{2\alpha S})} e^{\alpha S} \\[2mm] p(y_2 \mid x_1) = \dfrac{(1-p) - p e^{\alpha S}}{p(1 - e^{2\alpha S})} e^{\alpha S} \\[2mm] p(y_2 \mid x_2) = \dfrac{(1-p) - p e^{\alpha S}}{(1-p)(1 - e^{2\alpha S})} \end{cases} \tag{4-72}$$

将上述结果再代入式(4-61)和式(4-62)，得

$$\begin{aligned} D(S) &= \alpha(1-p)\frac{p-(1-p)e^{\alpha S}}{1-e^{\alpha S}}\cdot\frac{e^{\alpha S}}{(1-p)(1+e^{\alpha S})}+\alpha p\frac{(1-p)-pe^{\alpha S}}{1-e^{\alpha S}}\cdot\frac{e^{\alpha S}}{p(1+e^{\alpha S})}\\ &= \frac{e^{\alpha S}}{1+e^{\alpha S}} \end{aligned} \tag{4-73}$$

$$\begin{aligned} R(S) &= \frac{S\alpha\, e^{S\alpha}}{1+e^{S\alpha}} + p\ln\lambda_1 + (1-p)\ln\lambda_2 \\ &= \frac{S\alpha\, e^{S\alpha}}{1+e^{S\alpha}} - p\ln p - (1-p)\ln(1-p) - \ln(1+e^{S\alpha}) \end{aligned} \tag{4-74}$$

对于这种简单信源，可以从式(4-73)解出 S 与 D 的显式表达式：

$$S = \frac{1}{\alpha}\ln\frac{D/\alpha}{1-D/\alpha} \tag{4-75}$$

将上式分别代入式(4-69)、式(4-71)和式(4-72)，得

$$\begin{cases} \lambda_1 = \dfrac{1-\dfrac{D}{\alpha}}{p} \\[4mm] \lambda_2 = \dfrac{1-\dfrac{D}{\alpha}}{1-p} \end{cases}, \quad \begin{cases} p(y_1) = \dfrac{p-\dfrac{D}{\alpha}}{1-\dfrac{2D}{\alpha}} \\[4mm] p(y_2) = \dfrac{(1-p)-\dfrac{D}{\alpha}}{1-\dfrac{2D}{\alpha}} \end{cases}, \quad \begin{cases} p(y_1 \mid x_1) = \dfrac{\left(1-\dfrac{D}{\alpha}\right)\left(p-\dfrac{D}{\alpha}\right)}{p\left(1-\dfrac{2D}{\alpha}\right)} \\[4mm] p(y_1 \mid x_2) = \dfrac{D\left(p-\dfrac{D}{\alpha}\right)}{\alpha(1-p)\left(1-\dfrac{2D}{\alpha}\right)} \\[4mm] p(y_2 \mid x_1) = \dfrac{D\left(1-p-\dfrac{D}{\alpha}\right)}{\alpha p\left(1-\dfrac{2D}{\alpha}\right)} \\[4mm] p(y_2 \mid x_2) = \dfrac{\left(1-\dfrac{D}{\alpha}\right)\left(1-p-\dfrac{D}{\alpha}\right)}{(1-p)\left(1-\dfrac{2D}{\alpha}\right)} \end{cases}$$

$$\tag{4-76}$$

令 $D = D_{max} = \alpha p$，可得

$$S_{max} = \frac{1}{\alpha} \ln \frac{p}{1-p}$$

最后得到 $R(D)$ 的显式表达式为

$$R(D) = SD(S) + p \ln \lambda_1 + (1-p) \ln \lambda_2$$

$$= -[p \ln p + (1-p) \ln(1-p)] + \left[\frac{D}{\alpha} \ln \frac{D}{\alpha} + \left(1 - \frac{D}{\alpha}\right) \ln\left(1 - \frac{D}{\alpha}\right)\right]$$

$$= H(p) - H\left(\frac{D}{\alpha}\right) \tag{4-77}$$

上式第一项是信息熵，第二项是容忍一定的失真而可以压缩的信息率。由于 $R(D)$ 的定义域为 $(0, p)$，因此 $R(D)$ 的完整表达式为

$$R(D) = \begin{cases} H(p) - H\left(\frac{D}{\alpha}\right) & 0 \leqslant D \leqslant D_{max} = \alpha p \\ 0 & D > \alpha p \end{cases} \tag{4-78}$$

其曲线如图 4-2 所示。

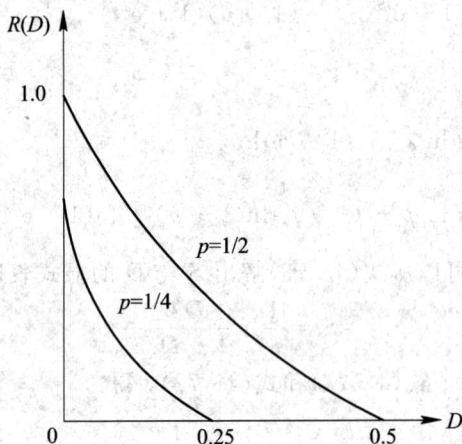

图 4-2 二元信源和对称失真函数的 $R(D)$ 曲线

图 4-2 描述了在 p 取值不同时的 $R(D)$ 曲线。从图中可以看出，对于同一平均失真度 D，信源分布越均匀，$R(D)$ 就越大，信源压缩的可能性越小。反之，若信源分布越不均匀，即信源剩余度越大，$R(D)$ 就越小，信源压缩的可能性越大。

通过以上对简单信源信息率失真函数的计算可知，计算较复杂信源的 $R(D)$ 函数是比较困难的。又由于信源的概率空间也只是一种模型，很难准确计算概率分布，且精确计算 $R(D)$ 函数又并无必要。一般从失真要求出发，估算几个特殊点，如 $D=0$，D_{max} 及几个 D 值的 $R(D)$ 值就可以画出 $R(D)$ 函数曲线了。

信息率失真理论给出了在给定的失真度 D 条件下，信源输出的信息率所能压缩的极限 $R(D)$，没有给出具体的压缩方法。但是它可以作为一种尺度，衡量一种压缩编码方法的压缩效果。

4.3　连续信源的信息率失真函数

仿照离散信源失真函数、平均失真度和信息率失真函数的定义和计算方法，我们可以对连续信源的失真函数、平均失真度和信息率失真函数进行定义和计算。

4.3.1　连续信源信息率失真函数的计算

假设连续信源取值于整个实数轴 $\mathbf{R}$，即 $X \in \mathbf{R} = (-\infty, \infty)$，相应的概率密度函数为 $p(x)$，又设存在试验信道，且其传递概率密度函数为 $p(y \mid x)$，而信道的输出随机变量 $Y \in \mathbf{R} = (-\infty, \infty)$，相应的概率密度函数为 $p(y)$。仿照离散信源情况，规定随机变量 X 和 Y 之间的失真函数为某一非负的二元函数 $d(x, y)$，则平均失真度定义为

$$\overline{D} = \int_{-\infty}^{\infty} \int_{-\infty}^{\infty} p(x) p(y \mid x) d(x, y) \mathrm{d}x \, \mathrm{d}y \tag{4-79}$$

通过试验信道获得的平均互信息量为

$$I(X; Y) = h(Y) - h(Y \mid X) = \int_{-\infty}^{\infty} \int_{-\infty}^{\infty} p(x) p(y \mid x) \log \frac{p(y \mid x)}{p(y)} \mathrm{d}x \, \mathrm{d}y \tag{4-80}$$

其中：

$$p(y) = \int_{-\infty}^{\infty} p(x) p(y \mid x) \mathrm{d}x$$

且有

$$\int_{-\infty}^{+\infty} p(x) \mathrm{d}x = 1, \quad \int_{-\infty}^{+\infty} p(y) \mathrm{d}y = 1, \quad \int_{-\infty}^{+\infty} p(y \mid x) \mathrm{d}y = 1$$

确定一允许失真度 D，凡满足平均失真小于 D 的所有试验信道的集合记为 $P_D : \{p(y|x) : \overline{D} \leqslant D\}$，则连续信源的信息率失真函数定义为

$$R(D) = \inf_{p(y|x) \in P_D} [I(X; Y)] \tag{4-81}$$

式(4-81)中的"inf"是指下确界，相当于离散信源中的求极小值。严格地说，连续集合未必存在极小值，但是一定存在下确界。所谓下确界，是指一个数，连续集合中的所有数都大于这个数，但又不等于这个数，而这个数又是小于这个集合的数当中最大的一个。例如，(0,1)集合中的数可无限接近于0，但永远不等于0。(0,1)集合中的所有数都比0大，同时0又是所有小于该集合的数当中最大的数。所以0就是(0,1)连续集合的下确界"inf"。

连续信源的信息率失真函数仍满足前面所讨论的性质，同样有

$$D_{\min} = \int_{-\infty}^{\infty} p(x) \inf_{y} d(x, y) \mathrm{d}x \tag{4-82}$$

$$D_{\max} = \inf_{y} \int_{-\infty}^{\infty} p(x) d(x, y) \mathrm{d}x \tag{4-83}$$

与离散情况类似，连续信源的 $R(D)$ 也是在 $D_{\min} \leqslant D \leqslant D_{\max}$ 内严格递减的。

可以证明，$I(X; Y)$ 仍为 $p(y|x)$ 的下凸函数，求下确界仍然是一个在式(4-79)的条件下求极值的问题，只是要用变分法来代替偏导数为零的拉氏乘子法。同离散情况类似，只是求和变成了积分，即

$$D(S) = \int_{-\infty}^{\infty} \int_{-\infty}^{\infty} p(x) p(y) \lambda(x) \mathrm{e}^{Sd(x,y)} d(x,y) \mathrm{d}x \mathrm{d}y \qquad (4-84)$$

$$R(S) = SD(S) + \int_{-\infty}^{\infty} p(x) \log \lambda(x) \mathrm{d}x \qquad (4-85)$$

同样可以证明 S 是 $R(D)$ 的斜率,即

$$\frac{\mathrm{d}R}{\mathrm{d}D} = S \qquad (4-86)$$

一般说来,在式(4-79)的积分存在的情况下,连续信源信息率失真函数的解是存在的,但是直接求解通常比较困难,往往要用迭代算法通过计算机进行求解,只在某些特殊情况下求解才比较简单。

4.3.2 高斯信源的信息率失真函数

设某高斯信源 X 均值为 m,方差为 σ^2,其概率密度为

$$p(x) = \frac{1}{\sqrt{2\pi\sigma^2}} \mathrm{e}^{-\frac{(x-m)^2}{2\sigma^2}} \qquad (4-87)$$

其中:

$$m = \int_{-\infty}^{\infty} x p(x) \mathrm{d}x \qquad (4-88)$$

$$\sigma^2 = \int_{-\infty}^{\infty} (x-m)^2 p(x) \mathrm{d}x \qquad (4-89)$$

定义失真函数为

$$d(x, y) = (x-y)^2 \qquad (4-90)$$

根据定义,平均失真度为

$$\overline{D} = \int_{-\infty}^{\infty} \int_{-\infty}^{\infty} p(y) p(x \mid y)(x-y)^2 \mathrm{d}x \mathrm{d}y \qquad (4-91)$$

令

$$D(y) = \int_{-\infty}^{\infty} p(x \mid y)(x-y)^2 \mathrm{d}x \qquad (4-92)$$

比较式(4-92)和式(4-89)可知,$D(y)$ 代表输出变量 $Y=y$ 条件下变量 X 的条件方差。将 $D(y)$ 代入式(4-91),得

$$\overline{D} = \int_{-\infty}^{\infty} p(y) D(y) \mathrm{d}y \qquad (4-93)$$

由平均功率受限下的最大连续熵定理,在 $Y=y$ 条件下的条件熵为

$$h_{\max}(X \mid y) = \frac{1}{2} \log [2\pi \mathrm{e} D(y)] \qquad (4-94)$$

即

$$h(X \mid y) = -\int_{-\infty}^{\infty} p(x \mid y) \log p(x \mid y) \mathrm{d}x \leqslant \frac{1}{2} \log [2\pi \mathrm{e} D(y)] \qquad (4-95)$$

根据条件熵的定义,信道疑义度:

$$h(X \mid Y) = \int_{-\infty}^{\infty} p(y) h(X \mid y) \mathrm{d}y \leqslant \int_{-\infty}^{\infty} p(y) \frac{1}{2} \log [2\pi \mathrm{e} D(y)] \mathrm{d}y$$

$$= \frac{1}{2}\log(2\pi e)\int_{-\infty}^{\infty} p(y)\mathrm{d}y + \frac{1}{2}\int_{-\infty}^{\infty} p(y)\log D(y)\mathrm{d}y \qquad (4-96)$$

其中：

$$\int_{-\infty}^{\infty} p(y)\mathrm{d}y = 1$$

由詹森不等式

$$\int_{-\infty}^{\infty} p(y)\log D(y)\mathrm{d}y \leqslant \log\int_{-\infty}^{\infty} p(y)D(y)\mathrm{d}y = \log\overline{D} \qquad (4-97)$$

知

$$h(X\mid Y) \leqslant \frac{1}{2}\log(2\pi e) + \frac{1}{2}\log\overline{D} = \frac{1}{2}\log(2\pi e\overline{D}) \qquad (4-98)$$

在保真度准则 $\overline{D} \leqslant D$ 的条件下有

$$h(X\mid Y) \leqslant \frac{1}{2}\log(2\pi eD) \qquad (4-99)$$

已知方差为 σ^2 的高斯信源熵为

$$h(X) = \frac{1}{2}\log(2\pi e\sigma^2) \qquad (4-100)$$

又平均互信息量：

$$I(X;Y) = h(X) - h(X\mid Y) \geqslant \frac{1}{2}\log(2\pi e\sigma^2) - \frac{1}{2}\log(2\pi eD) = \frac{1}{2}\log\frac{\sigma^2}{D} \qquad (4-101)$$

根据 $R(D)$ 的定义，可得

$$R(D) \geqslant \frac{1}{2}\log\frac{\sigma^2}{D} \qquad (4-102)$$

又因任何情况下 $R(D) \geqslant 0$，所以

$$R(D) \geqslant \max\left(\frac{1}{2}\log\frac{\sigma^2}{D}, 0\right) \qquad (4-103)$$

下面来分别讨论当 σ^2/D 的比值不同时 $R(D)$ 的取值。

首先，当 $D < \sigma^2$ 时，可找到这样一个反向加性高斯试验信道，如图 4-3 所示。Y 是均值为零、方差为 $\sigma^2 - D$ 的高斯随机变量，而 N 是均值为零、方差为 D 的高斯随机变量，并与 Y 统计独立，X 是 Y 和 N 的线性叠加，即 $X = Y + N$。根据随机过程理论，此时的 X 是均值为 0、方差为 $(\sigma^2 - D) + D = \sigma^2$ 的高斯随机变量。可以证明，此时的反向试验信道特性等于噪声概率密度函数，即 $p(x\mid y) = p(n)$。平均失真度为

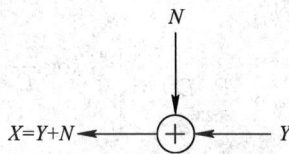

图 4-3　反向加性高斯试验信道

$$\overline{D} = \int_{-\infty}^{\infty}\int_{-\infty}^{\infty} p(y)p(x\mid y)(x-y)^2\mathrm{d}x\mathrm{d}y = \int_{-\infty}^{\infty}\int_{-\infty}^{\infty} p(y)p(n)n^2\mathrm{d}n\mathrm{d}y$$

$$= \int_{-\infty}^{\infty} p(y)\mathrm{d}y\int_{-\infty}^{\infty} p(n)n^2\mathrm{d}n = \int_{-\infty}^{\infty} p(n)n^2\mathrm{d}n = D \qquad (4-104)$$

其中，噪声的方差 D 为

$$D = \int_{-\infty}^{\infty} n^2 p(n) \mathrm{d}n$$

上式说明我们设计的反向加性高斯信道满足保真度准则，所以它是反向试验信道集合 $P_D = \{p(x \mid y) : \overline{D} \leqslant D\}$ 的一个反向试验信道。由它的特性 $p(x \mid y)$ 决定的条件熵 $h(X \mid Y)$ 等于高斯随机变量 N 的熵，即

$$h(X \mid Y) = h(n) = \frac{1}{2} \log(2\pi \mathrm{e} D) \qquad (4-105)$$

则通过这个反向试验信道的平均互信息量为

$$I(X; Y) = h(X) - h(X \mid Y) = \frac{1}{2} \log(2\pi \mathrm{e} \sigma^2) - \frac{1}{2} \log(2\pi \mathrm{e} D) = \frac{1}{2} \log \frac{\sigma^2}{D}$$
$$(4-106)$$

根据信息率失真函数的定义，在反向试验信道集合 P_D 中必有

$$R(D) \leqslant I(X; Y) = \frac{1}{2} \log \frac{\sigma^2}{D} \qquad (4-107)$$

因为 $D < \sigma^2$，所以

$$\frac{1}{2} \log \frac{\sigma^2}{D} > 0 \qquad (4-108)$$

综合式（4-102）和式（4-107），有

$$\frac{1}{2} \log \frac{\sigma^2}{D} \leqslant R(D) \leqslant \frac{1}{2} \log \frac{\sigma^2}{D} \qquad (4-109)$$

得到在 $D < \sigma^2$ 条件下，高斯信源的信息率失真函数为

$$R(D) = \frac{1}{2} \log \frac{\sigma^2}{D} \qquad (4-110)$$

当 $D = \sigma^2$ 时，易证 $R(D) = 0$，于是 $R(\sigma^2) = 0$。考虑到信息率失真函数的单调递减性，当 $D > \sigma^2$ 时，有

$$R(D) \leqslant R(\sigma^2) = 0 \qquad (4-111)$$

由于 $R(D)$ 非负，所以恒有

$$R(D) = 0 \qquad (4-112)$$

故高斯信源在均方误差失真下的信息率失真函数为

$$R(D) = \begin{cases} \dfrac{1}{2} \log \dfrac{\sigma^2}{D} & D < \sigma^2 \\ 0 & D \geqslant \sigma^2 \end{cases}$$
$$(4-113)$$

$R(D)$ 函数的曲线如图 4-4 所示。

由图 4-4 可知，当 $D = 0$ 时，$R(D) \to \infty$，说明在连续信源的情况下，要完全无失真地传送信源的全部信息，需要无限大的信息率，这是不可能的。当允许一定失真时，传送信源所需的信息率可以降低，意味着信源的信息率可

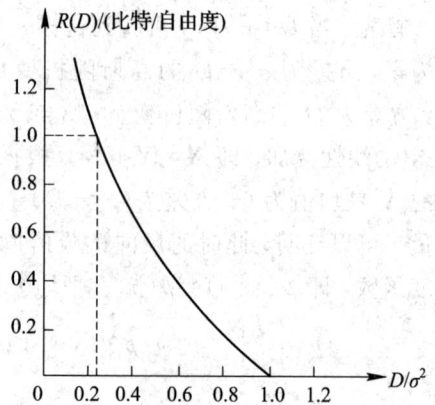

图 4-4 高斯信源的信息率失真函数

以压缩。连续信源的信息率失真理论，正是连续信源量化、压缩的理论基础。当 $D=\sigma^2$ 时，$R(D)=0$。因为此时输出随机变量 Y 的方差$(\sigma^2-D)=0$，输出端只需知道信源的均值 m，即可恢复信源，无须传送任何信息，故 $R(D)=0$。而当 $D>\sigma^2$ 时，根据信息率失真理论，$R(D)$ 应可进一步压缩，但 $R(D)$ 为非负函数，故 $R(D)$ 只能继续保持为 0，此时等效于通信中断的情况。从另一个角度来看，$D>\sigma^2$ 意味着噪声功率大于信号功率，此时信号已淹没在噪声中，无法提取。

4.3.3　信道容量与信息率失真函数的对偶关系

从数学上说，信道容量与信息率失真函数的问题，都是求平均互信息量极值的问题，有相仿之处，故常称为对偶问题。下面对两者作一个比较。

（1）信道容量与信息率失真函数都是平均互信息量，当取以 2 为底的对数时，单位都是比特/符号。

信道容量：在固定信源的情况下，求平均互信息量的极大值。其理论依据为 $I(X;Y)$ 是输入信源概率分布 $p(x_i)(i=1,2,\cdots,n)$ 或概率密度函数 $p(x)$ 的上凸函数。

$$C=\max_{p(x_i)} I(X;Y) \quad 或 \quad C=\max_{p(x)} I(X;Y)$$

信息率失真函数：在试验信道（满足保真度准则的信道）中求平均互信息量的极小值。其理论依据为 $I(X;Y)$ 是信道转移概率分布 $p(y_j|x_i)$ 或条件概率密度函数 $p(y|x)$ 的下凸函数。

$$R(D)=\min_{p(y_j|x_i)\in P_D} I(X;Y) \quad 或 \quad R(D)=\inf_{p(y|x)\in P_D} I(X;Y)$$

（2）信道容量一旦求出后，就只与信道转移概率分布 $p(y_j|x_i)$ 或条件概率密度函数 $p(y|x)$ 有关，反映信道特性，与信源特性无关。信息率失真函数一旦求出后，就只与输入信源概率分布 $p(x_i)(i=1,2,\cdots,n)$ 或概率密度函数 $p(x)$ 有关，反映信源特性，与信道特性无关。

（3）信道容量是为了解决通信的可靠性问题，是信息传输的理论基础，通过信道编码增加信息的冗余度来实现。信息率失真函数是为了解决通信的有效性问题，是信源压缩的理论基础，通过信源编码减少信息的冗余度来实现。

4.4　保真度准则下的信源编码定理

前面讨论了信源编码要求无失真的条件。而在许多实际问题中，译码输出与信源输出之间有一定的失真是可以容忍的。保真度准则下的信源编码定理也称为香农第三定理，与无失真编码的香农第一定理一样，讨论码的存在性问题，具有重要的理论意义。

设一离散平稳无记忆信源的输出随机变量序列为 $X=(X_1 X_2 \cdots X_N)$，若该信源的信息率失真函数是 $R(D)$，并选定有限的失真函数。对于任意允许平均失真度 $D \geqslant 0$ 和任意小的 $\varepsilon>0$，当信息传输率 $R>R(D)$ 时，只要信源序列长度 N 足够长，一定存在一种编码方式 C，使译码后的平均失真度

$$\overline{D}(C) \leqslant D+\varepsilon$$

反之，若 $R<R(D)$，则无论用什么编码方式，必有

$$\overline{D}(C) > D$$

即译码平均失真度必大于允许平均失真度(证明过程省略)。该定理可推广到连续平稳无记忆信源的情况。

保真度准则下的信源编码定理是有失真信源压缩的理论基础。这个定理证实了允许平均失真度 D 确定后,总存在一种编码方法,使编码的信息传输率 R 可任意接近于 $R(D)$ 函数,而平均失真度 $\overline{D}(C) \leqslant D + \varepsilon$。反之,如果 R 小于 $R(D)$,那么编码的平均失真度将大于 D。从定理的描述可见,信息率失真函数也是一个界限。只要信息传输率大于这个界限,译码失真就可限制在给定范围内。换句话说,通信的过程中虽然有失真,但仍然能满足要求,否则就不能满足通信的要求。

对于连续平稳无记忆信源,虽然无法进行无失真信源编码,但是在限失真情况下,有与离散信源相同的编码定理。限失真编码定理只说明了最佳编码是存在的,具体构造编码的方法却未涉及。实际上,迄今为止尚无合适的可实现的编码方法接近 $R(D)$ 这个界限。

香农第三定理同样也是一个存在性定理。至于如何寻找这种最佳压缩编码方法,定理中并没有给出。因此,有关理论的实际应用有待于进一步研究:如何计算符合实际信源的信息率失真函数 $R(D)$;如何寻找最佳编码方法才能达到信息压缩的极限值 $R(D)$。这是香农第三定理在实际应用中存在的两大问题。目前,这两个方面都有进展。尤其是对实际信源的各种压缩方法,如对语音信号、电视信号和遥感图像等信源的各种压缩算法有了较大进展。相信随着数据压缩算法和技术的发展,信息率失真理论中存在的问题也会得到很好的解决和发展。

总结起来,香农信息论的三个基本概念——信息熵、信道容量和信息率失真函数,都是临界值,是从理论上衡量通信能否满足要求的重要界限。对应这三个基本概念的是香农的三个基本定理,即无失真信源编码定理、信道编码定理和限失真信源编码定理,分别称为香农第一、第二和第三定理。比较第一定理和第三定理可知,当信源给定时,无失真信源编码的极限值就是信息熵 $H(X)$,而保真度准则下的信源编码的极限值就是信息率失真函数 $R(D)$。在给定允许平均失真度 D 之后,一般有 $R(D) < H(X)$。

小　结

保真度准则下的信源编码的主要理论是信息率失真理论。本章的特点是内容单纯但理论复杂。就内容而言,讨论了信息率失真函数的定义与性质,离散信源的信息率失真函数,连续信源的信息率失真函数和保真度准则下的信源编码定理。尽管信源无失真编码理论、限失真编码理论都是根据离散无记忆信源得出的,但该理论具有广泛的指导意义,可以推广到其他类型的信源。不过在实际信源编码中,由于受到各种因素的制约,信息熵和信息率失真函数都是只建立在理想的信源统计模型基础上的,因此信源编码理论主要在于其重要的理论意义和指导意义。

习　题　4

4-1　设输入符号为 $X = \{0, 1\}$,输出符号为 $Y = \{0, 1\}$,定义失真函数为

$$d(0, 0) = d(1, 1) = 0$$
$$d(0, 1) = d(1, 0) = 1$$

试求失真矩阵 $\boldsymbol{D}$。

4-2　设有对称信源 $(r = s)$，信源符号集 $X = \{x_1, x_2, \cdots, x_r,\}$，接收符号集 $Y = \{y_1, y_2, \cdots, y_s\}$，其失真度定义为 $d(x_i, y_j) = (y_j - x_i)^2$，求失真矩阵 $\boldsymbol{D}$。

4-3　利用 $R(D)$ 的性质，画出一般 $R(D)$ 的曲线并说明其物理意义。试问为什么 $R(D)$ 是非负且非增的？

4-4　一个四元对称信源：

$$\begin{bmatrix} X \\ P(X) \end{bmatrix} = \begin{bmatrix} 0 & 1 & 2 & 3 \\ \dfrac{1}{4} & \dfrac{1}{4} & \dfrac{1}{4} & \dfrac{1}{4} \end{bmatrix}$$

接收符号 $Y = \{0, 1, 2, 3\}$，其失真矩阵为

$$\boldsymbol{D} = \begin{bmatrix} 0 & 1 & 1 & 1 \\ 1 & 0 & 1 & 1 \\ 1 & 1 & 0 & 1 \\ 1 & 1 & 1 & 0 \end{bmatrix}$$

求 $D_{\max}$，$D_{\min}$ 及信源的 $R(D)$ 函数，并画出其曲线（取 4 至 5 个点）。

4-5　某信源含有 3 个消息，概率分布为 $p_1 = 0.2$，$p_2 = 0.3$，$p_3 = 0.5$，失真矩阵为

$$\boldsymbol{D} = \begin{bmatrix} 4 & 2 & 1 \\ 0 & 3 & 2 \\ 2 & 0 & 1 \end{bmatrix}$$

求 $D_{\max}$ 和 $D_{\min}$。

4-6　某二元信源：

$$\begin{bmatrix} X \\ P(X) \end{bmatrix} = \begin{bmatrix} 0 & 1 \\ \dfrac{1}{2} & \dfrac{1}{2} \end{bmatrix}$$

其失真矩阵为

$$\boldsymbol{D} = \begin{bmatrix} \alpha & 0 \\ 0 & \alpha \end{bmatrix}$$

求该信源的 $D_{\max}$，$D_{\min}$ 及 $R(D)$ 函数。

4-7　设离散无记忆信源：

$$\begin{bmatrix} X \\ P(X) \end{bmatrix} = \begin{bmatrix} x_1 & x_2 & x_3 \\ \dfrac{1}{3} & \dfrac{1}{3} & \dfrac{1}{3} \end{bmatrix}$$

其失真度为汉明失真度。

(1) 求 $D_{\min}$ 和 $R(D_{\min})$，并写出相应试验信道的信道矩阵；

(2) 求 $D_{\max}$ 和 $R(D_{\max})$，并写出相应试验信道的信道矩阵；

(3) 若允许平均失真度 $D = 1/3$，试问信源的每一个信源符号平均最少由几个二进制符号表示？

4-8 具有符号集 $U=\{u_0,u_1\}$ 的二元信源，信源发生概率为 $p(u_0)=p$，$p(u_1)=1-p$，$0<p\leqslant1/2$。信道如图 4-5 所示，接收符号集 $V=\{v_0,v_1\}$，转移概率为 $q(v_0/u_0)=1$，$q(v_1/u_1)=1-q$；发出符号与接收符号的失真为 $d(u_0,v_0)=d(u_1,v_1)=0$，$d(u_1,v_0)=d(u_0,v_1)=1$。

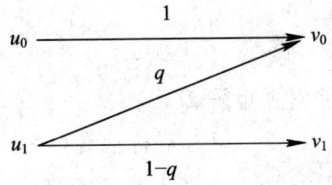

图 4-5 题 4-8 图

(1) 计算平均失真度 $\overline{D}$。

(2) 信息率失真函数 $R(D)$ 的最大值是什么？当 q 取什么值时可达到该最大值？此时平均失真度 $\overline{D}$ 是多大？

(3) 信息率失真函数 $R(D)$ 的最小值是什么？当 q 取什么值时可达到该最小值？此时平均失真度 $\overline{D}$ 是多大？

(4) 画出 $R(D)-D$ 的曲线。

4-9 若无记忆信源为

$$\begin{bmatrix} X \\ p(X) \end{bmatrix} = \begin{bmatrix} -1 & 0 & 1 \\ \dfrac{1}{3} & \dfrac{1}{3} & \dfrac{1}{3} \end{bmatrix}$$

接收符号集为 $Y=\{-\dfrac{1}{2},\dfrac{1}{2}\}$，其失真矩阵为

$$\boldsymbol{D} = \begin{bmatrix} 1 & 2 \\ 1 & 1 \\ 2 & 1 \end{bmatrix}$$

求信源的最大平均失真度和最小平均失真度，并求选择何种信道可达到该 $D_{\max}$ 和 $D_{\min}$ 的失真。

4-10 设信源：

$$\begin{bmatrix} X \\ P(X) \end{bmatrix} = \begin{bmatrix} x_1 & x_2 \\ p & 1-p \end{bmatrix} \quad p<0.5$$

其失真度为汉明失真度，试问当允许平均失真度 $D=0.5p$ 时，每一信源符号平均最少需要几个二进制符号表示？

4-11 一个二元信源：

$$\begin{bmatrix} X \\ P(X) \end{bmatrix} = \begin{bmatrix} 0 & 1 \\ 0.5 & 0.5 \end{bmatrix}$$

每秒发出 2.66 个信源符号。将此信源的输出符号送入某二元无噪无损信道中进行传输，而信道每秒只传递两个二元符号。

(1) 试问信源能否在此信道中进行无失真的传输？

(2) 若此信源失真度测定为汉明失真，问允许信源平均失真多大时，此信源就可以在信道中传输？

4-12 设连续信源 X，其概率密度分布为 $p(x)=\dfrac{\alpha}{2}\mathrm{e}^{-\alpha|x|}$，失真度为 $d(x,y)=|x-y|$，试求此信源的 $R(D)$ 函数。

4-13 设有平稳高斯信源，其功率谱：

$$G(f)=\begin{cases}A & |f|\leqslant F_1\\0 & |f|>F_1\end{cases}$$

失真度取 $d(x,y)=(x-y)^2$，容许的样值失真为 D，试求信息率失真函数 $R(D)$。

上机要求与 Matlab 源程序

完成信息率失真函数迭代计算的 Matlab 编程、调试、运行及结果打印。

要求：在信源的输入概率分布和失真矩阵已知的条件下求出信息率失真函数，并画出失真函数 $R(D)$ 的曲线图。

参考代码：

```
%信息率失真函数的迭代计算
function [pba,rmin,dmax,smax]=ratedf(pa,d,S)
%变量说明：%
%pa:信源的输入概率矩阵,d:失真矩阵,S:拉氏乘子 %
%pba:最佳正向转移概率矩阵,smax:最大拉氏乘子 %
%rmin:最小信息率,dmax:允许的最大失真度 %
%pb:信源的输出概率矩阵,D:允许的失真度 %
%r:输入信源数,s:输出信源数 %
[r,s]=size(d);
if (length(find(pa<0))~=0)
    error('not a prob. vector,negative component')
end
if (abs(sum(pa')-1)>10e-10)
    error('not a prov. vector,component do no add up to 1')
end
if (r~=length(pa))
    error('the parameters do not match!');
end
pba=[];
Rs=[];
Ds=[];
m=1;
times=100;
for z=1:times
pba(1:r,1:s,1)=1/(r*s)*ones(r,s);
    for j=1:s
        pb(j,1)=0;
        for i=1:r
            pb(j,1)=pb(j,1)+pa(i)*pba(i,j,1);
        end
    end
```

```
for i=1:r
    temp(i)=0;
    for j=1:s
        temp(i)=temp(i)+pb(j,1) * exp(S(m) * d(i,j));
    end
end
for i=1:r
    for j=1:s
        pba(i,j,2)=(pb(j,1) * exp(S(m) * d(i,j)))/temp(i);
    end
end

D(1)=0;
for i=1:r
    for j=1:s
        D(1)=D(1)+pa(i) * pba(i,j,1) * d(i,j);
    End
end
R(1)=0;
for i-1:r
    for j=1:s
        if (pba(i,j,1)~=0)
            R(1)=R(1)+pa(i) * pba(i,j,1) * log2(pba(i,j,1)/pb(j,1));
        End
    end
end
n=2;
while (1)
    for j=1:s
        pb(j,n)=0;
        for i=1:r
            pb(j,n)=pb(j,n)+pa(i) * pba(i,j,n);
        end
    end
    for i=1:r
        temp(i)=0;
        for j=1:s
            temp(i)=temp(i)+pb(j,n) * exp(S(m) * d(i,j));
        end
    end
    for i=1:r
        for j=1:s
            if (temp(i)~=0)
                pba(i,j,n+1)=(pb(j,n) * exp(S(m) * d(i,j)))/temp(i);
```

```
                    end
                end
            end
            D(n)=0;
            for i=1:r
                for j=1:s
                    D(n)=D(n)+pa(i)*pba(i,j,n)*d(i,j);
                End
            end
            R(n)=0;
            for i=1:r
                for j=1:s
                    if(pba(i,j,n)~=0)
                        R(n)=R(n)+pa(i)*pba(i,j,n)*log2(pba(i,j,n)/pb(j,n));
                    End
                end
            end
            if (abs(R(n)-R(n-1))<=10^(-7))
                if (abs(D(n)-D(n-1))<=10^(-7))
                    break;
                end
            end
            n=n+1 ;
        end
        S(m+1)=S(m)+0.5;
        if (abs(R(n)<10^(-7)))
            if (m<=10)
                disp('此时 s 的值为:'),disp(S(m));
                error('初始拉氏乘子 s 取得大了,请取小些!');
            end
        end
        pba=[pba(:,:,:)];
        Rs=[Rs R(n)];
        Ds=[Ds D(n)];
        m=m+1;
    end
end
[k,l,q]=size(pba);
pba=pba(:,:,q);
rmin=min(Rs);
dmax=max(Ds);
smax=S(m-1);
plot(Ds,Rs);
xlabel('D'); ylabel('R(D)'); title('信息率失真函数图象')
```

第5章 网络信息论初步

5.1 引　言

与单用户信息论类似，网络信息论研究的是网络通信的有效性与可靠性，而不是网络结构及通信技术问题。总体来说，仍然可归结为三大类问题，即相关信源编码问题、网络信道容量问题及信道编码问题。具体来分析，却与单用户信息论有较大差别。

多用户通信网络的一般性结构应该是多个用户共用一个频带，有多个通道，同时有多个发送端、多个接收端，如图 5-1 所示，其中 $p(Y_1Y_2\cdots Y_T|X_1X_2\cdots X_T)$ 是信道转移概率，代表了网络中所有噪声与串扰的综合影响结果。S_1，S_2 表示一种交换组合，网络中的信源与信宿没有固定的结构联系。目前，只是从一些简单的具有代表性的典型模型出发来研究。

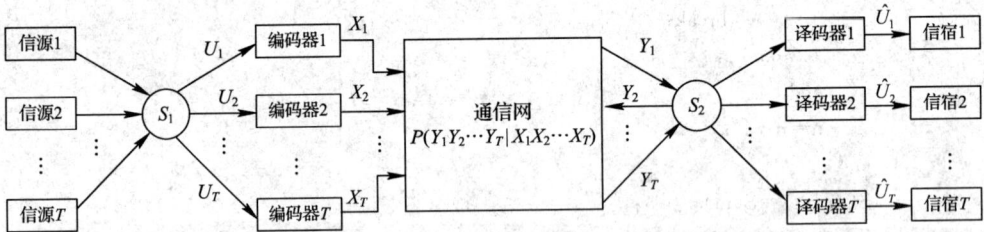

图 5-1　一般多用户通信系统模型

由于信息论的研究内容不涉及通信网络的拓扑结构与技术细节，因此只用信道转移概率来代表信道特征，而整个通信系统只由发送端（包括信源与编码器）、信道（包括发送器、接收器与通道）和接收端（包括译码器与信宿）三部分来表征。比较典型的有以下几种模型。

1. 多址接入信道

多个不同信源的消息经过几个编码器编码后，送入同一信道传送。接收端仅仅由一个译码器译出不同信源的信息，送给不同的信宿。从信道来看，有多个输入端和一个输出端，如图 5-2 所示。值得注意的是，多址接入信道的各个信源在地理上是分散的，所以无论是信源编码还是信道编码都必须分散进行。

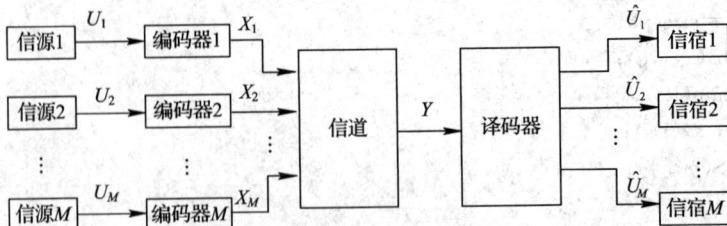

图 5-2　多址接入信道

蜂窝移动通信系统基站的反向链路中，信源 U_1，U_2，$\cdots$，U_M 和编码器 1，2，$\cdots$，M 可分别构成 M 个移动台（手机），而信道就是空中无线链路，基站完成译码功能。计算机通信网中的以计算机为中心的信息采集也可归入多址接入信道，卫星通信系统中 M 个地面站同时与一个公用卫星进行通信的上行线路也是多址接入信道。

2. 广播信道

将多址接入信道中的信息流向全部反过来就可得到广播信道，即单一输入和多个输出，如图 5-3 所示。多个不同信源的消息经过一个公用的编码器送入信道，而信道输出则通过不同的译码器译码后送给不同的信宿。

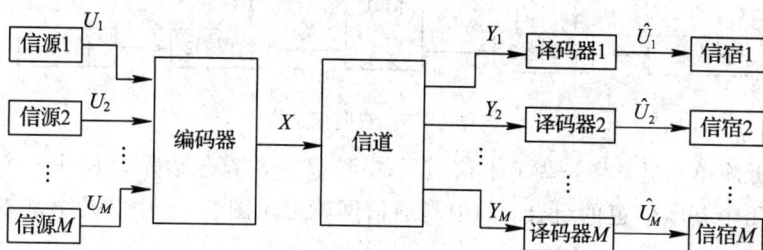

图 5-3　广播信道

卫星与多个地面站的下行通信系统可看成广播信道。转发卫星把从各地面站发来的消息经过统一编码后发回到地面站，各接收地面站应用各种译码器译出所需的信息。另外，电视发射台到各个电视接收机或中转站的电视系统以及其他广播信道系统都属于这类信道。蜂窝移动通信系统基站的正向链路等其他广播系统也可归入此模型。

3. 中继信道

中继信道可以看成是广播信道与多址接入信道的组合。它是一对用户之间经过多种途径中转所进行的单向通信。中继微波接力通信系统就是这类模型，如图 5-4 所示。图中一对地面站，可经过一个或多个卫星中转或者经地面通信转接而实现单向通信。

4. 串扰信道

当两对或更多信道通过一个公共信道传送信息时，彼此之间会产生相互干扰现象，这种信道称作串扰信道，如图 5-5 所示。

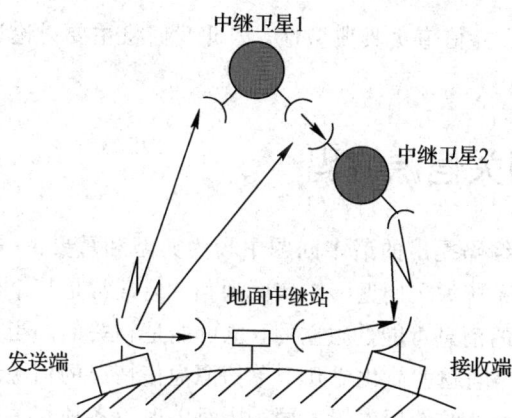

图 5-4　中继通信

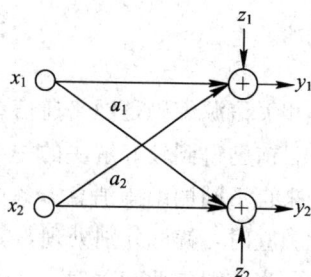

图 5-5　串扰信道

5. 双向信道

双向信道有两个发送端和两个接收端。信源 1 发送到接收端 1，而信源 2 发送到接收端 2，都是通过双向信道。信源 1 和接收端 2 在一端，且信源 1 的发送受接收端 2 的影响。信源 2 和接收端 1 在另一端，信源 2 的发送受接收端 1 的影响。它们类似串扰信道，也有反馈的概念。

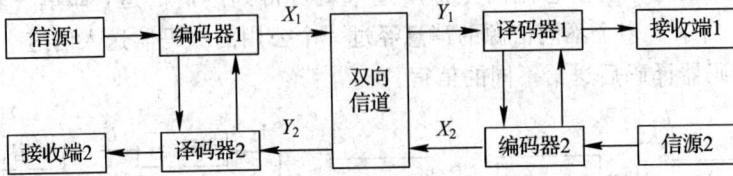

图 5-6　双向信道

为了分析简单起见，将一些基本信道用图 5-7 中的符号表示。往往一个复杂的通信网可分解为几个基本信道的组合，如卫星通信网就可用图 5-8 中的几个基本信道的组合来表示。

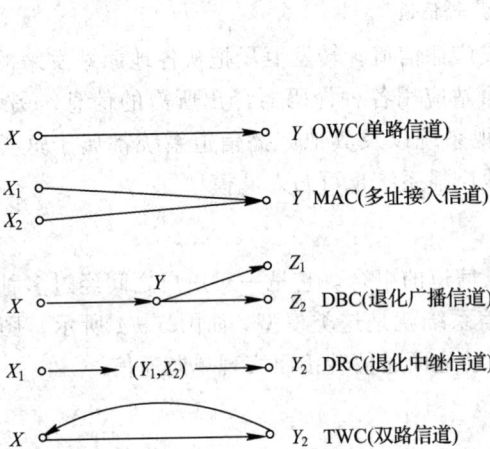

图 5-7　基本信道

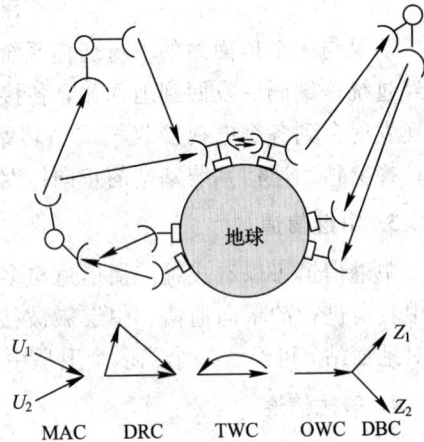

图 5-8　卫星通信网的基本信道组合图

以上这些模型中，以多址接入信道和广播信道更具典型性，因此我们将主要讨论这两种信道。

5.2　相关信源编码

相关信源编码是网络通信系统对信源编码提出的诸多问题中较为典型和重要的一个，也是目前已得到较好解决的一个网络通信系统编码问题。在实际通信中，常常是某个信宿收到来自不同的编码消息。各信源所产生的消息可能是独立的，也可能是相关的。当信源彼此独立时，就可分别处理，多个信源编码问题就简化成几个单信源通信情况的信源编码问题。当信源彼此相关时，由于各个信源所处的作用位置不同，从而出现了各种相关信源编码模型。

5.2.1　Slepian - Wolf 定理

图 5-9 是两个相关信源和信宿的模型。图中信源 S_1 产生消息序列 s_1，信源 S_2 产生消息序列 s_2，分别送入编码器 1 和编码器 2 进行编码，而 $R_{ij}(i=1,2;j=1,2)$ 是编码器到译码器的信息传输率，$\hat{s}_1', \hat{s}_2', \hat{s}_1'', \hat{s}_2''$ 分别为译码器输出的估值。图中信源之间有联系，编码器对两个信源产生的消息协同地进行编码。两个信源与两个译码器之间可有 16 种连接方式，Slepian 和 Wolf 曾研究了这些情况，提出其中一种连接方式，它是最有意义的一种，也是多用户信源研究中最早得到结果的一种结构。图 5-10 中对两个相关信源输出消息 s_1 和 s_2 分别进行独立编码、独立传输，而通过一个公用译码器联合译码，分别译出消息的估计值 $\hat{s}_1$ 和 $\hat{s}_2$。

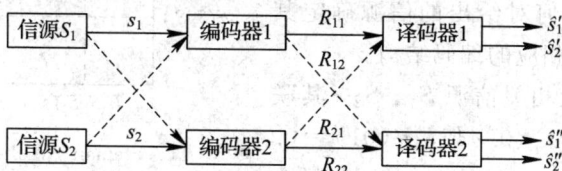

图 5-9　两个相关信源和信宿的模型

图 5-10　两个相关信源编码的最基本结构

实际上，这也是多址接入信道的一个最基本结构，信源是属于具有联合概率分布的简单信源，即分别独立地与各自的发送器相连，且每个节点发出的消息 R_1 与 R_2 也是被独立编码的。而信源却是相关的，以联合概率密度 $p(S_1 S_2)$ 分布。这就是最早被研究的称为 Slepian - Wolf 分布的信源编码问题。

定理 5-1　一个联合概率分布为 $p(S_1 S_2)$ 的信源 $(S_1 S_2)$，对信源符号 s_1，s_2 分别独立编码发送，在接收端联合译码，则其可达速率域为

$$\begin{cases} R_1 \geqslant H(S_1 \mid S_2) \\ R_2 \geqslant H(S_2 \mid S_1) \\ R = R_1 + R_2 \geqslant H(S_1 S_2) \end{cases} \tag{5-1}$$

定理的证明是采用联合典型序列性质得到的。我们只关心对定理的理解。

在单路信源编码定理的讨论中，已经知道，对信源 S 只要每个信源的信息速率 $R>H(S)$，就存在一种编码方法，保证译码错误概率可任意小。图 5-10 中的相关信源 S_1 和 S_2 如果采用联合编码，则只要联合速率 $R \geqslant H(S_1 S_2)$，就能保证译码器以任意小的错误概率恢复 S_1 和 S_2，这也是编码定理的结论。若分别单独编码，采用 $R_1 \geqslant H(S_1)$，$R_2 \geqslant H(S_2)$，$R = R_1 + R_2 \geqslant H(S_1) + H(S_2)$，可以保证在接收端以任意小错误概率恢复出 S_1 和 S_2，显然其联合速率 R 的底限 $H(S_1) + H(S_2) > H(S_1 S_2)$。现在 Slepian - Wolf 证明：对相关信源 S_1 和 S_2，即使分别单独编码，并在接收端联合译码，则只要联合速率 $R \geqslant H(S_1 S_2)$，就能保证以任意小的错误概率恢复出 S_1 和 S_2。

在网络信息论中，定义任意小的错误概率恢复出信源的信息速率 R 为可达速率，

(R_1,R_2)为可达速率对,而所有的可达速率对的集合为可达速率域,记作 R,表示为

$$R \triangleq \{(R_1,R_2): (R_1,R_2) \text{是可达的}\}$$

Slepian – Wolf 相关信源压缩编码定理的可达速率域如图 5 – 11 所示。图中 R_1,R_2 分别表示信源 S_1 与 S_2 的编码速率。因此,图中二维平面上任一点都表示一个速率对 (R_1,R_2)。阴影部分则是可达速率对的集合域,该域的边界为 $R_1 = H(S_1|S_2)$,$R_2 = H(S_2|S_1)$,$R_1 + R_2 = H(S_1S_2)$,都有明确的物理意义。

下面的问题是如何对给出的信源确定其可达速率域以及寻找相应的编码结构。

【例 5 – 1】 二元相关信源 S_1,S_2,其联合分布概率为 $p(00)=0.445$,$p(01)=0.055$,$p(10)=0.055$,$p(11)=0.445$,若每个

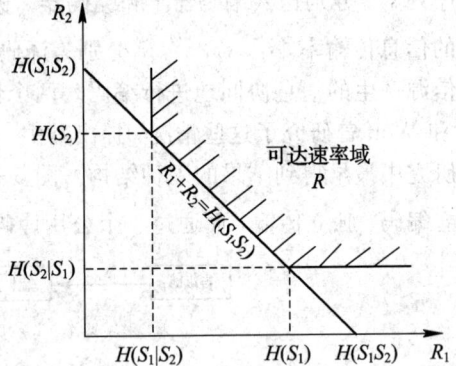

图 5 – 11 Slepian – Wolf 信源压缩的可达速率域

信源各发送 100 个信源符号,试比较单路编码与 Slepian – Wolf 编码所需的比特数。

解 如果已知信源 S_1 为等概率分布,则可从 $p(S_1S_2)$ 计算出 S_2 也为等概率分布。计算如下:

$$p(S_2 \mid S_1) = \frac{p(S_1S_2)}{p(S_1)}$$

$$p(S_2=0 \mid S_1=0) = \frac{p(00)}{p(0)} = \frac{0.445}{0.5} = 0.89$$

$$p(S_2=1 \mid S_1=0) = \frac{p(00)}{p(0)} = \frac{0.055}{0.5} = 0.11$$

$$p(S_2=0 \mid S_1=1) = 0.11$$

$$p(S_2=1 \mid S_1=0) = 0.89$$

$$p(S_2) = p(S_1=0) \cdot p(S_2 \mid S_1=0) + p(S_1=1) \cdot p(S_2 \mid S_1=1)$$

$$p(S_2=0) = p(S_2=1) = 0.5 \times 0.89 + 0.5 \times 0.11 = 0.5$$

如果信源按单路单独编码,$H(S)=1$ 比特/符号,由编码定理,每个信源至少需要 100 比特,$R_1 + R_2 \geqslant 200$ 比特。

$$H(S_1S_2) = \sum_{S_1} \sum_{S_2} p(S_1S_2) \log \frac{1}{p(S_1S_2)}$$

$$= (-0.445 \text{ lb } 0.445) \times 2 + (-0.055 \text{ lb } 0.055) \times 2 = 1.5 \text{(比特/符号)}$$

根据 Slepian – Wolf 编码定理,$R_1 + R_2 \geqslant H(S_1S_2)$,即 $R_1 + R_2 \geqslant 150$ 比特,能节省 50 比特。

5.2.2 应用校正子的相关信源编码

Slepian – Wolf 定理给出了分布式信源编码速率限,下面的问题是如何在实践中实现它。1999 年 Pradhan 和 Ramchandran 提出应用校正子的相关信源编码方法,它应用信道编码的概念对相关信源进行编码,并给出例子,说明 Slepian – Wolf 界的可实现性。

设 X 和 Y 两个信源，其符号集共有 8 种符号，分别由等概率分布的 3 比特序列来代表。X 和 Y 相关形式为 x 与 y 之间的汉明距离不超过 1，其联合分布概率见表 5-1。

表 5-1　联合分布概率

$p(xy)$	000	001	010	011	100	101	110	111
000	1/32	1/32	1/32	0	1/32	0	0	0
001	1/32	1/32	0	1/32	0	1/32	0	0
010	1/32	0	1/32	1/32	0	0	1/32	0
011	0	1/32	1/32	1/32	0	0	0	1/32
100	1/32	0	0	0	1/32	1/32	1/32	0
101	0	1/32	0	0	1/32	1/32	0	1/32
110	0	0	1/32	0	1/32	0	1/32	1/32
111	0	0	0	1/32	0	1/32	1/32	1/32

根据表 5-1，计算联合熵：

$$H(XY) = 5 \text{ 比特}$$

根据 Slepian-Wolf 定理，上述信源编码的速率限为 5 比特，问题是如何去实现，以下是一种设计方案。

（1）若 Y 在编码端与译码端都是可知的。

引入一个变量 $Z = X \oplus Y$，由于 x 与 y 的汉明距离不超过 1，则 x 与 y 要么相同，要么有一位不同，因此 $Z \in \{000, 001, 010, 100\}$，即每个 Z 只可能有 Z 集合中 4 种可能值，可知对 Z 只需 2 比特编码，用 Z 来代替 X 编码发送，加上 Y 需要 3 比特编码，就达到 5 比特编码输出的目的。在接收端联合译码器译出 Y，Z，然后由 $X = Z \oplus Y$ 恢复出 X。

（2）若在编码端 Y 是不可知的。

这也是实际中常遇到的情况，即两个编码器相距很远又不互相通信的情况。现在需作一些处理：将 3 比特序列分成 4 组序列对，每组两个序列的汉明距离为 3，即

$$\{000, 111\}, \{001, 110\}, \{010, 101\}, \{100, 011\}$$

这 4 组序列对只需 2 比特编码就可区分，而 x 必居其中之一组。于是可以用序列对的编码代替 x 编码发送，加上 y 的 3 比特，达到 5 比特速率目标。在译码端由译出的 y 便可确定在同时刻接收到的 x 序列对中，哪一个为与 y 同时发送的 x。因为按约定，同时刻发送的 x 与 y 其汉明距离不会超过 1，这就决定了接收到的 y 只能与同时刻接收到的 x 序列对中的一个相近，而与另一个序列的距离大于 1。

这样就完全验证了 Slepian-Wolf 定理的编码限是可以达到的，只要知道两个信源的相关特征，即使互相独立进行编码，只在接收端联合译码，也可以达到 $R = R_1 + R_2 = H(XY)$ 速率。

如何针对 x 编出 2 比特码字，使它正好代表 x 所属的序列对呢？方案采用校正子编码方法，实际上是应用了信道分组编码概念。以上 4 组序列对都是 (n, k, d) 分组码的陪集，每一组都可以用它的校正子来表征。这里 n 是码字长度，k 是信息比特数，而 d 是码的最小汉明距离。现在是 $(3, 1, 3)$ 分组码。因为分组码的校验矩阵为 $(n-k) \times n$ 阶矩阵，对以

上的(3,1,3)码,其校验矩阵为

$$H = \begin{bmatrix} 1 & 1 & 0 \\ 1 & 0 & 1 \end{bmatrix}$$

校正子为

$$S = Hx$$

其中,S,x 都是列矢量,而 x 是信源符号的代码。可以发现每一个陪集的两个码字的校正子都是一样的,可作为该陪集的表征。

比如第一组:

$$S = \begin{bmatrix} 1 & 1 & 0 \\ 1 & 0 & 1 \end{bmatrix} \begin{bmatrix} 0 \\ 0 \\ 0 \end{bmatrix} = \begin{bmatrix} 0 \\ 0 \end{bmatrix}, \quad S = \begin{bmatrix} 1 & 1 & 0 \\ 1 & 0 & 1 \end{bmatrix} \begin{bmatrix} 1 \\ 1 \\ 1 \end{bmatrix} = \begin{bmatrix} 0 \\ 0 \end{bmatrix}$$

其他三组的校正子为

$$\begin{bmatrix} 0 \\ 1 \end{bmatrix}, \quad \begin{bmatrix} 1 \\ 0 \end{bmatrix}, \quad \begin{bmatrix} 1 \\ 1 \end{bmatrix}$$

这 4 个校正子就是 x 编码输出的所有可能的码字。在接收端,译码器译出校正子并结合同时译出的 y 码字,就可以正确地恢复出所发送的 x 码字。

5.3 多址接入信道

最早研究的网络信道是如图 5-2 所示的多址接入信道,这是理论上研究较完善的一类网络信道。这类信道最典型的例子就是卫星通信的上行线路,许多彼此独立的地面站同时将各自的消息发送到一个卫星接收器。因此,为了可靠传输,各发送者不但要考虑克服信道噪声,而且还要考虑克服各发送端彼此之间的串扰。对于信道,讨论的主题仍然是信道容量,即所能传输的最大速率。由于网络信道有多个相关联的容量存在,因此是一个容量域的问题。

5.3.1 离散多址接入信道

下面先研究具有两个发送端,一个接收端的离散多址接入信道,如图 5-12 所示。

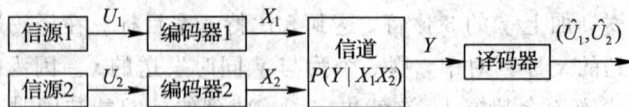

图 5-12 典型的离散无记忆多址接入信道

设信道的两个随机变量 X_1 和 X_2 分别取值于集合 $\{x_{11}, x_{12}, \cdots, x_{1n_1}\}$ 和 $\{x_{21}, x_{22}, \cdots, x_{2n_2}\}$,输出随机变量 Y 取值于集合 $\{y_1, y_2, \cdots, y_m\}$,则信道特性由条件转移概率 $P(Y|X_1X_2) \in \{p(y_j|x_{1i}x_{2i})\}$ $(j=1, 2, \cdots, m; 1i=11, 12, \cdots, 1n_1; 2i=21, 22, \cdots, 2n_2)$ 表示。两个编码器分别将两个信源 U_1 和 U_2 的符号编成适合于信道传输的信号 X_1 和 X_2,一个译码器把信道输出 Y 译成两路相应的信源符号 $\hat{U}_1$ 和 $\hat{U}_2$。

由 U_1 传至 $\hat{U}_1$ 的信息率以 R_1 表示。它是从 Y 中获得的关于 X_1 的平均信息量,即 R_1

$=I(X_1; Y)$。若 X_2 已知，则可排除 X_2 引起的对 X_1 的传输干扰，使 R_1 达到最大，故有

$$R_1 = I(X_1; Y) \leqslant \max_{P(X_1)P(X_2)} I(X_1; Y \mid X_2) \tag{5-2}$$

当改变编码器 1 和 2 使 X_1 和 X_2 能够达到最合适的概率分布，从而使式(5-2)不等号右端的平均互信息量达到最大值时，我们称这个最大值为条件信道容量，即

$$C_1 = \max_{P(X_1)P(X_2)} I(X_1; Y \mid X_2) = \max_{P(X_1)P(X_2)} \left[H(Y \mid X_2) - H(Y \mid X_1 X_2) \right] \tag{5-3}$$

由式(5-2)和式(5-3)可得

$$R_1 \leqslant C_1 \tag{5-4}$$

同理有

$$C_2 = \max_{P(X_1)P(X_2)} I(X_2; Y \mid X_1) = \max_{P(X_1)P(X_2)} \left[H(Y \mid X_1) - H(Y \mid X_1 X_2) \right] \tag{5-5}$$

$$R_2 = I(X_2; Y) \leqslant \max_{P(X_1)P(X_2)} I(X_2; Y \mid X_1) = C_2 \tag{5-6}$$

由第 2 章的讨论可知，从 Y 获得的关于 $X_1 X_2$ 的平均互信息量为

$$I(X_1 X_2; Y) = I(X_1; Y) + I(X_2; Y \mid X_1) = H(Y) - H(Y \mid X_1 X_2) \tag{5-7}$$

所以总信道容量为

$$C_{12} = \max_{P(X_1)P(X_2)} I(X_1 X_2; Y) \geqslant I(X_1; Y) + I(X_2; Y) = R_1 + R_2 \tag{5-8}$$

即

$$C_{12} \geqslant R_1 + R_2 \tag{5-9}$$

当 X_1 和 X_2 相互独立时，可以证明 C_1，C_2 和 C_{12} 之间满足不等式：

$$\max(C_1, C_2) \leqslant C_{12} \leqslant C_1 + C_2 \tag{5-10}$$

不失一般性，假设 $C_1 \geqslant C_2$，由于无条件熵必大于条件熵，因此

$$H(Y) - H(Y \mid X_1 X_2) \geqslant H(Y \mid X_2) - H(Y \mid X_1 X_2) \tag{5-11}$$

该不等式对所有 $P(X_1)$ 和 $P(X_2)$ 均成立，所以可调整 $P(X_1)$ 和 $P(X_2)$ 使不等式右边取极大值，不等号方向不变。假定 $P_0(X_1)$ 和 $P_0(X_2)$ 是使不等式右边取极大值的概率分布，则由式(5-3)可得

$$\left[H(Y) - H(Y \mid X_1 X_2) \right]_{P_0(X_1)P_0(X_2)} \geqslant C_1$$

由式(5-7)和式(5-8)可得

$$C_{12} = \max_{P(X_1)P(X_2)} \left[H(Y) - H(Y \mid X_1 X_2) \right] \geqslant \left[H(Y) - H(Y \mid X_1 X_2) \right]_{P_0(X_1)P_0(X_2)}$$

所以

$$C_{12} \geqslant C_1 \geqslant C_2$$

或

$$C_{12} \geqslant \max(C_1, C_2) \tag{5-12}$$

又设

$$\begin{aligned} \Delta &= I(X_1; Y \mid X_2) + I(X_2; Y \mid X_1) - I(X_1 X_2; Y) \\ &= H(X_1 \mid X_2) - H(X_1 \mid Y X_2) + H(X_2 \mid X_1) - H(X_2 \mid Y X_1) \\ &\quad - H(X_1 X_2) + H(X_1 X_2 \mid Y) \end{aligned} \tag{5-13}$$

由于 X_1 与 X_2 相互独立，因此

$$H(X_1 \mid X_2) = H(X_1)$$

$$H(X_2 \mid X_1) = H(X_2)$$

$$H(X_1 X_2) = H(X_1) + H(X_2)$$

$$H(X_1 X_2 \mid Y) - H(X_1 \mid YX_2) = H(X_2 \mid Y) \geqslant H(X_2 \mid YX_1)$$

故有

$$\Delta \geqslant 0$$

由 C_1，C_2 和 C_{12} 的定义及上述论证有

$$C_1 + C_2 \geqslant C_{12} \qquad (5-14)$$

综合式(5-14)和式(5-12)即得式(5-10)。

由式(5-14)易知

$$\max C_{12} = C_1 + C_2 \qquad (5-15)$$

总结起来，二址接入信道信息率和信道容量之间满足如下条件

$$\begin{cases} R_1 \leqslant C_1 \\ R_2 \leqslant C_2 \\ R_1 + R_2 \leqslant C_{12} \end{cases} \qquad (5-16)$$

当 X_1 与 X_2 相互独立时，有

$$\max(C_1, C_2) \leqslant C_{12} \leqslant C_1 + C_2 \qquad (5-17)$$

这些条件可以确定二址接入信道是以 R_1 和 R_2 为坐标的二维空间中的某个区域，这个区域的界限就是二址接入信道的容量。

图 5-13 中的阴影区域是由线段 $C_2 M$，MN，NC_1 和两个坐标轴围成的截角四边形。直线 MN 与两个坐标轴的夹角都是 $45°$，在两个坐标轴上的截距都是 C_{12}，所以 MN 的直线方程是 $R_1 + R_2 = C_{12}$。图中阴影区域内的任何一点都满足限制条件。

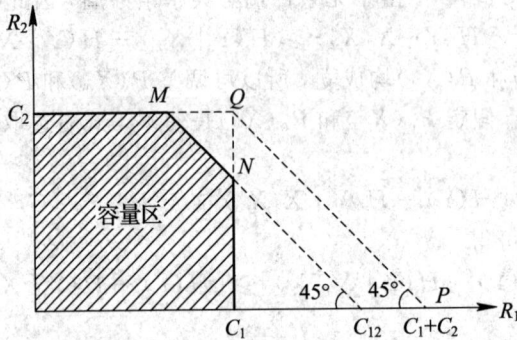

图 5-13　二址接入信道的容量区

因为线段 NC_1 与线段 $C_1 C_{12}$ 相等，即 $C_1 C_{12}$ 表示 R_2 的实际取值，所以直线 MN 只能在直线 QP 的左边，最多与之重叠。这在几何上体现了 $C_{12} \leqslant C_1 + C_2$ 的条件。为了满足 $C_{12} \geqslant \max(C_1, C_2)$ 的条件，直线 MN 与 R_1 轴的交点必须在点 C_1 的右边（当 $C_1 \geqslant C_2$ 时），或者与 R_2 轴的交点必须在点 C_2 的上方（当 $C_2 \geqslant C_1$ 时）。

需要特别注意的是，式(5-3)、式(5-5)和式(5-8)三个公式对输入概率分布 $P(X_1)$ 和 $P(X_2)$ 的要求未必是一致的。在不一致的情况下，应取所有可能的 $P(X_1)$ 和 $P(X_2)$ 组合，分别计算出 C_1，C_2 和 C_{12}，组成许多如图 5-13 那样的截角四边形，包含这些截角四边形的凸区域，即是二址接入信道的信息率取值区域，该区域的上界即为信道容量。

上述结论很容易推广到多址接入信道的情况。若信道有 N 个输入端和一个输出端，

第 r 个编码器输出消息的信息率为 R_r，相应的条件信道容量为 C_r，信道总容量为 C_Σ，则信息率和信道容量之间应满足如下限制条件：

$$\begin{cases} R_r \leqslant C_r = \max\limits_{P(X_1)\cdots P(X_N)} I(X_r\,;\,Y\mid X_1\cdots X_{r-1}X_r\cdots X_N) \\ \sum\limits_{r=1}^{N} R_r \leqslant C_\Sigma = \max\limits_{P(X_1)\cdots P(X_N)} I(X_1\cdots X_N\,;\,Y) \end{cases}$$

当输入各信源相互独立时，有

$$\sum_{r=1}^{N} C_r \geqslant C_\Sigma \geqslant \max_r C_r$$

这些限制条件规定了一个在 N 维空间中的体积，这个体积的外形是一个截去角的多面体，多面体内是信道允许的信息率，多面体的上界就是多址接入信道的容量。

5.3.2　多址接入高斯噪声信道

前面讨论的多址接入信道是在无噪声条件下，本节讨论在高斯加性噪声条件下的多址接入信道的容量区域问题。单端高斯噪声信道的一些结果将是本节讨论的基础，定义信道容量函数为

$$C(x) = \frac{1}{2}\log(1+x) \tag{5-18}$$

x 的实际含义为信噪比，于是第 3 章的式(3-49)可表示为 $C\left(\dfrac{\sigma_X^2}{\sigma_N^2}\right)$，其中 $\sigma_X^2 = P_X$ 为输入平均功率的上限，σ_N^2 是均值为 0 的高斯噪声的方差，即噪声功率。

对于多址接入的高斯噪声信道，设有 n 个发送端，每个输入端的信号平均功率为 S_i，而信道干扰是均值为 0、方差为 σ_N^2 的高斯噪声。信道输出：

$$Y = \sum_{i=1}^{n} X_i + Z \tag{5-19}$$

信道模型如图 5-14 所示。

当 $n=2$ 时，设 X_1 和 X_2 都是取值于 $(-\infty, +\infty)$ 的随机变量，概率密度分别为 $p(x_1)$ 和 $p(x_2)$，并且信道平均功率受限，分别为 S_1 和 S_2，信道干扰为高斯白噪声，其均值为 0，方差为 σ_N^2。则信道输出：

$$Y = X_1 + X_2 + Z \tag{5-20}$$

若输入信道与噪声 Z 相互独立，则 $E(Y^2) = S_1 + S_2 + \sigma_N^2$。如图 5-15 所示。

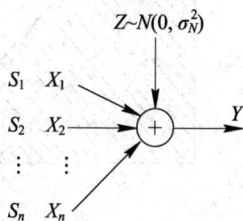

图 5-14　多址接入高斯噪声信道　　图 5-15　二址接入高斯噪声信道

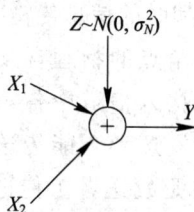

前面关于离散多址接入信道的信息率和信道容量之间的关系,同样可以推广到多址接入高斯噪声信道中:

$$\begin{cases} R_1 \leqslant C_1 \\ R_2 \leqslant C_2 \\ R_1 + R_2 \leqslant C_{12} \end{cases} \qquad (5-21)$$

为了确定容量区域,还要确定边界如下:

$$\begin{aligned} I(X_1; Y \mid X_2) &= H(Y \mid X_2) - H(Y \mid X_1 X_2) \\ &= H[(X_1 + X_2 + Z) \mid X_2] - H[(X_1 + X_2 + Z) \mid X_1 X_2] \\ &= H[(X_1 + Z) \mid X_2] - H(Z \mid X_1 X_2) \end{aligned}$$

因为 Z 与 X_1,X_2 彼此统计独立,所以上式简化为

$$\begin{aligned} I(X_1; Y \mid X_2) &= H(X_1 + Z) - H(Z) \\ &= H(X_1 + Z) - \frac{1}{2} \log(2\pi e \sigma_N^2) \end{aligned}$$

因为平均功率受限,正态分布的熵最大,所以只有当输入 $X_1 \sim N(0, S_1)$,$X_2 \sim N(0, S_2)$,并互相统计独立时,有

$$\begin{aligned} I(X_1; Y \mid X_2) &\leqslant \frac{1}{2} \log[2\pi e(S_1 + \sigma_N^2)] - \frac{1}{2} \log[2\pi e \sigma_N^2] \\ &= \frac{1}{2} \log\left(1 + \frac{S_1}{\sigma_N^2}\right) \end{aligned} \qquad (5-22)$$

由式(5-21)得

$$\begin{cases} R_1 \leqslant C_1 = \max\limits_{p(x_1)p(x_2)} I(X_1; Y \mid X_2) = \dfrac{1}{2} \log\left(1 + \dfrac{S_1}{\sigma_N^2}\right) \\[2mm] R_2 \leqslant C_2 = \max\limits_{p(x_1)p(x_2)} I(X_2; Y \mid X_1) = \dfrac{1}{2} \log\left(1 + \dfrac{S_2}{\sigma_N^2}\right) \\[2mm] R_1 + R_2 \leqslant C_{12} = \max\limits_{p(x_1)p(x_2)} I(X_1 X_2; Y) = \dfrac{1}{2} \log\left(1 + \dfrac{S_1 + S_2}{\sigma_N^2}\right) \end{cases} \qquad (5-23)$$

由此可得如图 5-16 所示的容量区域。两发送端的信息传输率之和 $R_1 + R_2$ 可达到 $C\left(\dfrac{S_1 + S_2}{\sigma_N^2}\right)$ 这样大小。该数值相当于在单个高斯噪声信道中,发送的信号功率等于各发送端的信号功率之和时的信息传输率。

容量区域中各角点的物理含义与固定输入分布时离散多址接入信道中各角点的物理含义相似。B 点是发送者 1 能传送的最大信息传输率。而 D 点是发送者 1 传送最大信息率情况下,发送者 2 能传送的最大信息传输率,它应等于:

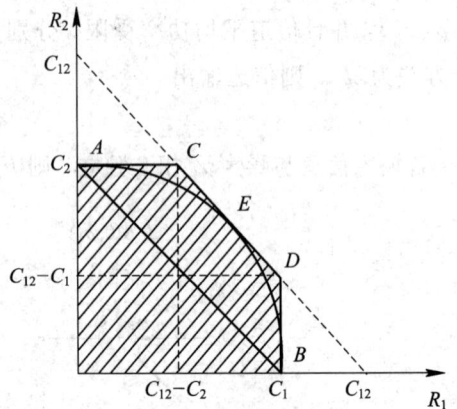

图 5-16　二址接入高斯噪声信道的容量区域

$$C_{12}-C_1=\frac{1}{2}\log\left(1+\frac{S_2}{S_1+\sigma_N^2}\right)$$

这可解释为发送者 1 被看成噪声源情况下，计算输出端 Y 与 X_2 之间的互信息。A，C 点类同。

　　从以上解释中得到启发，可以把译码考虑成两步：第一步，接收端将发送端 1 看成噪声的一部分，先将发送端 2 的码字译码出来，若 $R_2<C\left(\frac{S_2}{S_1+\sigma_N^2}\right)$，则译码错误概率能任意小；第二步，将已经成功译出的发送端 2"减"去，若 $R_1<C\left(\frac{S_1}{\sigma_N^2}\right)$，则发送端 1 的码字能成功地被译出。所以容量区域中各个角点的速率对都是可达的。

　　在多址接入高斯噪声信道中，可进一步分析出时分方式不是最佳方案。时分方式可表述如下：引入参数 Q($0\leqslant Q\leqslant1$)，在总传送时间 T 内，QT 用来传送 X_1，$(1-Q)T$ 用来传送 X_2，即在传送 X_1 时，$X_2\equiv0$；在传送 X_2 时，$X_1\equiv0$；若保持平均功率不变，则 X_1 传送时功率可以提高到 S_1/Q，而 X_2 功率可提高到 $S_2/(1-Q)$。

　　由式(5-20)可得

$$\begin{cases}R_1\leqslant\dfrac{Q}{2}\log\left(1+\dfrac{S_1}{Q\sigma_N^2}\right)\\[3mm]R_2\leqslant\dfrac{1-Q}{2}\log\left[1+\dfrac{S_2}{(1-Q)\sigma_N^2}\right]\end{cases}\tag{5-24}$$

Q 不同得到不同的 R_1，R_2，式(5-24)给出的可达速率区是图 5-16 中曲线 AEB 所决定的区域。显然，除了 $Q=1$，$Q=0$ 和 $Q=S_1/(S_1+S_2)$，即 B，A，E 三点外，其他情况都在容量界线之下。可见，在时分方式下，C，D 对应的速率对是达不到的。这说明对于连续多址接入信道，时分方式也不是最佳的。

　　对于频分多路通信，每个发送者的传输速率依赖于所允许传输的带宽。考虑两个发送端，其信号功率分别为 S_1 和 S_2，所占带宽分别为 W_1 和 W_2。这两个带宽不重叠，且总带宽 $W=W_1+W_2$。令 $Q=W_1/W$ 是发送者 1 所占带宽比，$(1-Q)=W_2/W$ 是发送者 2 所占带宽比。现在采用频带受限时单用户高斯白噪声信道的信道容量，于是可达速率对是：

$$\begin{cases}R_1\leqslant\dfrac{W_1}{2}\log\left(1+\dfrac{S_1}{N_0W_1}\right)\\[3mm]R_2\leqslant\dfrac{W_2}{2}\log\left(1+\dfrac{S_2}{N_0W_2}\right)\end{cases}\tag{5-25}$$

其中 N_0 为噪声功率谱密度。将 Q 和 $1-Q$ 代入，可得与式(5-24)相同的公式：

$$\begin{cases}R_1\leqslant\dfrac{Q}{2}\log\left(1+\dfrac{S_1}{Q\sigma_N^2}\right)\\[3mm]R_2\leqslant\dfrac{1-Q}{2}\log\left[1+\dfrac{S_2}{(1-Q)\sigma_N^2}\right]\end{cases}\tag{5-26}$$

其中 $\sigma_N^2=N_0W$ 为总频带内的平均噪声功率。

　　因此，改变 W_1 和 W_2，式(5-26)给出的可达速率区也为图 5-16 中曲线 AEB 所决定的区域。显然，此曲线与式(5-23)给出的可达容量区的边界交点为 A，B，E。而 C，D 点对应的速率对在频分方式下也是达不到的。

5.3.3 相关信源的多址接入信道

以上分别讨论了相关信源的信息率与相关信道的容量区域。所谓分别讨论是因为在讨论相关信源编码时,假设信道是独立传输的;而在讨论信道容量区域时,又假设信源是独立不相关的。这种在研究复杂问题时突出主要矛盾的方法是可取的,但应用到实际问题时,就需要同时考虑相关的情况了。Cover 等研究了这个问题,并于 1980 年提出了基于保留相关信息情况下,相关信源在多址接入信道中的可达传输区域的研究结果。实际上在网络的信源信道编码中,分别进行信源编码和信道编码的这种方法并不是最佳的方法。因为在多址接入信道中要使信道容量最大化时,保留了信道输入之间的相关性,而在相关信源编码时去除了它们之间的相关性,所以,在信源和信道分别进行编码时,随机变量 S_1(或 S_2)所包含的另一变量 S_2(或 S_1)的那部分信道被丢弃了。

下面介绍在 S_1 和 S_2 之间无公共部分的情况下,相关信源的多址接入信道可达的传输区域。

相关信源的多址接入信道模型如图 5-17 所示。图中相关信源是一对离散随机变量 S_1 和 S_2,已知它们的概率分布为 $P(S_1S_2)$。信源分别产生随机序列 $s_1=(s_{11}\ s_{12}\cdots s_{1n})$ 和 $s_2=(s_{21}\ s_{22}\cdots s_{2n})$,令两个随机序列中变量之间是统计独立的,即信源是无记忆的。两个编码器分别将信源序列 $s_1\in S_1^n$ 映射成 $x_1=(x_{11}x_{12}\cdots x_{1n})\in X_1^n$,将 $s_2\in S_2^n$ 映射成 $x_2=(x_{21}x_{22}\cdots x_{2n})\in X_2^n$。这里的 S_i^n 与 X_i^n 相当于第 3 章讨论的 n 次扩展信源的概念。

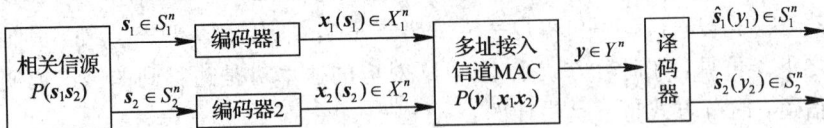

图 5-17 相关信源的多址接入信道模型

用 $\{x_1(s_1),x_2(s_2)\}$ 表示编码的码字。经过转移概率为 $P(y|x_1x_2)$ 的 MAC 信道,输出为 $y\in Y^n$ 且由译码函数 g 完成译码映射 $g:Y^n\to S_1^n\times S_2^n$,从而完成译码输出 $\hat{s}_1$ 与 $\hat{s}_2$。并且其联合概率 $P(s_1s_2y)$ 是已知的,即

$$P(s_1s_2y)=\prod_{i=1}^{n}P(s_{1i}s_{2i})P[y_i\mid x_{1i}(s_1)x_{2i}(s_2)] \qquad (5-27)$$

若存在码 $[x_1(s_1),x_2(s_2),g(y)]$ 使译码的错误概率能任意地小,则称信源 (S_1S_2) 能在多址接入信道 $[X_1\times X_2,P(y|x_1x_2),Y]$ 中进行可靠传输。所有能够在给定的二元接入信道中可靠传输的相关信源 (S_1S_2) 组合成一集合。这个相关信源 (S_1S_2) 集与二元接入信道之间应满足的条件,由下述定理表述。

定理 5-2 设相关信源 $[(S_1\times S_2),P(s_1s_2)]$,经离散无记忆二元接入信道 $[X_1\times X_2,P(y|x_1x_2),Y]$ 传输,若存在概率函数 $P(x_1|s_1)$ 和 $P(x_2|s_2)$ 满足

$$\begin{cases} H(S_1\mid S_2)\leqslant I(X_1;Y\mid X_2,S_2)\\ H(S_2\mid S_1)\leqslant I(X_2;Y\mid X_1,S_1)\\ H(S_1S_2)\leqslant I(X_1X_2;Y) \end{cases} \qquad (5-28)$$

其中,$P(s_1s_2x_1x_2y)=P(s_1s_2)P(x_1|s_1)P(x_2|s_2)P(y|x_1x_2)$,则信源 (S_1S_2) 可在离散

无记忆多址接入信道中可靠传输。

对于定理的证明可在相关文献中找到，关于达到定理速率对的码结构或编码方法，正是近期研究的目标之一。其实，关于信源与信道联合编码以达到总体最佳传输的思想，一直伴随着信息传输理论的发展，即使在单信道传输时也是如此。到了网络通信成为主导形式的当今，无论是需求的牵引还是实现的条件都已经趋于成熟。尽管当前的研究工作无论在理论上还是在实践上都有较大的难度，但相信适应网络应用发展的编码技术，在不久的将来必有重大突破。

5.4　广　播　信　道

5.4.1　离散无记忆广播信道

广播信道(简称为 BC)是有一个发送端和多个接收端的信道，如图 5 - 18 所示。实际广播信道中，各接收端彼此之间没有协同关系。这使我们可以将广播信道分解成 T 个不相关的分信道 K_1, K_2, $\cdots$, K_T，各分信道的转移概率 $p(y_1|x_1)$, $p(y_2|x_2)$, $\cdots$, $p(y_T|x_T)$ 是 $p(y_1 y_2 \cdots y_T | x)$ 的边缘分布。各分信道的容量以 C_1, C_2, $\cdots$, C_T 表示，不失一般性可以假定

$$C_1 > C_2 > \cdots > C_T$$

若发送端有 M 个信源 S_1, S_2, $\cdots$, S_M，则它们产生的消息都通过上述广播信道传送。

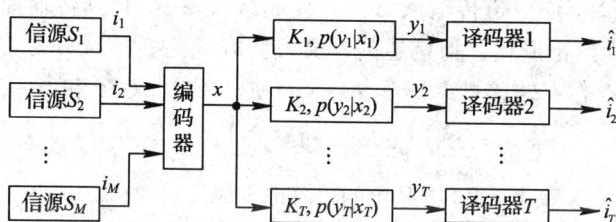

图 5 - 18　广播信道的分信道系统模型

下面研究有两个接收端的情况。一个离散无记忆广播信道可由 $(X, p(yz|x), YZ)$ 表示，它由一个输入符号集 X 和另外两个符号集 Y 与 Z，以及一个转移概率函数 $p(y''z''|x'')$ 组成。

如果有如下关系成立，则称为无记忆广播信道。

$$p(y'' z'' \mid x'') = \prod_{i=1}^{n} p(y_i z_i \mid x_i) \qquad (5-29)$$

这个广播信道可看做是两个单向信道的组合。一个是由 X 到 Y 的信道 $(X, p(y|x), Y)$，以 K_1 表示；另一个是由 X 到 Z 的信道 $(X, p(z|x), Z)$，以 K_2 表示。根据进入编码器的信源个数和接收端各译码器译码对象的不同，目前主要研究图 5 - 19 所给的三种情况，图中将信源分别以 S_1, S_2 和 S_0 表示，其输出消息以 i, j 和 k 表示。接收机 1 和接收机 2 分别只对 S_1, S_2 发的信息感兴趣，S_1, S_2 分别称作接收机 1 和接收机 2 的私信源。S_0 表示的信息将为两个接收机共享，称作公信源。K_{12} I 是 K_{12} III 的公信源 S_0 不存在时的特例，而 K_{12} II 是 K_{12} III 只有一个私信源时的特例。

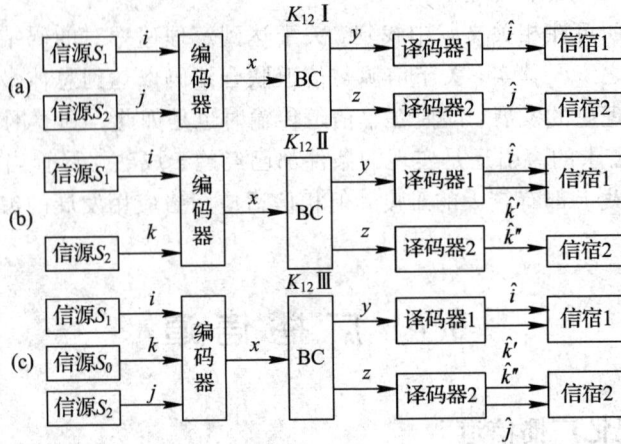

图 5-19 两个接收端的三种情况

定义 5-1 对于给定的广播信道,若存在码 $C(N, R_1, R_2, R_0)$ 使平均译码错误概率 p_{e1} 和 p_{e2} 趋于 0,就称 (R_0, R_1, R_2) 为可实现速率组。所有可实现速率组的闭包定义为给定广播信道的容量区。

5.4.2 退化广播信道

实际广播信道不仅相互之间不存在协同关系,而且还存在差异。为了反映这个差异,引入一个辅助信道 D_2,使信道传输从 $X \to Y$ 变成从 $X \to Z$,且其传输速率要低一些,这就是退化的含义。下面给出退化广播信道的定义及其容量区。

定义 5-2 若存在有转移概率矩阵 $p(z|y)$ 使对所有 $z \in Z$ 和 $x \in X$ 有

$$p(z \mid x) = \sum_{y \in Y} p(y, z \mid x) = \sum_{y \in Y} p(z \mid y) p(y \mid x) \tag{5-30}$$

就称为 $BC(X, p(yz|x), Y \times Z)$ 是退化的,简记 DBC。

在退化广播信道情况下,x, y, z 之间为 $X \to Y \to Z$ 的马尔可夫链,即引入一个辅助信道 D_2,使信道 K_1 与 D_2 相关且为马尔可夫记忆关系。$X \to Y$ 的信道 K_1:$\{X, p_1(y|x), Y\}$ 比 $X \to Z$ 的信道 K_2:$\{X, p_2(y|x), Z\}$ 的干扰小。第二个信道较第一个信道变坏的程度依赖于辅助信道 D_2:$\{Y, p(z|y), Z\}$。一般称 K_2 是 K_1 的退化形式。退化广播信道如图 5-20 所示。

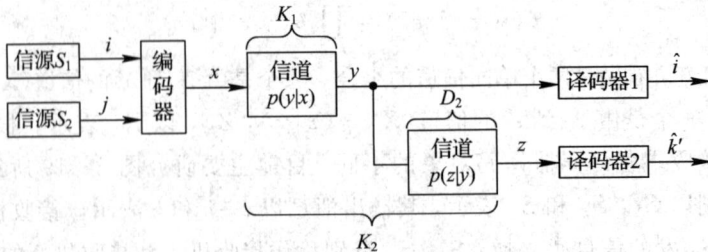

图 5-20 退化广播信道

由数据处理定理可知，增加处理环节，总要损失信息，即 $I(Y;X) \geqslant I(Z;X)$。从直观上不难想象，若由 Z 可以任意小的错误概率恢复出通过 BC 传送的信息，则由 Y 必能以任意小的错误概率恢复出通过 BC 传送的信息。换一种说法，如果能在 D_2 信道中以较低的速率 R_2 做无失真译码，则就能在信道 K_1 中，以高于 R_2 的速率做无失真的译码。那么如何来确定 R_2 的速率呢？Cover 等人采用随机编码的办法，即构造一个随机信源 U，让它通过一个虚拟的辅助信道 $[U, p_0(x|u), X]$ 产生 x 序列，如图 5-21 所示，其中转移概率 $p_0(x|u)$ 视具体的广播信道情况而定。在引入辅助信道之后，退化广播信道的容量由以下定理表述。

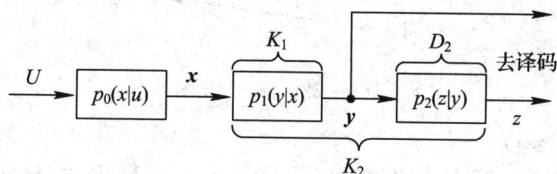

图 5-21　辅助信道

定理 5-3　离散无记忆退化广播信道的容量区由以下不等式给定：

$$\begin{cases} R_2 \leqslant I(U;Z) \\ R_1 \leqslant I(X;Y|U) \end{cases} \tag{5-31}$$

本章只介绍了网络信息理论的基本思想和部分结论。目前，关于它的许多问题还在研究之中，尚未解决，未形成统一的网络信息理论。总之，网络信息理论是目前信息论中一个非常活跃的研究领域。随着网络通信系统的发展，必将吸引更多的研究者从事这方面的研究工作，也将使网络信息理论日趋完善和成熟。

小　结

本章讨论了网络信息理论的基本思想和部分结论。为了研究方便，将网络信道划分为多址接入信道、广播信道、中继信道、串扰信道和双向信道等几种典型情况。相关信源无失真编码（Slepian - Wolf）定理是第 2 章信源编码定理的推广，只要总的编码信息率 $R \geqslant H(S_1 S_2)$，就能保证译码器以任意小的错误概率恢复 S_1，S_2；关于信道容量区的研究，目前最有成果的是多址接入信道模型；信道容量方面另一有成果的是退化广播信道。从 20世纪 80 年代至今虽有不少研究成果，但未见有巨大突破，可见研究工作的难度很高。相信在网络技术与普及应用的推动下，必将出现相应的信息理论的突破。

习　题　5

5-1　设有相关离散无记忆信源 $S_1 = S_2 = \{0,1\}$，且

$$P(s_1, s_2) = \begin{cases} \dfrac{\alpha}{2} & s_1 \neq s_2 \\ \dfrac{1-\alpha}{2} & s_1 = s_2 \end{cases}$$

其中，$\alpha \in \{0, 0.3, 0.5, 0.7, 1\}$。对各 α 值求出速率对的界限，并说明参数 α 的作用。

5-2 已知一离散无记忆信道，如图 5-22 所示，其输入为 $X_1 \in \{0, 1\}$，$X_2 \in \{0, 1\}$，输出为 $Y \in \{0, 1\}$，且 $Y = X_1 \vee X_2$（逻辑或），其传递概率为 $p(y|x_1x_2)$。

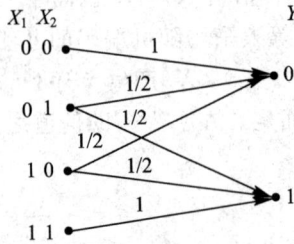

图 5-22 题 5-2 图

(1) 证明 $R_1 + R_2 \leqslant 1$；

(2) 证明 $R_1 + R_2 \leqslant 0.5$，$R_1 \leqslant H(0.25) - 0.5 \approx 0.311$，$R_2 \leqslant H(0.25) - 0.5 \approx 0.311$；

(3) 求达到最大速率对的输入分布 $p(x_1)$ 和 $p(x_2)$。

5-3 已知二元接入信道的输入为 X_1 和 X_2，输出为 Y，信道转移概率如表 5-2 所示。试给出该信道的信道容量下限。

5-4 试求图 5-23 中的降阶广播信道的信道容量。其 $X \rightarrow Y$ 是二元对称信道，$Y \rightarrow Z$ 是二元删除信道。

表 5-2 题 5-3 表

X_1X_2 \\ Y	0	1
00	p	$1-p$
01	1/2	1/2
10	1/2	1/2
11	$1-p$	p

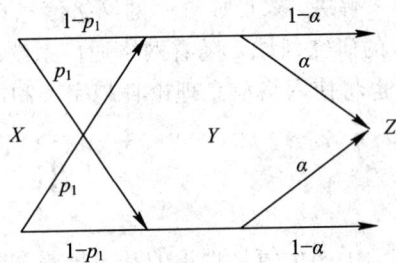

图 5-23 题 5-4 图

5-5 设有三址接入连续信道，其转移概率密度函数为

$$p(y \mid x_1x_2x_3) = \frac{1}{\sqrt{2\pi}\sigma} \exp\left[-\frac{(y - x_1 - x_2 - x_3)^2}{2\sigma^2}\right]$$

其中 σ^2 为噪声方差。已知输入 X_1，X_2 和 X_3 的均值都为零，平均功率分别为 P_1，P_2 和 P_3。试求其容量区域的界限。

第 6 章　信　源　编　码

6.1　信源编码概论

6.1.1　概述

信源编码理论是信息论的一个重要分支。其理论基础是信源编码的两个定理：无失真信源编码定理和限失真信源编码定理。前者是离散信源或数字信号编码的基础；后者是连续信源或模拟信号编码的基础。

一般情况下，信源编码可分为离散信源编码、连续信源编码和相关信源编码三类。前两类主要讨论独立信源编码问题，后一类主要讨论非独立信源编码问题。离散信源可做到无失真编码；而连续信源则只能做到限失真编码。

随着科学技术的发展和需求，人们广泛地致力于对各种文本、图片、图形、语言、声音、活动图像和影视信号等实际信源进行实用压缩方法和技术的研究，使信源的数据压缩技术得以蓬勃发展并逐渐走向成熟。

有些编码原理和技术在通信原理和信号处理等相关课程中已经介绍过。例如，连续信源编码中的脉冲编码调制（PCM）和矢量量化技术；相关信源编码中的预测编码，如增量调制（ΔM）、差分脉冲编码调制（DPCM）、自适应差分脉冲编码调制（ADPCM）、线性预测声码器等；还有相关信源编码中的变换编码，如 K-L 变换、离散变换、子带编码、小波变换等。

本章主要研究无失真信源编码的技术与方法。从第 2 章香农第一定理已知，信源的信息熵是信源进行无失真编码的理论极限值。也就是说，总能找到某种合适的编码方法使编码后信源的信息传输率 R 任意地逼近信源的信息熵而不存在任何失真。因此，在数据压缩技术中无失真信源编码又常被称为熵编码（Entropy Coding）。

从第 2 章的讨论中可知，正是由于信源概率分布的不均匀性，或者信源是有记忆的、具有相关性，使信源中或多或少含有一定的冗余度。因此，只要寻找到去除相关性或者改变概率分布不均匀性的方法和手段，就能找到熵编码的具体方法和实用码的结构。

本章将讨论典型的霍夫曼编码、游程编码及算术编码的原理和方法，它们都是当信源的统计特性已确知时，能达到或接近压缩极限界限的编码方法。前者主要适用于多元独立的信源，后两者主要适用于二元信源及具有一定相关性的有记忆信源。最后讨论通用编码（又称字典码）的原理和方法，它们是针对信源的统计特性未确知或不知时所采用的压缩编码方法。在实际的数据压缩系统中，这些编码方法都得到了广泛的应用。

6.1.2　信源编码及分类

离散信源编码分为等长编码和不等长编码，不等长编码也叫变长编码。等长编码很简单,但是编码效率比较低。为了提高编码效率,需要对信源冗余度进行压缩,于是常采用不等长编码方法达到信息压缩的目的。

数据压缩的分类方法繁多。有人统计,仔细分来可达 30～40 种,到目前为止尚未统一。多数学者认同的比较一致的分类方法,是将数据压缩分为在某种程度上可逆的与在实际上不可逆的两类,这样更能说明它们的本质区别。

可逆压缩也叫做无失真编码或无噪声编码(Noiseless Coding),而不同专业的文献作者还采用了另外一些术语,比如,冗余度压减(Redundancy Reduction)、熵编码(Entropy Coding)、数据紧缩(Data Compaction,Compaction ≠ Compression)、信息保持编码(Lossless,bit-preserving),等等。

对于实际的信源,可以为:信源=信息+冗余。对冗余度的计算说明,实际信源产生信号所携带信息的效率非常低,只有 20%～50%。压缩在一定限度内是可逆的,采用的技术有:时域样点之间相关(短时、长时);频域谱的非平坦性(频域相关);统计特性,例如霍夫曼编码、算术编码等;通用编码,例如 LZ(Lempel-Ziv)编码。

不可逆压缩就是有失真编码(Lossy Coding),信息论中叫熵压缩(Entropy Compression)。压缩超过一定限度,必然带来失真,允许的失真越大,压缩的比例越大。译码时能按一定的失真容许度恢复,保留尽可能多的信息。所采用的技术有:量化技术、变换编码、预测编码、人的感知特性等。

数据压缩分类的概貌如图 6-1 所示。

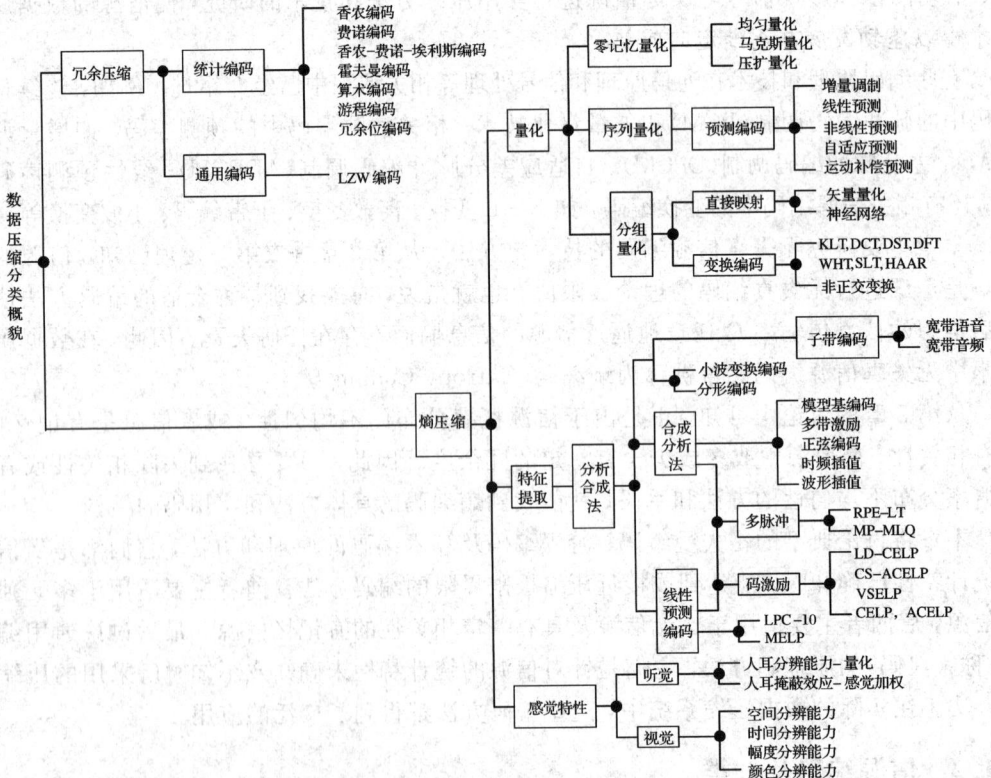

图 6-1　数据压缩分类概貌

6.2　变长编码方法

码字与信息率的关系：有时消息太多，不可能或者没必要给每个消息都分配一个码字，给多少消息分配码字可以做到几乎无失真译码呢？传送码字需要一定的信息率，码字越多，所需的信息率越大，编多少码字的问题可以转化为信息率大小的问题。信息率越小越好，最小能小到多少才能做到无失真译码呢？这些问题就是信源编码定理要研究的问题。

6.2.1　香农编码

设离散无记忆信源

$$\begin{bmatrix} X \\ P(X) \end{bmatrix} = \begin{bmatrix} x_1 & x_2 & \cdots & x_i & \cdots & x_n \\ p(x_1) & p(x_2) & \cdots & p(x_i) & \cdots & p(x_n) \end{bmatrix}, \quad \sum_{i=1}^{n} p(x_i) = 1$$

二进制香农码的编码步骤如下：

(1) 将信源符号按概率从大到小的顺序排列，为方便起见，令 $p(x_1) \geqslant p(x_2) \geqslant \cdots \geqslant p(x_n)$。

(2) 令 $p(x_0)=0$，用 $p_a(x_j)(j=i+1)$ 表示第 i 个码字的累加概率，则

$$p_a(x_j) = \sum_{i=0}^{j-1} p(x_i) \qquad j=1,2,\cdots,n$$

(3) 确定满足下列不等式的整数 l_i，并令 l_i 为第 i 个码字的长度，即

$$\log \frac{1}{p(x_i)} \leqslant l_i < \log \frac{1}{p(x_i)} + 1, \quad \text{或者} \quad l_i = \left\lceil \log \frac{1}{p(x_i)} \right\rceil$$

$\lceil u \rceil$ 是大于等于 u 的最小整数，即 $u \leqslant \lceil u \rceil < u+1$。

(4) 将 $p_a(x_j)$ 用二进制表示，并取小数点后 l_i 位作为符号 x_i 的编码。

【例 6-1】　有一单符号离散无记忆信源为

$$\begin{bmatrix} X \\ P(X) \end{bmatrix} = \begin{bmatrix} x_1 & x_2 & x_3 & x_4 & x_5 & x_6 \\ 0.25 & 0.25 & 0.20 & 0.15 & 0.10 & 0.05 \end{bmatrix}$$

对该信源编二进制香农码。其编码过程如表 6-1 所示。

表 6-1　香农编码

符号 x_i	概率 $p(x_i)$	累加概率 $p_a(x_j)$	码长 l_i	码　　字
x_1	0.25	0.000	2	$00(0.000)_2$
x_2	0.25	0.250	2	$01(0.010)_2$
x_3	0.20	0.500	3	$100(0.100)_2$
x_4	0.15	0.700	3	$101(0.101)_2$
x_5	0.10	0.850	4	$1101(0.1101)_2$
x_6	0.05	0.950	5	$11110(0.11110)_2$

计算出给定信源香农码的平均码长：

$$\overline{L} = 0.25 \times 2 \times 2 + (0.2 + 0.15) \times 3 + 0.10 \times 4 + 0.05 \times 5 = 2.7 \text{(码长/符号)}$$

若对上述信源采用等长编码，则要做到无失真译码，每个符号至少要用 3 比特表示。相比较，香农编码对信源进行了压缩。

由离散无记忆信源熵定义，可计算出信源熵为

$$H(X) = -\sum_{i=1}^{6} p(x_i)\log p(x_i) = 2.42(\text{比特/符号})$$

对上述信源采用香农编码的信息率为

$$R = \frac{\overline{L}}{N}\log r = \frac{2.7}{1}\text{lb } 2 = 2.7(\text{比特/符号})$$

这里 $N=1$（扩展次数），$r=2$（进制数）。

编码效率为信源熵与信息率之比，则

$$\eta = \frac{H(X)}{R} = \frac{H(X)}{\overline{L}} = \frac{2.42}{2.7} = 89.63\%$$

可以看出，编码效率并不是很高。

6.2.2 费诺编码

费诺编码属于统计匹配编码，但它不是最佳的编码方法。费诺编码步骤如下：

(1) 将信源消息（符号）按其出现的概率由大到小依次排列。

(2) 将依次排列的信源符号按概率值分为两大组，使两个组的概率之和近于相同，并对各组分别赋予一个二进制码元"0"和"1"。

(3) 将每一大组的信源符号进一步再分成两组，使划分后的两个组的概率之和近于相同，并又分别赋予一个二进制符号"0"和"1"。

(4) 如此重复，直至每个组只剩下一个信源符号为止。

(5) 信源符号所对应的码字即为费诺码。

【例 6-2】 设有一单符号离散信源：

$$\begin{bmatrix} U \\ P(U) \end{bmatrix} = \begin{bmatrix} u_1 & u_2 & u_3 & u_4 & u_5 & u_6 \\ 0.32 & 0.22 & 0.18 & 0.16 & 0.08 & 0.04 \end{bmatrix}$$

对该信源编二进制费诺码。编码过程见表 6-2。

表 6-2 二进制费诺编码（例 6-2）

信源符号	概率	编码				码字	码长
u_1	0.32	0	0			00	2
u_2	0.22		1			01	2
u_3	0.18	1	0			10	2
u_4	0.16		1	0		110	3
u_5	0.08			1	0	1110	4
u_6	0.04				1	1111	4

该信源的熵为

$$H(U) = -\sum_{i=1}^{6} p(u_i)\log p(u_i) = 2.35(\text{比特/符号})$$

平均码长为

$$\overline{L} = \sum_{i=1}^{6} p(u_i) l_i = 2.4 \text{（码长/符号）}$$

对上述信源采用费诺编码的信息率为

$$R = \frac{\overline{L}}{N} \log r = \frac{2.4}{1} \text{lb } 2 = 2.4 \text{（比特/符号）}$$

这里 $N=1$，$r=2$。

编码效率为

$$\eta = \frac{H(U)}{R} = \frac{2.35}{2.4} = 97.92\%$$

本例中费诺编码有较高的编码效率。费诺码比较适合于每次分组概率都很接近的信源。特别是对每次分组概率都相等的信源进行编码时，可达到理想的编码效率。

【例 6-3】　设有一单符号离散信源：

$$\begin{bmatrix} X \\ P(X) \end{bmatrix} = \begin{bmatrix} x_1 & x_2 & x_3 & x_4 \\ 0.5 & 0.25 & 0.125 & 0.125 \end{bmatrix}$$

对该信源编二进制费诺码。编码过程见表 6-3。

表 6-3　二进制费诺编码(例 6-3)

信源符号	概率	编码		码字	码长
x_1	0.500	0		0	2
x_2	0.250	0		10	2
x_3	0.125	1	1	110	2
x_4	0.125			111	3

该信源的熵为

$$H(X) = -\sum_{i=1}^{4} p(x_i) \log p(x_i) = 1.75 \text{（比特/符号）}$$

平均码长为

$$\overline{L} = \sum_{i=1}^{4} p(x_i) l_i = 1.75 \text{（码长/符号）}$$

编码效率为

$$\eta = 1$$

达到了最佳编码效率。之所以如此，是因为每次所分两组的概率恰好相等。

6.2.3　霍夫曼编码

霍夫曼(Huffman)编码是一种效率比较高的变长无失真信源编码方法。我们首先介绍二进制霍夫曼编码方法，其编码步骤为：

(1) 将信源符号按概率从大到小的顺序排列，为方便起见，令 $p(x_1) \geqslant p(x_2) \geqslant \cdots \geqslant p(x_n)$。

(2) 给两个概率最小的信源符号 $p(x_{n-1})$ 和 $p(x_n)$ 各分配一个码位"0"和"1"，将这两个信源符号合并成一个新符号,并用这两个最小的概率之和作为新符号的概率,结果得到一个只包含 $n-1$ 个信源符号的新信源。

(3) 将缩减信源的符号仍按概率从大到小的顺序排列,重复步骤(2),得到一个只含 $n-2$ 个信源符号的缩减信源。

(4) 重复上述步骤,直至缩减信源只剩两个符号为止,此时所剩两个符号的概率之和必为 1。然后从最后一级缩减信源开始,依编码路径向前返回,就得到各信源符号所对应的码字。

【例 6-4】 设单符号离散无记忆信源为

$$\begin{bmatrix} X \\ p(X) \end{bmatrix} = \begin{bmatrix} x_1 & x_2 & x_3 & x_4 & x_5 & x_6 & x_7 & x_8 \\ 0.20 & 0.19 & 0.18 & 0.17 & 0.15 & 0.10 & 0.007 & 0.003 \end{bmatrix}$$

要求对信源编二进制霍夫曼码。编码过程如图 6-2 所示。

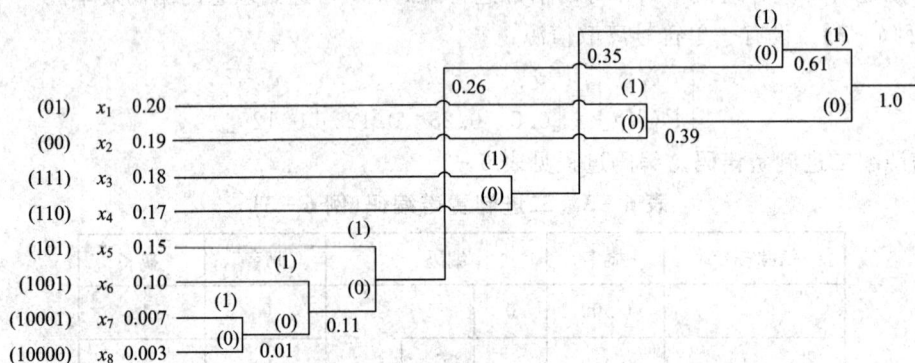

图 6-2 二进制霍夫曼编码

需要特别强调的是,在图 6-2 中读取码字时,一定要从后向前读,此时编出来的码字才是可分离的异前置码。若从前向后读取码字,则码字不可分离。

该信源的熵为

$$H(X) = 2.62 \text{(比特/符号)}$$

平均码长为

$$\overline{L} = 2.73 \text{(码长/符号)}$$

编码效率为

$$\eta = 95.8\%$$

若采用等长编码,码长 $L=3$,则编码效率为

$$\eta = \frac{2.62}{3} = 87\%$$

可见霍夫曼码的编码效率提高了 8.8%。

霍夫曼码的编法并不唯一。首先,由于 0 和 1 的指定是任意的,故由上述过程编出的霍夫曼码不是唯一的,但其平均长度总是一样的,故不影响编码效率。但每次排列必须严格依大小次序,尤其是最后一次只有两个概率,但也要上大下小,不可以随意,否则会出现奇异码。其次,缩减信源时,若合并后的新符号概率与其他符号概率相等,从编码方法上来说,这几个符号的次序可任意排列,编出的码都是正确的,但得到的码字不相同。不同的编法得到的码字长度 l_i 也不尽相同。

现在我们看一个例子。

【例 6-5】 单符号离散无记忆信源：

$$\begin{bmatrix} X \\ P(X) \end{bmatrix} = \begin{bmatrix} x_1 & x_2 & x_3 & x_4 & x_5 \\ 0.4 & 0.2 & 0.2 & 0.1 & 0.1 \end{bmatrix}$$

用两种不同的方法对其编二进制霍夫曼码。

方法一：合并后的新符号排在其他相同概率符号的后面。编码过程如图 6-3 所示。

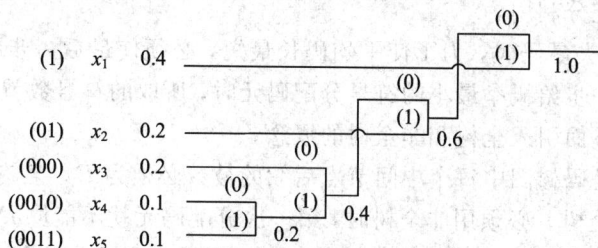

图 6-3 二进制霍夫曼编码方法一

单符号信源编二进制霍夫曼码，编码效率主要取决于信源熵与平均码长之比。对相同的信源编码，其熵是一样的，采用不同的编法，得到的平均码长可能不同。平均码长越短，编码效率就越高。

方法一的平均码长为

$$\overline{L}_1 = \sum_{i=1}^{5} p(x_i) l_i = 0.4 \times 1 + 0.2 \times 2 + 0.2 \times 3 + (0.1 + 0.1) \times 4 = 2.2 (码长/符号)$$

方法二：合并后的新符号排在其他相同概率符号的前面，编码过程如图 6-4 所示。

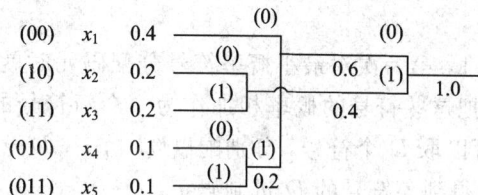

图 6-4 二进制霍夫曼编码方法二

方法二的平均码长为

$$\overline{L}_2 = \sum_{i=1}^{5} p(x_i) l_i = (0.4 + 0.2 + 0.2) \times 2 + (0.1 + 0.1) \times 3 = 2.2 (码长/符号)$$

可见 $\overline{L}_1 = \overline{L}_2$，本例两种编法的平均码长相同，所以编码效率相同。

在实际应用中，哪种方法更好呢？

我们定义码字长度的方差为 l_i 与平均码长 $\overline{L}$ 之差的平方的数学期望，记为 σ^2，即

$$\sigma^2 = E\big[(l_i - \overline{L})^2\big] = \sum_{i=1}^{n} p(x_i)(l_i - \overline{L})^2 \qquad (6-1)$$

方法一码字长度的方差为

$$\sigma_1^2 = 0.4 \times (1 - 2.2)^2 + 0.2 \times (2 - 2.2)^2 + 0.2 \times (3 - 2.2)^2 + (0.1 + 0.1) \times (4 - 2.2)^2 = 1.36$$

方法二码字长度的方差为

$$\sigma_2^2 = (0.4 + 0.2 + 0.2) \times (2 - 2.2)^2 + (0.1 + 0.1) \times (3 - 2.2)^2 = 0.16$$

可见第二种编码方法的码长方差要小许多。这意味着第二种编码方法的码长变化较小，比较接近于平均码长。的确，用第一种方法编出的 5 个码字有 4 种不同的码长，而第二种方法编出的码长只有两种不同的码长。因此，第二种编码方法更简单、更容易实现，所以更好。

综上所述，在霍夫曼编码过程中，对缩减信源符号按概率由大到小的顺序重新排列时，应使合并后的新符号尽可能排在靠前的位置，这样可使合并后的新符号重复编码次数减少，使短码得到充分利用。

在编 D 进制霍夫曼码时，为了使平均码长最短，必须使最后一步缩减信源有 D 个信源符号。这样，第一步给概率最小的符号分配码元时，所取的符号数就不一定是 D 个。为了说明这个问题，下面引入全树和非全树的概念。

所谓全树，就是码树图中每个中间节点后续的枝数必须为 D。若有些节点的后续枝数不足 D，就称为非全树。必须用非全树时，第一次分配码元就不能取 D 个符号。二进制码元不存在非全树的情况。因为后续枝数是 1 时，这个枝就可以取消从而使码字长度缩短。对于 D 进制编码，若所有码字构成全树，则可分离的码字数必为

$$K = D + i(D-1) \tag{6-2}$$

式中 i 为非负整数。因为从根节点开始，必须伸出 D 个树枝才能构成全树，以后每次从一个节点分出 D 枝，码字数就增加 $D-1$ 个，即去掉原来的一个码字，加上 D 个码字，所以总码字数必须为 $D+i(D-1)$ 个才能构成全树。若信源所含的符号数 N 不能构成 D 进制的全树，就必须增加 M 个不用的码字来形成全树。显然：

$$M = K - N < D - l \tag{6-3}$$

若 $M = D - l$，则意味着某个中间节点之后只有一个分枝，为了节约码长，这一分枝自然可以省略。

当有 M 个码字不用时，第一次对最小概率符号分配码元时就只取 $D-M$ 个，分别配以 $0, 1, \cdots, D-M-1$，把这些符号的概率相加作为一个新符号的概率，与其他符号一起重新排列。以后每次就可以取 D 个符号，分别配以 $0, 1, \cdots, D-1, \cdots$，如此下去，直至所有概率相加得 1 为止，即得到各符号的 D 进制码字。

【例 6-6】 对例 6-4 的信源进行四进制霍夫曼编码。这里：因为 $N=8$，$D=4$，所以 $M=2$，第一次取 $D-M=2$ 个符号进行编码，这时，$K-N=M=10-8=2$。编码的过程及码字如图 6-5 所示。

该信源的熵为

$$H(X) = 2.62 \text{（比特/符号）}$$

四进制霍夫曼编码的信息率为

$$R = \overline{L} \log D = 2.88 \text{（比特/符号）}$$

碼码效率为

$$\eta = \frac{H(X)}{R} = \frac{2.62}{2.88} = 90.97\%$$

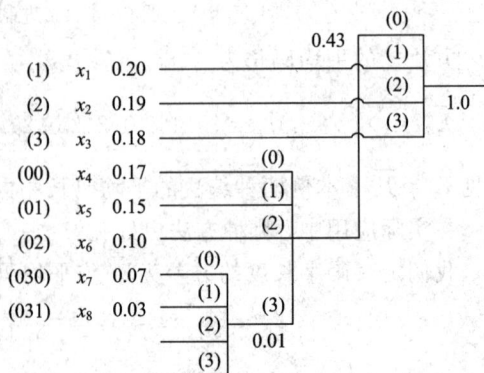

图 6-5 四进制霍夫曼编码过程

霍夫曼码的编码效率相当高，对编码器的要求也简单得多。

6.3　实用的无失真信源编码方法

6.3.1　游程编码

1. 游程和游程序列

前面几节所介绍的编码方法主要适用于多元信源和无记忆信源，尤其当信源给定时，已证明了霍夫曼码是最佳码。但当信源是有记忆时，特别是二元相关信源，就必须对其 N 次扩展信源进行编码才能提高编码效率。这时，扩展信源的符号数剧增（以幂次增加），码表中码字很多，使编译码设备变得很复杂，而且扩展信源的符号之间的相关性也没有利用。尤其当信源是二元相关信源时，往往输出的信源符号序列中会连续出现多个"0"或"1"符号，这些编码方法的编码效率就不会提高很多。为此，科学家们努力地寻找一种更为有效的编码方法。游程编码就是这样一种针对相关信源的有效编码方法，尤其适用于二元相关信源。游程编码已在如图文传真、图像传输等实际通信工程技术中得到应用。有时实际工程技术中常常将游程编码和其他一些编码方法混合使用，能获得更好的压缩效果。

游程指的是字符序列中各个字符连续重复出现而形成的字符串的长度，又称游程长度或游长。游程编码就是将这种字符序列映射成字符串的长度和串的位置的标志序列。知道了字符串的长度和串的位置的标志序列，就可以完全恢复出原来的字符序列。所以，游程编码不但适用于一维字符序列，也适用于二维字符序列。

对于二元相关信源，其输出只有两个符号，即"0"和"1"。在信源输出的一维二元序列中，连续出现"0"符号的这一段称为"0"游程，连续出现"1"符号的这一段称为"1"游程。对应段中的符号个数就是"0"游程长度和"1"游程长度。因为信源输出是随机的，所以游程长度是随机变量，其取值可为 1，2，3，…，直至无穷值。又在输出的二元序列中，"0"游程和"1"游程总是交替出现的。若规定二元序列总是从"0"游程开始，那么第一个为"0"游程，接着第二个必定是"1"游程，然后第三个又是"0"游程，以此类推，游程交替出现。这样，我们只需对串的长度（即游程长度）进行标记，然后就可将信源输出的任意二元序列——对应地映射成交替出现的游程长度的标志序列。当然一般游程长度都用自然数标记，所以就映射成交替出现的游程长度序列，简称游程序列。这种映射是可逆的，是无失真的。例如某二元序列为

$$000\ 011\ 111\ 001\ 111\ 110\ 000\ 000\ 111\ 111\cdots$$

对应的游程长度序列为

$$452676\cdots$$

如果规定二元序列从"0"游程开始，则当已知上面的游程序列后极易恢复出原来的二元序列。游程长度序列是多元序列，如果计算出各个游程长度的概率，就可对各游程长度进行霍夫曼编码或用其他编码方法进行处理，以达到压缩编码的目的。多元信源序列也存在相应的游程长度序列。r 元序列有 r 种游程，且某个游程的前面和后面出现什么符号对应的游程是无法确定的，因此这种变换必须再加一些符号，才能使 r 元序列和其对应的游程长度序列是可逆的。

2. 游程编码

二元序列中，不同的"0"游程长度对应不同的概率，不同的"1"游程长度也对应不同的概

率，这些概率叫游程长度概率。对不同的游程长度，按其不同的发生概率，分配不同的码字，这就是游程编码的基本思想。游程编码可以将两种符号游程分别按其概率进行编码，也可以将两种游程长度混合起来一起编码。下面讨论游程长度编码后的平均码长的极限值。

考虑两种游程分开编码的情况。为了讨论方便，规定两种游程分别用白、黑表示。

白游程熵

$$H_W = -\sum_{l_W=1}^{L} p(l_W) \lg p(l_W) \tag{6-4}$$

式中，l_W 为白游程长度；$p(l_W)$ 为白游程长度概率；L 为白游程最大长度。

根据信源编码定理可知，白游程平均码长 $\overline{L}_W$ 应满足：

$$H_W \leqslant \overline{L}_W < H_W + 1 \tag{6-5}$$

令 $\overline{l}_W$ 为白游程长度的平均像素值，则

$$\overline{l}_W = -\sum_{l_W=1}^{L} l_W p(l_W) \tag{6-6}$$

由式(6-5)和式(6-6)得

$$\frac{H_W}{\overline{l}_W} \leqslant \frac{\overline{L}_W}{\overline{l}_W} < \frac{H_W}{\overline{l}_W} + \frac{1}{\overline{l}_W} \tag{6-7}$$

令每个白像素的熵值为 h_W，则

$$h_W = \frac{H_W}{\overline{l}_W}$$

每个白像素的平均码长为

$$\overline{k}_W = \frac{\overline{L}_W}{\overline{l}_W}$$

代入式(6-7)，得

$$h_W \leqslant \overline{k}_W < h_W + \frac{1}{\overline{l}_W} \tag{6-8}$$

同理对黑游程可求出：

$$H_B = -\sum_{l_B=1}^{L} p(l_B) \lg p(l_B) \tag{6-9}$$

$$h_B \leqslant \overline{k}_B < h_B + \frac{1}{\overline{l}_B} \tag{6-10}$$

式中，H_B 为黑游程熵；l_B 为黑游程长度；h_B 为每个黑像素的熵值；$\overline{k}_B$ 为每个黑像素的平均码长；$\overline{l}_B$ 为黑游程长度的平均像素值。

经过黑白平均可得每个像素的熵值为

$$h_{WB} = P_W h_W + P_B h_B \tag{6-11}$$

式中，P_W 为白像素的出现概率；P_B 为黑像素的出现概率。

每个像素的平均码长为

$$\overline{k}_{WB} = P_W \overline{k}_W + P_B \overline{k}_B \tag{6-12}$$

将式(6-8)乘 P_W，得

$$P_{\mathrm{W}} h_{\mathrm{W}} \leqslant P_{\mathrm{W}} \overline{k}_{\mathrm{W}} < P_{\mathrm{W}} h_{\mathrm{W}} + \frac{P_{\mathrm{W}}}{l_{\mathrm{W}}} \tag{6-13}$$

将式(6-10)乘 P_{B}, 得

$$P_{\mathrm{B}} h_{\mathrm{B}} \leqslant P_{\mathrm{B}} \overline{k}_{\mathrm{B}} < P_{\mathrm{B}} h_{\mathrm{B}} + \frac{P_{\mathrm{B}}}{l_{\mathrm{B}}} \tag{6-14}$$

将式(6-13)和式(6-14)相加, 整理得

$$h_{\mathrm{WB}} \leqslant \overline{k}_{\mathrm{WB}} < h_{\mathrm{WB}} + \frac{P_{\mathrm{W}}}{l_{\mathrm{W}}} + \frac{P_{\mathrm{B}}}{l_{\mathrm{B}}} \tag{6-15}$$

可见, 黑白游程分别最佳编码后的平均码长仍以信源熵为极限, 此时的熵 h_{WB} 已经考虑了信源序列中符号之间的依赖关系了。这个熵 h_{WB} 小于信源序列之间无依赖情况下的熵值, 所以游程编码压缩率较高。

6.3.2　算术编码

由信源编码定理可知, 仅对信源输出的单个符号进行编码其效率是不高的, 只有对信源输出的符号序列进行编码, 并且当序列长度充分长时编码效率才达到香农定理的极限。例如, 对于只有两个出现概率很悬殊的消息符号 $\{a_1, a_2\}$ 所组成的无记忆信源, 若对单个符号进行编码, 其效率很低, 应该把它组成长的消息序列来编码, 比如对输出长度为 n 的信源字符序列 x^n 进行不等长编码。但对长序列进行编码时必须考虑到编译码的可实现性, 即编译码的复杂性、实时性和灵活性。

用分组编码(块码)方式来实现非常长的源序列的编译码是不合适的。例如前面所述的霍夫曼编码, 它是一种块编码方式。对于长度为 L 的信源序列进行霍夫曼编码, 首先要求事先计算出所有长度为 L 的序列的出现概率, 再按大小排序, 然后构成完整编码树。这样计算量太大, 而且如果要把长度为 L 的源序列延长为 $L+1$, 则必须重新开始所有这些计算过程。因此, 需要一种序贯的编译码方法, 使得容许对非常长的源序列序贯地进行编译码。有许多学者研究了信源序贯编码方法, 其中 Rissanen 在 20 世纪 70 年代后期提出的算术码是这类编码中性能最好的一种。算术码有很高的编码效率, 实现简单, 而且能灵活地适应数据的变化。算术码的历史可以追溯到 Elias 码以及由 Schalkwijk 和 Cover 等人所做的工作。

考虑一个离散平稳无记忆二元随机变量 X, 信源字符表为 $\{a_0, a_1\}$, 概率分布为 $\{p(X=a_0)=2/3, p(X=a_1)=1/3\}$, 对于输出序列 $x^n = x_1 x_2 \cdots x_n$ 进行编码。首先把单位区间 $[0, 1)$ 按 a_0 和 a_1 的出现概率分为子区间 $[0, 2/3)$ 和 $[2/3, 1)$, 根据 $x_1 = a_0$ 还是 $x_1 = a_1$ 的出现概率来选取 $[0, 2/3)$ 和 $[2/3, 1)$ 两个区间中的一个。

接下来把选中的子区间再按 a_0 和 a_1 的出现概率分成更小的子区间, 根据 $x_2 = a_0$ 还是 $x_2 = a_1$ 来选取这两个子区间中的一个, 如此继续。对于 $n=3$ 的情况示于图 6-6 中。整个 $[0, 1)$ 区间被分为 8 个不同长度的子区间, 每个信源序列对应一个子区间, 例如 $x_1 x_2 x_3 = a_0 a_1 a_0$, 对应选中的区间为 $[4/9, 16/27)$。

现在对信源序列 $x_1 x_2 x_3$ 进行编码, 因为信源序列与子区间一一对应, 所以编码也就是对这些子区间给出标号。可以把与信源序列 $x_1 x_2 x_3$ 对应的码字 $\phi(x_1 x_2 x_3)$ 选为相应子区间中的点, 比如可以选这个子区间中比特数最少的二进制小数作为码字。例如 $x_1 x_2 x_3$

$=a_0a_1a_0$ 所对应的码字 $\phi(a_0a_1a_0)=1$，它是相应区间 $[4/9, 16/27)$ 中具有最少比特数的二进制小数，因为 1/2 属于该区间，所以它的二进制表示为 0.1，其中小数点以后部分正是 1。图 6-6 中最右边一列表示相应的码字。这样的编码一般不是前缀码，甚至当这些码字级联成码字序列时不是唯一可译的。这对于算术码来说并不是非常重要的，因为算术码是用序贯的方法对非常长、甚至是无限长的信源序列进行编码。它根据每次信源输出数据 x_i 来更新子区间，然后选子区间中的点来代表新序列，这些子区间是不重叠的，因而子区间中的点唯一地确定了相应的码字。可以发现这些区间的划分点实际上是某种累积概率，子区间的宽度就是相应信源序列的出现概率，人们希望得到这些概率的递归计算方法。

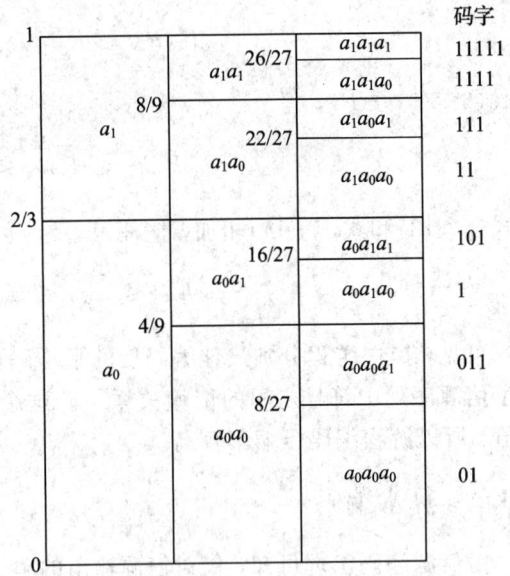

图 6-6 在算术编码中信源输出序列与 $[0,1]$ 中的一个子区间对应

下面考虑二元信源的二进制算术码，对于一般 r 元信源的 K 进制算术码也可同样得到。现在信源输出字符表 X 和编码字符表 Y 都只含有两个符号：

$$X=Y=\{0,1\}$$

对由 n 个信源符号组成的序列 x^n 按自然字典次序排序，即两个序列：

$$x^n = x_1x_2\cdots x_n$$
$$y^n = y_1y_2\cdots y_n$$

若 $x^n > y^n$ 是指

$$\sum_i x_i \cdot 2^{-i} > \sum_i y_i \cdot 2^{-i}$$

则对离散无记忆信源，有

$$p(x^n) \overset{\text{def}}{=} \prod_{i=1}^{n} p(x_i) \tag{6-16}$$

$$F(x^n) \overset{\text{def}}{=} \sum_{y^n < x^n} p(y^n) \tag{6-17}$$

信源序列 x^n 对应的子区间为 $[F(x^n), F(x^n)+p(x^n))$，与 x^n 对应的码字为把 $F(x^n)$ 按二进制小数展开，取其前 $l(x^n)$ 位，其中 $l(x^n) = \lceil \text{lb} \frac{1}{p(x^n)} \rceil$，若后面尚有尾数，就进位到第 $l(x^n)$ 位。这个码字记为 $C(x^n)$。显然：

$$C(x^n) \in [F(x^n), F(x^n)+p(x^n))$$

所以码字 $C(x^n)$ 与子区间 $[F(x^n), F(x^n)+p(x^n))$ 相对应。

算术码的关键思想在于它有一套非常有效地计算信源序列 x^n（表示 n 个信源符号的序列）的出现概率 $p(x^n)$ 和累积概率 $F(x^n)$ 的递推算法。首先看图 6-7 所示高度为 n 的完整二元树，把 2^n 个长度为 n 的消息序列按照路径方式安排在 2^n 个树叶上，这也就是按字典序来排列 x^n。如果要求 x^n 点左边的树叶上的概率和，则它可以看成是 x^n 左边所有子树的概率和。

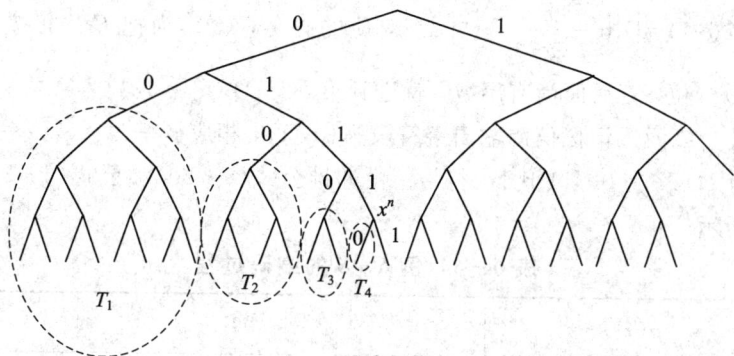

图 6 - 7　算术编码累积概率的计算树

令 $T_{x_1 x_2 \cdots x_{k-1}}$ 表示从支点 $x_1 x_2 \cdots x_{k-1}$ 长出的子树，该子树的概率为

$$P(T_{x_1 x_2 \cdots x_{k-1}}) = p(x_1 x_2 \cdots x_{k-1}) \tag{6-18}$$

其中，$p(x_1 x_2 \cdots x_{k-1})$ 表示序列 $x_1 x_2 \cdots x_{k-1}$ 出现的概率。由式(6-17)可得其累积概率为

$$F(x^n) = \sum_{y^n < x^n} p(y^n) = \sum_{T:\ \text{在} x^n \text{左边的} T} P(T) \tag{6-19}$$

第二个求和是对一切位于 x^n 左边的子树 T 求和。

【例 6 - 7】　若输入二元符号序列 $x^n = 0111$，则

$$F(0111) = P(T_1) + P(T_2) + P(T_3) = P(00) + P(010) + P(0110)$$

若再在 $x^n = 0111$ 以后输入符号"0"，则树图得

$$F(x^n 0) = P(x^{n+1}) = F(0111)$$

若在 $x^n = 0111$ 以后输入符号"1"，则从树图得

$$F(x^n 1) = P(T_1) + P(T_2) + P(T_3) + P(T_4)$$
$$= P(00) + P(010) + P(0110) + P(01110)$$

上述编码算法的一个优点是当消息序列长度从 n 变为 $n+1$ 时，很容易计算序列概率 $p(x^n x_{n+1})$ 和累积概率 $F(x^n x_{n+1})$，所以编码可以序贯地进行。事实上

$$p(x^n x_{n+1}) = p(x^n) \cdot p(x_{n+1}) \tag{6-20}$$

$$F(x^{n+1}) = F(x^n x_{n+1}) = \begin{cases} F(x^n) & x_{n+1} = 0 \\ F(x^n) + p(x^n) & x_{n+1} = 1 \end{cases} \tag{6-21}$$

不难看出，随着 n 的增长，子区间 $[F(x^n),\ F(x^n) + p(x^n))$ 的下限单调增加，而上限单调减少，子区间长度趋于零。

由式(6-20)和式(6-21)可得到算术码的编码算法如下：

(1) 设空信源序列为 λ（即长度为零的信源序列），置 $p(\lambda) = 1$，$F(\lambda) = 0$。

(2) 对 $i = 1, 2, \cdots, n$，在二进制数字系统中顺序执行如下运算：

$$F(x^i) = F(x^{i-1}) + p(x^{i-1}) c(x_i) \tag{6-22}$$

$$c(x_i)=\begin{cases}0 & x_i=0\\ p(0) & x_i=1\end{cases} \tag{6-23}$$

$$p(x^i)=p(x^{i-1})p(x_i) \tag{6-24}$$

(3) 计算 $l(x^n)=\left\lceil \mathrm{lb}\dfrac{1}{p(x^n)}\right\rceil$，与 x^n 对应的码字 $C(x^n)$ 为把 $F(x^n)$ 按二进制小数展开，取其前 $l(x^n)$ 位，若后面尚有尾数，就进到第 $l(x^n)$ 位。

【例 6-8】 二元无记忆信源输出字符表为 $\{0,1\}$，相应概率为 $p(a_0)=1/4$，$p(a_1)=3/4$，信源熵为 $H(X)=0.811$ 比特/符号。由递推公式(6-20)和公式(6-21)得到编码过程如表 6-4 所示。

表 6-4 例 6-8 的编码过程

符号输入	$p(x^i)$	$l(x^i)$	$F(x^i)$	$C(x^i)$
	$p(\lambda)=1$	0	$p(\lambda)=0$	
1	0.11	1	0.01	0.1
1	0.1001	1	0.0111	0.1
1	0.011011	2	0.100101	0.11
0	0.00011011	4	0.100101	0.1010
1	0.0001010001	4	0.1001101011	0.1010
0	0.000001010001	6	0.1001101011	0.100111
1	0.00000011110011	7	0.10011100000001	0.1001111
1	0.0000010110110011	7	0.1001110011110111	0.1001111

因此，得到 $C(11101011)=0.1001111$，编码效率 $\eta=0.811/(7/8)=0.927$。

相应的译码算法如下：

(1) 置 $C_0=C(x^n)$。

(2) 对于 $i=1,2,\cdots,n$，执行如下运算：

$$z_i=\begin{cases}1 & p(z^{i-1})\cdot p(0)\leqslant C_{i-1}\\ 0 & p(z^{i-1})\cdot p(0)>C_{i-1}\end{cases} \tag{6-25}$$

$$C_i=C_{i-1}-p(z^{i-1})\cdot c(z_i) \tag{6-26}$$

$$c(z_i)=\begin{cases}0 & z_i=0\\ p(0) & z_i=1\end{cases}$$

$$p(z^i)=p(z^{i-1})\cdot p(z_i) \tag{6-27}$$

(3) 译码输出 $z^n=z_1z_2\cdots z_n$。

【例 6-9】 利用上述译码算法对例 6-8 中的码字 $C(11101011)=0.1001111$ 的译码过程如表 6-5 所示。

表 6-5　例 6-9 的译码过程

	$p(z^{i-1}) \cdot p(0)$	符　号	$C_i = C_{i-1} - p(z^{i-1}) \cdot c(z_i)$	$p(z^i)$
			$C_0 = 0.1001111$	1
1	0.01	1	0.0101111	0.11
2	0.0011	1	0.0010111	0.1001
3	0.001001	1	0.0000101	0.011011
4	0.00011011	0	0.0000101	0.00011011
5	0.0000011011	1	0.0000001101	0.0001010001
6	0.000001010001		0.0000001101	0.000001010001
7	0.00000001010001	1	0.00000001111111	0.0000000111110011
8	0.0000000011110011	1	0.0000000100001001	0.0000001011011001

对于很长的码字来说，不需要等到整个码字都收到后才进行译码，可以在一定长度的译码窗中按序贯方式译码。

上述两个例子仅说明算术码编码和译码的基本算法，具体实现时还必须考虑许多具体问题。例如有限计算精度问题、存储量问题和计算复杂问题等。

6.3.3　LZ 编码和 LZW 编码

前面介绍的几种信源编码的方法，称为统计编码，因为它们都需要精确知道信源的概率分布 $\{p(x_i)\}$，比如霍夫曼编码，它是平均码长最短的一种压缩编码。但是这些编码的性能往往对于实际分布与假设分布的偏差非常灵敏，也就是说一旦信源的实际统计分布和编码假设的信源分布有差异，就会导致编码性能的急剧下降。但是在许多场合下要确切知道实际信源的统计特性是困难的，有时人们对于信源的统计特性一无所知，或者信源不存在统计特性，在这样的情况下进行压缩编码，人们不仅仅要寻找一种编码方法，它与信源的统计特性无关，而且这种编码必须是有效的。因此，虽然不知道信源的概率分布，当然也不清楚信源的熵是什么，但只要编码信息率 R 大于信源熵，则 R 是可达到的。也就是说不管信源的分布是什么，只要 $R > H(X)$，则当编码长度充分大时，使得译码错误概率 P_e 任意小。这种与信源统计特性无关的编码方法称为通用信源编码。

对有些信源，要确切知道它的统计特性相当困难。通用信源编码在信源统计特性未知时对信源进行编码，且这种编码的效率很高，20 世纪 70 年代末，以色列学者兰佩尔 (A. Lempel) 和奇费 (J. Ziv) 提出一种语法解析码，习惯上简称 LZ 码。由于把已编码的字符串存储作为字典使用，又称为字典码，1977 年他们首先提出这种基于字典的方法，1978 年他们又提出了改进算法，分别称为 LZ77 和 LZ78。1984 年韦尔奇 (T. A. Welch) 将 LZ78 算法修改成一种实用的算法，后定名为 LZW 算法。LZW 算法保留了 LZ78 算法的自适应性能，压缩效果也大致相同；但 LZW 算法的显著特点是逻辑性强，易于硬件实现，且价格低廉，运算速度快。LZW 算法已经作为一种通用压缩方法广泛应用于二元数据的压缩。下面分别介绍这些算法。

1. LZ(Lempel‑Ziv)编码

基于字典模型的思路是在对信息进行压缩(说)和解压缩(听)的过程中都对字典进行查询操作。字典压缩模型正是基于这一思路设计实现的。字典模型还可分为静态字典模型和动态字典模型。

下面简介静态字典模型算法的思路。例如对一篇中文文章压缩,已有一本《现代汉语词典》,首先扫描要压缩的文章,对其中的句子进行分词操作,对每一个独立的词语查找它的出现位置,如果找到,就输出页码和该词在该页中的序号,如果没有找到,就输出一个新词。静态字典模型的缺点是适应性不强,必须为每类不同的信息建立不同的字典,必须维护信息量并不算小的字典,这一额外的信息量影响了最终的压缩效果。

自适应字典模型是把已经编码过的信息作为字典,如果要编码的字符串曾经出现过,就输出该字符串的出现位置及长度,否则输出新的字符串。几乎所有通用的字典模型都使用这种方式。根据这一思路,你能从图6-8中读出其中包含的原始信息吗?是"吃葡萄不吐葡萄皮,不吃葡萄倒吐葡萄皮。"

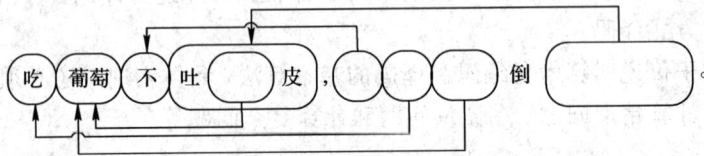

图 6-8　自适应字典模型思路举例

LZ78 的基本算法是将长度不同的符号串编成一个个新的短语(单词),形成短语字典的索引表,短语字典由前面已见到的文本来定义,是一个潜在的无限列表。设信源符号集 $A = \{a_0, a_1, a_2, \cdots, a_{q-1}\}$ 共 q 个符号,设输入信源序列为

$$s_1, s_2, s_3, \cdots, s_n \qquad s_i \in A$$

编码就是将此序列分成不同的 C 段。分段规则是:

(1) 先取第一个符号作为第一段,然后再继续分段。

(2) 若出现与前面符号相同时,就再添加紧跟后面的一个符号一起组成一个段,以使与前面的段不同。

(3) 尽可能取最少个连着的信源符号,并保证各段都不相同。直至信源符号序列结束。

这样,不同的段内的信源符号可看成一短语,可得不同段所对应的短语字典表。码字组成为:段号＋后面一个符号。若编成二元码,段号用二进制数表示,则段号所需码长为 $l = \lceil lb\ C(n) \rceil$(其中 n 为信源序列的输入长度;$C(n)$ 是输入长度为 n 的信源序列被分解成字符片段的数目),每个信源符号码长为 $\lceil lb\ q \rceil$,单符号码字的段号为 0。

下面通过举例说明 LZ78 编码的算法。

【例 6 - 10】 设 $q = 4$,信源序列为:
$a_0 a_0 a_2 a_3 a_1 a_1 a_0 a_0 a_0 a_3 a_2 \cdots$;分段为:$a_0$, $a_0 a_2$, a_3, a_1, $a_1 a_0$, $a_0 a_0$, $a_3 a_2 \cdots$共 7 段。编码字典如表 6-6 所示。

表6-6　编码字典表

段号	短语(符号串)
1	a_0
2	$a_0 a_2$
3	a_3
4	a_1
5	$a_1 a_0$
6	$a_0 a_0$
7	$a_3 a_2$

字典共 7 段，段号 $l=3$ 位二元码符号，$q=4$，每个符号需要 2 位二元码符号：$a_0 \Leftrightarrow$ 00，$a_1 \Leftrightarrow$ 01，$a_2 \Leftrightarrow$ 10，$a_3 \Leftrightarrow$ 11。这样，该信源字符序列的最后编码为

$$00000\ 00110\ 00011\ 00001\ 10000\ 00100\ 01110$$

可见，编码方法既简单又快捷，译码也很直接，一边译码一边又建成字典表，字典表无须传送，能无误地恢复成信源符号序列。在本例中，二元序列共 35 位，似乎比不编码还坏，但当序列 n 增长时，段内短语的符号数也增长，尤其是某些符号重复出现的话，编码效率将会提高。

最后，近似计算一下 LZ78 码的平均码长的界限。

由前面 LZ78 编码方法可知，n 长的信源符号序列按分段原则，设分成了 $C(n)$ 段，每段的二元码元长度为 $l=\lceil \mathrm{lb}\, C(n) \rceil$，信源符号共 q 个，需二元码的码长为 $\lceil \mathrm{lb}\, q \rceil$。每段共需二元码码长为 $\lceil \mathrm{lb}\, C(n) \rceil + \lceil \mathrm{lb}\, q \rceil$，得 n 长信源符号序列共需总码长为 $C(n)(\lceil \mathrm{lb}\, C(n) \rceil + \lceil \mathrm{lb}\, q \rceil)$。因此，平均每个信源符号所需的码长为

$$\overline{L} = \frac{C(n)(\lceil \mathrm{lb}\, C(n) \rceil + \lceil \mathrm{lb}\, q \rceil)}{n} \tag{6-28}$$

将式(6-28)改写为 $\overline{L}$ 的不等式：

$$\frac{C(n)(\mathrm{lb}\, C(n) + \mathrm{lb}\, q)}{n} \leqslant \overline{L} < \frac{C(n)(\mathrm{lb}\, C(n) + \mathrm{lb}\, q + 2)}{n} \tag{6-29}$$

设长度为 k 的段有 q^k 种。若把 n 长符号序列分成 $C(n)$ 段后，设最长的段的长度为 K，而且所有长度小于或等于 K 的段型都存在，则有

$$C(n) = \sum_{k=1}^{K} q^k = \frac{q^{K+1}-q}{q-1} \left(\text{利用公式 } S_n = \frac{a_1(q^n-1)}{q-1}\right) \tag{6-30}$$

$$n = \sum_{k=1}^{K} kq^k = \frac{q}{(q-1)^2}\left[Kq^{K+1} - (K+1)q^K + 1\right] \tag{6-31}$$

其中算术-几何级数

$$\sum_{k=0}^{n-1} (a+kd)q^k = \frac{a - [a+(n-1)d]q^n}{1-q} + \frac{dq(1-q^{n-1})}{(1-q)^2} \qquad n \geqslant 1$$

当 K 很大时，式(6-30)和式(6-31)可近似为

$$C(n) \approx \frac{q^{K+1}}{q-1}$$

$$n \approx \frac{K}{q-1}q^{K+1}$$

得

$$n \approx KC(n) \tag{6-32}$$

代入式(6-29)得

$$\frac{\mathrm{lb}\, C(n)}{K} + \frac{\mathrm{lb}\, q}{K} \leqslant \overline{L} < \frac{\mathrm{lb}\, C(n)}{K} + \frac{\mathrm{lb}\, q + 2}{K} \tag{6-33}$$

LZ78 编码算法是不依赖于信源的概率统计特性的，但为了与香农理论比较，我们对信源增设一个强制性条件，即设信源是平稳无记忆 q 元信源序列，又设信源符号的概率分布为 $p_i(i=0,1,2\cdots,q-1)$。当最长的段的长度 K 很大时，典型的长为 K 的段中 a_i 出现个数为 p_iK 个。令这种段型有 N_k 种，则有

$$N_K = \frac{K!}{\prod (p_i K)!}$$

利用斯特林公式：$x! \approx \left(\dfrac{x}{e}\right)^x \cdot \sqrt{2\pi x}$，取对数得

$$\frac{\text{lb } N_K}{K} = -\sum_{i=1}^{K} p_i \text{lb } p_i - \frac{1}{2K}\left[(K-1)\text{lb}(2\pi K) + \sum_{i=1}^{K}\text{lb } p_i\right] \qquad (6-34)$$

其中：

$$\lim_{K\to\infty}\frac{\text{lb } N_K}{K} = H(S), \ \lim_{K\to\infty}\text{lb } N_K = KH(S)$$

忽略较短的段型，由上述这类段型组成的序列长度为

$$n = N_K K = K 2^{KH(S)} \qquad (6-35)$$

由式(6-32)和式(6-35)得

$$C(n) \approx N_K \approx 2^{KH(S)} \qquad (6-36)$$

代入式(6-33)得

$$H(S) + \frac{\text{lb } q}{K} < \overline{L} < H(S) + \frac{\text{lb } q + 2}{K} \qquad (6-37)$$

所以，当 K 足够大时，有

$$\overline{L} \approx H(S) \qquad (6-38)$$

上述的近似分析表明，LZ78 码的平均码长仍以信源熵为极限，当 n 很长（即 K 很大）时，平均码长渐进地接近信源的熵。这表明 LZ 编码性能是较好的，但也表明它并不比统计编码方法更好。

2. LZW 编码

LZW 算法是韦尔奇(T. A. Welch)对 LZ 算法的一种修正，它保留了 LZ 算法原有的自适应性。为了使长短不一的"单词"更便于处理，专门为"单词"建立了一种通用的格式。其格式规定如下：

(1) 每个"单词"均由前缀字符串和尾字符两部分组成。

(2) 前缀字符串为字典中已有的"单词"，尾字符是本"单词"的最后一个字符。

(3) 对本身已经是单节的"单词"，没有前缀词时则在前面加上一个空前缀，并规定字典最后一个"单词"为"空"。

经过这种格式变换后，任何"单词"的内容都用 3 字节表示，即前面两个前缀字符串加一个尾字符。其"单词"格式变换示例如表 6-7 所示。

表 6-7 字典格式变换示例

单词	单词变换	序号	码字	单词	单词变换	序号	码字
A	4095'A'	1	001	00	11'0'	12	00C
AB	1'B'	2	002	000	12'0'	13	00D
ABC	2'C'	3	003	0000	13'0'	14	00E
ABCD	3'D'	4	004	00000	14'0'	15	00F
空	4095'空'	5	005	1	4095'1'	16	010
空空	5'空'	6	006	2	4095'2'	17	011

单词	单词变换	序号	码字	单词	单词变换	序号	码字
空空空	6'空'	7	007	3	4095'3'	18	012
空空空空	7'空'	8	008	4	4095'4'	19	013
空空空空空	8'空'	9	009	5	4095'5'	20	014
空空空空空空	9'空'	10	00A	…	…	…	…
0	4095'0'	11	00B	…	…	…	…

单词格式的改变使 LZW 的编码字典及编码算法均发生了改变。初始化时将字典的前 256 个单元依次分给 0×00～0×FF 的 256 字节字符外，每读入一个字符 W_1，先在字典中查找，若这个字符字典已有，则更新当前词为 W_1，且以当前词 W_1 做前缀，再读入一个字符 W_2 做尾字符，组成一个单词 W_1W_2。并再次在字典中查找，若字典中没有 W_1W_2，则输出 W_1W_2 位置码，并将 W_1W_2 添加到字典中。然后将 W_2 做当前词，重复以上步骤，直到没有字符读入时，完成编码。

LZW 的解码算法同样表现为一种基于字典的自适应算法，由于 LZW 编码的输出压缩文件中仅包含码字，并无包含字典，因而解码过程同样表现为一边解码，一边生成字典。

LZW 算法是一种简单的通用编程方法，由于编码方法不依赖于信源的概率分布，并且编码方法简单，编码速度快，特别是具有自适应的功能，故使得这种算法得到越来越广泛的应用。

目前市场上常用的 Winzip，ARJ，ARC 等著名压缩软件都是 LZW 压缩编码的改进与应用。

小　结

本章介绍了 7 种信源编码方法：香农编码、费诺编码、霍夫曼编码、游程编码、算术编码、LZ 编码和 LZW 编码，它们都是离散信源变长编码。其中游程编码和算术编码是非分组编码，LZ 编码和 LZW 编码不需要知道信源的统计特性。变长编码的优点是编码效率高，缺点是需要大量缓冲设备来存储这些变长码，然后再以恒定的码率进行传送，在传输的过程中如果出现了误码，容易引起错误扩散，所以要求有优质的信道。有时为了得到较高的编码效率，先采用某种正交变换，解除或减弱信源符号间的相关性，然后再进行信源编码，有时则利用信源符号间的相关性直接编码。

习　题　6

6-1　信源符号 X 有 6 种字母，概率为：$\{0.32, 0.22, 0.18, 0.16, 0.08, 0.04\}$。
(1) 求符号熵 $H(X)$。
(2) 用香农编码编成二进制变长码，计算其编码效率。
(3) 用费诺编码编成二进制变长码，计算其编码效率。
(4) 用霍夫曼编码编成二进制变长码，计算其编码效率。
(5) 用霍夫曼编码编成三进制变长码，计算其编码效率。
(6) 若用单个信源符号来编定长二进制码，要求能不出差错地译码，求所需要的每符号的平均信息率和编码效率。

(7) 当译码差错小于 10^{-3} 的定长二进制码要达到(4)中霍夫曼码的效率时，估计要多少个信源符号一起编才能做到？

6-2 设有一个离散无记忆信源：

$$\begin{bmatrix} U \\ P(U) \end{bmatrix} = \begin{bmatrix} u_1 & u_2 & u_3 & u_4 & u_5 \\ \dfrac{1}{2} & \dfrac{1}{4} & \dfrac{1}{8} & \dfrac{1}{16} & \dfrac{1}{16} \end{bmatrix}$$

试分别求其二元霍夫曼编码和费诺编码，并求其编码效率。

6-3 设有一个离散无记忆信源：

$$\begin{bmatrix} U \\ P(U) \end{bmatrix} = \begin{bmatrix} u_1 & u_2 & u_3 & u_4 & u_5 & u_6 & u_7 \\ 0.20 & 0.19 & 0.18 & 0.17 & 0.15 & 0.10 & 0.01 \end{bmatrix}$$

试求：

(1) 信源符号熵 $H(U)$；

(2) 相应二元霍夫曼编码及其编码效率；

(3) 相应三元霍夫曼编码及其编码效率。

6-4 已知一离散信源符号集：

$$\begin{bmatrix} U \\ P(U) \end{bmatrix} = \begin{bmatrix} a & b & c & d \\ 0.5 & 0.3 & 0.15 & 0.05 \end{bmatrix}$$

(1) 试对其进行霍夫曼编码并求编码效率。

(2) 试对二次扩展信源符号进行霍夫曼编码并求其编码效率。

6-5 已知二元信源 $\{0,1\}$，其 $p_0 = 1/8$，$p_1 = 7/8$，试用算术编码对序列 11111100 进行编码，并计算此序列的平均码长。

6-6 设有一个离散无记忆信源：

$$\begin{bmatrix} U \\ P(U) \end{bmatrix} = \begin{bmatrix} 0 & 1 \\ 0.3 & 0.7 \end{bmatrix}$$

已知信源序列为 1101110011…。

(1) 对此序列进行算术编码。

(2) 对此序列进行算术译码。

6-7 一个离散无记忆信源 $A = \{a, b, c\}$，发出的字符串为 $bccacbcccccccccaccca$。试用 LZ 算法对序列编码，给出编码字典及发送码序列。

6-8 用 LZ 算法对信源 $A = \{a, b, c\}$ 编码，其发送码字序列为：2，3，3，1，3，4，5，10，11，6，10。试据此构建译码字典并译出发送序列。

上机要求与 Matlab 源程序

6-1 完成 Shannon 编码器的 Matlab 编程、调试、运行及结果打印。

要求：输入为信源概率矢量 p，输出为编码返回的码字 w，平均编码长度为 L，编码效率为 q。

参考代码：

```
function [w, L, q] = shannon (p)
% Shannon 编码生成器
% p 为信源概率矢量
% w 为编码返回的码字
% L 为平均编码长度
% q 为编码效率
if length(find(p<=0))~= 0,
    error ('Not a prob. vector, negative component(s)')
end
if abs(sum(p)-1)>10e-10,
    error ('Not a prob. vector, components do not add up to 1')
end
n = length(p);
x = 1:n;
[p, x]=array (p, x);
l=ceil(-log2(p));
P(1)=0;
for i=2:n
    P(i) = P(i-1)+ p(i-1);
end
for i = 1:n
    for j = 1:l (i)
        temp(i, j)= floor (P(i) * 2);
        P(i)= P(i) * 2-temp(i, j);
    end
end
for i=1:n
    for j=1:l(i)
        if(temp(i, j)==0)
            w(i, j)= char(48);        %ASCII 码 48 表示输出码字'0'
        else
            w(i, j)= char(49);        %ASCII 码 49 表示输出码字'1'
        end
    end
end
L = sum(p. * l);                      %计算平均码字长度
H =sum(-p. * log2(p));                %计算信源熵
q = H/L;                              %计算编码效率
```

6-2 完成 Fano 编码器的 Matlab 编程、调试、运行及结果打印。

要求：输入为信源概率矢量 p，输出为编码返回的码字 w，平均编码长度为 L，编码效率为 q。

参考代码：

```
function [w, L, q] = fano(p)
% Fano 编码生成器
% p 为信源概率矢量
% w 为编码返回的码字
% L 为平均编码长度
% q 为编码效率
if length(find(p <= 0))~= 0,
    error('Not a prob. vitor, negative component(s)')
end
if abs(sum(p)-1)>10e-10,
    error('Not a prob. vector, components do not add up to 1')
end
n=length(p);
x=1:n;
[p, x]=array(p, x);
L=ceil(-log2(p));
for i=1:n
    current_index = i;
    j—1;
    current_p=p;
    while (1)
        [next_p,code_num, next_index ] = compare(current_p, current_index);
        current_index = next_index;
        current_p = next_p;
        w(i, j)= char(code_num);
        j = j+1;
        if(length(current_p)== 1)
            break;
        end
    end
    l(i)= length(find(abs(w(i, :))~= 0));
end
L = sum(p .* l);              %计算平均码字长度
H=sum(-p.*log2(p));           %计算信源熵
q = H/L;                      %计算编码效率
```

6-3　完成 Huffman 编码器的 Matlab 编程、调试、运行及结果打印。

要求：输入为信源概率矢量 p，输出为编码返回的码字 w，平均编码长度为 L，编码效率为 q。

参考代码：

```
function [w, L, q] = huffman(p)
% [w, L, q] = huffman(p)
% Huffman 编码生成器
```

```
% p 为信源概率矢量
% w 为编码返回的码字
% L 为平均编码长度
if length(find(p < 0))~ = 0,
    error('Not a prob. vector, negative component(s)')
end
if abs(sum(p)-1)>10e-10,
    error('Not a prob. vector, components do not add up to 1')
end
n＝length(p);
q＝p;
m＝zeros(n-1, n);
%生成编码码树
for i = 1:n-1
    [q, l]＝sort(q);
    m(i, :)＝[l(1:n-i + 1), zeros(1, i-1)];
    q=[q(1)+ q(2), q(3:n), 1];
end
for i＝1:n-1
    c(i, :)＝blanks(n * n);
end
c(n-1, n)＝'1';
c(n-1, 2 * n)＝'0';
%遍历编码路径
for i＝2:n-1
    c(n-i,1:n-1)＝c(n-i+1,n * (find(m(n-i+1,:)＝＝1))-(n-2):n * (find(m(n-i···
    +1,:)＝＝1)));
    c(n-i, n)＝'1';
    c(n-i, n + 1:2 * n-1)＝c(n-i, 1:n-1);
    c(n-i, 2 * n)＝'0';
    for j = 1:i-1
        c(n-i, (j + 1) * n + 1:(j + 2) * n)＝c(n-i+1,...
        n * (find(m(n-i+1, :)＝＝ j+1)-1)+ 1:n * find(m(n-i+1, :)＝＝ j+1));
    end
end
%生成编码码字
for i = 1:n
    w(i, 1:n)＝ c(1, n * (find(m(1,:)＝＝ i)-1)+ 1:find(m(1, :)＝＝i) * n);
    l(i)＝ length(find(abs(w(i, :))~ = 32));
end
L = sum(p . * l);                        % 计算平均码字长度
H＝sum(-p . * log2(p));                   % 计算信源熵
q = H/L;                                 % 计算编码效率
```

第7章　信道编码的基本概念

7.1　数字通信系统的工作原理与主要技术指标

7.1.1　数字通信系统的工作原理

任何一个数字通信系统，如通信、雷达、遥测遥控、数字计算机存储等系统都可以用图 7-1 来表示。

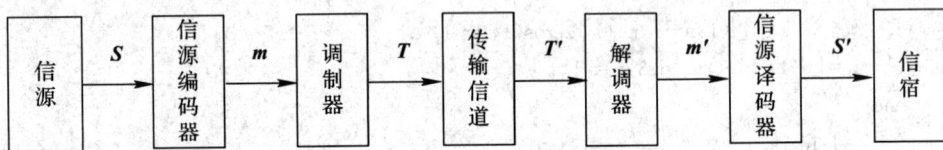

图 7-1　数字通信系统模型

图 7-1 中，信源可以是人或机器（例如计算机、传感器）。信源输出可以是连续信号，也可以是离散信号。信源编码器将信源输出变换成消息序列 m。调制器把输入的消息序列 m 变换为适合于在实际信道中传输（存储）的信号 T。

信号 T 进入实际的传输信道（或存储媒介）并受到干扰，实际的信道可能是高频无线线路、微波线路或卫星中继等构成的无线信道，也可能是由光缆或电缆构成的有线信道。存储媒介可以是光盘、磁盘、磁带等。无论是何种传输媒介，都会受到不同性质的干扰，例如无线信道中的噪声和衰落，有线信道中的脉冲干扰，存储媒介的缺损也被看做是脉冲干扰。

解调器的输入信号 T' 一般是受到干扰的信号，解调器的任务就是从有用信号和干扰的混合信号中恢复有用的信号 m，这个过程与调制器的过程相反。由于干扰的作用，解调器的输出信号 m' 不可避免地包含着差错，差错的多少不应超过系统所规定的数值。信源译码器把解调器输出的序列 m' 变换成信源输出的估值 S'，并把它送给信宿。

图 7-1 所示的数字通信系统并没有信道编码和信道译码的环节。为了明确信道编码在数字通信系统中的地位和作用，首先介绍数字通信系统的主要技术指标。

7.1.2　数字通信系统的主要技术指标

1. 传输速率

1）码元传输速率

携带数据信息的信号单元叫做码元。每秒钟通过信道传输的码元数称为码元传输速率，简称波特率，单位是波特（Baud）。

2) 比特传输速率

每秒钟通过信道传输的信息量称为比特传输速率，单位是比特/秒(b/s)。

虽然这两种传输速率的定义不同，但它们都是衡量系统传输能力的主要指标。对于二进制来说，在出现 0 和 1 为等概率的情况下(符合大多数通信系统)，每个码元的信息含量为 1 比特，因此，二进制的波特率与比特率在数值上是相等的。对于 M 进制来说，等概率分布情况下每一个码元的信息含量为 $\mathrm{lb}M$，因此，如果码元传输速率为 r_s 波特，则相应的比特率 r_b 为

$$r_b = r_s \mathrm{lb}M \text{（比特/秒）} \tag{7-1}$$

2. 差错率

差错率是衡量传输质量的重要指标之一，有以下几种不同的定义。

(1) 码元差错率：指在传输的码元总数中发生差错的码元数所占的比例(平均值)，简称误码率，用符号 p_e 表示。

(2) 比特差错率：指在传输的比特总数中发生差错的比特数所占的比例(平均值)，也称为比特误码率，用符号 p_{be} 表示。在二进制传输系统中，码元差错率就是比特差错率。

(3) 码组差错率：指在传输的码组总数中发生差错的码组数所占的比例(平均值)。

不同的应用场合对差错率有不同的要求。例如，在电报传送时，允许的比特差错率为 $10^{-4} \sim 10^{-5}$；而在计算机数据传输中，一般要求比特差错率小于 $10^{-8} \sim 10^{-9}$；在遥控指令和武器系统指令中，要求比特差错率更小。

3. 可靠性

可靠性是衡量传输系统质量的一项重要指标，工程中经常用平均故障间隔时间来衡量。

在数字通信系统中，信息传输(或存储)遇到的最主要问题是在传输过程中出现差错的问题，也就是传输可靠性的问题。在传输过程中产生不同差错的主要原因，是不同的传输系统有不同的性能以及在传输过程中干扰不同。不同的用户或不同的传输系统对差错率的要求不同。通常有两种途径降低误码率以满足系统要求：一是降低信道(调制解调器、传输媒介)本身引起的误码率；二是采用信道编码，在数字通信系统中增加差错控制设备。

降低信道所引起的误码率的主要方法有以下几种。

(1) 选用潜在抗干扰性能较强的调制解调方法。

(2) 改进传输线路的传输特性或增加发送信号的能量。例如进行相位均衡和幅度均衡以改进线路的群延时特性和幅频特性，当线路的传输衰减超过规定值时，增加中继放大器进行补偿等。在无线信道中，可以通过增加发射机功率、利用高增益天线及低噪声器件等方法改善信道。

(3) 选择合适的传输线路，例如在有线线路中，电缆线路优于明线线路，光缆优于电缆。

在某些情况下，信道的改善可能较困难或者不经济，可采用信道编码，以满足系统差错率的技术指标要求。信道编码为系统设计者提供了一个降低系统差错率的措施。采用信道编码后的数字通信系统可用图 7-2 来表示。

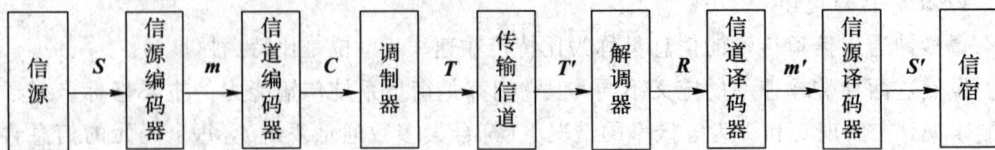

图 7-2　有信道编码的数字通信系统模型

7.2　有关术语

1. 错误图样

在通信系统的接收端，若接收矢量 R 与发送的原码字 C 不一样，例如 $C=(11000)$，而 $R=(10001)$，R 与 C 不同，即出现了两个错误。这种错误是由信道中的噪声干扰所引起的。

设发送的码字为 $C=(c_0,c_1,\cdots,c_{n-1})$，接收矢量为 $R=(r_0,r_1,\cdots,r_{n-1})$，由于信道中存在干扰，$R$ 序列中的某些码元可能与 C 序列中对应码元的值不同，也就是说产生了错误。若把信道中的干扰也用二进制序列 $E=(e_0,e_1,\cdots,e_{n-1})$ 表示，则相应有错误的各位 e_i 取值为 1，无错误的各位 e_i 取值为 0，而 R 就是 C 与 E 序列模 2 相加的结果，即 $R=C\oplus E$，我们称 E 为信道的错误图样。例如，发送序列 $C=(11000)$，接收序列 $R=(10001)$，根据上式可得：$E=(1\oplus1,1\oplus0,0\oplus0,0\oplus0,0\oplus1)$，可知接收矢量的第 2 位和第 5 位是错误的。

2. 错误种类

数据在信道中传输时要受到各种干扰，这些干扰是引起数据传输差错的主要原因。无论何种干扰引起的差错，不外乎有两种形式。

一种错误是随机错误，即数据序列中前后码元之间是否错误彼此无关，由随机噪声的干扰所引起。由于噪声的随机性，这种错误的特点为各码元是否发生错误是相互独立的，通常不会成片地出现错误。产生这种错误的信道称为无记忆信道或随机信道，例如卫星信道、深空信道等。

另一种错误是突发错误，即序列中一个错误的出现往往影响其他码元的错误，即错误之间有相关性，由突发噪声的干扰所引起。产生突发错误的信道称为突发信道或有记忆信道，例如短波信道、散射信道、有线信道等。

3. 检错码与纠错码

按信道编码的目的来分，差错码可分为检错码和纠错码。只能够发现错误但没有纠正错误能力的码称为检错码；有发现错误并能纠正错误能力的码称为纠错码。

7.3　信道编码的基本思想和分类

1. 编码信道

编码信道是研究纠错编码和译码的一种模型，如图 7-3 所示。

图 7 - 3 编码信道

例如,无线通信中的发射机、天线、自由空间、接收机等的全体;有线通信中的调制解调器、电缆等的全体;Internet 网的多个路由器、节点、电缆、底层协议等的全体;计算机的存储器(如磁盘等)的全体,这些都可看成编码信道。

当码字 C 和接收矢量 R 均由二元序列(矢量)表示时,称编码信道为二进制信道。其中:

$$C = (c_0, c_1, \cdots, c_{n-1}) \qquad c_i \in \{0,1\}$$
$$R = (r_0, r_1, \cdots, r_{n-1}) \qquad r_i \in \{0,1\}$$

描述二进制信道输入、输出关系或噪声干扰程度的是转移概率 $p(R|C)$。

若对任意的 n 都有:

$$p(R \mid C) = \prod_{i=0}^{n-1} p(r_i \mid c_i)$$

则称编码信道为无记忆二进制信道。若无记忆二进制信道的转移概率又满足:$p(0|1) = p(1|0) = p_b$,则称为无记忆二进制对称信道(BSC 信道),也称为硬判决信道。只要噪声是白噪声,大多数二进制传输信道的模型都可以等效为一个 BSC 信道。BSC 信道的转移概率如图 7-4 所示。

设码字为 C,接收矢量为 R,错误图样(随机变量)为 E,二进制编码信道模型为 $R = C \oplus E$,我们称 $E = (e_0, e_1, \cdots, e_{n-1})$ 中 $e_i = 1$ 为第 i 位上的一个随机错误。第 i 位至第 j 位之间有很多错误时,称为一个 $j - i + 1$ 长的突发错误。二进制编码信道模型如图 7-5 所示。

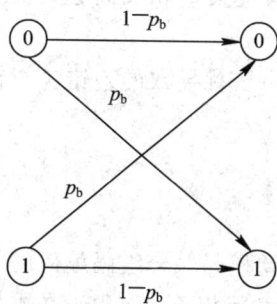

图 7 - 4 BSC 信道的转移概率

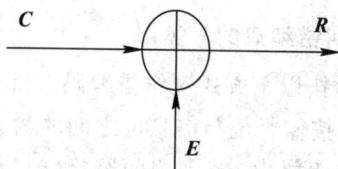

图 7 - 5 二进制编码信道模型

无记忆编码信道的每一个二元符号输出可以用多个比特表示,理想情况下为实数,此时的无记忆二进制信道称为二进制软判决信道。

2. 信道编码的基本思想

信道编码的对象是信源编码器输出的消息序列 m(见图 7 - 2),通常是二元符号 1、0 组成的序列,而且符号 1 和 0 是独立的、等概率的。

信道编码就是按一定规则给数字序列 m 增加一些多余的码元,使不具有规律性的数字序列 m 变换为具有某种规律性的数码序列 C(码序列)。码序列中的信息序列码元与多余码元之间是相关的。在接收端，信道译码器利用这种预知的编码规则译码，检验接收到的数字序列 **R** 是否符合既定的规则，从而发现 **R** 中是否有错，或者纠正其中的差错。根据相关性来检测（发现）和纠正传输过程中产生的差错就是信道编码的基本思想。

数字序列 m 总是以 k 个码元为一组传输的，称这 k 个码元的码组为信息组，例如遥控系统中的每个指令字、计算机中的每个字节等。信道编码器按一定的规则对每个信息码组附加一些多余的码元，构成了 n 个码元的码组（又称码字）。码组的 n 个码元之间是相关的，附加的 $n-k$ 个多余码元为何种符号序列与待编码的信息码组有关。这附加的 $n-k$ 个码元称为该码组的监督码元或监督元。

从信息传输的角度看，监督元不载有任何信息，所以是多余的。这种多余度使码字具有一定的纠错和检错能力，提高了传输的可靠性，降低了误码率。另一方面，如果要求信息传输速率不变，则在附加了监督元后必须减小码组中每个码元符号的持续时间，对二进制码而言就是要减小脉冲宽度；若编码前每个码脉冲的归一化宽度为 1，则编码后的归一化宽度为 $k/n(k<n, k/n<1)$，因此信道带宽必须展宽 n/k 倍，在这种情况下是以带宽的多余度换取了信道传输的可靠性。如果要求保持码元持续时间不变，则必须降低信息传输速率。这时，以信息传输速率的多余度或称时间上的多余度换取了传输的可靠性。

3. 信道编码的分类

广义的信道编码是为特定信道传输而进行的传输信号设计与实现。常用的信道编码有以下几类。

(1) 描述编码：用于对特定信号的描述，如 NRZ 码、ASCII 码、Gray（格雷）码等。

(2) 约束编码：用于对特定信号特性的约束，如用于减少直流分量的 BIΦ 码、用于同步检测的 Barker（巴克）码等。

(3) 扩频编码：将信号频谱扩展为近似白噪声谱并满足某些相关特性，如 m 序列、Gold（戈尔得）序列等。

(4) 纠错编码：用于检测与纠正信号传输过程中因噪声干扰导致的差错。纠错编码又可分为几类。

4. 纠错编码的分类

通常按以下方式对纠错编码进行分类。

(1) 按监督位与信息位之间的约束关系分为分组码与卷积码。分组码编码的规则仅局限于本码组之内，本码组的监督（校验）元仅和本码组的信息元相关；卷积码在本码组的监督元不仅和本码组的信息元相关，而且还与本码组相邻的前 $n-1$ 个码组的信息元相关。

(2) 按监督位与信息位之间的关系分为线性码和非线性码。线性码编码规则可以用线性方程表示（满足线性叠加原理）；非线性码编码规则不能用线性方程表示。

(3) 按码字的结构分为系统码和非系统码。系统码的前 k 个码元与信息码组一致；非系统码没有系统码的特性。

(4) 按纠正差错的类型分为纠随机（独立）错误码、纠突发错误码、纠随机与突发错误码。

(5) 按码字中每个码元的取值分为二进制码和 q 进制码（$q=p^m$，p 为素数，m 为正整数）。

此外，在分组码中按照码的结构特点，又可分为循环码和非循环码等。上述分类可用

图 7 - 6 表示。

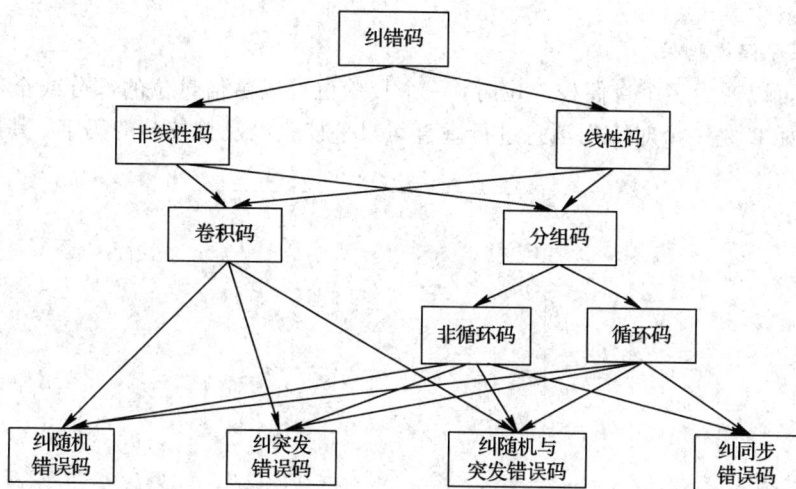

图 7 - 6　纠错编码分类

7.4　检错与纠错原理

1. 检错与纠错的目的和性质

检纠错的目的是从信道的输出信号序列 R 来判断 R 是否是可能发送的 C,或纠正导致 R 不等于 C 的错误。

具有检纠错能力的信号码字 C 的序列长度 n 一定大于消息 m 的长度 k,所以纠错编码是冗余编码(见图 7 - 7)。称比值 η 为编码效率,即

$$\eta = \frac{k}{n} \tag{7 - 2}$$

图 7 - 7　冗余编码

2. 偶(或奇)校验方法

1) 一个偶(奇)校验位

一个偶校验位 p 和消息 m 之间有下列关系:

$$m_0 \oplus m_1 \oplus m_2 \oplus \cdots \oplus m_{k-1} \oplus p = 0 \tag{7 - 3}$$

则 $C = (m_0, m_1, m_2, \cdots, m_{k-1}, p)$ 为一个偶校验码字。

显然,C 中一定有偶数(含 0)个“1”,所有可能的 C 的全体称为一个码率为 $k/(k+1)$ 的 $(k+1, k)$ 偶校验码,确定校验位 p 的编码方程为

$$p = m_0 \oplus m_1 \oplus m_2 \oplus \cdots \oplus m_{k-1} \tag{7 - 4}$$

显然,当差错图样 E 中有奇数个“1”,即 R 中有奇数个位有错时,可以通过校验方程

是否为 0 判断有无可能传输差错。校验方程为 1 表明一定有奇数个差错，校验方程为 0 表明可能有偶数个差错。

2）多个奇偶校验位

当编码可以产生多个奇偶校验位时，一个校验位可以由信息位的部分或全部按校验方程产生。例如 C 是一个对阵列消息进行垂直与水平校验以及总校验的码字，其码率为

$$\eta = \frac{st}{st + (s+t+1)} = \frac{1}{1 + \frac{s+t+1}{st}} \tag{7-5}$$

$$C = \begin{bmatrix} m_{0,0} & \cdots & m_{0,t-1} & p_{0,t} \\ \vdots & & \vdots & \vdots \\ m_{s-1,0} & \cdots & m_{s-1,t-1} & p_{s-1,t} \\ p_{s,0} & \cdots & p_{s,t-1} & p_{s,t} \end{bmatrix} \tag{7-6}$$

其中：

$$\begin{cases} p_{i,t} = \sum_{j=0}^{t-1} m_{i,j} \pmod 2 & i = 0,1,\cdots,s-1 \\ p_{s,j} = \sum_{i=0}^{s-1} m_{i,j} \pmod 2 & j = 0,1,\cdots,t-1 \\ p_{s,t} = \sum_{i=0}^{s-1} m_{i,t} + \sum_{j=0}^{t-1} m_{s,j} \pmod 2 \end{cases} \tag{7-7}$$

显然当校验位数增加时，可以检测到差错图样种类数也增加，同时码率减小。

3. 重复消息位方法

一个 n 重复码是一个码率为 $1/n$ 的码，仅有两个码 C_0 和 C_1，传送 1 比特（$k=1$）消息。

$$C_0 = (00\cdots0), \quad C_1 = (11\cdots1)$$

显然 n 重复码可以检测出任意小于 $n/2$ 个差错的错误图样。

对于 BSC 信道，$p_b \leqslant 1/2$，n 比特传输中发生差错数目越少，概率越大，即

$$(1-p_b)^n > p_b(1-p_b)^{n-1} > \cdots$$
$$> p_b^t(1-p_b)^{n-t} > \cdots > p_b^n \tag{7-8}$$

我们总认为发生差错的图样是差错数目较少的图样，因此当接收到重复码的接收序列 R 中"1"的个数少于一半时，认为发送的是 C_0，否则认为是 C_1。图 7-8 所示为纠 1 位任意差错的 3 重复码。

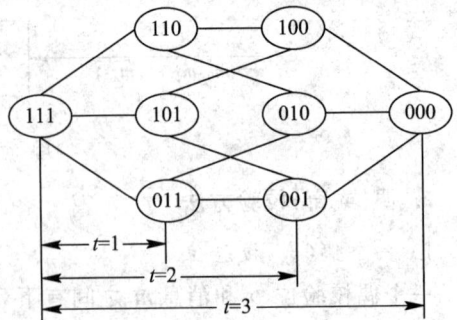

图 7-8　纠 1 位任意差错的 3 重复码

4. 等重码（定比码）

所设计码字中，非 0 符号个数恒为常数，即 C 由全体重量恒等于 m 的 n 重向量组成，称之为等重码。

例如一种用于表示 0 至 9 数字的 5 中取 3 等重码，可以检测出全部奇数位差错，对某些码字的传输则可以检测出部分偶数位差错。

7.5　差错控制的基本方式和能力

7.5.1　差错控制的基本方式

1. 前向纠错(FEC)

前向纠错方式是发送端的信道编码器将信息码组编成有一定纠错能力的码，接收端信道译码器对接收码字进行译码，若传输中产生的差错数目在码的纠错能力之内，则译码器对差错进行定位并加以纠正，见图 7-9。

消息 m → 纠错编码 → 码字 C → 信道 → 接收矢量 R → 纠错译码 → 消息 m'

图 7-9　FEC 纠错应用方式

前向纠错方式的主要优点是：不需要反馈信道，适用于一点发送多点接收的广播系统，译码延时固定，较适合于实时传输系统。但是这种方式要求预先确定信道的差错统计特性，以便选择合适的纠错码，否则难以达到误码率的要求。在计算机和集成电路广泛应用的今天，编译码的实现并不复杂。这种方式正在广泛应用于通信系统中。

2. 自动请求重发(ARQ)

应用 ARQ 方式纠错的通信系统如图 7-10 所示。发送端发出能够发现(检测)错误的码，接收端收到通过信道传来的码后，译码器根据该码的编码规则，判决收到的码序列中有无错误产生，并通过反馈信道把判决结果用判决信号告诉发送端。发送端根据这些判决信号，把接收端认为有错的消息再次传送，直到接收端认为正确接收为止。

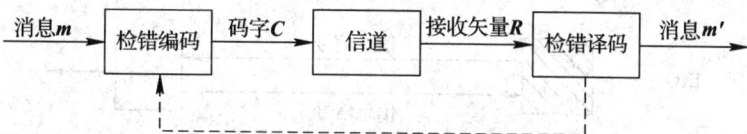

消息 m → 检错编码 → 码字 C → 信道 → 接收矢量 R → 检错译码 → 消息 m'

图 7-10　ARQ 纠错应用方式

显然，应用 ARQ 方式必须有一反馈信道，一般适用于一个用户对一个用户(点对点)的通信，且要求信源能够控制，系统收发两端必须互相配合，因此这种方式的控制电路比较复杂。该方式的优点是：编译码设备比较简单；在一定的多余度码元下，检错码的检测能力比纠错码的检测能力要高得多，因而整个系统的纠错能力极强，能获得极低的误码率；由于检错码的检测能力与信道干扰的变化基本无关，因此这种系统的适应性很强，特别适用于短波、散射、有线等干扰情况特别复杂的信道中。其缺点是由于反馈重传的次数与信道干扰情况有关，若信道干扰很频繁，则系统经常处于重传消息的状态，因此这种方式传送消息的连贯性和实时性较差。

3. 混合纠错(HEC)

混合纠错方式是 FEC 与 ARQ 方式的结合。发送端发送的码不仅能够被检测出错误，而且还具有一定的纠错能力。接收端收到码组后，检查差错情况，如果差错在码的纠错能力以内,则自动进行纠正。如果信道干扰很严重,错误很多,超过了码的纠错能力,但能检测出来,则经反馈信道请求发送端重发这组数据。这种方式在一定程度上避免了 FEC 方式要求用复杂的译码设备和 ARQ 方式信息连贯性差的缺点,并能达到较低的误码率,因此在实际中的应用越来越广。

4. 前向信息反馈(IRQ)

前向信息反馈方式也称回程校验方式。接收端把收到的数据原封不动地通过反馈信道送回到发送端。发送端比较发送的数据与反馈来的数据,从而发现错误,并且把错误的消息再次传送,直到发送端没有发现错误为止。

前向信息反馈方式的优点是不需要纠错、检错编译码器,控制设备和检错设备都比较简单。其缺点是需要和前向信道相同的反馈信道,且数据在前向信道传输中本来无错,而在反馈信道传输时可能产生差错,这样导致发送端误判接收端有错而进行重发;此外,当接收数据中某一码元由"1"错成"0",而在反馈信道中恰巧该码元又由"0"错成"1"时,发送端会因发现不了错误而造成误码输出。另外,发送端需要一定容量的存储器以存储发送码组,环路延时大,数据速率越高所需存储容量越大。由上可知,IRQ 方式仅适用于传输速率较低、信道差错率较低、具有双向传输线路及控制简单的系统中。

差错控制的几种基本方式如图 7 - 11 所示。

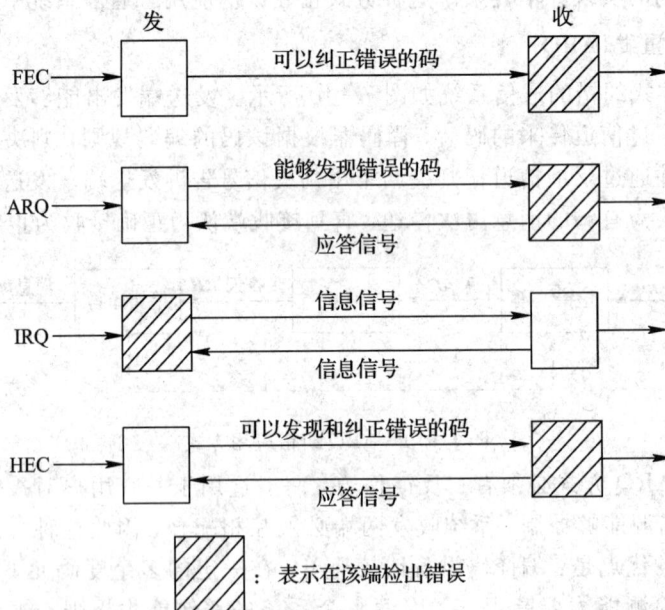

图 7 - 11 差错控制的基本方式

7.5.2 最大似然译码

由图 7 - 2 可见,信道译码器接收到一个接收码字 R 后,按编码规则对 R 进行译码后输出信息码组的估值 m'。信息码组 m 与码字 C 之间是有固定规则的,这相当于信道译码器能给出码字 C 的估值 C'。当 $C' \neq C$ 时就出现了译码错误。因为只有当 $C' = C$ 时,$m' = m$。

当译码器收到某一个接收码字 R 后，根据最大后验概率 $p(C|R)$ 进行译码判决，一定是译码错误概率最小。根据贝叶斯公式

$$p(C \mid R) = \frac{p(C)p(R \mid C)}{p(R)} \qquad (7-9)$$

如果所有码字 C 的先验概率 $p(C)$ 相同，对于一个完备的接收机（能够接收所有可能向量 R），$p(R)$ 为常数，则 $p(C|R)$ 最大就等效于要求条件概率 $p(R|C)$ 具有最大值，即

$$p(R \mid C) = \max_{C_i} p(R \mid C_i) \qquad i = 1, 2, \cdots, 2^k \qquad (7-10)$$

我们称 $p(R|C)$ 为似然函数，这时最大后验译码相当于最大似然函数译码。

在 (n, k) 线性码中，两个码字 U, V 之间对应码元位上符号取值不同的个数，称为码字 U, V 之间的汉明距离，即

$$d(U, V) = \sum_{i=0}^{n-1} (u_i \oplus v_i) \qquad (7-11)$$

例如，$(7, 3)$ 码的两个码字 $U = (0011101)$，$V = (0100111)$，它们之间第 2，3，4 和 6 位不同，故码字 U 和 V 的距离为 4。

设每个码字长为 n，若接收码字 R 与码字 C 的距离为 $d(R, C)$，对 BSC 信道，则条件概率 $p(R|C)$ 可表示为

$$p(R \mid C) = (1 - p_b)^{n - d(R,C)} p_b^{d(R,C)}$$
$$= (1 - p_b)^n \left(\frac{p_b}{1 - p_b} \right)^{d(R,C)}$$

$$(7-12)$$

因为最大化 $p(R|C)$ 等价于最小化 $d(R, C)$，所以使差错概率最小的译码是使接收向量 R 与输出码字 C' 距离最小的译码。

对于实际的通信系统，信号的传送需要一定的信噪比 E_b/N_0，它直接影响信道转移概率的大小。误码率 p_{be} 与信噪比 E_b/N_0 的关系如图 7-12 所示。当采用纠错码之后，达到同样的误码率需要的信噪比减小量称为编码增益。

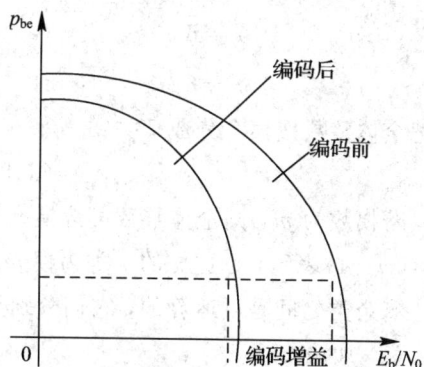

图 7-12　编码增益

7.6　有限域代数的基本知识

7.6.1　基本概念

1. 欧几里得除法

设 b 是正整数，则任意正整数 $a > b$ 皆可唯一地表示成

$$a = q \cdot b + r \qquad 0 \leqslant r < b$$

2. 同余和剩余类的概念

定义 7-1　若两整数 a，b 被同一正整数 m 除时有相同的余数：

$$a = q_1 \cdot m + r, \quad b = q_2 \cdot m + r \quad 0 \leqslant r < m$$

则称 a，b 关于模 m 同余，记为

$$a \equiv b \pmod{m}$$

定义 7-2　将全体整数分类，把余数相同的归一类，即由

$$a = q \cdot m + r \quad 0 \leqslant r < m$$

可得到 a 的余项，由于 r 可取 $0, 1, 2, \cdots, m-1$ 中的任一个，因此 r 共有 m 个值，也就是有 m 个剩余类，记为 $\bar{r}$。

所有整数必属于这 m 个剩余类中的一个。例如，若 $m = 7$，则对全体整数可作如下划分：

$$\bar{r} = \bar{0} \quad \cdots, \quad -14, \quad -7, \quad 0, \quad 7, \quad 14, \quad 21, \quad \cdots$$

$$\bar{r} = \bar{1} \quad \cdots, \quad -13, \quad -6, \quad 1, \quad 8, \quad 15, \quad 22, \quad \cdots$$

$$\bar{r} = \bar{2} \quad \cdots, \quad -12, \quad -5, \quad 2, \quad 9, \quad 16, \quad 23, \quad \cdots$$

$$\bar{r} = \bar{3} \quad \cdots, \quad -11, \quad -4, \quad 3, \quad 10, \quad 17, \quad 24, \quad \cdots$$

$$\bar{r} = \bar{4} \quad \cdots, \quad -10, \quad -3, \quad 4, \quad 11, \quad 18, \quad 25, \quad \cdots$$

$$\bar{r} = \bar{5} \quad \cdots, \quad -9, \quad -2, \quad 5, \quad 12, \quad 19, \quad 26, \quad \cdots$$

$$\bar{r} = \bar{6} \quad \cdots, \quad -8, \quad -1, \quad 6, \quad 13, \quad 20, \quad 27, \quad \cdots$$

可把全体整数按模 7 分成 7 类：

$$\bar{0}, \bar{1}, \bar{2}, \bar{3}, \bar{4}, \bar{5}, \bar{6}$$

若模数为 m，则全体整数可按模 m 划分成 m 类：$\bar{0}, \bar{1}, \bar{2}, \cdots, \overline{m-1}$，或用 $\{0\}$，$\{1\}$，$\cdots$，$\{m-1\}$ 表示，称这样的一类为模 m 的同余或剩余类。

剩余类之间是可运算的，它们分别是：

(1) 加法：

$$\bar{a} + \bar{b} = \overline{a + b} \pmod{m}$$

(2) 乘法：

$$\bar{a} \cdot \bar{b} = \overline{a \cdot b} \pmod{m}$$

(3) 若 $a_1 \equiv b_1$，$a_2 \equiv b_2 \pmod{m}$，则

$$a_1 \pm a_2 \equiv b_1 \pm b_2 \pmod{m}$$

$$a_1 \cdot a_2 \equiv b_1 \cdot b_2 \pmod{m}$$

3. 代数系统

定义 7-3　满足一定规律或定律的系统称为代数系统，且在该系统中：

(1) 有一群元素 a，b，c，$\cdots$ 构成一个集合；

(2) 在元素集合中有一等价关系；

(3) 在集合中定义了一个或数个运算，通过运算建立起元素之间的关系；

（4）有一组假定。

下面要介绍的群、环和域等都是代数系统。

7.6.2　群、环和域

1. 群

定义 7-4　设 G 是非空集合，在 G 中定义一种代数运算，符号为"。"，若 G 中的元素满足下述公理，则称 G 构成一个群。

（1）满足封闭性：对任意 $a,b \in G$，恒有 $a \circ b \in G$；

（2）结合律成立：对任意 $a,b,c \in G$，有 $(a \circ b) \circ c = a \circ (b \circ c)$；

（3）G 中有一恒等元 e 存在；对任意 $a \in G$，有 $e \in G$，使 $a \circ e = e \circ a = a$；

（4）对任意 $a \in G$，存在有 a 的逆元 $a^{-1} \in G$，使得 $a \circ a^{-1} = e \circ a^{-1} = e$。

G 的运算"。"可以是通常的乘法或加法，也可以是模 2 加或模 2 乘。若为乘法，则恒等元称为单位元；若为加法，则恒等元记为 0。群中元素的个数，称为群的阶。群中元素个数有限，称为有限群；否则称为无限群。

【例 7-1】　整数全体在普通加法运算下构成群，即集合 $\{\cdots, -3, -2, -1, 0, 1, 2, 3, \cdots\}$ 在普通加法下构成群。不难验证，群的公理均能满足。元素 0 是群的恒等元，在加法下又称为零元素。

【例 7-2】　偶数全体在普通加法运算下构成群。

定义 7-5　若群 G 中，$a \in G$，$b \in G$，有

$$a \circ b = b \circ a$$

则称群 G 为可交换群或阿贝尔群。

为简洁起见，运算符号"。"将省略，元素 a 和 b 的运算直接用 ab 表示。

定理 7-1　群 G 中恒等元是唯一的，群中每个元素的逆元素也是唯一的。

2. 环

定义 7-6　设 R 为非空集合，在 R 中定义加法和乘法两种代数运算，若满足下述公理，则 R 称为环。

（1）集合 R 在加法运算下构成阿贝尔群；

（2）乘法满足封闭性：对任意 $a,b \in R$，有 $ab \in R$；

（3）乘法结合律成立：若 $a,b,c \in R$，则 $a(bc) = (ab)c$；

（4）分配律成立：若 $a,b,c \in R$，则

$$a(b+c) = ab + ac$$

$$(b+c)a = ba + ca$$

环 R 上定义了两种代数运算，但在乘法运算下，不要求 R 中有单位元，所以也就不要求 R 中的元素有逆元素。若环中有单位元素存在，则称该环为有单位元环。若环 R 在乘法运算下满足交换律，则称 R 为可换环。

【例 7 - 3】 全体整数在普通加法和乘法运算下构成环。

【例 7 - 4】 全体偶数在普通加法和乘法运算下构成环。

【例 7 - 5】 模整数 m 运算的全体剩余类在模 m 运算下构成环。例如，若 $m=4$，则模 4 运算的加法和乘法如下：

$$
\begin{array}{c|cccc}
+ & \bar{0} & \bar{1} & \bar{2} & \bar{3} \\
\hline
\bar{0} & \bar{0} & \bar{1} & \bar{2} & \bar{3} \\
\bar{1} & \bar{1} & \bar{2} & \bar{3} & \bar{0} \\
\bar{2} & \bar{2} & \bar{3} & \bar{0} & \bar{1} \\
\bar{3} & \bar{3} & \bar{0} & \bar{1} & \bar{2}
\end{array}
\qquad
\begin{array}{c|cccc}
\times & \bar{0} & \bar{1} & \bar{2} & \bar{3} \\
\hline
\bar{0} & \bar{0} & \bar{0} & \bar{0} & \bar{0} \\
\bar{1} & \bar{0} & \bar{1} & \bar{2} & \bar{3} \\
\bar{2} & \bar{0} & \bar{2} & \bar{0} & \bar{2} \\
\bar{3} & \bar{0} & \bar{3} & \bar{2} & \bar{1}
\end{array}
$$

不难验证，在模 4 加法下，$\{\bar{0}, \bar{1}, \bar{2}, \bar{3}\}$ 构成群，且为阿贝尔群；在模 4 乘法下构成环。

3. 域

定义 7 - 7 设 F 为非空集合，在 F 中定义加法和乘法两种代数运算，若满足下述公理，则称 F 为域。

(1) F 关于加法运算构成阿贝尔群；

(2) F 中非零元素在乘法下构成群，其恒等元（单位元）记为 1；

(3) 加法和乘法分配律成立：

$$a(b+c)=ab+ac$$
$$(b+c)a=ba+ca$$

因此，域是一个可换的、有单位元的、非零元素有逆元的环，且域中一定无零因子。对域的要求是有单位元素和逆元素，这是和环的主要区别。

【例 7 - 6】 有理数全体、实数全体、复数全体对加法、乘法都分别构成域，分别称有理数域、实数域和复数域。且这三个域中的元素个数有无限多个，称它们为无限域。

定义 7 - 8 域中元素的个数称为域的阶。

定义 7 - 9 元素个数有限的域用 GF(q) 表示 q 阶有限域，也称为伽逻华域。

【例 7 - 7】 0 和 1 两个元素在模 2 运算下构成域。模 2 加、模 2 乘的运算如下：

$$
\begin{array}{c|cc}
+ & \bar{0} & \bar{1} \\
\hline
\bar{0} & \bar{0} & \bar{1} \\
\bar{1} & \bar{1} & \bar{2}
\end{array}
\qquad
\begin{array}{c|cc}
\times & \bar{0} & \bar{1} \\
\hline
\bar{0} & \bar{0} & \bar{0} \\
\bar{1} & \bar{0} & \bar{1}
\end{array}
$$

不难验证，模 2 加运算下，$\{0,1\}$ 集合构成阿贝尔群，群的恒等元素是 0，每个元素的逆元素就是元素本身。在乘法运算下，非零元素 1 的逆元素就是 1，F 的单位元素也是 1。

定理 7 - 2 若 p 为素数，则整数全体在模 p 运算下的剩余类全体：

$$\{\bar{0}, \bar{1}, \bar{2}, \bar{3}, \cdots, \overline{p-1}\}$$

在模 p 下构成域。

【例 7 - 8】 以 $p=3$ 为模的剩余类全体：

$$\{\bar{0}, \bar{1}, \bar{2}\}$$

构成域，模 3 运算的规则如下：

+	$\overline{0}$	$\overline{1}$	$\overline{2}$		$\times$	$\overline{0}$	$\overline{1}$	$\overline{2}$
$\overline{0}$	$\overline{0}$	$\overline{1}$	$\overline{2}$		$\overline{0}$	$\overline{0}$	$\overline{0}$	$\overline{0}$
$\overline{1}$	$\overline{1}$	$\overline{2}$	$\overline{0}$		$\overline{1}$	$\overline{0}$	$\overline{1}$	$\overline{2}$
$\overline{2}$	$\overline{2}$	$\overline{0}$	$\overline{0}$		$\overline{2}$	$\overline{0}$	$\overline{2}$	$\overline{0}$

4. 子群

定义 7-10　设 G 为群，H 是它的非空子集，若 H 对于 G 中定义的代数运算也构成群，则称 H 是 G 的子群。

例如，整数全体在普通加法下构成群，全体偶数在普通加法运算下构成它的子群。

7.6.3　有限域和有限域上的多项式

在普通代数中，称全体有理数的集合为有理数域，称全体复数的集合为复数域。这些域中元素的数目是无限的，因此称为无限域。如果域中元素的数目有限，则称为有限域。有限域的理论在研究编码理论的过程中有很重要的作用，这里仅作简单介绍。

1. 有限域的乘群

我们已知，域中非零元素全体构成一个乘群，并且是一个循环的乘群。

例如，模 $p=5$ 运算的剩余类全体 $\{\overline{0},\overline{1},\overline{2},\overline{3},\overline{4}\}$，在模 $p=5$ 乘法运算下，非零元素全体构成群，不仅如此，这四个元素还可以由元素 $\overline{2}$ 的幂次生成，因为

$$(\overline{2})^0=\overline{1},\ (\overline{2})^1=\overline{2},\ (\overline{2})^2=\overline{4},\ (\overline{2})^3=\overline{8}=\overline{3},\ (\overline{2})^4=\overline{1},\cdots$$

由此，引出关于循环群的定义。

定义 7-11　由一个元素的一切幂次构成的群称为循环群，该元素称为循环群的生成元。

定义 7-12　设 α 是循环群中的任一个元素，α 的所有幂次 $\alpha^j(j=0,\pm1,\pm2,\pm3,\cdots)$ 均不相同，这时由 α 生成的群 $G(\alpha)=\{\cdots,\alpha^{-2},\alpha^{-1},\alpha^0,\alpha^1,\alpha^2,\cdots\}$ 中，元素的个数无限，称为无限循环群。

定义 7-13　若 α 的某二次幂相同，也就是存在有整数 $j,k(j>k)$，使 $\alpha^j=\alpha^k$，或者 $\alpha^{j-k}=e(e$ 是单位元，$j-k$ 是正整数)，群 $G(\alpha)$ 中的元素为 $\{e,\alpha^1,\alpha^2,\cdots,\alpha^n=\alpha^{j-k}=e,\alpha^1,\cdots\}$，群中的元素个数有限，所以称为有限循环群。

定义 7-14　称 $\alpha^n=e$ 的最小整数 n 为有限循环群元素 α 的级。

定义 7-15　若某一元素 α 是域 $GF(q)$ 中的 n 级元素，则称 α 为 n 次单位元根。若元素 α 的级为 $q-1$，则称 α 为本原元素。其中 q 是群中元素的数目 $(\alpha^{q-1}=e)$。

关于有限循环群元素的级有如下性质：

(1) 若 $\alpha\in G$ 是 n 级元素，则 $\alpha^m=e$ 的充要条件是 $n\mid m(n\mid m$ 表示 m 可以被 n 除尽)。

(2) 若 α 是 n 级元素，则元素 α^k 的级为 $\dfrac{n}{(k,n)}((k,n)$ 表示 k 和 n 的最大公约数)。

定理 7-3　在 $GF(q)$ 中，每一个非零元素都是方程 $x^{q-1}-1=0$ 的根。

证明　方程 $x^{q-1}-1=0$ 最多、至多有 $q-1$ 个根，现在要证明 $GF(q)$ 中所有 $q-1$ 个非零元素就是该方程的全部根。

GF(q)中$q-1$个非零元素构成一个循环群，这个循环群由级为$q-1$的生成元素α的所有幂次组成，即由

$$\alpha^0=1,\alpha,\alpha^2,\alpha^3,\alpha^4,\cdots,\alpha^{q-2}$$

组成，因为每个元素都满足

$$(\alpha^i)^{q-1}=1 \qquad i=1,2,\cdots,q-2$$

所以，GF(q)中的$q-1$个非零元素都是方程

$$x^{q-1}-1=0 \text{ 或 } x^q-x=0$$

的根。

根据上面讨论可知，若α是GF(q)中的本原元素，则可以在域上将$x^{q-1}-1=0$的方程分解成一次因式：

$$x^{q-1}-1=\prod_{i=1}^{q-1}(x-\alpha^i)$$

2. 有限域的加法运算

现在讨论在GF(q)中，元素在加法运算下的性质。

定义 7-16 若e是GF(q)域中的单位元，则满足$ne=0$的最小整数n，称为域的特征。

【例 7-9】 在GF(2)中，单位元$e=1$，$1+1=0$，即$2\times1=0$，所以，GF(2)的特征是2。一般地，GF(p)的特征是p。

若域的特征为n，$ne=n\cdot1=0$，则对域中每一个非零元素α，均有$n\cdot\alpha=0$。证明如下：

$$n\alpha=\underbrace{\alpha+\alpha+\cdots+\alpha}_{n}=1\cdot\alpha+1\cdot\alpha+\cdots+1\cdot\alpha$$

$$=\underbrace{(1+1+\cdots+1)}_{n}\cdot\alpha=n\cdot1\cdot\alpha=0\cdot\alpha=0$$

定义 7-17 若每一个$\alpha\in$GF(p)，且$\alpha\neq0$，则满足$n\alpha=0$的最小正整数n，称为元素α的周期。

定理 7-4 域中一切非零元素的周期相同，且等于域的特征。

域中的元素α在加法和乘法运算下有如下形式：

(1) 加法：$\alpha,2\alpha,3\alpha,\cdots,n\alpha=0,\alpha,\cdots,n$为$\alpha$的周期。

(2) 乘法：$\alpha,\alpha^2,\alpha^3,\cdots,\alpha^m=1,\alpha,\cdots,m$为$\alpha$的级。

因此，对加法，域中的所有元素构成循环阿贝尔群。域的特征（或元素的周期）表明了域上加法运算的循环特性，域中元素的级说明了乘法运算的循环特性。

定理 7-5 域的特征p必定是素数。

3. 域上多项式(二元域)

这里仅讨论二进制编码理论中所涉及的二元域GF(2)上的多项式，即系数取自GF(2)上的多项式。

1) 域上多项式$f(x)$的根

定义 7-18 和普通代数一样，域上多项式$f(x)$也有它的根，若$f(\alpha)=0$，则称α是

域上多项式 $f(x)$ 的根。

定义 7-19 设 $f(x)$ 是次数大于 0 的多项式，若除了常数和常数与本身的乘积以外，再不能被域 GF(p) 上的其他多项式除尽，则称 $f(x)$ 为域 GF(p) 上的既约多项式。

【例 7-10】 多项式 $x^2+1=0$，它的根在二元域内等于 1。

【例 7-11】 多项式 $x^2+x+1=0$，它的根不在二元域内，因为 $f(1)\neq0$，$f(0)\neq0$，但若以 GF(2) 为基域，把域中的元素 0 和 1 都扩充一位，就可得到 4 个元素：00，01，10 和 11。设 α 是方程 $x^2+x+1=0$ 的根，用 00 表示 0，01 表示 1，则 $\alpha=10$，$\alpha^2=\alpha+1=11$，这样就把多项式的根在二元域 GF(2) 的扩域 GF(2^2) 中表示出来了，称 GF(2^2) 为二元域 GF(2) 的二次扩域。扩域中的非零元素可以用 α 的幂表示为 $\{0,1,\alpha,\alpha^2\}$。

【例 7-12】 多项式 x^3+x+1，用 000 表示 0，001 表示 1，若 α 是多项式的根，则 α 所有的幂次为

$$
\begin{array}{ll}
\alpha^0=1 & \text{对应 3 位二进制数 001} \\
\alpha^1 & \text{对应 3 位二进制数 010} \\
\alpha^2 & \text{对应 3 位二进制数 100} \\
\alpha^3=\alpha+1 & \text{对应 3 位二进制数 011} \\
\alpha^4=\alpha^2+\alpha & \text{对应 3 位二进制数 110} \\
\alpha^5=\alpha^2+\alpha+1 & \text{对应 3 位二进制数 111} \\
\alpha^6=\alpha^2+1 & \text{对应 3 位二进制数 101} \\
\alpha^7=1 & \text{对应 3 位二进制数 001} \\
\alpha^8=\alpha & \text{对应 3 位二进制数 010} \\
\vdots &
\end{array}
$$

循环

可以看出，α 的所有幂次共有 7 个非零元素，再加上 0 元素，就构成了含有 8 个元素的域 GF(2^3)，它是 GF(2) 的三次扩域。

上面列举的是两个既约多项式，是否能够推论出凡是二元域上的 m 次既约多项式的根都能够构成 m 次扩域 GF(2^m) 呢？为了说明这个问题，我们再看一个例子。

【例 7-13】 4 次既约多项式 $x^4+x^3+x^2+x+1$，设它的根为 α，则

$$
\begin{array}{ll}
\alpha^0=1 & \text{对应 4 位二进制数 0001} \\
\alpha^1 & \text{对应 4 位二进制数 0010} \\
\alpha^2 & \text{对应 4 位二进制数 0100} \\
\alpha^3 & \text{对应 4 位二进制数 1000} \\
\alpha^4=\alpha^3+\alpha^2+\alpha+1 & \text{对应 4 位二进制数 1111} \\
\alpha^5=1 & \text{对应 4 位二进制数 0001} \\
\alpha^6=\alpha & \\
\vdots &
\end{array}
$$

循环

不难看出，α 的所有幂次仅有 5 个元素，加上 0 元素共有 6 个，而不是 2^4 个，所以既约多项式 $x^4+x^3+x^2+x+1$ 的根不能构成 GF(2^4) 扩域。

我们再看另一个既约多项式。

【例 7-14】 多项式 $x^4 + x + 1$，若 α 是它的根，则

$$\alpha^0 = 1 \qquad\qquad 0001$$
$$\alpha^1 \qquad\qquad 0010$$
$$\alpha^2 \qquad\qquad 0100$$
$$\alpha^3 \qquad\qquad 1000$$
$$\alpha^4 = \alpha + 1 \qquad\qquad 0011$$
$$\alpha^5 = \alpha^2 + \alpha \qquad\qquad 0110$$
$$\alpha^6 = \alpha^3 + \alpha^2 \qquad\qquad 1100$$
$$\alpha^7 = \alpha^3 + \alpha + 1 \qquad\qquad 1011$$
$$\alpha^8 = \alpha^2 + 1 \qquad\qquad 0101$$
$$\alpha^9 = \alpha^3 + \alpha \qquad\qquad 1010$$
$$\alpha^{10} = \alpha^2 + \alpha + 1 \qquad\qquad 0111$$
$$\alpha^{11} = \alpha^3 + \alpha^2 + \alpha \qquad\qquad 1110$$
$$\alpha^{12} = \alpha^3 + \alpha^2 + \alpha + 1 \qquad\qquad 1111$$
$$\alpha^{13} = \alpha^3 + \alpha^2 + 1 \qquad\qquad 1101$$
$$\alpha^{14} = \alpha^3 + 1 \qquad\qquad 1001$$
$$\alpha^{15} = 1 \qquad\qquad 0001$$
$$\vdots$$

上述表明，α 是 $x^4 + x + 1$ 的根，它的所有幂次构成了 GF(2^4) 中的所有非零元素，加上 0 元素共 $2^4 = 16$ 个元素，α 的幂次构成了乘群，且是循环群。α 的级是 $2^4 - 1$，所以 α 是扩域 GF(2^4) 的本原元素。此外，$\alpha^{15} = 1$ 表明，α 还是 $\alpha^{15} + 1$ 的根，因此既约多项式 $x^4 + x + 1$ 能够整除多项式 $x^{15} + 1$，而不能整除其他次数小于 15 的多项式。

对于多项式 $x^4 + x^3 + x^2 + x + 1$，若 α 是它的根，也是 $x^5 + 1$ 的根，还是 $x^{15} + 1$ 的根，则 $x^4 + x^3 + x^2 + x + 1$ 不仅能整除 $x^{15} + 1$，还能整除 $x^5 + 1$。

2）本原多项式和非原多项式

定义 7-20 GF(2) 上的 m 次既约多项式有两大类：一类是能够整除 $x^n + 1$，但不能整除 $x^s + 1$，其中 $n = 2^m - 1$，$s < n$，它的根是 GF(2^m) 扩域中的本原元素，这一类称为本原多项式；另一类多项式，它不仅能整除 $x^n + 1$，也能整除 $x^s + 1$，它的根不是扩域 GF(2^m) 中的本原元素，这一类称为非原多项式。

3）m 次既约多项式根的性质

域上 m 次既约多项式有多少根？它的全部根是什么？下面的定理回答了这个问题。

定理 7-6 若 α 是 m 次既约多项式 $f(x)$ 的根，则它的全部根为

$$\alpha, \alpha^2, \alpha^4, \cdots, \alpha^{2^{m-1}}$$

证明 设 $f(x) = c_m x^m + c_{m-1} x^{m-1} + \cdots + c_1 x + c_0$，式中的系数 $c_i \in$ GF(2)。

已知 $f(\alpha) = 0$，α 是它的根，将 α^2 代入 $f(x)$ 的表达式后，可得

$$f(\alpha^2) = c_m (\alpha^2)^m + c_{m-1} (\alpha^2)^{m-1} + \cdots + c_1 (\alpha^2) + c_0$$

而

$$[f(\alpha)]^2 = c_m^2 (\alpha^2)^m + c_{m-1}^2 (\alpha^2)^{m-1} + \cdots + c_1^2 (\alpha^2) + c_0^2$$
$$= c_m (\alpha^2)^m + c_{m-1} (\alpha^2)^{m-1} + \cdots + c_1 (\alpha^2) + c_0$$

$$=0$$

所以

$$f(\alpha^2)=\left[f(\alpha)\right]^2=0$$

α^2 也是 $f(x)$ 的根。依此类推：$\alpha^4,\alpha^8,\cdots,\alpha^{2^{m-1}}$ 都是 $f(x)$ 的根。

定义 7-21　由于 $\alpha^{2^m}=\alpha$，因此 $\alpha,\alpha^2,\alpha^4,\cdots,\alpha^{2^{m-1}}$ 共 m 个元素是 $f(x)$ 互不相同的根，称这 m 个根为 $f(x)$ 的共轭根系。

【例 7-15】　本原多项式 x^3+x+1 的全部根为

$$\alpha,\alpha^2,\alpha^4$$

故 x^3+x+1 可以分解为

$$x^3+x+1=(x-\alpha)(x-\alpha^2)(x-\alpha^4)$$

【例 7-16】　既约多项式 $x^4+x^3+x^2+x+1$ 的全部根为

$$\alpha,\alpha^2,\alpha^4,\alpha^8=\alpha^3$$

则 $x^4+x^3+x^2+x+1$ 可以分解为

$$x^4+x^3+x^2+x+1=(x-\alpha)(x-\alpha^2)(x-\alpha^4)(x-\alpha^3)$$

我们把 m 次本原多项式的诸根 $\alpha,\alpha^2,\alpha^4,\cdots,\alpha^{2^{m-1}}$（$m$ 个元素）称为 GF(2^m)上的本原元素，它们的级都是 2^m-1。

【例 7-17】　x^4+x+1 是本原多项式，由它的根构成了扩域 GF(2^4)，其中 $\alpha,\alpha^2,\alpha^4,\alpha^8$ 是本原元素，它们的级都是 $2^4-1=15$，而非本原元素的级均为 2^4-1 的因子，即

$\alpha^3,\alpha^6,\alpha^{12},\alpha^9$ 的级为 5；

α^5,α^{10} 的级为 3；

$\beta=\alpha^7,\beta^2=\alpha^{14},\beta^4=\alpha^{13},\beta^8=\alpha^{11}$ 的级是 15，但它们不是 x^4+x+1 的根。

4. 最小多项式

定义 7-22　系数取自 GF(2)上，以 β 为根的多项式有许多，其中必有一个次数最低的，称它为最小多项式，记为 $m(x)$。

最小多项式有如下性质：

定理 7-7　最小多项式在域 GF(2)上是既约的；若 $f(x)$ 是 GF(2)上的多项式，而且它也以 β 为根，则 $m(x)\mid f(x)$；以 β 为根的最小多项式 $m(x)$ 是唯一的。

证明　设 $m(x)$ 是 β 的最小多项式，若 $m(x)$ 不是既约多项式，则 $m(x)$ 可以表示为

$$m(x)=m_1(x)m_2(x)$$

其中 $m_1(x)$ 和 $m_2(x)$ 的次数均小于 $m(x)$ 的次数。因为 $m(\beta)=m_1(\beta)m_2(\beta)=0$，所以在 $m_1(\beta)$ 和 $m_2(\beta)$ 之中至少有一个因式为 0，这与 $m(x)$ 是最小多项式的假设相矛盾，所以 $m(x)$ 是既约多项式。

若 $f(x)$ 是 GF(2)上的多项式，由欧几里得除法有

$$f(x)=q(x)m(x)+r(x)\qquad 0\leqslant \partial^\circ r(x)\leqslant \partial^\circ m(x)$$
$$f(\beta)=q(\beta)m(\beta)+r(\beta)=0$$

因为 $m(\beta)=0$，所以 $r(\beta)=0$，但 $r(\beta)$ 的次数低于 $m(x)$ 的次数，这与假设相矛盾，故 $r(x)=0$，由此知 $f(x)=q(x)m(x)$，或表示为 $m(x)\mid f(x)$。

现证明 $m(x)$ 的唯一性。设 $m_1(x)$ 是 β 的另一最小多项式，则 $m_1(x)\mid m(x)$；而

$m(x)$ 也是最小多项式，因此 $m(x) \mid m_1(x)$。所以 $m_1(x) = m(x)$。

定理 7-8 若 β 是扩域 $GF(2^m)$ 中的元素，则 β 的最小多项式 $m(x)$ 的次数小于等于 m。

证明 由前述已知，既约多项式 $m(x)$ 的全部根为

$$\beta, \beta^2, \beta^4, \cdots, \beta^{2^{m-1}}$$

所以，β 为根的最小多项式 $m(x)$ 的次数最高为 m，若 β 的级为 2^m-1，则 $m(x)$ 的次数为 m；若 β 的级为 2^r-1，$r < m$，则 $m(x)$ 的次数 $r < m$。

5. 本原多项式

定义 7-23 系数取自 $GF(2)$ 上，以 $GF(2^m)$ 中本原元素为根的最小多项式，称为 $GF(2^m)$ 的本原多项式。

若本原多项式以级为 $n = 2^m-1$ 的本原元素 α 为根，则本原多项式的共轭根系为

$$\alpha, \alpha^2, \alpha^4, \cdots, \alpha^{2^{m-1}}$$

共有 m 个根。

6. 求最小多项式

根据以上讨论，我们可以按如下步骤求最小多项式：

(1) 根据 m 次本原多项式列出 $GF(2^m)$ 域。

(2) 假定 $m(x)$ 的根为 $\beta, \beta^2, \beta^4, \cdots, \beta^{2^{m-1}}$。

(3) 将 β 换成 α，若 α 序列中没有重复值，则 $r = m$；若 α 序列中有重复值，则去掉重复值。

(4) 列出 $m(x) = \prod(x - \alpha_i)$，$\alpha_i$ 是 α 序列中的元素。

(5) 展开 $m(x)$，根据 $GF(2^m)$ 求出展开式的系数，最后得到 $m(x)$ 的表达式。

【例 7-18】 已知 4 次本原多项式 $x^4 + x + 1$，求以 α 为根的最小多项式 $m_1(x)$，以 α^3 为根的最小多项式 $m_3(x)$ 和以 α^5 为根的最小多项式 $m_5(x)$。

解：(1) 写出 $GF(2^4)$：

$\alpha^0 = 1$	0001	$\alpha^8 = \alpha^2 + 1$	0101
α^1	0010	$\alpha^9 = \alpha^3 + \alpha$	1010
α^2	0100	$\alpha^{10} = \alpha^2 + \alpha + 1$	0111
α^3	1000	$\alpha^{11} = \alpha^3 + \alpha^2 + \alpha$	1110
$\alpha^4 = \alpha + 1$	0011	$\alpha^{12} = \alpha^3 + \alpha^2 + \alpha + 1$	1111
$\alpha^5 = \alpha^2 + \alpha$	0110	$\alpha^{13} = \alpha^3 + \alpha^2 + 1$	1101
$\alpha^6 = \alpha^3 + \alpha^2$	1100	$\alpha^{14} = \alpha^3 + 1$	1001
$\alpha^7 = \alpha^3 + \alpha + 1$	1011	$\alpha^{15} = 1$	0001

$\vdots$

(2) $m_1(x)$ 的全部根为

$$\alpha, \alpha^2, \alpha^4, \alpha^8$$

$m_3(x)$ 的全部根为

$$\beta = \alpha^3, \beta^2 = \alpha^6, \beta^4 = \alpha^{12}, \beta^8 = \alpha^{24} = \alpha^9$$

$m_5(x)$ 的全部根为

$$\beta=\alpha^5,\ \beta^2=\alpha^{10},\ \beta^4=\alpha^5,\ \beta^8=\alpha^{10}$$

(3) $m_1(x)=x^4+x+1$

$$m_3(x)=(x-\alpha^3)(x-\alpha^6)(x-\alpha^9)(x-\alpha^{12})=x^4+x^3+x^2+x+1$$

$$m_5(x)=(x-\alpha^5)(x-\alpha^{10})=x^2+x+1$$

依此类推，可以求出以 $\beta=\alpha^7$ 为根的最小多项式 $m_7(x)$，它的全部根为

$$\beta=\alpha^7,\ \beta^2=\alpha^{14},\ \beta^4=\alpha^{13},\ \beta^8=\alpha^{11},\ \beta^{16}=\alpha^7$$

$$m_7(x)=(x-\alpha^7)(x-\alpha^{14})(x-\alpha^{13})(x-\alpha^{11})=x^4+x^3+1$$

有关的数学概念就简介到此，在学习编码理论中涉及的更深入、更广泛的概念可参看与"近世代数"相关的专著。

小　结

可靠性是衡量一个通信系统的主要指标，对数字通信系统来说就是降低误码率。信道编码的基本思想是：按一定规则给消息序列增加一些多余的码元，使不具有规律性的消息序列变换为具有某种规律性的码序列，码序列中的信息码元与多余码元之间是相关的，在接收端信道译码器利用预知的编码规则译码，从而发现接收码序列中是否有错或者纠正其中的差错。根据最大后验概率进行译码判决，一定是译码错误概率最小。在大多数情况下最大后验概率译码可等效为最大似然译码；在 BSC 信道条件下，最大似然译码就等效为最小距离译码。后面章节将要讲到的线性分组码、循环码、卷积码的译码都采用的是最小距离译码。群、环、域和域上多项式的理论是学习循环码的基础，特别是二元有限域上的多项式理论，在循环码理论研究中尤为重要。

习　题　7

7-1　常用的差错控制方法有哪些？其主要特点是什么？

7-2　简述纠错编码的分类（从不同的角度）。

7-3　简述汉明距离和汉明重量的定义、错误图样的定义、随机错误和突发错误的定义。

7-4　简述奇偶校验码的形成过程及重复码的译码规则。

7-5　下列码字代表 8 个字符：

$$0000000\quad 1000111\quad 0101011\quad 0011101$$
$$1101100\quad 1011010\quad 0110110\quad 1110001$$

找出最小的汉明距离 d_0 并说明该组码字的检错和纠错能力。

7-6　接收到由 3 次重复法则编出的重复码序列如下：

(a)　0001　1000　1111　1101　0000

(b)　1111　1111　0111　0010　0000

(c)　0100　0101　1111　0000　0111

试应用大数判决译出该 3 个字符序列。

7-7 奇校验码码字是 $c=(m_0, m_1, \cdots, m_{k-1}, p)$，其中奇校验位 p 满足方程：
$$m_0+m_1+\cdots+m_{k-1}+p=1 \quad (\mathrm{mod}\ 2)$$
证明奇校验码的检错能力与偶校验码的检错能力相同，但奇校验码不是线性分组码。

7-8 设有一离散信道，其信道矩阵为

$$\boldsymbol{P} = \begin{array}{c} \\ a_1 \\ a_2 \\ a_3 \end{array} \begin{array}{ccc} b_1 & b_2 & b_3 \end{array} \left[\begin{array}{ccc} \dfrac{1}{2} & \dfrac{1}{4} & \dfrac{1}{4} \\ \dfrac{1}{4} & \dfrac{1}{2} & \dfrac{1}{4} \\ \dfrac{1}{4} & \dfrac{1}{4} & \dfrac{1}{2} \end{array} \right]$$

(1) 当信源 X 的概率分布为 $p(a_1)=2/3$，$p(a_2)=p(a_3)=1/6$ 时，按最大后验概率准则选择译码函数，并计算其平均错误译码概率 $P_{e\ \min}$；

(2) 当信源是等概信源时，按最大似然译码准则选择译码函数，并计算其平均错误译码概率 $P_{e\ \min}$。

7-9 已知离散无记忆信道的输入符号集为 $X=\{0, 1\}$，输出符号集为 $Y=\{0, 1, 2\}$，信道矩阵为

$$\boldsymbol{P} = \begin{array}{c} \\ 0 \\ 1 \end{array} \begin{array}{ccc} b_1 & b_2 & b_3 \end{array} \left[\begin{array}{ccc} \dfrac{1}{2} & \dfrac{1}{4} & \dfrac{1}{4} \\ \dfrac{1}{4} & \dfrac{1}{2} & \dfrac{1}{4} \end{array} \right]$$

若某信源输出两个等概消息 s_1 和 s_2，现用信道输入符号集中的符号对 s_1 和 s_2 进行信道编码(以 $w_1=00$ 代表 s_1，$w_2=11$ 代表 s_2)，试写出能使平均错误译码概率 $P_e=P_{e\ \min}$ 的译码规则，并计算 $P_{e\ \min}$。

7-10 构造模 6 加法下的群。

7-11 构造模 3 乘法下的群。

7-12 设 m 为一个正整数，如果 m 不是素数，证明集合 $\{1, 2, \cdots, m-1\}$ 在模 m 乘法下不是群。

7-13 证明：集合 $\{0, 1\}$ 在模 2 加法运算规则下构成交换群。

7-14 证明：集合 $\{0, 1\}$ 在模 2 加法和模 2 乘法下构成二元域 GF(2)。

7-15 给出基于本原多项式 $p(x) = x^3+x+1$ 构造的 GF(2^3) 的表，要求列出每个元素的幂、多项式和向量表示，并确定每个元素的级数。

7-16 根据本原多项式 $p(x) = x^5+x^2+1$，构造二元扩域 GF(2^5) 的域元素表(幂、多项式、n 重)。设 α 是 GF(2^5) 的本原元，求域元素 α^3 和 α^7 对应的最小多项式。

7-17 设 α 是 GF(2) 上 4 次既约多项式 $p(x)=x^4+x^3+x^2+x+1$ 在扩域 GF(2^4) 上的根，试求 $\alpha+1$ 对应的最小多项式，并判断这一最小多项式是否为本原多项式。

7-18 全体非负整数集合在通常的加和乘运算下是否构成群？

7-19 构造 GF(7) 的加法和乘法表，找出每一个元素的级，并找出是生成元的元素。

第 8 章　线性分组码

线性分组码是分组码中最重要的一类码，它是研究其他各类码的基础。我们只讨论二元线性分组码，但是应该指出，利用二元域和多元域间的关系，完全能够将二元码推广到多元码。

8.1　线性分组码的概念

在数字通信系统中，为了能在接收端发现和纠正信息传输中产生的错误，发送端需要对所传输的数字信息序列进行编码。线性分组码的编码过程分为两步：首先把信息序列按一定长度分成若干信息码组，每组由相继的 k 位组成；然后编码器按照预定的线性规则（可由线性方程组规定），把信息码组变换成 n 维数组（n 重）码字，其中 $n>k$，$n-k$ 个附加码元是由信息码元的线性运算产生的。

定义 8-1　通过预定的线性运算将长为 k 位的信息码组变换成 n 重的码字（$n>k$），由 2^k 个信息码组所编成的 2^k 个码字集合称为线性分组码。

信息码组长为 k 位，有 2^k 个不同的信息码组，有 2^k 个码字与它们一一对应。所以线性分组码的码字数为 2^k 个（许用码组）。

一个 n 重的码字可以用矢量来表示：
$$\boldsymbol{C}=(c_{n-1},\ c_{n-2},\cdots,\ c_1,\ c_0)$$
所以码字又称为码矢。

信息位长为 k、码长为 n 的线性码简称为（n,k）线性码。用 $\eta=k/n$ 表示信息位所占的比重，叫做编码效率或码率。它说明了信道的利用效率，η 是衡量码性能的一个重要参数。

8.2　线性分组码的监督矩阵和生成矩阵

8.2.1　线性分组码的监督矩阵

1. 一致监督方程

编码就是给已知信息码组按预定规则添加监督码元，以构成码字。在 k 个信息码元之后附加 $r(r=n-k)$ 个监督码元，使每个监督元是其中某些信息元的模 2 和。例如，信息码组长度 $k=3$，在每一信息码组后加上 4 个监督元，即 $r=4$，可构成（7,3）线性分组码。设码字为

$$(c_6,\ c_5,\ c_4,\ c_3,\ c_2,\ c_1,\ c_0)$$

其中，c_6，c_5，c_4 为信息元，c_3，c_2，c_1，c_0 为监督元，每个码元取"0"或"1"，监督元按下面方程组计算（为了简便，今后分别用"＋"和"×"表示模 2 相加和模 2 相乘，在模 2 情况下，加和减是一回事）：

$$\begin{cases} c_3 = c_6 + c_4 \\ c_2 = c_6 + c_5 + c_4 \\ c_1 = c_6 + c_5 \\ c_0 = c_5 + c_4 \end{cases} \quad (8-1)$$

式(8-1)为一线性方程组，它确定了由信息元得到监督元的规则，所以称为监督方程或校验方程。由于所有码字都按同一规则确定，因此又称为一致监督方程或一致校验方程。由于一致监督方程是线性的，即监督元和信息元之间是线性运算关系，因而由线性监督方程所确定的分组码是线性分组码。

利用式(8-1)，每给出一个 3 位的信息码组，就可编出一个码字。例如，信息码组(101)，即 $c_6=1$，$c_5=0$，$c_4=1$，代入式(8-1)得：$c_3=0$，$c_2=0$，$c_1=1$，$c_0=1$。即由信息码组(101)编出的码字为(1010011)。其他 7 个码字如表 8-1 所示。

表 8-1　(7，3)分组码编码表

信息组	对应码字
0 0 0	0 0 0 0 0 0 0
0 0 1	0 0 1 1 1 0 1
0 1 0	0 1 0 0 1 1 1
0 1 1	0 1 1 1 0 1 0
1 0 0	1 0 0 1 1 1 0
1 0 1	1 0 1 0 0 1 1
1 1 0	1 1 0 1 0 0 1
1 1 1	1 1 1 0 1 0 0

2. 一致监督矩阵

为了运算方便，将式(8-1)监督方程写成矩阵形式，即

$$\begin{cases} c_6 + 0 + c_4 + c_3 + 0 + 0 + 0 = 0 \\ c_6 + c_5 + c_4 + 0 + c_2 + 0 + 0 = 0 \\ c_6 + c_5 + 0 + 0 + 0 + c_1 + 0 = 0 \\ 0 + c_5 + c_4 + 0 + 0 + 0 + c_0 = 0 \end{cases}$$

$$\begin{bmatrix} 1 & 0 & 1 & 1 & 0 & 0 & 0 \\ 1 & 1 & 1 & 0 & 1 & 0 & 0 \\ 1 & 1 & 0 & 0 & 0 & 1 & 0 \\ 0 & 1 & 1 & 0 & 0 & 0 & 1 \end{bmatrix} \begin{bmatrix} c_6 \\ c_5 \\ c_4 \\ c_3 \\ c_2 \\ c_1 \\ c_0 \end{bmatrix} = \begin{bmatrix} 0 \\ 0 \\ 0 \\ 0 \end{bmatrix} \quad (8-2)$$

令 $C = [c_6\ c_5\ c_4\ c_3\ c_2\ c_1\ c_0]$，$0 = [0\ 0\ 0\ 0]$，系数矩阵为

$$H = \begin{bmatrix} 1 & 0 & 1 & 1 & 0 & 0 & 0 \\ 1 & 1 & 1 & 0 & 1 & 0 & 0 \\ 1 & 1 & 0 & 0 & 0 & 1 & 0 \\ 0 & 1 & 1 & 0 & 0 & 0 & 1 \end{bmatrix} \tag{8-3}$$

于是式(8-2)可写成

$$H \cdot C^{\mathrm{T}} = 0^{\mathrm{T}} \quad 或 \quad C \cdot H^{\mathrm{T}} = 0 \tag{8-4}$$

式中，C^{T}，H^{T}，0^{T} 分别表示 C，H，0 的转置矩阵。系数矩阵 H 的后 4 列组成一个 4×4 阶单位子阵，用 I_4 表示，H 的其余部分用 P 表示，则

$$P_{4\times3} = \begin{bmatrix} 1 & 0 & 1 \\ 1 & 1 & 1 \\ 1 & 1 & 0 \\ 0 & 1 & 1 \end{bmatrix} \quad I_4 = \begin{bmatrix} 1 & 0 & 0 & 0 \\ 0 & 1 & 0 & 0 \\ 0 & 0 & 1 & 0 \\ 0 & 0 & 0 & 1 \end{bmatrix}$$

所以

$$H_{(7,3)} = [P_{4\times3} \quad I_4] \tag{8-5}$$

推广到一般情况：对 (n, k) 线性分组码，每个码字中的 $r(r = n - k)$ 个监督元与信息元之间的关系可由下面的线性方程组确定：

$$\begin{cases} h_{11}c_{n-1} + h_{12}c_{n-2} + \cdots + h_{1n}c_0 = 0 \\ h_{21}c_{n-1} + h_{22}c_{n-2} + \cdots + h_{2n}c_0 = 0 \\ \quad\quad\quad\quad\quad \vdots \\ h_{r1}c_{n-1} + h_{r2}c_{n-2} + \cdots + h_{rn}c_0 = 0 \end{cases} \tag{8-6}$$

令上式的系数矩阵为 H，码字行阵列为 C，即

$$H_{r\times n} = \begin{bmatrix} h_{11} & h_{12} & \cdots & h_{1n} \\ h_{21} & h_{22} & \cdots & h_{2n} \\ \vdots & \vdots & & \vdots \\ h_{r1} & h_{r2} & \cdots & h_{rn} \end{bmatrix} \tag{8-7}$$

$$C_{1\times n} = [c_{n-1} \quad c_{n-2} \quad \cdots \quad c_0]$$

于是式(8-6)可写成

$$H_{r\times n} \cdot (C_{1\times n})^{\mathrm{T}} = (0_{1\times r})^{\mathrm{T}} \quad 或 \quad C_{1\times n} \cdot (H_{r\times n})^{\mathrm{T}} = 0_{1\times r} \tag{8-8}$$

称 H 为 (n, k) 线性分组码的一致监督矩阵，简称监督矩阵。

3. 一致监督矩阵的特性

对 H 各行实行初等变换，将后面 r 列化为单位子阵，得到

$$H_{r\times n} = \begin{bmatrix} p_{11} & p_{12} & \cdots & p_{1k} & 1 & 0 & \cdots & 0 \\ p_{21} & p_{22} & \cdots & p_{2k} & 0 & 1 & \cdots & 0 \\ \vdots & \vdots & & \vdots & \vdots & \vdots & & \vdots \\ p_{r1} & p_{r2} & \cdots & p_{rk} & 0 & 0 & \cdots & 1 \end{bmatrix} \tag{8-9}$$

行变换所得方程组与原方程组同解。变换后矩阵后面的 r 列是一单位子阵的监督矩阵，称为监督矩阵 H 的标准形式。

4. 监督矩阵标准形式的特性

显然，**H** 阵的每一行都代表一个监督方程，它表示与该行中"1"相对应的码元的模 2 和为 0。因而 **H** 的标准形式表明了相应的监督元是由哪些信息元决定的。例如 (7,3) 码的 **H** 阵的第一行为 (1011000)，说明第一个监督元等于第一个和第三个信息元的模 2 和，其余类推。

H 阵的 r 行代表了 r 个监督方程，由 **H** 所确定的码字有 r 个监督元。那么，为了得到确定的码，r 个监督方程（或 **H** 阵的 r 行）必须是线性独立的，这要求 **H** 阵的秩为 r。若把 **H** 阵化成标准形式，只要检查单位子阵的秩，就能方便地确定 **H** 阵本身的秩。

8.2.2　线性分组码的生成矩阵

在推导线性分组码的生成矩阵之前，我们先证明线性码的一些性质。

1. 线性码的一些性质

定理 8-1　设二元线性分组码 C_1（C_1 表示码字集合）是由监督矩阵 **H** 所定义的，若 U 和 V 为其中的任意两个码字，则 $U+V$ 也是 C_1 中的一个码字。

证明　由于 U 和 V 是码 C_1 中的两个码字，故有

$$H \cdot U^T = 0^T, \ H \cdot V^T = 0^T$$

那么

$$H \cdot (U+V)^T = H \cdot (U^T+V^T) = H \cdot U^T + H \cdot V^T = 0^T$$

即 $U+V$ 满足监督方程，所以 $U+V$ 一定是一个码字。

该定理表明，线性码任意两个码字之和仍是一个码字。这一性质称为线性码的封闭性。

一个长为 n 的二元序列可以看做是 GF(2)（二元域）上的 n 维线性空间中的一点。所有 2^n 个矢量集合构成了 GF(2) 上的 n 维线性空间 V_n。把线性码放入线性空间中进行研究，将使许多问题简化且比较容易解决。

定理 8-2　(n,k) 线性码是 n 维线性空间 V_n 中的一个 k 维子空间 V_k。

证明　设 C_1 是一个由监督矩阵 **H** 定义的 (n,k) 线性码，且 $U \in C_1$，$V \in C_1$。

(1) 由于码具有封闭性，因此 $U+V \in C_1$；

(2) 若 a 为 GF(2) 中的常数，$U \in C_1$，并且零码字 $\in C_1$，则 $a \cdot U \in C_1$；

(3) 由 $H \cdot U^T = 0^T$ 可知，U 在由 **H** 阵的行张成的 $n-k$ 维线性子空间 V_{n-k} 的零空间 V_k 中，而 V_k 的维数是 k。

(1) 和 (2) 证明了 (n,k) 线性码构成了 n 维线性空间 V_n 的一个子空间，而 (3) 进一步证明了该子空间的维数是 k。

2. 线性分组码的生成矩阵

在由 (n,k) 线性码构成的线性空间 V_n 的 k 维子空间中，一定存在 k 个线性独立的码字 $g_1, g_2, \cdots, g_k$，码 C_1 中其他任何码字 C 都可以表示为这 k 个码字的一种线性组合，即

$$C = m_{k-1}g_1 + m_{k-2}g_2 + \cdots + m_0 g_k \tag{8-10}$$

其中，$m_i \in \mathrm{GF}(2)$，$i=0,1,\cdots,k-1$。将式 (8-10) 写成矩阵形式为

$$C_{1 \times n} = [m_{k-1} m_{k-2} \cdots m_0] \begin{bmatrix} \boldsymbol{g}_1 \\ \boldsymbol{g}_2 \\ \vdots \\ \boldsymbol{g}_k \end{bmatrix} = \boldsymbol{m}_{1 \times k} \cdot \boldsymbol{G}_{k \times n} \qquad (8-11)$$

其中，$\boldsymbol{m} = [m_{k-1} \quad m_{k-2} \quad \cdots \quad m_0]$ 是待编码的信息组，$\boldsymbol{G}_{k \times n}$ 是一个 $k \times n$ 阶矩阵，即

$$\boldsymbol{G}_{k \times n} = \begin{bmatrix} \boldsymbol{g}_1 \\ \boldsymbol{g}_2 \\ \vdots \\ \boldsymbol{g}_k \end{bmatrix} = \begin{bmatrix} g_{11} & g_{12} & \cdots & g_{1n} \\ g_{21} & g_{22} & \cdots & g_{2n} \\ \vdots & \vdots & & \vdots \\ g_{k1} & g_{k2} & \cdots & g_{kn} \end{bmatrix} \qquad (8-12)$$

$\boldsymbol{G}_{k \times n}$ 中每一行 $\boldsymbol{g}_i = (g_{i1}, g_{i2}, \cdots, g_{in})$ 都是一个码字。对每一个信息组 $\boldsymbol{m}$，由矩阵 $\boldsymbol{G}_{k \times n}$ 都可以求得 (n, k) 线性码对应的码字。由于矩阵 $\boldsymbol{G}_{k \times n}$ 生成了 (n, k) 线性码，因此称矩阵 $\boldsymbol{G}_{k \times n}$ 为 (n, k) 线性码的生成矩阵。

由式 $(8-10)$ 可知，(n, k) 线性码的每一个码字都是生成矩阵 $\boldsymbol{G}_{k \times n}$ 的行矢量的线性组合，所以它的 2^k 个码字构成了由 $\boldsymbol{G}_{k \times n}$ 的行张成的 n 维空间的一个 k 维子空间 $\boldsymbol{V}_k$。

3. 线性系统分组码

通过行初等变换，将 $\boldsymbol{G}_{k \times n}$ 化为前 k 列是单位子阵的标准形式，即

$$\boldsymbol{G}_{k \times n} = \begin{bmatrix} 1 & 0 & \cdots & 0 & q_{11} & q_{12} & \cdots & q_{1(n-k)} \\ 0 & 1 & \cdots & 0 & q_{21} & q_{22} & \cdots & q_{2(n-k)} \\ \vdots & \vdots & \ddots & \vdots & \vdots & \vdots & \ddots & \vdots \\ 0 & 0 & \cdots & 1 & q_{k1} & q_{k2} & \cdots & q_{k(n-k)} \end{bmatrix} = [\boldsymbol{I}_k \quad \boldsymbol{Q}_{k \times (n-k)}] \qquad (8-13)$$

将式 $(8-13)$ 代入 $C_{1 \times n} = (c_{n-1}, c_{n-2}, \cdots, c_0) = (m_{k-1}, m_{k-2}, \cdots, m_0) \boldsymbol{G}_{k \times n}$，得

$$\begin{cases} c_{n-i} = m_{k-i} & i = 1, 2, \cdots, k \\ c_{n-(k+j)} = m_{k-1} q_{1j} + m_{k-2} q_{2j} + \cdots + m_0 q_{kj} & j = 1, 2, \cdots, n-k \end{cases} \qquad (8-14)$$

式 $(8-14)$ 表明，用标准生成矩阵 $\boldsymbol{G}_{k \times n}$ 编成的码字，前面 k 位为信息位，后面 $r = n-k$ 位为监督位，其结构如图 8-1 所示。这种信息位在前监督位在后的线性分组码称为线性系统分组码。

由上述可知，当生成矩阵 $\boldsymbol{G}_{k \times n}$ 确定之后，(n, k) 线性码也就完全被确定了，只要找到码的生成矩阵，编码问题也就同样被解决了。

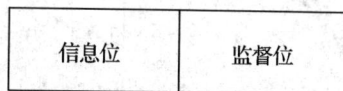

信息位	监督位

图 8-1　系统码的码字结构

【例 8-1】　$(7, 4)$ 线性码的生成矩阵为

$$\boldsymbol{G}_{4 \times 7} = \begin{bmatrix} 1 & 0 & 0 & 0 & 1 & 0 & 1 \\ 0 & 1 & 0 & 0 & 1 & 1 & 1 \\ 0 & 0 & 1 & 0 & 1 & 1 & 0 \\ 0 & 0 & 0 & 1 & 0 & 1 & 1 \end{bmatrix}$$

若待编码的信息组 $\boldsymbol{m} = (1\ 0\ 1\ 0)$，根据式 $(8-11)$，信息组所对应的码字是对 $\boldsymbol{G}_{4 \times 7}$ 的行按信息组进行线性组合，即

$$C_{1 \times 7} = m_{1 \times 4} \cdot G_{4 \times 7} = \begin{bmatrix} 1 & 0 & 1 & 0 \end{bmatrix} \begin{bmatrix} 1 & 0 & 0 & 0 & 1 & 0 & 1 \\ 0 & 1 & 0 & 0 & 1 & 1 & 1 \\ 0 & 0 & 1 & 0 & 1 & 1 & 0 \\ 0 & 0 & 0 & 1 & 1 & 0 & 1 \end{bmatrix} = (1010011)$$

4. 生成矩阵与一致监督矩阵的关系

(n, k) 线性码的 $G_{k \times n}$ 和 $H_{r \times n}$ 之间有非常密切的关系。因为生成矩阵 $G_{k \times n}$ 的每一行都是一个码字，所以 $G_{k \times n}$ 的每一行都满足：$H_{r \times n} \cdot (C_{1 \times n})^{\mathrm{T}} = (0_{1 \times r})^{\mathrm{T}}$，则有

$$H_{r \times n} \cdot (G_{k \times n})^{\mathrm{T}} = (0_{k \times r})^{\mathrm{T}} \quad \text{或} \quad G_{k \times n} \cdot (H_{r \times n})^{\mathrm{T}} = 0_{k \times r} \tag{8-15}$$

因此，线性码的生成矩阵 $G_{k \times n}$ 和监督矩阵 $H_{r \times n}$ 的行矢量彼此正交。那么由生成矩阵的行矢量张成的 k 维子空间和由监督矩阵的行矢量张成的 $n - k$ 维子空间互为零空间。并且，由式 (8-15) 得

$$G_S \cdot H_S^{\mathrm{T}} = [I_k \quad Q_{k \times r}] \cdot [P_{r \times k} \quad I_r]^{\mathrm{T}} = [I_k \quad Q_{k \times r}] \cdot \begin{bmatrix} (P_{r \times k})^{\mathrm{T}} \\ I_r \end{bmatrix}$$

$$= (P_{r \times k})^{\mathrm{T}} + Q_{k \times r} = 0_{k \times r}$$

所以

$$Q_{k \times r} = (P_{r \times k})^{\mathrm{T}} \quad \text{或} \quad (Q_{k \times r})^{\mathrm{T}} = P_{r \times k} \tag{8-16}$$

由此可得

$$G_S = [I_k \quad Q_{k \times r}] \quad \text{或} \quad H_S = [(Q_{k \times r})^{\mathrm{T}} \quad I_r]$$

因而，线性系统码的监督矩阵 H_S 和生成矩阵 G_S 之间可以直接互换。

5. 对偶码

对一个 (n, k) 线性码 C_1，由于 $H_{r \times n} \cdot (G_{k \times n})^{\mathrm{T}} = (0_{k \times r})^{\mathrm{T}}$，如果以 G 作监督矩阵，而以 H 作生成矩阵，可构造另一个码 C_{Id}，C_{Id} 是一个 $(n, n-k)$ 线性码，称码 C_{Id} 为原码的对偶码。显然，由于对偶码是原码的生成矩阵和监督矩阵互换后所构成的码，因此对偶码的码字与原码的码字彼此正交，而它们的码字集合分别构成的两个子空间是互为零化空间。例如，$(7, 4)$ 线性码的对偶码是 $(7, 3)$ 码，$(7, 3)$ 码的生成矩阵 $G_{(7,3)}$ 是 $(7, 4)$ 码的监督矩阵 $H_{(7,4)}$，同时 $(7, 3)$ 码的监督矩阵 $H_{(7,3)}$ 是 $(7, 4)$ 码的生成矩阵 $G_{(7,4)}$。

$$G_{(7,3)} = H_{(7,4)} = \begin{bmatrix} 1 & 1 & 1 & 0 & 1 & 0 & 0 \\ 0 & 1 & 1 & 1 & 0 & 1 & 0 \\ 1 & 1 & 0 & 1 & 0 & 0 & 1 \end{bmatrix} \xrightarrow{\text{化成标准形式}} \begin{bmatrix} 1 & 0 & 0 & 1 & 1 & 1 & 0 \\ 0 & 1 & 0 & 0 & 1 & 1 & 1 \\ 0 & 0 & 1 & 1 & 1 & 0 & 1 \end{bmatrix}$$

$$\tag{8-17}$$

$$H_{(7,3)} = G_{(7,4)} = \begin{bmatrix} 1 & 0 & 0 & 0 & 1 & 0 & 1 \\ 0 & 1 & 0 & 0 & 1 & 1 & 1 \\ 0 & 0 & 1 & 0 & 1 & 1 & 0 \\ 0 & 0 & 0 & 1 & 1 & 0 & 1 \end{bmatrix} \xrightarrow{\text{化成标准形式}} \begin{bmatrix} 1 & 0 & 1 & 1 & 0 & 0 & 0 \\ 1 & 1 & 1 & 0 & 1 & 0 & 0 \\ 1 & 1 & 0 & 0 & 0 & 1 & 0 \\ 0 & 1 & 1 & 0 & 0 & 0 & 1 \end{bmatrix}$$

$$\tag{8-18}$$

8.3 线性分组码的编码

(n, k) 线性码的编码就是根据线性码的监督矩阵或生成矩阵将长为 k 的信息组变换成长

为 $n(n>k)$ 的码字。下面我们利用监督矩阵构造 $(7,3)$ 线性分组码的编码电路。设码字为

$$\boldsymbol{C} = (c_6 c_5 c_4 c_3 c_2 c_1 c_0)$$

码的监督矩阵为

$$\boldsymbol{H}_{(7,3)} = \begin{bmatrix} 1 & 0 & 1 & 1 & 0 & 0 & 0 \\ 1 & 1 & 1 & 0 & 1 & 0 & 0 \\ 1 & 1 & 0 & 0 & 0 & 1 & 0 \\ 0 & 1 & 1 & 0 & 0 & 0 & 1 \end{bmatrix}$$

由 $\boldsymbol{H} \cdot \boldsymbol{C}^{\mathrm{T}} = \boldsymbol{0}^{\mathrm{T}}$ 得

$$\begin{cases} c_3 = c_6 + c_4 \\ c_2 = c_6 + c_5 + c_4 \\ c_1 = c_6 + c_5 \\ c_0 = c_5 + c_4 \end{cases}$$

根据上面方程组可直接画出 $(7,3)$ 码的并行编码电路和串行编码电路，如图 8 - 2 所示。

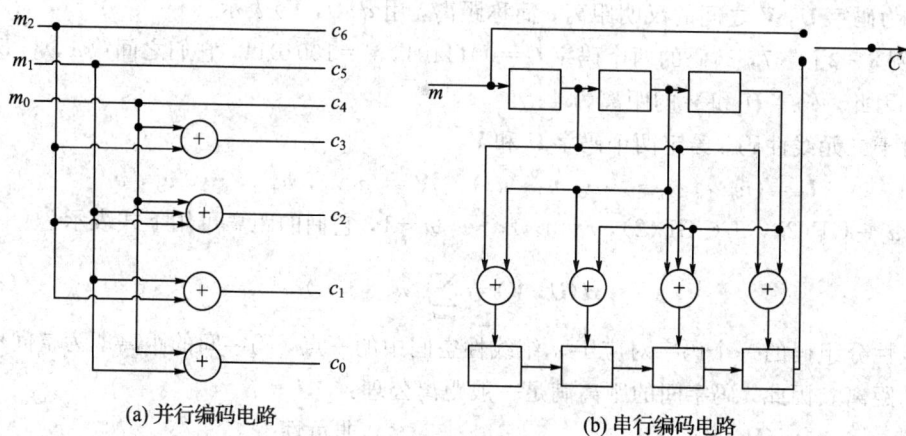

(a) 并行编码电路　　　　　　　(b) 串行编码电路

图 8 - 2　线性系统编码电路

也可以利用生成矩阵来编码，设信息组为 $\boldsymbol{m} = (m_2, m_1, m_0)$，生成矩阵为

$$\boldsymbol{G}_{(7,3)} = \begin{bmatrix} 1 & 0 & 0 & 1 & 1 & 1 & 0 \\ 0 & 1 & 0 & 0 & 1 & 1 & 1 \\ 0 & 0 & 1 & 1 & 1 & 0 & 1 \end{bmatrix}$$

根据 $\boldsymbol{C} = (c_6, c_5, c_4, c_3, c_2, c_1, c_0) = \boldsymbol{m} \cdot \boldsymbol{G}$，将 $\boldsymbol{m}$ 和 $\boldsymbol{G}$ 代入得

$$\begin{cases} c_6 = m_2 \\ c_5 = m_1 \\ c_4 = m_0 \\ c_3 = m_2 + m_0 = c_6 + c_4 \\ c_2 = m_2 + m_1 + m_0 = c_6 + c_5 + c_4 \\ c_1 = m_2 + m_1 = c_6 + c_5 \\ c_0 = m_1 + m_0 = c_5 + c_4 \end{cases}$$

由此可见，按生成矩阵和监督矩阵计算监督元，所得结果是一致的，编码电路相同。因为生成矩阵和监督矩阵只是以不同的方式来描述同一码的结构。

8.4 线性分组码的最小距离、检错和纠错能力

(n,k) 线性码能发现和纠正接收码组中错误码元的个数叫做码的检错或纠错能力。码的检、纠错能力取决于码的最小距离。码的最小距离越大，码能发现或纠正接收码组中错误码元的数目就越多，码的检、纠错能力就越强。码字能检、纠错误的必要条件是：码字在一些码元发生错误之后，还没有变成其他的码字。因此为使码具有强的检、纠错能力，各码字之间应有足够的差别。差别越大，即使码元错误较多，也不至于变成其他码字。用来表示码字间差别大小的参数，称为码字间的汉明距离。

8.4.1 汉明距离、汉明重量和汉明球

定义 8-2 在 (n,k) 线性码中，两个码字 $\boldsymbol{U},\boldsymbol{V}$ 之间对应码元位上符号取值不同的个数，称为码字 $\boldsymbol{U},\boldsymbol{V}$ 之间的汉明距离，简称距离，用 $d(\boldsymbol{U},\boldsymbol{V})$ 表示。

【例 8-2】 $(7,3)$ 码的两个码字 $\boldsymbol{U}=0011101$，$\boldsymbol{V}=1001011$，它们之间第 1，3，5，6 位不同。因此，码字 $\boldsymbol{U}$ 和 $\boldsymbol{V}$ 的距离为 4。

对于二元线性码，给定两个码字 $\boldsymbol{U}$ 和 $\boldsymbol{V}$：

$$\boldsymbol{U}=(u_{n-1},u_{n-2},\cdots,u_1,u_0), \quad \boldsymbol{V}=(v_{n-1},v_{n-2},\cdots,v_1,v_0)$$

其中，$u_i \in \mathrm{GF}(2)$，$v_i \in \mathrm{GF}(2)$，$i=0,1,\cdots,n-1$，它们的距离可用下式表示：

$$d(\boldsymbol{U},\boldsymbol{V})=\sum_{i=0}^{n-1}(u_i \oplus v_i) \tag{8-19}$$

线性分组码的一个码字对应 n 维线性空间中的一点，码字间的距离即为空间中两对应点的距离。因此，码字间的距离满足一般距离公理：

$$\begin{cases} ① d(\boldsymbol{U},\boldsymbol{V}) \geqslant 0 & \text{非负性} \\ ② d(\boldsymbol{U},\boldsymbol{V})=d(\boldsymbol{V},\boldsymbol{U}) & \text{对称性} \\ ③ d(\boldsymbol{U},\boldsymbol{V})+d(\boldsymbol{V},\boldsymbol{W}) \geqslant d(\boldsymbol{U},\boldsymbol{W}) & \text{三角不等式} \end{cases} \tag{8-20}$$

定义 8-3 在 (n,k) 线性码的码字集合中，任意两个码字间距离的最小值称为码的最小距离。若 $\boldsymbol{C}^{(i)}$ 和 $\boldsymbol{C}^{(j)}$ 是任意两个码字，则码的最小距离表示为

$$d_{\min}=\min_{i \neq j}\{d(\boldsymbol{C}^{(i)},\boldsymbol{C}^{(j)})\} \qquad i,j=0,1,\cdots,2^k-1$$

码的最小距离是衡量码的抗干扰能力（检、纠错能力）的重要参数。码的最小距离越大，码的抗干扰能力就越强。

定义 8-4 在 (n,k) 线性码中，以码字 $\boldsymbol{C}$ 为中心、半径为 t 的汉明球是与 $\boldsymbol{C}$ 的汉明距离小于等于 t 的向量全体 $\boldsymbol{S}_C^{(t)}$，即

$$\boldsymbol{S}_C^{(t)}=\{\boldsymbol{R} \mid d(\boldsymbol{C},\boldsymbol{R}) \leqslant t\}$$

一个纠错码的每个码字都可以形成一个汉明球，因此要能够纠正所有不多于 t 位的差错，纠错码的所有汉明球均应不相交。任意两个汉明球不相交的最大程度取决于任意两个码字之间的最小汉明距离 $d_{\min}$。

【例 8-3】 图 8-3 所示为码字 U 和码字 V 的汉明球,其半径为 2,U 和 V 之间的距离为 5。

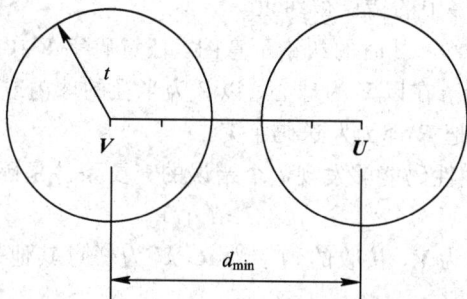

图 8-3　汉明球示意图

定义 8-5　码字中非零码元符号的个数,称为该码字的汉明重量,简称码字重量,用 W 表示。

例如,在二元线性码中,码字重量就是码字中含"1"的个数。

定义 8-6　线性分组码 C_1 中,非 0 码字重量的最小值,称为码 C_1 的最小重量,用 W_{min} 表示,即

$$W_{min} = \min\{W(V), V \in C_1, V \neq 0\}$$

定理 8-3　线性分组码的最小距离等于它的最小重量。

证明　设线性码 C_1,且 $U \in C_1$,$V \in C_1$,又设 $U - V = Z$,由线性码的封闭性可知,$Z \in C_1$。因此

$$d(U, V) = W(Z)$$

由此可推知,线性分组码的最小距离必等于非零码字的最小重量。

8.4.2　线性码的检、纠错能力与最小距离的关系

一般来说,线性码的最小距离越大,意味着任意码字间的差别越大,则码的检、纠错能力越强。

如果一个线性码能检出长度小于等于 l 个码元的任意错误图样,则称码的检错能力为 l;如果线性码能纠正长度小于等于 t 个码元的任意错误图样,则称码的纠错能力为 t。

定理 8-4　(n, k) 线性码能纠 t 个错误的充要条件是码的最小距离为

$$d_{min} \geqslant 2t + 1 \tag{8-21}$$

证明　设发送的码字为 V,接收的码字为 R,U 为任意其他码字,则矢量 V,R,U 间满足距离的三角不等式,即

$$d(R, V) + d(R, U) \geqslant d(U, V) \tag{8-22}$$

设信道干扰使码字中码元发生错误的实际个数为 t',且 $t' \leqslant t$,则有

$$d(R, V) = t' \leqslant t \tag{8-23}$$

由于 $d(U, V) \geqslant d_{min} = 2t + 1$,代入式(8-22)得

$$d(R, U) \geqslant d(U, V) - d(R, V) = 2t + 1 - t' > t \tag{8-24}$$

式(8-23)和式(8-24)表明,如果接收码字 R 中的错误个数 $t' \leqslant t$,接收码字 R 和发送码字

V 之间的距离小于等于 t，而与其他任何码字间的距离都大于 t，则按最小距离译码把 R 译为 V。此时译码正确，码字中的错误被纠正。

图 8 - 3 表示 $d_{\min}=5$，$t=2$ 时的纠错示意图，任意码字 V 在传输中发生 0 个、1 个、2 个错误时，接收码字 R 都落在以 V 为球心、以 2 为半径的球内或球上，而必定在以其他任何码字为球心的球外，故把 R 译为发送码字 V。

定理 8 - 5 (n,k) 线性码能够发现 l 个错误的充要条件是码的最小距离为

$$d_{\min} \geqslant l+1 \tag{8-25}$$

证明 设发送的码字为 V，接收的码字为 R，U 为任意其他码字，则矢量 V，R，U 间满足距离的三角不等式，即

$$d(R,V)+d(R,U) \geqslant d(U,V) \tag{8-26}$$

设信道干扰使码字中码元发生错误的实际个数为 l'，且 $l' \leqslant l$，则有

$$d(R,V)=l' \leqslant l \tag{8-27}$$

由于 $d(U,V) \geqslant d_{\min}=l+1$，代入式(8 - 26)得

$$d(R,U) \geqslant d(U,V)-d(R,V)=l+1-l' > 0 \tag{8-28}$$

式(8 - 27)和式(8 - 28)表明，由于接收码字 R 与其他任何码字 U 的距离都大于 0，说明接收码字 R 不会因发生 l' 个错误而变为其他码字，因而必能发现错误。

图 8 - 4 为最小距离 $d_{\min}=4$ 时码的检错能力的几何示意图。在 n 维空间中，以任意码字 U，V 为球心，以 $l=3$ 为半径作球，由于 $d_{\min}>l$，故任何球都不会把其他球心(码字)包含进去。所以，当码字中发生小于等于 l 个错误时，接收矢量不会落到以发送码字为球心的球外，即不会变成其他码字，但各球是相交的，无法分辨 R 属于哪个球，因而只能发现错误，但无法判断原发送的是哪个码字，即不能纠正错误。

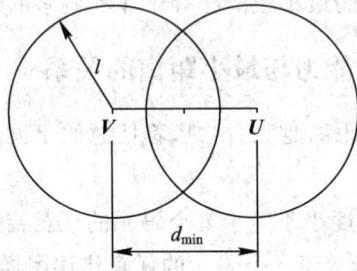

图 8 - 4 $d_{\min}=4$ 时码距与检错能力关系示意图

定理 8 - 6 (n,k) 线性码能纠 t 个错误，并能发现 l 个错误($l>t$)的充要条件是码的最小距离为

$$d_{\min} \geqslant t+l+1 \tag{8-29}$$

证明 因为 $d_{\min}>2t+1$，根据最小距离与纠错能力定理，该码可纠 t 个错误。

又因为 $d_{\min}>l+1$，根据最小距离与检错能力定理，该码有检 l 个错误的能力。

另外，纠错和检错会不会发生混淆呢？设发送码字为 V，接收码字为 R，实际错误数为 l'，且 $t<l' \leqslant l$。这时 R 与其他任何码字 U 的距离为

$$d(R,U) \geqslant d(U,V)-d(R,V)=t+l+1-l' \geqslant t+1 > t \tag{8-30}$$

因而不会把 R 误纠为 U。

图 8-5 表示 $d_{\min}=5$，$t=1$，$l=3$ 时码距与纠错、检错的几何关系。图中粗线球面是纠 $t=1$ 个错误的球面，细线代表检 $l=3$ 个错误的球面。当接收码字 R 中不包含错误或仅含一个错误时，R 将落在以发送码字为球心、以 1 为半径的球内或球上，因而把 R 纠为 V。当 R 中包含 2 个或 3 个错误时，R 与原发送码字 V 以及其他任何码字 U 的距离都大于 1，即不会落到任何码字的纠错球面内。代表纠错范围的粗线球面和代表检错范围的细线球面没有相交或相切，所以可将纠错和检错区分开来。

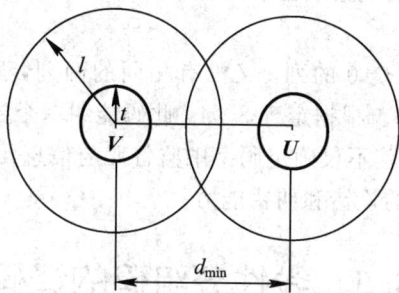

图 8-5　$d_{\min}=5$，$t=1$，$l=3$ 时码距与纠检错能力关系示意图

当 (n,k) 线性码的最小距离 $d_{\min}$ 给定后，可按实际需要灵活安排检、纠错的数目，如图 8-6 所示。

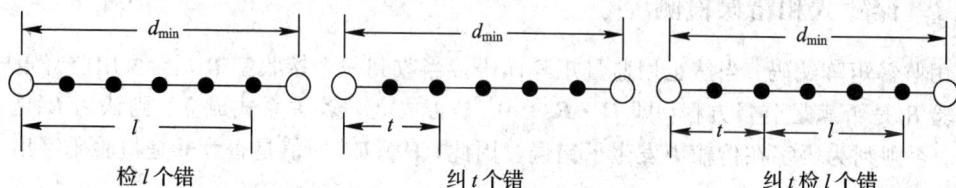

检 l 个错　　　　纠 t 个错　　　　纠 t 检 l 个错

图 8-6　最小码距与检纠错能力

例如，对 $d_{\min}=8$ 的码，可用来纠 3 检 4 错，或纠 2 检 5 错，或纠 1 检 6 错，或者只用于检 7 个错误。

8.4.3　线性码的最小距离与监督矩阵的关系

在 (n,k) 线性码中，决定检、纠错能力的最小距离与构造码的监督矩阵之间有何关系呢？或者说，要构造一个给定最小距离的 (n,k) 码，其一致监督矩阵应满足什么条件呢？

定理 8-7　设 H 为 (n,k) 线性码的一致监督矩阵，若 H 中任意 S 列线性无关，而 H 中存在 $S+1$ 列线性相关，则码的最小距离为 $S+1$。

证明　设 $H=[h_1,h_2,\cdots,h_n]$，其中 $h_i(i=1,2,\cdots,n)$ 表示 H 的列，而以 h_{i1}，h_{i2}，$\cdots$，$h_{i(S+1)}$ 表示 H 中相关的 $S+1$ 列，那么

$$\sum_{k=1}^{S+1}h_{ik}=0$$

作一个 n 重 $C=(c_{n-1},c_{n-2},\cdots,c_0)$，使 C 中与 H 的 h_i 列对应位上的元素为"1"，以 c_{i1}，c_{i2}，$\cdots$，$c_{i(S+1)}$ 表示，并使其他位置上的元素为"0"，则

$$\sum_{k=1}^{S+1} c_{ik}\boldsymbol{h}_{ik} = \sum_{i=1}^{n} c_{n-i}\boldsymbol{h}_i = \boldsymbol{H} \cdot \boldsymbol{C}^{\mathrm{T}} = \boldsymbol{0}^{\mathrm{T}} \qquad (8-31)$$

式(8-31)表明，C 为该码的一个码字，它的重量为 $S+1$。

又因为 $\boldsymbol{H}$ 中任意 S 列线性无关，即任意 S 列之和都不为 0，这意味着一切重量小于等于 S 的 n 重 $\boldsymbol{C}'$ 都不能使 $\boldsymbol{H} \cdot \boldsymbol{C}' = \boldsymbol{0}$ 成立，也就是说所有重量小于等于 S 的 n 重 $\boldsymbol{C}'$ 都不是码字。所以，$S+1$ 为码的最小重量。因此码的最小距离亦为 $S+1$。

定理8-8 二元线性码的监督矩阵 $\boldsymbol{H}$ 中，如果任一列都不是全 0，且任两列都不相等，则该码能纠一个错误。

证明 因为 $\boldsymbol{H}$ 中不存在全 0 的列，又没有相同的两列，所以 $\boldsymbol{H}$ 的任两列线性无关，$S=2$，码的最小距离 $d_{\min}=3$。根据定理8-4，此码能纠一个错误。

由上可知，线性码的 $\boldsymbol{H}$ 阵不仅确定码字中监督元与信息元的关系(编码规则)，而且也决定了码的距离特性，即码的检错和纠错能力。

8.5 线性分组码的译码

译码是编码的反变换。通过译码纠正码字在传输中的错误，从而求出发送信息的估值。

8.5.1 伴随式和错误检测

用监督矩阵编码，当然也用监督矩阵译码。当收到一个接收字 $\boldsymbol{R}$ 后，可用监督矩阵 $\boldsymbol{H}$ 来检验 $\boldsymbol{R}$ 是否满足监督方程，即 $\boldsymbol{H} \cdot \boldsymbol{R}^{\mathrm{T}} = \boldsymbol{0}^{\mathrm{T}}$ 是否成立。若关系式成立，则认为 $\boldsymbol{R}$ 是一个码字，否则判为码字在传输中发生了错误。因此，$\boldsymbol{H} \cdot \boldsymbol{R}^{\mathrm{T}}$ 的值是否为 $\boldsymbol{0}$ 是检验码字出错与否的依据。

定义8-7 把 $\boldsymbol{S} = \boldsymbol{R} \cdot \boldsymbol{H}^{\mathrm{T}}$ 或 $\boldsymbol{S}^{\mathrm{T}} = \boldsymbol{H} \cdot \boldsymbol{R}^{\mathrm{T}}$ 称为接收字 $\boldsymbol{R}$ 的伴随式(或监督子，或校验子)。

设发送码字为 $\boldsymbol{C} = (c_{n-1}, c_{n-2}, \cdots, c_0)$，信道的错误图样为 $\boldsymbol{E} = (e_{n-1}, e_{n-2}, \cdots, e_0)$，其中若 $e_i=0$，则表示第 i 位无错；若 $e_i=1$，则表示第 i 位有错，$i=n-1, n-2, \cdots, 0$。那么，接收字 $\boldsymbol{R}$ 为

$$\boldsymbol{R} = (r_{n-1}, r_{n-2}, \cdots, r_0) = \boldsymbol{C} + \boldsymbol{E}$$
$$= (c_{n-1}+e_{n-1}, c_{n-2}+e_{n-2}, \cdots, c_0+e_0)$$

将接收字用监督矩阵进行检验，即求接收字的伴随式为

$$\boldsymbol{S}^{\mathrm{T}} = \boldsymbol{H} \cdot \boldsymbol{R}^{\mathrm{T}} = \boldsymbol{H} \cdot (\boldsymbol{C}+\boldsymbol{E})^{\mathrm{T}} = \boldsymbol{H} \cdot \boldsymbol{C}^{\mathrm{T}} + \boldsymbol{H} \cdot \boldsymbol{E}^{\mathrm{T}}$$

因为 $\boldsymbol{H} \cdot \boldsymbol{C}^{\mathrm{T}} = \boldsymbol{0}^{\mathrm{T}}$，所以

$$\boldsymbol{S}^{\mathrm{T}} = \boldsymbol{H} \cdot \boldsymbol{E}^{\mathrm{T}} \qquad (8-32)$$

设 $\boldsymbol{H} = [\boldsymbol{h}_1, \boldsymbol{h}_2, \cdots, \boldsymbol{h}_n]$，其中 $\boldsymbol{h}_i$ 表示 $\boldsymbol{H}$ 的列，代入式(8-32)得

$$\boldsymbol{S}^{\mathrm{T}} = \boldsymbol{h}_1 e_{n-1} + \boldsymbol{h}_2 e_{n-2} + \cdots + \boldsymbol{h}_n e_0$$

由上面分析得到伴随式的特性如下：

(1) 伴随式仅与错误图样有关，而与发送的具体码字无关，即伴随式仅由错误图样决定。

（2）伴随式是错误的判别式：若 $\boldsymbol{S}=\boldsymbol{0}$，则判为没有出错，接收字是一个码字；若 $\boldsymbol{S}\neq\boldsymbol{0}$，则判为有错。

（3）不同的错误图样具有不同的伴随式，它们是一一对应的。对二元码，伴随式是 $\boldsymbol{H}$ 阵中与错误码元对应列之和。

【例 8 - 4】　计算 $(7,3)$ 码接收字 $\boldsymbol{R}$ 的伴随式。

设 $(7,3)$ 码的监督矩阵为

$$\boldsymbol{H}=\begin{bmatrix} 1 & 0 & 1 & 1 & 0 & 0 & 0 \\ 1 & 1 & 1 & 0 & 1 & 0 & 0 \\ 1 & 1 & 0 & 0 & 0 & 1 & 0 \\ 0 & 1 & 1 & 0 & 0 & 0 & 1 \end{bmatrix}$$

发送码字 $\boldsymbol{C}=1010011$，接收字 $\boldsymbol{R}=1010011$，$\boldsymbol{R}$ 与 $\boldsymbol{C}$ 相同。但接收端译码器并不知道接收的字就是发送的码字，需根据接收字 $\boldsymbol{R}$ 计算伴随式。其伴随式为

$$\boldsymbol{S}^{\mathrm{T}}=\boldsymbol{H}\cdot\boldsymbol{R}^{\mathrm{T}}=\boldsymbol{0}^{\mathrm{T}}$$

因此，译码器判接收码字无错。

若接收字中有 1 位错误，设发送码字 $\boldsymbol{C}=1010011$，接收字 $\boldsymbol{R}=1110011$，则其伴随式为

$$\boldsymbol{S}^{\mathrm{T}}=\boldsymbol{H}\cdot\boldsymbol{R}^{\mathrm{T}}=\begin{bmatrix} 1 & 0 & 1 & 1 & 0 & 0 & 0 \\ 1 & 1 & 1 & 0 & 1 & 0 & 0 \\ 1 & 1 & 0 & 0 & 0 & 1 & 0 \\ 0 & 1 & 1 & 0 & 0 & 0 & 1 \end{bmatrix}\begin{bmatrix} 1 \\ 1 \\ 1 \\ 0 \\ 0 \\ 1 \\ 1 \end{bmatrix}=\begin{bmatrix} 0 \\ 1 \\ 1 \\ 1 \end{bmatrix}$$

由于 $\boldsymbol{S}^{\mathrm{T}}\neq\boldsymbol{0}$，因此译码器判接收码字有错。$(7,3)$ 码是纠单个错误的码，且 $\boldsymbol{S}^{\mathrm{T}}$ 等于 $\boldsymbol{H}$ 的第二列，因此判定接收字 $\boldsymbol{R}$ 的第 2 位是错的。由于接收字 $\boldsymbol{R}$ 中错误码元数与码的纠错能力相符，所以译码正确。

当码元错误多于 1 个时，设发送码字 $\boldsymbol{C}=1010011$，接收字 $\boldsymbol{R}=0011011$，其伴随式为

$$\boldsymbol{S}^{\mathrm{T}}=\boldsymbol{H}\cdot\boldsymbol{R}^{\mathrm{T}}=\begin{bmatrix} 1 & 0 & 1 & 1 & 0 & 0 & 0 \\ 1 & 1 & 1 & 0 & 1 & 0 & 0 \\ 1 & 1 & 0 & 0 & 0 & 1 & 0 \\ 0 & 1 & 1 & 0 & 0 & 0 & 1 \end{bmatrix}\begin{bmatrix} 0 \\ 0 \\ 1 \\ 1 \\ 0 \\ 1 \\ 1 \end{bmatrix}=\begin{bmatrix} 0 \\ 1 \\ 1 \\ 0 \end{bmatrix}$$

由于 $\boldsymbol{S}^{\mathrm{T}}$ 是 $\boldsymbol{H}$ 的第一列和第四列之和，不等于 0，但与 $\boldsymbol{H}$ 阵中任何一列都不相同，无法判定错误出在哪些位上，只是发现有错。

伴随式的计算可用电路来实现，以 $(7,3)$ 码为例，接收字 $\boldsymbol{R}=(r_6 r_5 r_4 r_3 r_2 r_1 r_0)$，伴随式为

$$S^{\mathrm{T}} = \boldsymbol{H} \cdot \boldsymbol{R}^{\mathrm{T}} = \begin{bmatrix} 1 & 0 & 1 & 1 & 0 & 0 & 0 \\ 1 & 1 & 1 & 0 & 1 & 0 & 0 \\ 1 & 1 & 0 & 0 & 0 & 1 & 0 \\ 0 & 1 & 1 & 0 & 0 & 0 & 1 \end{bmatrix} \begin{bmatrix} r_6 \\ r_5 \\ r_4 \\ r_3 \\ r_2 \\ r_1 \\ r_0 \end{bmatrix} = \begin{bmatrix} r_6 + r_4 + r_3 \\ r_6 + r_5 + r_4 + r_3 \\ r_6 + r_5 + r_1 \\ r_5 + r_4 + r_0 \end{bmatrix} = \begin{bmatrix} s_3 \\ s_2 \\ s_1 \\ s_0 \end{bmatrix}$$

根据上式可画出(7，3)码的伴随式计算电路，如图 8-7 所示。

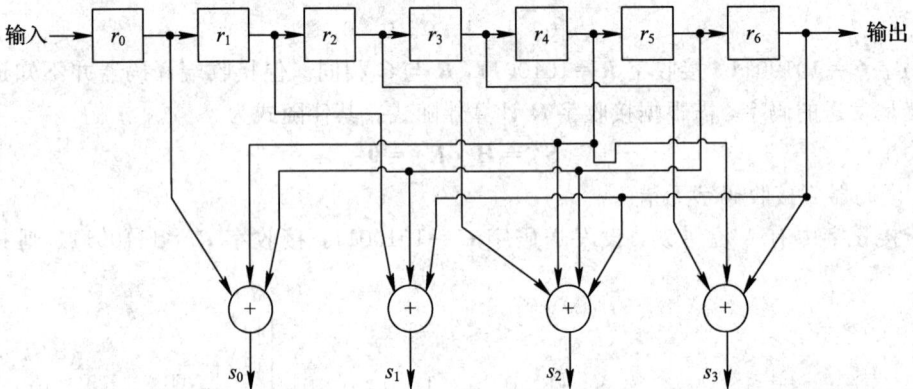

图 8-7　(7，3)码的伴随式计算电路

8.5.2　纠错译码

上一节说明了如何用伴随式来检测接收码字是否有错，下面讨论如何纠正接收码字中的错误。

1. 最佳译码准则

设发送码字 $\boldsymbol{C} = (c_{n-1}, c_{n-2}, \cdots, c_0)$，接收字 $\boldsymbol{R} = (r_{n-1}, r_{n-2}, \cdots, r_0)$。译码器根据编码规则和信道特性，对接收字 $\boldsymbol{R}$ 做出判决，此判决过程称为译码。

若所有码字以等概率发送，则最佳译码方法如下：在收到接收字 $\boldsymbol{R}$ 后，译码器对所有 2^k 个码字计算条件概率 $p(\boldsymbol{R}|\boldsymbol{C}_l)$，其中 $l = 1, 2, \cdots, 2^k$，$\boldsymbol{C}_l$ 为第 l 个码字。若 $l = m$ 时，$p(\boldsymbol{R}|\boldsymbol{C}_m)$ 为最大，则判决 $\boldsymbol{C}_m$ 为发送码字。这种译码方法是以发送码字的最大似然率为根据，故称此译码法为最大似然译码。并且这种译码方法总的译码平均错误概率最小，所以称为最佳译码法。

在 BSC 信道中，条件概率 $p(\boldsymbol{R}|\boldsymbol{C}_l)$ 可表示为

$$p(\boldsymbol{R} \mid \boldsymbol{C}_l) = \prod_{i=0}^{n-1} p(r_i \mid c_{l_i}) \tag{8-33}$$

设信道转移概率为 p，当 $r_i \neq c_{l_i}$ 时，$p(r_i|c_{l_i}) = p$；而当 $r_i = c_{l_i}$ 时，$p(r_i|c_{l_i}) = 1-p = q$。令 d_l 为发送码字 $\boldsymbol{C}_l$ 与接收码字 $\boldsymbol{R}$ 间的距离，则条件概率可表示为

$$p(\boldsymbol{R} \mid \boldsymbol{C}_l) = q^{n-d_l} p^{d_l} \tag{8-34}$$

一般有 $q \gg p$，因而 $p(\boldsymbol{R}|\boldsymbol{C}_l)$ 随 d_l 增加而单调减小。所以，按 $p(\boldsymbol{R}|\boldsymbol{C}_l)$ 最大来求发送码字 $\boldsymbol{C}_l$（最大似然译码），等效于求与接收字 $\boldsymbol{R}$ 有最小距离的发送码字 $\boldsymbol{C}_l$。也就是说，在所有码字以等概率发送条件下，按最大似然率译码等效于最小距离译码。

2. 查表译码法

按最小距离译码，对有 2^k 个码字的 (n,k) 线性码，为了找到与接收字 $\boldsymbol{R}$ 有最小距离的码字，需将 $\boldsymbol{R}$ 分别和 2^k 个码字比较，以求出最小距离。这种比较译码法最直接的是查表译码法，其中利用"标准阵列"译码是最典型的方法。

3. 标准阵列

设用 (n,k) 线性码来纠错，发送码字取自于 2^k 个码字集合 $\{\boldsymbol{C}\}$；码字经信道传输后，接收字 $\boldsymbol{R}$ 可以是 2^n 个 n 重中任一个矢量。任何译码方法都是把 2^n 个 n 重矢量划分为 2^k 个互不相交的子集 $\{\boldsymbol{D}_1, \boldsymbol{D}_2, \cdots, \boldsymbol{D}_{2^k}\}$，使得在每个子集中仅含一个码字；根据码字和子集间一一对应的关系，若接收矢量 $\boldsymbol{R}_l$ 落在子集 $\boldsymbol{D}_l$ 中，就把 $\boldsymbol{R}_l$ 译为子集 $\boldsymbol{D}_l$ 含有的发送码字 $\boldsymbol{C}_l$。所以，当接收矢量 $\boldsymbol{R}$ 与实际发送码字在同一子集中时，译码就是正确的。

标准阵列构造方法如下：先将 2^k 个码字排成一行，作为"标准阵列"的第一行，并将全 0 码字 $\boldsymbol{C}_1 = (00\cdots0)$ 放在最左面的位置上；然后在剩下的 $2^n - 2^k$ 个 n 重中选取一个重量最轻的 n 重 $\boldsymbol{E}_2$ 放在全 0 码字 $\boldsymbol{C}_1$ 下面，再将 $\boldsymbol{E}_2$ 分别和码字 $\boldsymbol{C}_2, \boldsymbol{C}_3, \cdots, \boldsymbol{C}_{2^k}$ 相加，放在对应码字下面构成阵列第二行；在第二次剩下的 n 重中，选取重量最轻的 n 重 $\boldsymbol{E}_3$，放在 $\boldsymbol{E}_2$ 下面，并将 $\boldsymbol{E}_3$ 分别加到第一行各码字上，得到第三行；…，继续这样做下去，直到全部 n 重用完为止。得到如表 8-2 所示的给定 (n,k) 线性分组码的标准阵列。

表 8-2　(n,k) 线性分组码标准阵列

码字	$\boldsymbol{C}_1(=0)$ 陪集首	$\boldsymbol{C}_2$	$\cdots \boldsymbol{C}_i$	$\cdots$	$\boldsymbol{C}_{2^k}$
禁用码字	$\boldsymbol{E}_2$	$\boldsymbol{C}_2 + \boldsymbol{E}_2$	$\cdots \boldsymbol{C}_i + \boldsymbol{E}_2$	$\cdots$	$\boldsymbol{C}_{2^k} + \boldsymbol{E}_2$
	$\boldsymbol{E}_3$	$\boldsymbol{C}_2 + \boldsymbol{E}_3$	$\cdots \boldsymbol{C}_i + \boldsymbol{E}_3$	$\cdots$	$\boldsymbol{C}_{2^k} + \boldsymbol{E}_3$
	$\vdots$	$\vdots$	$\vdots$	$\vdots$	$\vdots$
	$\boldsymbol{E}_{2^{n-k}}$	$\boldsymbol{C}_2 + \boldsymbol{E}_{2^{n-k}}$	$\cdots \boldsymbol{C}_i + \boldsymbol{E}_{2^{n-k}}$		$\boldsymbol{C}_{2^k} + \boldsymbol{E}_{2^{n-k}}$

4. 标准阵列的特性

定理 8-9　在标准阵列的同一行中没有相同的矢量，而且 2^n 个 n 重中任一个 n 重在阵列中出现一次且仅出现一次。

证明　因为阵列中任一行都是由所选出的某一 n 重矢量分别与 2^k 个码字相加构成的，而 2^k 个码字互不相同，它们与所选矢量的和也不可能相同，所以在同一行中没有相同的矢量。

在构造标准阵列时，是用完全部 n 重为止，因而每个 n 重必出现一次。另外，假定某一 n 重 $\boldsymbol{X}$ 出现在第 l 行第 i 列，那么 $\boldsymbol{X} = \boldsymbol{E}_l + \boldsymbol{C}_i$；又假定 $\boldsymbol{X}$ 出现在第 m 行第 j 列，那么 $\boldsymbol{X} = \boldsymbol{E}_m + \boldsymbol{C}_j$，$l < m$。因此 $\boldsymbol{E}_l + \boldsymbol{C}_i = \boldsymbol{E}_m + \boldsymbol{C}_j$，移项得 $\boldsymbol{E}_m = \boldsymbol{E}_l + \boldsymbol{C}_i + \boldsymbol{C}_j$，而 $\boldsymbol{C}_i + \boldsymbol{C}_j$ 也是一个码字，设为 $\boldsymbol{C}_s$，于是 $\boldsymbol{E}_m = \boldsymbol{E}_l + \boldsymbol{C}_s$，这意味着 $\boldsymbol{E}_m$ 是第 l 行中的一个矢量，但 $\boldsymbol{E}_m$ 是第 m 行 $(m > l)$ 的第一个元素，按阵列构造规则，后面行的第一个元素是前面行中未曾出现过的元素，这就和阵列构造规则相矛盾。因此每个 n 重在标准阵列中只能出现一次。

由上可知，(n,k) 线性码的标准阵列有 2^k 列（和码字数相等），有 $\dfrac{2^n}{2^k}=2^{n-k}$ 行，且任何两列和两行都没有相同的元素，即列和行都不相交。标准阵列的每一行叫做码的一个陪集，每个陪集的第一个因素叫做陪集首，每一列包含 2^{n-k} 个元素，最上面的是一个码字，其他元素是陪集首和该码字之和，例如第 j 列为

$$D_j = C_j, \ C_j + E_2, \ C_j + E_3, \cdots, C_j + E_{2^{n-k}}$$

若发送码矢为 C_j，信道干扰的错误图样是陪集首，则接收矢量 R 必在 D_j 中，此时接收矢量 R 正确译为发送码字 C_j；若错误图样不是陪集首，则接收矢量 R 不在 D_j 中，则译成其他码字，造成错误译码。因而当且仅当错误图样为陪集首时，译码才是正确的。所以，这 2^{n-k} 个陪集首称为可纠正的错误图样。

定理 8-10 二元 (n,k) 线性码能纠 2^{n-k} 个错误图样。

注意，这 2^{n-k} 个可纠的错误图样，包括 $\mathbf{0}$ 矢量在内，也就是说，把无错的情况也看成一个可纠的错误图样。

由定理 8-10 可以推出，一个 (n,k) 线性码的纠错能力 t 和所需的监督元数目间的关系如下：

纠一个错误的 (n,k) 线性码，必须能纠正 $\dbinom{n}{1}+1$ 个错误图样（还可能纠正一部分两个错误的错误图样），因此

$$2^{n-k} \geqslant 1 + \binom{n}{1} = 1 + n \tag{8-35}$$

式中右边加 1 就是考虑无错的情况。

同样，对纠两个错误的 (n,k) 线性码，必须能纠正 $1+\dbinom{n}{1}+\dbinom{n}{2}$ 个错误图样，所以

$$2^{n-k} \geqslant 1 + \binom{n}{1} + \binom{n}{2} \tag{8-36}$$

依此类推，一个纠 t 个错误的 (n,k) 线性码必须满足：

$$2^{n-k} \geqslant 1 + \binom{n}{1} + \binom{n}{2} + \cdots + \binom{n}{t} = \sum_{i=0}^{t} \binom{n}{i} \tag{8-37}$$

式 (8-37) 不仅表示了码的纠错能力和可纠的错误图样数 2^{n-k} 之间的关系，也说明了纠错能力为 t 的 (n,k) 码，码组中必需的监督元数目 $n-k$ 和纠错能力 t 之间的关系。

当一个纠 t 个错误的 (n,k) 线性码，其监督元个数 $n-k$ 仅能使式 (8-37) 中的相等关系成立时，即

$$2^{n-k} = \sum_{i=0}^{t} \binom{n}{i} \tag{8-38}$$

则称该码为完备码。这时，由码的纠错能力所确定的伴随式数目恰好等于可纠的错误图样数。所以，完备码的 $n-k$ 个监督码元得到了充分的利用。

如果满足式 (8-38) 完备码的条件，则表示所有的码字都落在 2^k 个球内，而没有一个码是在球外，这就是完备码。完备码具有下述特性：围绕 2^k 个码字，汉明距离

$d\left(t=\left\lfloor\dfrac{d_{\min}-1}{2}\right\rfloor\right)$ 的所有球都是不相交的，每一个接收码字都落在这些球中之一，因此接收码字与发送码字的距离至多为 t，这时所有重量小于等于 t 的错误图样都能用最佳（最小距离）译码器得到纠正，而所有重量大于等于 $t+1$ 的错误图样都不能纠正，如图 8-8 所示。完备码并不多见，迄今发现的完备码有 $t=1$ 的汉明码，$t=3$ 的葛莱码，长度 n 为奇数、由两个码字组成、满足 $d_{\min}=n$ 的任何二进制码，以及三进制 $t=3$ 的 $(11,6)$ 码。

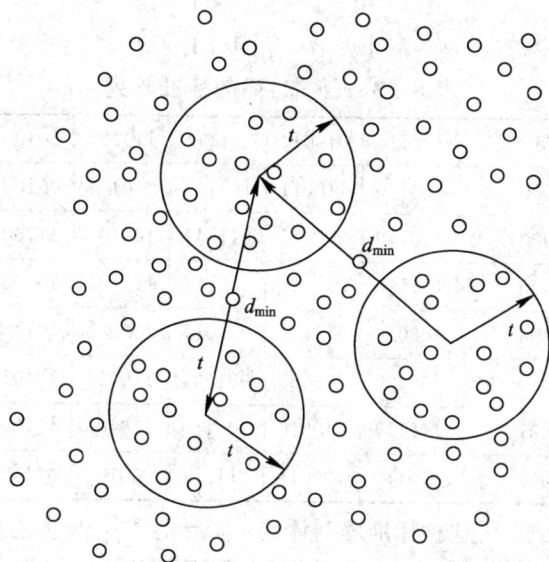

图 8-8　以码字为中心、半径 $t=\left\lfloor\dfrac{d_{\min}-1}{2}\right\rfloor$ 的差错控制球体的示意图

【例 8-5】　纠一个错误的 $(7,4)$ 汉明码，$2^{n-k}=8$，$1+\dbinom{n}{1}=8$，所以，$2^{n-k}=1+\dbinom{n}{1}$。可见，$(7,4)$ 汉明码是一个完备码。由于所有汉明码都满足 $2^{n-k}=n+1$，因此汉明码都是完备码。

因为陪集首是可纠的错误图样，为了使译码错误概率最小，应选取出现概率最大的错误图样作陪集首，而重量较轻的错误图样出现概率较大，所以在构造标准阵列时是选取重量最轻的 n 重作陪集首。这样，当错误图样为陪集首时（可纠的错误图样），接收矢量与原发送码字间的距离（等于陪集首）最小。因此，选择重量最轻的元素作陪集首，按标准阵列译码就是按最小距离译码。所以标准阵列译码也是最佳译码法。

用标准阵列译码需要存储 2^n 个 n 重矢量，当 n 很大时，占用的存储量很大。标准阵列的下列性质可使译码过程简化。

定理 8-11　在标准阵列中，一个陪集的所有 2^k 个 n 重有相同的伴随式，不同的陪集伴随式互不相同。

证明　设 $\boldsymbol{H}$ 为给定 (n,k) 线性码的监督矩阵，在陪集首为 $\boldsymbol{E}_l$ 的陪集中的任意矢量为

$$\boldsymbol{R}=\boldsymbol{E}_l+\boldsymbol{C}_i\qquad i=1,2,\cdots,2^k$$

其伴随式为

$$S = R \cdot H^{\mathrm{T}} = (E_l + C_i) \cdot H^{\mathrm{T}} = E_l \cdot H^{\mathrm{T}} + C_i \cdot H^{\mathrm{T}} = E_l \cdot H^{\mathrm{T}} \qquad (8-39)$$

式(8-39)表明：陪集中任意矢量的伴随式等于陪集首的伴随式，即同一陪集中所有伴随式相同。而不同陪集中，由于陪集首不同，因此伴随式不同。

【例 8-6】 (6，3)码的 8 个码组可由式(8-40)的 G 矩阵得到，该码的标准阵列如表8-3所示。

$$G = \begin{bmatrix} 1 & 0 & 0 & 1 & 1 & 0 \\ 0 & 1 & 0 & 0 & 1 & 1 \\ 0 & 0 & 1 & 1 & 1 & 1 \end{bmatrix} \qquad (8-40)$$

表 8-3　(6，3)码的标准阵列

码字	000000(陪集首)	100110	010011	001111	110101	101001	011100	111010
禁用码组	100000	000110	110011	101111	010101	001001	111100	011010
	010000	110110	000011	011111	100101	111001	001100	101010
	001000	101110	011011	000111	111101	100001	010100	110010
	000100	100010	010111	001011	110001	101101	011000	111110
	000010	100100	010001	001101	110111	101011	011110	111000
	000001	100111	010010	001110	110100	101000	011101	111011
	110000	010110	100011	111111	000101	011001	101100	001010

由表8-3可以看到，用这种标准阵列译码，需要把 2^n 个 n 重存储在译码器中。所以，这种译码方法中译码器的复杂性随 n 指数增长，很不实用。

根据错误图样与伴随式之间的一一对应关系，可把上述标准阵列译码表进行简化，得到一个简化译码表。如上例中的(6，3)码标准阵列，可简化为表8-4所示的译码表。译码器收到 R 后，与 H 进行运算得到伴随式 S，由 S 查表得到错误图样 E，从而译出码字 $\hat{C} = R - E$，因此，这种译码器中不必存储所有 2^n 个 n 重，而只存储错误图样 E 与 2^{n-k} 个 $n-k$ 重 S。

表 8-4　(6，3)码简化译码表

错误图样	000000	100000	010000	001000	000100	000010	000001	110000
伴随式	000	110	011	111	100	010	001	101

由于 (n,k) 分组码的 n，k 通常都比较大，即使用这种简化译码表，译码器的复杂性还是很高的。例如，一个 $(100,70)$ 分组码，一共有 $2^{30} \approx 10^9$ 个伴随式及错误图样，译码器要存储如此多的图样和 $n-k$ 重是不太可能的。因此，在线性分组码理论中，如何寻找简化译码器是最中心的研究课题之一。

5. 结论

从上面证明可以得出如下结论：

(1) 任意 n 重的伴随式取决于它在标准阵列中所在陪集的陪集首。

(2) 标准阵列的陪集首和伴随式是一一对应的，因而码的可纠错误图样和伴随式是一一对应的。应用此对应关系可以构成比标准阵列简单得多的译码表，从而得到 (n,k) 线性码的一般译码步骤：

① 计算接收矢量 R 的伴随式 $S^{\mathrm{T}}=H \cdot R^{\mathrm{T}}$；

② 根据伴随式和错误图样一一对应的关系，利用伴随式译码表，由伴随式译出 R 的错误图样 E；

③ 将接收码字减错误图样，得发送码字的估值 $\hat{C}=R-E$。

上述译码法称为伴随式译码法或查表译码法，它的译码器如图 8-9 所示。这种查表译码法具有最小的译码延迟和最小的译码错误概率。原则上可用于任何 (n,k) 线性码，实际上实现译码的关键在第②步——求错误图样上，一般要用组合逻辑电路。当 $n-k$ 较大时，组合逻辑电路将变得很复杂。为了使译码简单，除了要求码具有线性结构外，还需要码有其他的附加性质，这种码我们将在以后的章节中讨论。

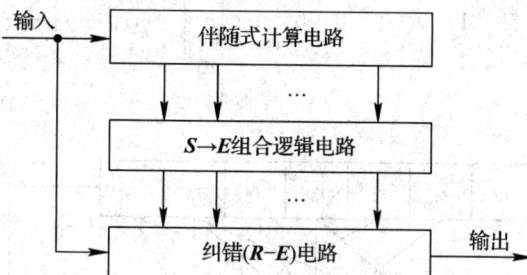

图 8-9　线性分组码一般译码器

【例 8-7】　求 $(7,4)$ 汉明码的编码电路和译码电路。

其系统码形式的生成矩阵和监督矩阵分别为

$$G_{(4\times7)}=\begin{bmatrix}1&0&0&0&1&0&1\\0&1&0&0&1&1&1\\0&0&1&0&1&1&0\\0&0&0&1&0&1&1\end{bmatrix}\qquad H_{(3\times7)}=\begin{bmatrix}1&1&1&0&1&0&0\\0&1&1&1&0&1&0\\1&1&0&1&0&0&1\end{bmatrix}$$

其编码电路（见图 8-10）为

$$\begin{cases}c_{7-i}=m_{4-i}&i=1,2,3,4\\c_{3-j}=m_3q_{1j}+m_2q_{2j}+m_1q_{3j}+m_0q_{4j}&j=1,2,3\end{cases}$$

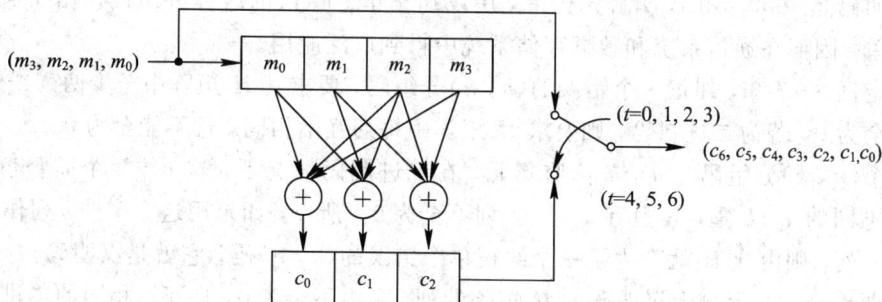

图 8-10　$(7,4)$ 系统汉明码编码电路

$$\begin{cases} c_{7-i}=m_{4-i} & i=1,2,3,4 \\ c_2=m_3+m_2+m_1 \\ c_1=m_2+m_1+m_0 \\ c_0=m_3+m_2+m_0 \end{cases}$$

其译码电路(见图 8-11)为

$$\boldsymbol{S}^{\mathrm{T}}=\boldsymbol{H}\cdot\boldsymbol{R}^{\mathrm{T}}=\begin{bmatrix} 1 & 1 & 1 & 0 & 1 & 0 & 0 \\ 0 & 1 & 1 & 1 & 0 & 1 & 0 \\ 1 & 1 & 0 & 1 & 0 & 0 & 1 \end{bmatrix}\begin{bmatrix} r_6 \\ r_5 \\ r_4 \\ r_3 \\ r_2 \\ r_1 \\ r_0 \end{bmatrix}=\begin{bmatrix} r_6+r_5+r_4+r_2 \\ r_5+r_4+r_3+r_1 \\ r_6+r_5+r_3+r_0 \end{bmatrix}=\begin{bmatrix} s_2 \\ s_1 \\ s_0 \end{bmatrix}$$

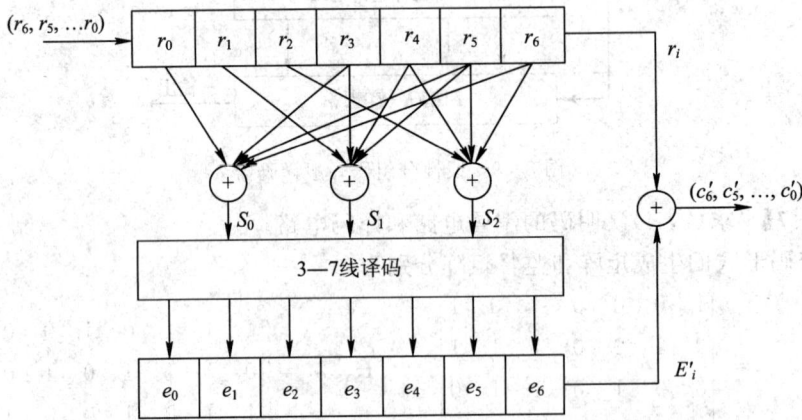

图 8-11 (7,4)系统汉明码的一种纠错译码电路

8.6 汉 明 码

汉明码是 1950 年由汉明首先构造,用以纠正单个错误的线性分组码。由于它编译码非常简单,因而在通信系统和数据存储系统中得到广泛应用。

由定理 8-7 知,纠正一个错误的 (n,k) 分组码,要求其 $\boldsymbol{H}$ 矩阵中至少两列线性无关,且不能全为 0,若为二进制码,则要求 $\boldsymbol{H}$ 矩阵中每列互不相同,且不能全为 0。

一个 (n,k) 分组码有 $n-k$ 位监督元,在二进制码情况下,这 $n-k$ 个监督位能组成 2^{n-k} 列不同的 $n-k$ 重,其中有 $2^{n-k}-1$ 列不全为 0。所以,如果用这 $2^{n-k}-1$ 列作为 $\boldsymbol{H}$ 矩阵的每一列,则由此 $\boldsymbol{H}$ 就产生了一个纠正单个错误的 (n,k) 码,它就是汉明码。

定义 8-8 二元域上汉明码的 $\boldsymbol{H}$ 矩阵的列,是由不全为 0,且互不相同的二进制 m 重组成。该码有如下参数:

(1) 码长:$n=2^m-1$;

(2) 信息位数:$k=2^m-1-m$;

（3）监督位数：$n-k=m$；

（4）码的最小距离：$d_{\min}=3(t=1)$。

【例 8-8】 构造二元域上的 (7,4) 汉明码。这时，取 $m=3$，所有 $2^3=8$ 个三重为

$$000,100,010,001,011,101,110,111$$

挑出其中 7 个非 0 的三重构成：

$$\boldsymbol{H}=\begin{bmatrix}0&0&0&1&1&1&1\\0&1&1&0&0&1&1\\1&0&1&0&1&0&1\end{bmatrix}$$

若码字传输中第一位发生错误，则相应的伴随式 $\boldsymbol{S}=(001)$，它就是"1"的二进制表示；若第 5 位发生错误，伴随式 $\boldsymbol{S}=(101)$，是"5"的二进制表示。由此，哪一位发生错误，它的伴随式就是该位号码的二进制表示，所以能很方便地进行译码。

由前可知，任意调换 $\boldsymbol{H}$ 中各列位置，并不会影响码的纠错能力。因此，汉明码的 $\boldsymbol{H}$ 矩阵形式，除了上述表示外，还可以有其他形式。若把汉明码化成系统码形式，则

$$\boldsymbol{H}=\begin{bmatrix}1&1&0&1&1&0&0\\0&1&1&1&0&1&0\\1&0&1&1&0&0&1\end{bmatrix}=\begin{bmatrix}\boldsymbol{P}&\boldsymbol{I}_3\end{bmatrix}$$

相应地

$$\boldsymbol{G}=\begin{bmatrix}1&0&0&0&1&0&1\\0&1&0&0&1&1&0\\0&0&1&0&1&1&1\\0&0&0&1&1&1&1\end{bmatrix}=\begin{bmatrix}\boldsymbol{I}_4&\boldsymbol{P}^{\mathrm{T}}\end{bmatrix}$$

8.7　线性分组码的性能与码限

8.7.1　线性分组码的性能

在通信中，检、纠错码的实际性能是在统计上体现出来的。主要有不可检错误概率、译码错误概率、译码失败概率和比特误码率。这些差错与码的结构有关，也与信道特性有关。在下面的分析中均以 BSC 信道为模型。

1. 不可检错误概率（p_{ud}）

1）由 (n,k) 线性码的重量分布求 p_{ud}

令 A_i 为码的重量分布，它表示重量为 i 的码字个数，$i=0,1,2,\cdots,n$。由于仅当错误图样与码字集合中的非 0 码字相同时，才不能检出错误，所以

$$p_{\mathrm{ud}}=\sum_{i=1}^{n}A_i p^i(1-p)^{n-i} \tag{8-41}$$

例如，(7,3) 码的重量分布是 $A_0=1$，$A_1=A_2=A_3=0$，$A_4=7$，其不可检错误概率为

$$p_{\mathrm{ud}}=7\times p^4(1-p)^3$$

若 $p=0.01$，则 $p_{\mathrm{ud}}\approx6.8\times10^{-8}$。

2）利用 (n,k) 线性码的重量分布与其对偶码的重量分布关系求 p_{ud}

设 $A_0,A_1,A_2,\cdots,A_n$ 是 (n,k) 码的重量分布，$B_0,B_1,B_2,\cdots,B_n$ 是它的对偶码

的重量分布，多项式

$$\begin{cases} A(x)=A_0+A_1x+A_2x^2+\cdots+A_nx^n \\ B(x)=B_0+B_1x+B_2x^2+\cdots+B_nx^n \end{cases} \tag{8-42}$$

称为(n,k)码和它对偶码的重量枚举式。$A(x)$和$B(x)$之间的关系由麦克威廉斯(MacWilliams)恒等式确定，即

$$A(x)=2^{-(n-k)}(1+x)^nB\left(\frac{1-x}{1+x}\right) \tag{8-43}$$

由式(8-43)可见，若已知线性码的对偶码的重量分布，就可确定该码本身的重量分布。因而可用对偶码的重量分布来计算(n,k)线性码的不可检错误概率。先将式(8-41)改写为

$$p_{ud}=(1-p)^n\sum_{i=1}^n A_i\left(\frac{p}{1-p}\right)^i \tag{8-44}$$

令$x=\frac{p}{1-p}$，代入式(8-42)，并考虑到$A_0=1$，得到恒等式：

$$A\left(\frac{p}{1-p}\right)-1=\sum_{i=1}^n A_i\left(\frac{p}{1-p}\right)^i \tag{8-45}$$

将式(8-45)代入式(8-44)得

$$p_{ud}=(1-p)^n\left[A\left(\frac{p}{1-p}\right)-1\right] \tag{8-46}$$

将$A\left(\frac{p}{1-p}\right)$的麦克威廉斯恒等式(8-43)代入式(8-46)，则得到

$$p_{ud}=2^{-(n-k)}B(1-2p)-(1-p)^n \tag{8-47}$$

其中，$B(1-2p)=\sum_{i=0}^n B_i(1-2p)^i$。

当$k<(n-k)$时，用式(8-46)计算p_{ud}较简单；而当$k>(n-k)$时，用式(8-47)计算p_{ud}更容易。

【例8-9】 已知$(7,4)$码的监督矩阵$H_{(7,4)}$，它等于其对偶码的生成矩阵$G_{(7,3)}$，即

$$G_{(7,3)}=H_{(7,4)}=\begin{bmatrix} 1 & 1 & 1 & 0 & 1 & 0 & 0 \\ 0 & 1 & 1 & 1 & 0 & 1 & 0 \\ 1 & 1 & 0 & 1 & 0 & 0 & 1 \end{bmatrix}$$

由此生成矩阵的行的线性组合，可得到$(7,3)$码的8个码字：

0000000 0111010 1001110 1010011
1110100 1101001 0011101 0011101

由此得到$(7,4)$对偶码的重量枚举式为：$B(x)=1+7x^4$。

利用式(8-47)，得$(7,4)$码的未检出错误概率为

$$p_{ud}=2^{-3}[1+7\times(1-2p)^4]-(1-p)^7$$

设$p=0.01$，则$p_{ud}=6.8\times10^{-6}$。

3)(n,k)线性码未检出错误概率的上限

分析式(8-47)可看出，如果一个码的对偶码有较大的$d_{min}=d$，那么

$$B(1-2p) = B_0 + B_1(1-2p) + B_2(1-2p)^2 + \cdots$$
$$= B_0 + B_d(1-2p)^d + B_{d+1}(1-2p)^{d+1} + \cdots \approx B_0 = 1$$

这样对足够大的 n，总存在一个线性分组码的不可检错误概率满足

$$p_{ud} \approx 2^{-(n-k)}$$

2. 译码错误概率 (p_{we})

对于纠 t 个错误的码，其正确纠正小于等于 t 个差错的概率为 p_{wc}，即

$$p_{wc} = \sum_{i=0}^{t} \binom{n}{i} p^i (1-p)^{n-i}$$

而译码错误发生在差错数目大于 t，接收矢量 R 与另一码字 C' 的距离小于等于 t 的情况，记 D_i 是重量 i 并译为错误码字可能的接收矢量 R 的数目，即

$$D_i = |\{R \,|\, W(R) = i, d(R, C') \leqslant t, C' \neq C\}| \tag{8-48}$$

于是译码错误概率 p_{we} 为

$$p_{we} = \sum_{i=t+1}^{n} D_i p^i (1-p)^{n-i} \leqslant \sum_{i=t+1}^{n} \binom{n}{i} p^i (1-p)^{n-i}$$

3. 译码失败概率 (p_{wf})

由于仍存在不满足式 (8-48) 的接收矢量 R，因此对于限定距离译码器来说就处于译码失败状态，显然译码失败概率 p_{wf} 满足

$$p_{wf} = 1 - p_{wc} - p_{we} \tag{8-49}$$

图 8-12 中的 R_A，R_B 和 R_C 分别表示正确译码、错误译码和译码失败的三种可能接收矢量。

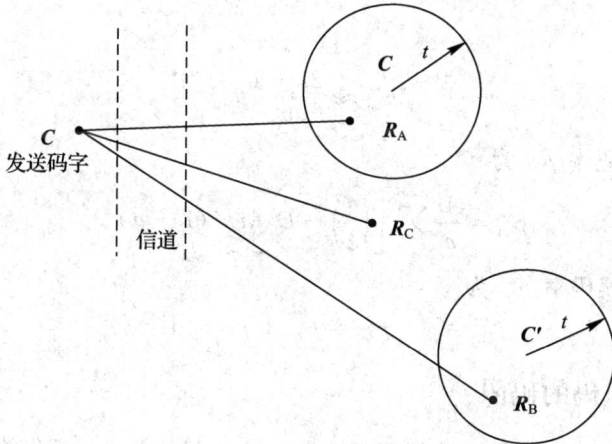

图 8-12 正确译码、错误译码和译码失败示意图

4. 比特误码率 (p_{bd})

误码率是提供给纠错编码系统用户最重要的常见参数，一个二进制系统，如图 8-13 所示，在不同观测点上的误码率是不同的。

p_{bc}：信道的比特差错概率，对于 BSC 信道，p_{bc} 等于信道转移概率 p_b。

p_{bd}：译码错误导致的码字之间的比特差错率，它与具体的编译码方法相关。

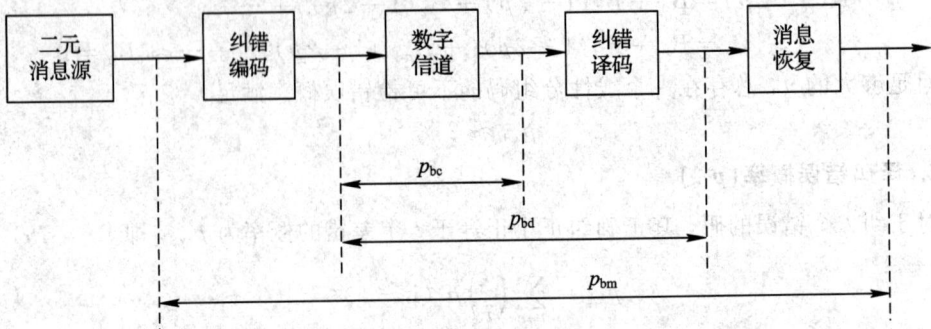

图 8-13 误码率统计

p_{bm}：消息源与消息接收终端之间的比特差错概率，它取决于具体的编译码方法。

对于大多数纠错编码，在统计上总可以认为消息与码字之间的映射不改变码字差错引起的在整个码长内比特差错的均匀分布特性，在统计意义上有

$$p_{\mathrm{bm}} \approx p_{\mathrm{bd}}$$

设码字是等概率发送，则译码错误造成的误码率 p_{be} 为

$$p_{\mathrm{be}} = \frac{1}{n} \sum_{j=1}^{n} j p_{\mathrm{we}}^{(j)} \tag{8-50}$$

其中 $p_{\mathrm{we}}^{(j)}$ 是发送全 0 码字且错为 j 重码字的概率。另一方面，字错必然有至少 $2t+1$ 位码字比特错，每个码字平均有 $\frac{k}{n}(2t+1)$ 位消息比特错，所以 p_{be} 与 p_{we} 有如下渐近关系：

$$k p_{\mathrm{be}} \approx (2t+1) \frac{k}{n} p_{\mathrm{we}}$$

即

$$p_{\mathrm{be}} \approx \frac{2t+1}{n} p_{\mathrm{we}}$$

译码失败造成的误码率 p_{bf} 为

$$p_{\mathrm{bf}} = \frac{1}{n} \sum_{i=t+1}^{n} \left[\binom{n}{i} - D_i \right] i p^i (1-p)^{n-i} \tag{8-51}$$

因此，译码后总的误码率 p_{bd} 为

$$p_{\mathrm{bd}} = p_{\mathrm{be}} + p_{\mathrm{bf}} \tag{8-52}$$

8.7.2 线性分组码的码限

研究码的纠错能力，也就是分析码的 n,k,d 之间的关系，不仅能从理论上指出哪些码可以构造出，哪些码不能构造出，而且也为工程实践中对各种码的性能估计提供理论依据。研究码的纠错能力始终是编码理论中一个重要的课题。

在纠错编码实现上总希望在尽可能小的 n 和 $r(n-k)$ 条件下获得尽可能大的 k,d 或 t。满足码限的码称为最佳码。对于一个 (n,k,d) 二元线性分组码存在如下常用码限。

1. 普罗特金(Plotkin)限(P 限)

对任意二元 (n,k,d) 码满足

$$d \leqslant \frac{n \cdot 2^{k-1}}{2^k - 1} \tag{8-53}$$

当 n 充分大时，满足

$$\frac{k}{n} \leqslant 1 - 4\left(\frac{d}{2n}\right)$$

2. 汉明限（H 限）

对任意二元 $(n, k, 2t+1)$ 码满足

$$2^{n-k} \geqslant \sum_{i=0}^{t} \binom{n}{i} \tag{8-54}$$

满足上式中等式成立的码称为完备码，当 n 充分大时，汉明限可表示为

$$\frac{k}{n} \leqslant 1 - H_2\left(\frac{d}{2n}\right) \tag{8-55}$$

其中，$H_2(x) = -x\,\mathrm{lb}\,x - (1-x)\mathrm{lb}(1-x)$。

3. 瓦尔沙莫夫-吉尔伯特（Varshamov - Gilbert）限（V - G 限）

存在某个二元 (n, k, d) 码满足

$$2^{n-k} \geqslant \sum_{i=0}^{d-2} \binom{n-1}{i} \tag{8-56}$$

当 n 充分大时，有

$$\frac{k}{n} \geqslant 1 - H_2\left(\frac{d}{2n}\right)$$

P 限和 H 限都是构造码的必要条件，任何线性码都必须满足；V - G 限是码的充分条件。最小距离越接近上限的码越好。在 n 充分大时，各个码限的关系曲线如图 8-14 所示。图中以 V - G 限为下限，以 P 限和 H 限为上限所围的区域（阴影区域）是好码（满足所有上述码限的 (n, k, d) 码）。

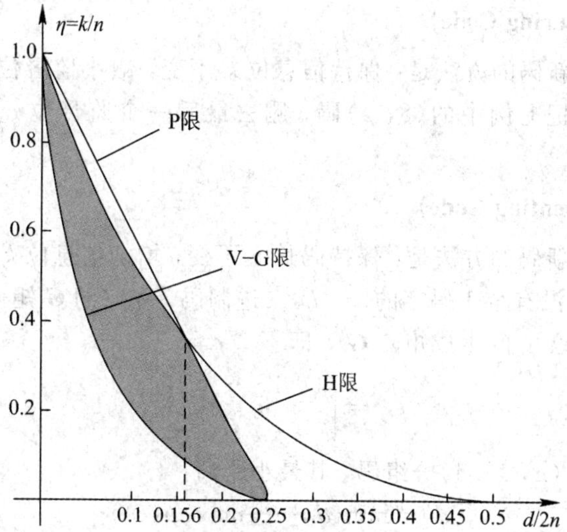

图 8-14　二进制下三个码限比较图

8.8 由已知码构造新码的方法

人们往往需要从一个已知的(n,k)线性码出发来构造一个新的线性分组码，使得某些参数能符合实际的需要。8.2.2节中介绍的对偶码就是其中的一种方法。下面再介绍几种简单的方法。

1. 扩展码(Extending Code)

通过扩展码构造新码的方法是：保持信息位k不变，增加冗余位数以增加码长。一种典型的扩展方法是增加一个全校验位c_0'，使(n,k)码扩展为$(n+1,k)$码，满足

$$c_0' + c_0 + c_1 + \cdots + c_{n-1} = 0 \tag{8-57}$$

若原码的最小码距为d且为奇数，则扩展后的d'为

$$d' = d + 1 \tag{8-58}$$

若原来的监督矩阵为H，则扩展后的监督矩阵为H'，即

$$H' = \begin{bmatrix} 1 & \cdots & 1 & 1 \\ & & & 0 \\ & H & & \vdots \\ & & & 0 \end{bmatrix} \tag{8-59}$$

【例8-10】 $(7,4)$汉明码经全监督位扩展后，得到$(8,4)$线性分组码，它的监督矩阵为

$$H' = \begin{bmatrix} 1 & 1 & 1 & 1 & 1 & 1 & 1 & 1 \\ 1 & 0 & 1 & 0 & 1 & 0 & 1 & 0 \\ 0 & 1 & 1 & 0 & 0 & 1 & 1 & 0 \\ 0 & 0 & 0 & 1 & 1 & 1 & 1 & 0 \end{bmatrix}$$

最小重量为4。

2. 凿孔码(Puncturing Code)

通过凿孔码构造新码的方法是：保持信息位k不变，减小监督位数。可以认为凿孔是扩展的逆过程。例如把上例中的$(8,4)$码，删去最后一个监督位c_0'，便变成了$(7,4)$汉明码。

3. 增广码(Augmenting Code)

通过增广码构造新码的方法是：保持码长n不变，增加信息位k。

设原码C是一个没有全1码字的(n,k)二进制码，在它的G矩阵上增加一组全为"1"的行，便得到了增广码C'的生成矩阵G'，即

$$G' = \begin{bmatrix} 1 & 1 & \cdots & 1 \\ & G & & \end{bmatrix} \tag{8-60}$$

可知增广码C'是一个$(n,k+1)$分组码，其最小距离：

$$d' = \min\{d, n - \max w(c)\} \tag{8-61}$$

例如，对式$(8-17)$中的$(7,3)$码进行增广变成$(7,4)$汉明码，它的生成矩阵由式$(8-17)$变为

$$G' = \begin{bmatrix} 1 & 1 & 1 & 1 & 1 & 1 & 1 \\ 1 & 0 & 0 & 1 & 1 & 1 & 0 \\ 0 & 1 & 0 & 0 & 1 & 1 & 1 \\ 0 & 0 & 1 & 1 & 1 & 0 & 1 \end{bmatrix}$$

4. 除删码(Expunging/Expurgating Code)

通过除删码构造新码的方法是：保持码长 n 不变，减小信息位 k。除删是增广的逆过程。

5. 延长码(Lengthening Code)

通过延长码构造新码的方法是：同时增加信息位 k 和码长 n。码的恰当延长可以不改变最小码距 d 而增加码率，这样构成一个 $(n+1, k+1)$ 分组码。例如一种延长方法是

$$G' = \begin{bmatrix} 1 & \cdots & 1 & 1 \\ & & & 1 \\ & G & & \vdots \\ & & & 1 \end{bmatrix}_{(k+1)(n+1)} \tag{8-62}$$

6. 缩短码(Shortening Code)

通过缩短码构造新码的方法是：同时减小信息位 k 和码长 n。缩短是延长的逆过程。缩短码的最小重量不会比原来的码小，删除 j 位可以获得一个 $(n-j, k-j)$ 码。

图 8-15 中以汉明码 $(2^m-1, 2^m-1-m)$ 为例说明了构成新码的 6 种方法。

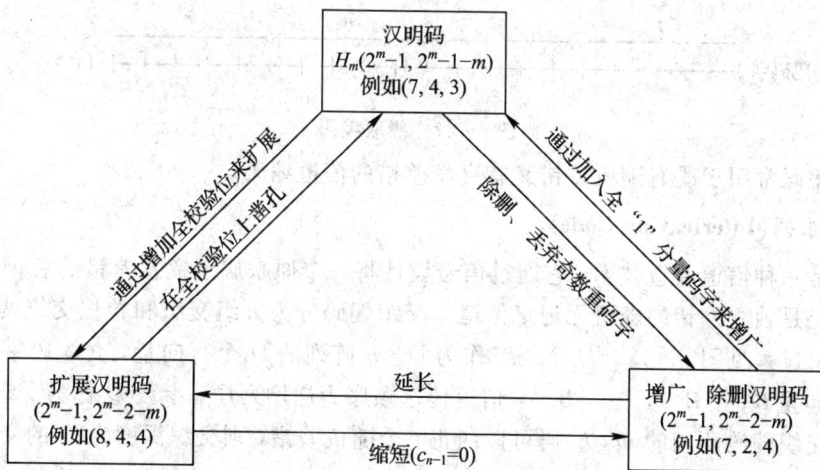

图 8-15　以汉明码 $(2^m-1, 2^m-1-m)$ 为例说明构成新码的 6 种方法

7. 乘积码(Product Code)

通过乘积码构造新码的方法是：将乘积码的消息作为阵列，分别进行行列编码。用 (n_1, k_1)，(n_2, k_2) 两个码对消息 $k_1 \times k_2$ 阵列分别进行行与列的编码，如图 8-16 所示。乘积码的行码、列码编码顺序不影响乘积码的最小距离 d'，并且 d' 为行码、列码最小距离的乘积。即

$$d' = d_1 \cdot d_2 \tag{8-63}$$

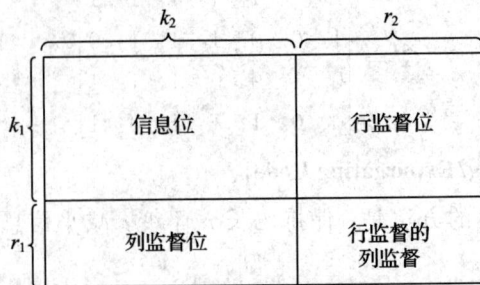

图 8-16　乘积码

8. 级联码(Concatenating Code)

级联码是对消息编码后的码字再进行一次编码。级联编码第一次所用码称外码，通常是 2^k 元的 (N,K) 码；第二次所用码称内码，通常是二元的 (n,k) 码，如图 8-17 所示。

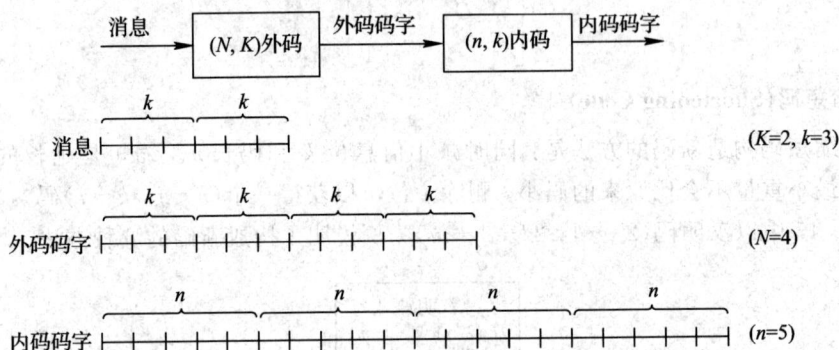

图 8-17　级联编码

级联编码常用于既有随机差错又有突发差错的信道编码。

9. 交织码(Interleaving Code)

交织是一种信道改造技术，它通过信号设计将一个原来属于突发差错的有记忆信道改造为基本上是独立差错的随机无记忆信道。交织编码分为分组交织和卷积交织两种，典型的分组交织过程见图 8-18。D 个码字作为 $D \times n$ 阵列的 D 个行向量，交织码字则是阵列的 n 个列向量 $\boldsymbol{B}^{(1)}$，$\boldsymbol{B}^{(2)}$，$\cdots$，$\boldsymbol{B}^{(n)}$，信道传送顺序为递增列序，参数 D 称为交织深度。

如果交织编码所用的 (n,k) 码可以纠正 t 个随机差错，则交织深度为 D 的交织编码可纠正 $D \cdot t$ 长的突发错误。

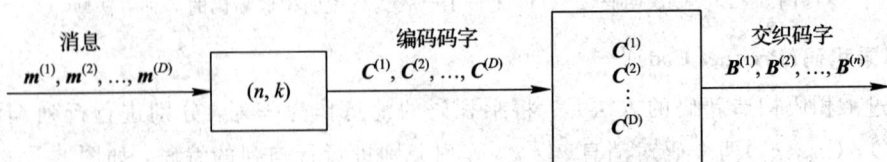

图 8-18　交织编码

【例 8-11】　视盘存储的纠错编码采用 $(31,21)$ 纠双错的 BCH 码进行 256 深度的交织,可以有效纠正因为介质损坏、磁(光)头污染或者定时抖动等引起的连续差错。

小 结

　　纠错编码就是对随机的、不带规律性的信息序列按某种规律加上一些码元(称为监督码元),从而变换成有某种规律性的码序列,在接收端便能根据这种已知的规律去检验、发现以致纠正传输中发生的错误码元。线性分组码的监督元是由以信息元为变量的一组线性方程组来确定的,该方程组又叫一致校验方程组或一致监督方程组。监督矩阵和生成矩阵都可以单独确定一组 (n,k) 线性码,也就是说,只要找到码的生成矩阵或监督矩阵都可以解决编码问题。线性码的生成矩阵和监督矩阵是正交的,互为零空间。纠错编码参数中最为重要的是反映编码效率的码率 $\eta(\eta=k/n)$ 以及反映纠检错能力的最小汉明距离 d_{min} 和码重量 $W_{min}(d_{min}$ 与纠错能力 t 及检错能力 e 的关系为: $d_{min}\geqslant2t+1$; $d_{min}\geqslant e+1$; $d_{min}\geqslant e+t+1$)。译码的关键是伴随式 $S(S=RH^T=EH^T)$,它与发送码字无关,只与信道干扰产生的错误图样 E 有关。译码器就是要计算出 S 并判断无错、有错或可纠则纠正之。汉明码是能纠正一个随机错误的分组码。有时需要从一个已知的线性码来构造一个新的线性分组码,使得某些参数能符合实际的需要,最后介绍了 9 种构造新码的方法。

习 题 8

　　8-1　设码为: $C=\{11100, 01001, 10010, 00111\}$。

　　(1) 求该码的最小汉明距离;

　　(2) 假设码字等概率分布,求该码的码率;

　　(3) 若采用最小距离译码规则,当收到"10000"、"01100"以及"00100"时,分别译为什么码字。

　　8-2　已知某线性码监督矩阵为

$$H=\begin{bmatrix}1&1&1&0&1&0&0\\1&1&0&1&0&1&0\\1&0&1&1&0&0&1\end{bmatrix}$$

列出所有许用码组。

　　8-3　已知 $(7,4)$ 汉明码的生成矩阵为

$$G=\begin{bmatrix}1&0&0&0&1&1&1\\0&1&0&0&1&0&1\\0&0&1&0&0&1&1\\0&0&0&1&1&1&0\end{bmatrix}$$

　　(1) 求该码的全部码字;

　　(2) 求该码的监督矩阵;

　　(3) 作出该码的标准阵列译码表。

　　8-4　一个 $(6,2)$ 线性分组码一致校验矩阵为

$$H = \begin{bmatrix} h_1 & 1 & 0 & 0 & 0 & 1 \\ h_2 & 0 & 0 & 0 & 1 & 1 \\ h_3 & 0 & 0 & 1 & 0 & 1 \\ h_4 & 0 & 1 & 1 & 1 & 0 \end{bmatrix}$$

(1) 求 $h_i (i = 1, 2, 3, 4)$，使该码的最小码距 $d_{min} \geqslant 3$。

(2) 求该码的系统码生成矩阵 G_s 及其所有 4 个码字。

8-5 设 H 为一个 (n, k) 线性码 C_1 的一致监督矩阵，且有奇数最小距离 d。作一个新码 C_1'，它的监督矩阵为

$$H' = \begin{bmatrix} & & & 0 \\ & H & & \vdots \\ & & & 0 \\ 1 & 1 & \cdots & 1 \end{bmatrix}$$

证明：(1) C_1' 是一个 $(n+1, k)$ 码；

(2) C_1' 中每个码字的重量为偶数；

(3) C_1' 的最小重量为 $d+1$。

8-6 已知 $(8, 4)$ 系统线性码的监督方程为

$$\begin{cases} c_0 = m_1 + m_2 + m_3 \\ c_1 = m_0 + m_1 + m_2 \\ c_2 = m_0 + m_1 + m_3 \\ c_3 = m_0 + m_2 + m_3 \end{cases}$$

式中 $m = (m_3, m_2, m_1, m_0)$ 为信息矢量；c_3, c_2, c_1, c_0 为编码监督位。求这个码的监督矩阵和生成矩阵，并证明该码的最小距离为 4。

8-7 已知码集合中有 8 个码组为

000000, 001110, 010101, 011011, 100011, 101101, 110110, 111000

(1) 求该码集合的最小码距；

(2) 该码集合若用于检错，能检出几位错码？若用于纠错，能纠正几位错码？若同时用于检错与纠错，问纠检错的性能如何？

8-8 一通信系统信道转移概率 $p = 10^{-3}$ 的 BSC，求下列各码的重量分布 $\{A_i, i = 0, 1, 2, \cdots, n\}$ 和不可检差错概率。

(1) $(7, 4)$ 汉明码；

(2) $(7, 3)$ 最大长度码(Simplex 码)；

(3) $(8, 4)$ 扩展汉明码；

(4) $(8, 1)$ 重复码；

(5) $(8, 7)$ 偶校验码。

8-9 求出 $(8, 4)$ 码的重量分布，令信道的转移概率 $p = 10^{-2}$，计算该码的不可检错误概率。

8-10 构造 $(15, 11)$ 汉明码的一致监督矩阵并设计译码器。

上机要求与 Matlab 源程序

8-1 一个(10，4)线性分组码的生成矩阵为

$$G = \begin{bmatrix} 1 & 0 & 0 & 1 & 1 & 1 & 0 & 1 & 1 & 1 \\ 1 & 1 & 1 & 0 & 0 & 0 & 1 & 1 & 1 & 0 \\ 0 & 1 & 1 & 0 & 1 & 1 & 0 & 1 & 0 & 1 \\ 1 & 1 & 0 & 1 & 1 & 1 & 1 & 0 & 0 & 1 \end{bmatrix}$$

试编程求全部码字和该码的最小重量。

参考代码：

```
clear all;
close all;
clc;
k = 4;
for i = 1:2^k
    for j = k:-1:1
        if rem(i-1, 2^(-j+k+1)) >=2^(-j+k)
            u(i, j)=1;
        else
            u(i, j)=0;
        end
    end
end
%定义生成矩阵 g
g = [1 0 0 1 1 1 0 1 1 1;
    1 1 1 0 0 0 1 1 1 0;
    0 1 1 0 1 1 0 1 0 1;
    1 1 0 1 1 1 1 0 0 1];
%生成码字
c=rem(u * g, 2)
%求最小重量
w_min=min(sum((c(2:2^k, :))'))
```

8-2 完成 Hamming 码矩阵生成器的 Matlab 编程、调试、运行及结果打印。

要求：输入为信息长度 m，输出为 Hamming 码的生成矩阵和监督矩阵。

参考代码：

```
function[H, G]=Hamm_gen(m)
% H=mxN:奇偶校验矩阵，其中，N=2^m-1
% G= KxN：Hamming 码的生成矩阵，其中，K=N-m
if nargin<2,
    opt=0;
end
```

```
    H=[ones(2, 1) eye(2)];
    G=[1 H(:,1).'];
    if m<3,
        return;
    end
    for i=3:m
        N=2^i;
            N2=N/2;
            K=N-1-i;
        for j=1:N2-1,
            H(i, j)=1;
        end
        for j=N2:K,
            H(i, j)=0;
        end
        H( 1:i-1, N2:K )=H( 1:i-1, 1:N2-i);
        H( 1:i, N-i:N-1)=eye(i);
    end
    H(:, 1:K)=fliplr(H(:, 1:K));
    G=[ eye(K) H(1:m,1:K).'];
```

8-3 利用上题中得到的结果，求(15，11)的 Hamming 码的全部码字，并验证它的最小距离等于 3。

参考代码：

```
    clear all;
    k=11;
    for i=1:2^k
        for j=k:-1:1
            if rem( i-1, 2^(-j+k+1)) >=2^(-j+k)
                u(i, j)=1;
            else
                u(i, j)=0;
            end
        end
    end
    [H G]=hammgen(4);
    c=rem(u * G, 2);
    w_min=min(sum((c(2:2^k, :))'))
```

第9章 循 环 码

循环码是线性分组码的一个重要子类。由于它具有循环特性和优良的代数结构，使得可用简单的反馈移位寄存器实现编码和伴随式计算，并可使用多种简单而有效的译码方法。1957 年普朗格(Prange)首先开始研究循环码，此后人们对循环码的研究在理论和实践方面都取得了很大进展。现在循环码已成为研究最深入、理论最成熟、应用最广泛的一类线性分组码。

9.1 循环码的描述

9.1.1 循环码的定义与多项式描述

定义 9 - 1 如果 (n,k) 线性分组码的任意码字

$$C = (c_{n-1}, c_{n-2}, \cdots, c_0)$$

的 i 次循环移位所得矢量

$$C^{(i)} = (c_{n-1-i}, c_{n-2-i}, \cdots, c_0, c_{n-1}, \cdots, c_{n-i})$$

仍是一个码字，则称此线性码为 (n,k) 循环码。

为了运算方便，将码字的各分量作为多项式的系数表示成多项式，称为码多项式。其一般表示式为

$$C(x) = c_{n-1}x^{n-1} + c_{n-2}x^{n-2} + \cdots + c_0 \tag{9-1}$$

码字 C 循环 i 次所得的码字 $C^{(i)}$ 的码多项式为

$$C^{(i)}(x) = c_{n-1-i}x^{n-1} + c_{n-2-i}x^{n-2} + \cdots + c_1 x^{i+1} + c_0 x^i + c_{n-1}x^{i-1} + \cdots + c_{n-i} \tag{9-2}$$

在介绍多项式在有限域上的运算之前，首先介绍一下数的有限域运算。0 和 1 两个元素在模 2 运算下构成域，即

+	0	1		×	0	1
0	0	1		0	0	0
1	1	0		1	0	1

若 p 为素数，则整数全体在模 p 运算下的剩余类全体

$$\{\bar{0}, \bar{1}, \bar{2}, \bar{3}, \cdots, \overline{p-1}\}$$

在模 p 下构成域。

【例 9 - 1】 以 $p=3$ 为模的剩余类全体

$$\{\bar{0}, \bar{1}, \bar{2}\}$$

构成域。模 3 运算的规则如下：

	$\bar{0}$	$\bar{1}$	$\bar{2}$
$+$			
$\bar{0}$	$\bar{0}$	$\bar{1}$	$\bar{2}$
$\bar{1}$	$\bar{1}$	$\bar{2}$	$\bar{0}$
$\bar{2}$	$\bar{2}$	$\bar{0}$	$\bar{1}$

	$\bar{0}$	$\bar{1}$	$\bar{2}$
$\times$			
$\bar{0}$	$\bar{0}$	$\bar{0}$	$\bar{0}$
$\bar{1}$	$\bar{0}$	$\bar{1}$	$\bar{2}$
$\bar{2}$	$\bar{0}$	$\bar{2}$	$\bar{1}$

将式(9-1)乘以 x，再除以 x^n+1，得

$$\frac{xC(x)}{x^n+1}=c_{n-1}+\frac{c_{n-2}x^{n-1}+c_{n-3}x^{n-2}+\cdots+c_1x^2+c_0x+c_{n-1}}{x^n+1}$$

$$=c_{n-1}+\frac{C^{(1)}(x)}{x^n+1} \qquad\qquad (9-3)$$

上式表明，码字循环一次的码多项式 $C^{(1)}(x)$ 是原码多项式 $C(x)$ 乘以 x 除以 x^n+1 的余式。写作

$$C^{(1)}(x)\equiv x\cdot C(x) \qquad \mod(x^n+1)$$

由此可以推知，$C(x)$ 的 i 次循环移位 $C^{(i)}(x)$ 是 $C(x)$ 乘以 x^i 除以 x^n+1 的余式，即

$$C^{(i)}(x)\equiv x^i\cdot C(x) \qquad \mod(x^n+1) \qquad (9-4)$$

因此，循环码码字的 i 次循环移位等效于将码多项式乘以 x^i 后再模 x^n+1。

【例9-2】 (7,3)循环码，可由任一个码字比如(0011101)经过循环移位，得到其他6个非0码字；也可由相应的码多项式 $x^4+x^3+x^2+1$，乘以 $x^i(i=1,2,\cdots,6)$，再模 x^7+1 运算得到其他6个非0码多项式。移位过程和相应的多项式运算如表9-1所示。

表9-1 循环码的循环移位

移位次数	码 字	码多项式	
0	0011101	$x^4+x^3+x^2+1$	$\mod(x^7+1)$
1	0111010	$x(x^4+x^3+x^2+1)\equiv x^5+x^4+x^3+x$	$\mod(x^7+1)$
2	1110100	$x^2(x^4+x^3+x^2+1)\equiv x^6+x^5+x^4+x^2$	$\mod(x^7+1)$
3	1101001	$x^3(x^4+x^3+x^2+1)\equiv x^6+x^5+x^3+1$	$\mod(x^7+1)$
4	1010011	$x^4(x^4+x^3+x^2+1)\equiv x^6+x^4+x+1$	$\mod(x^7+1)$
5	0100111	$x^5(x^4+x^3+x^2+1)\equiv x^5+x^2+x+1$	$\mod(x^7+1)$
6	1001110	$x^6(x^4+x^3+x^2+1)\equiv x^6+x^3+x^2+x$	$\mod(x^7+1)$

9.1.2 循环码的生成多项式和矩阵描述

循环码的循环特性可由一个码字的循环移位得到其他的非0码字。在(n,k)循环码的 2^k 个码字中，取前 $k-1$ 位皆为0的码字 $g(x)$（次数 $r=n-k$），再经 $k-1$ 次循环移位，共得到 k 个码字：$g(x),xg(x),\cdots,x^{k-1}g(x)$。这 k 个码字是相互独立的，可作为码生成矩阵的 k 行，得到(n,k)循环码的生成矩阵 $\boldsymbol{G}(x)$。矩阵中的元素是多项式，即

$$\boldsymbol{G}(x)=\begin{bmatrix} x^{k-1}g(x) \\ x^{k-2}g(x) \\ \vdots \\ xg(x) \\ g(x) \end{bmatrix}=\begin{bmatrix} g_{n-k}x^{n-1}+\cdots+g_1x^k+g_0x^{k-1} \\ g_{n-k}x^{n-2}+\cdots+g_1x^{k-1}+g_0x^{k-2} \\ \vdots \\ g_{n-k}x^{n-k+1}+\cdots+g_1x^2+g_0x \\ g_{n-k}x^{n-k}+\cdots+g_1x+g_0 \end{bmatrix} \qquad (9-5)$$

将矩阵中的多项式改写成对应的 n 重矢量形式，即

$$
G=\begin{bmatrix} g_{n-k} & \cdots g_1 & g_0 & 0 & \cdots & & 0 \\ 0 & g_{n-k} & \cdots g_1 & g_0 & 0 & \cdots & 0 \\ \vdots & & \ddots & & \ddots & \ddots & \vdots \\ 0\cdots 0 & & g_{n-k} & & \cdots & g_1 & g_0 & 0 \\ 0 & 0 & 0 & g_{n-k} & & \cdots & g_1 & g_0 \end{bmatrix} \begin{array}{l} \\ \\ \end{array}\left.\right\} k\text{-}1\text{个}0 \tag{9-6}
$$

$$\overbrace{}^{k\text{-}1\text{个}0}$$

码的生成矩阵一旦确定，码就确定了。这说明 (n,k) 循环码可由它的一个 $n-k$ 次码多项式 $g(x)$ 来确定，所以说 $g(x)$ 生成了 (n,k) 循环码，因此称 $g(x)$ 为码的生成多项式。

$$g(x)=x^{n-k}+g_{n-k-1}x^{n-k-1}+\cdots+g_1 x+g_0$$

可以看到 $g(x)$ 是一个 $n-k$ 次首 1 多项式，可用下面 5 个定理来说明它的性质。

定理 9-1 在 (n,k) 循环码中，生成多项式 $g(x)$ 是唯一的 $n-k$ 次码多项式，且次数是最低的。

证明 (1) 先证在 (n,k) 循环码系统中存在一个 $n-k$ 次码多项式。

因为在 2^k 个信息组中有一个信息组为 $\underbrace{00\cdots 01}_{k-1}$，它对应码多项式的次数为

$$(n-1)-(k-1)=n-k$$

(2) 再证 $n-k$ 次码多项式是最低次码多项式。

若 $g(x)$ 不是最低次码多项式，那么设更低次的码多项式为 $g'(x)$，其次数为 $n-k-1$。$g'(x)$ 的前面 k 位为 0，即 k 个信息位全为 0，而监督位不为 0，这对线性码来说是不可能的，因此 $g(x)$ 是最低次的码多项式，即 g_{n-k} 必为 1，并且 $g_0=1$，否则经 $n-1$ 次左移循环后将得到低于 $n-k$ 次的码多项式。

(3) 最后证 $g(x)$ 是唯一的 $n-k$ 次码多项式。

如果存在另一个 $n-k$ 次码多项式，设为 $g''(x)$，根据线性码的封闭性，则 $g(x)+g''(x)$ 也必为一个码多项式。由于 $g(x)$ 和 $g''(x)$ 的次数相同，它们和式的 $n-k$ 次项系数为 0，那么 $g(x)+g''(x)$ 是一个次数低于 $n-k$ 次的码多项式，前面已证明 $g(x)$ 的次数是最低的，因此 $g''(x)$ 不能存在，所以 $g(x)$ 是唯一的 $n-k$ 次码多项式。

定理 9-2 在 (n,k) 循环码中，每个码多项式 $C(x)$ 都是 $g(x)$ 的倍式，而每个为 $g(x)$ 倍式且次数小于或等于 $n-1$ 的多项式，必是一个码多项式。

证明 设 $\boldsymbol{m}=(m_{k-1},m_{k-2},\cdots,m_0)$ 为任一信息组，$\boldsymbol{G}(x)$ 为该 (n,k) 循环码的生成矩阵，则相应的码多项式为

$$C(x)=\boldsymbol{m}\cdot\boldsymbol{G}(x)$$

$\boldsymbol{G}(x)$ 用式 (9-5) 代入得

$$C(x)=(m_{k-1},m_{k-2},\cdots,m_0)\cdot\begin{bmatrix} x^{k-1}g(x) \\ x^{k-2}g(x) \\ \vdots \\ xg(x) \\ g(x) \end{bmatrix}$$

$$=(m_{k-1}x^{k-1}+m_{k-2}x^{k-2}+\cdots+m_0)\cdot g(x) \tag{9-7}$$

上式表明，循环码的任一个码多项式都为 $g(x)$ 的倍式。

显然，凡是为 $g(x)$ 倍式且次数小于或等于 $n-1$ 的多项式，一定能分解成式(9-7)的形式，因而它就是信息多项式 $m(x)=m_{k-1}x^{k-1}+m_{k-2}x^{k-2}+\cdots+m_0$ 和生成矩阵 $\boldsymbol{G}(x)$ 所生成的码多项式。

定理 9-3(定理 9-2 的逆定理) 在一个 (n,k) 线性码中，如果全部码多项式都是最低次的 $n-k$ 次码多项式的倍式，则此线性码为一个 (n,k) 循环码。

一般说来，这种循环码仍具有 (n,k) 码中任一非 0 码字循环移位必为一码字的循环特性，但从一个非 0 码字出发，进行循环移位，未必能得到码的所有非 0 码字。所以称这种循环码为推广循环码。在码字循环关系图上，单纯循环码的非 0 循环图是一个以码字为顶点的圆图，如图 9-1 所示，它表示 $(7,3)$ 循环码的码字循环关系。

然而，对推广循环码，非 0 码字循环图可能有多个圆圈，如图 9-2 所示的 $(6,3)$ 循环码的非 0 码字循环关系图就包含 3 个圆圈。

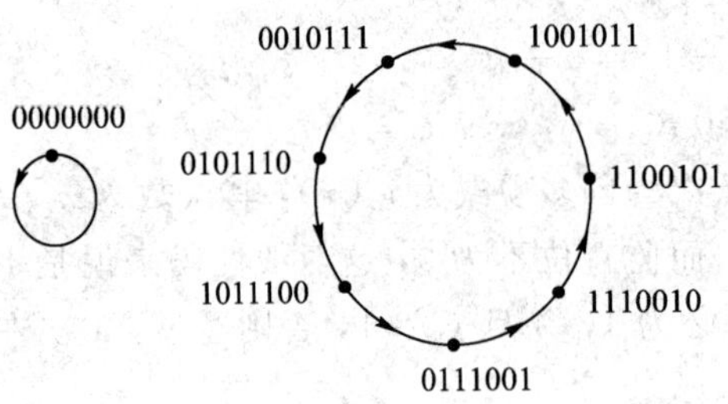

图 9-1 $(7,3)$ 循环码的循环关系图 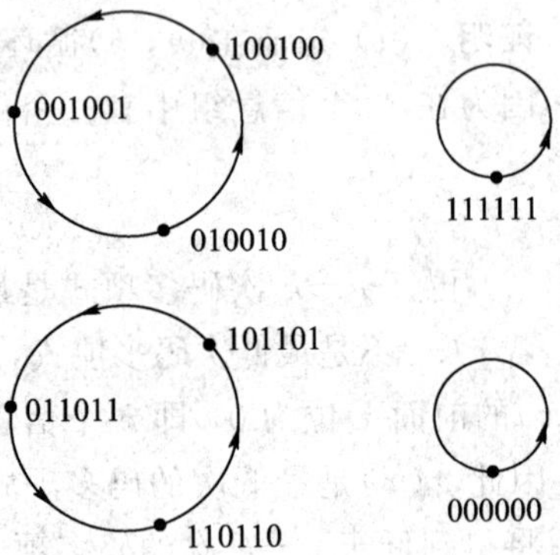　　　图 9-2 $(6,3)$ 循环码的循环关系图

由式(9-7)可知，循环码的码多项式 $C(x)$ 等于信息多项式 $m(x)$ 乘以生成多项式 $g(x)$。这就说明，对一个循环码只要生成多项式 $g(x)$ 确定后，码就确定了，编码问题就解决了。所以，作一循环码的关键，就在于寻找一个适当的生成多项式。

定理 9-4 (n,k) 循环码的生成多项式 $g(x)$ 是 x^n+1 的因式，即 $x^n+1=h(x)\cdot g(x)$。

证明 由于 $x^k\cdot g(x)$ 是 n 次多项式，因此可表示为

$$x^k\cdot g(x)=1\cdot(x^n+1)+g^{(k)}(x) \tag{9-8}$$

式中，$g^{(k)}(x)$ 是多项式 $g(x)$ 乘以 x^k 除以 x^n+1 的余式。

根据循环码的移位关系，它是 $g(x)$ 循环移位 k 次所得到的多项式，因而 $g^{(k)}(x)$ 是 $g(x)$ 的倍式。设

$$g^{(k)}(x)=m(x)\cdot g(x) \tag{9-9}$$

代入式(9-8)得

$$x^n+1=[x^k+m(x)]\cdot g(x) \tag{9-10}$$

上式表明，$g(x)$ 是 x^n+1 的因式。

定理 9-5 若 $g(x)$ 是一个 $n-k$ 次多项式，且为 x^n+1 的因式，则 $g(x)$ 生成一个

(n,k)循环码。

证明 由于 $g(x)$ 是一个 $n-k$ 次多项式，且为 x^n+1 的因式，所以

$$g(x), x \cdot g(x), \cdots, x^{k-1} \cdot g(x)$$

是 k 个次数小于 n 且彼此独立的多项式，将此多项式用作码的生成矩阵的 k 行，得到 (n,k)线性码的生成矩阵：

$$\boldsymbol{G}(x) = \begin{bmatrix} x^{k-1}g(x) \\ x^{k-2}g(x) \\ \vdots \\ xg(x) \\ g(x) \end{bmatrix}$$

设信息组为 $\boldsymbol{m} = (m_{k-1}, m_{k-2}, \cdots, m_0)$，则相应的码字为

$$C(x) = \boldsymbol{m} \cdot \boldsymbol{G}(x) = (m_{k-1}x^{k-1} + m_{k-2}x^{k-2} + \cdots + m_0) \cdot g(x)$$
$$= m(x) \cdot g(x) \tag{9-11}$$

式中，$C(x)$ 的次数小于或等于 $n-1$，$m(x)$ 是 2^k 个信息多项式的表示式，所以 $C(x)$ 即为相应 2^k 个码多项式的表示式。因此 $g(x)$ 生成一个 (n,k) 线性码。又因为 $C(x)$ 是 $n-k$ 次多项式 $g(x)$ 的倍式，所以 $g(x)$ 生成一个 (n,k) 循环码。

定理 9-5 说明，当求一个 (n,k) 循环码时，只要分解多项式 x^n+1，从中取出 $n-k$ 次因式作生成多项式即可。

【例 9-3】 求 $(7,3)$ 循环码的生成多项式。

解 分解多项式 x^7+1，取其 4 次因式作生成多项式：

$$x^7+1 = (x+1) \cdot (x^3+x^2+1) \cdot (x^3+x+1) \tag{9-12}$$
$$g_1(x) = (x+1) \cdot (x^3+x^2+1) = x^4+x^2+x+1 \tag{9-13}$$

或

$$g_2(x) = (x+1) \cdot (x^3+x+1) = x^4+x^3+x^2+1 \tag{9-14}$$

作生成多项式。

9.1.3 循环码的监督多项式和监督矩阵

1. 循环码的监督多项式

设 $g(x)$ 为 (n,k) 循环码的生成多项式，且必为 x^n+1 的因式，则有

$$x^n+1 = h(x) \cdot g(x) \tag{9-15}$$

式中 $h(x)$ 为 k 次多项式，称为 (n,k) 循环码的监督多项式。

(n,k) 循环码也可由其监督多项式完全确定。

【例 9-4】 求 $(7,3)$ 循环码的监督多项式。

解 因为 $x^7+1 = (x^3+x+1)(x^4+x^2+x+1)$，所以 4 次多项式为生成多项式：

$$g \cdot (x) = x^4+x^2+x+1 = g_4x^4+g_3x^3+g_2x^2+g_1x+g_0$$

3 次多项式是监督多项式：

$$h(x) = x^3+x+1 = h_3x^3+h_2x^2+h_1x+h_0$$

2. 循环码的监督矩阵

由等式 $x^7+1 = h(x) \cdot g(x)$ 两端同次项系数相等得

$$\begin{cases} x^3 \text{ 的系数：} g_3h_0+g_2h_1+g_1h_2+g_0h_3=0 \\ x^4 \text{ 的系数：} g_4h_0+g_3h_1+g_2h_2+g_1h_3=0 \\ x^5 \text{ 的系数：} g_4h_1+g_3h_2+g_2h_3=0 \\ x^6 \text{ 的系数：} g_4h_2+g_3h_3=0 \end{cases} \tag{9-16}$$

将上面的方程组写成矩阵形式：

$$\begin{bmatrix} 0 & 0 & 0 & h_0 & h_1 & h_2 & h_3 \\ 0 & 0 & h_0 & h_1 & h_2 & h_3 & 0 \\ 0 & h_0 & h_1 & h_2 & h_3 & 0 & 0 \\ h_0 & h_1 & h_2 & h_3 & 0 & 0 & 0 \end{bmatrix} \begin{bmatrix} 0 \\ 0 \\ g_4 \\ g_3 \\ g_2 \\ g_1 \\ g_0 \end{bmatrix} = \mathbf{0}^{\mathrm{T}} \tag{9-17}$$

式(9-17)中，列阵的元素是生成多项式 $g(x)$ 的系数，是一个码字，那么第一个矩阵则为 (7，3)循环码的监督矩阵，即

$$\mathbf{H}_{(7,3)} = \begin{bmatrix} 0 & 0 & 0 & h_0 & h_1 & h_2 & h_3 \\ 0 & 0 & h_0 & h_1 & h_2 & h_3 & 0 \\ 0 & h_0 & h_1 & h_2 & h_3 & 0 & 0 \\ h_0 & h_1 & h_2 & h_3 & 0 & 0 & 0 \end{bmatrix} \tag{9-18}$$

3. 循环码监督矩阵的构成

由式(9-18)可见，监督矩阵的第一行是码的监督多项式 $h(x)$ 的系数的反序排列，第二、三、四行是第一行的移位，因此，可用监督多项式的系数来构成监督矩阵：

$$\mathbf{H}_{(7,3)} = \begin{bmatrix} 0 & 0 & 0 & 1 & 1 & 0 & 1 \\ 0 & 0 & 1 & 1 & 0 & 1 & 0 \\ 0 & 1 & 1 & 0 & 1 & 0 & 0 \\ 1 & 1 & 0 & 1 & 0 & 0 & 0 \end{bmatrix} \tag{9-19}$$

由此可得出 (n,k) 循环码的监督矩阵：

$$\mathbf{H}_{(n,k)} = \begin{bmatrix} 0 & \cdots & 0 & 1 & h_1 & \cdots & h_{k-1} & 1 \\ 0 & \cdots & 1 & h_1 & \cdots & h_{k-1} & 1 & 0 \\ \vdots & \cdots & h_1 & \cdots & h_{k-1} & 1 & & \vdots \\ 1 & h_1 & \cdots & h_{k-1} & 1 & 0 & \cdots & 0 \end{bmatrix} \tag{9-20}$$

4. 对偶问题

如果 $x^n+1=h(x)\cdot g(x)$，其中 $g(x)$ 为 $n-k$ 次多项式，以 $g(x)$ 为生成多项式，则生成一个 (n,k) 循环码；以 $h(x)$ 为生成多项式，则生成一个 $(n,n-k)$ 循环码。这两个循环码互为对偶码。

9.1.4 系统循环码

循环码也可以构成系统循环码。将信息多项式和码多项式都记为高位在前，即信息向量 $\mathbf{m}=(m_{k-1},m_{k-2},\cdots,m_1,m_0)$ 的信息多项式为

$$m(x) = m_{k-1}x^{k-1} + m_{k-2}x^{k-2} + \cdots + m_1 x + m_0$$

又记码多项式的高次幂部分等于 $m(x)$，即

$$C(x) = c_{n-1}x^{n-1} + \cdots + c_{n-k}x^{n-k} + c_{n-k-1}x^{n-k-1} + \cdots + c_1 x + c_0$$

$$= x^{n-k}m(x) + q(x) \qquad q(x) \text{的次数} < n-k$$

其中 $q(x)$ 称为监督位多项式。由于码多项式是生成多项式的倍式，所以

$$\begin{cases} C(x) = x^{n-k}m(x) + q(x) = m(x) \cdot g(x) \equiv 0 & \mod g(x) \\ q(x) = C(x) + x^{n-k}m(x) \equiv x^{n-k}m(x) & \mod g(x) \end{cases} \tag{9-21}$$

因此循环码的系统码形式为

$$C(x) = x^{n-k}m(x) + x^{n-k}m(x) \qquad \mod g(x) \tag{9-22}$$

将系统循环码构造过程的步骤总结如下：

(1) 信息多项式乘以 x^{n-k}：$x^{n-k}m(x)$；

(2) 对 $x^{n-k}m(x)$ 求余式：$q(x) \equiv x^{n-k}m(x)(\mod g(x))$；

(3) 求码多项式：$C(x) = x^{n-k}m(x) + q(x)$。

【例 9-5】 在由 $g(x) = x^4 + x^3 + x^2 + 1$ 生成的 $(7,3)$ 循环码中，求信息组 $\boldsymbol{m} = (101)$ 的对应码多项式。

解 $x^{7-3}m(x) = x^4(x^2+1) = x^6 + x^4$，再除以 $g(x)$ 得到余式 $q(x) = x+1$，于是码多项式为

$$C(x) = x^4 m(x) + q(x) = x^6 + x^4 + x + 1$$

9.2 循环码的编码电路

9.2.1 多项式运算电路

1. 多项式加法电路

多项式 $a(x) = a_n x^n + a_{n-1}x^{n-1} + \cdots + a_1 x + a_0$ 表示的是时间序列 $\boldsymbol{a} = (a_n, a_{n-1}, \cdots, a_1, a_0)$，因此多项式的计算表现为对时间序列的操作。对二进制多项式系数的基本操作为模 2 加和模 2 乘。多项式运算符号的意义如图 9-3 所示。

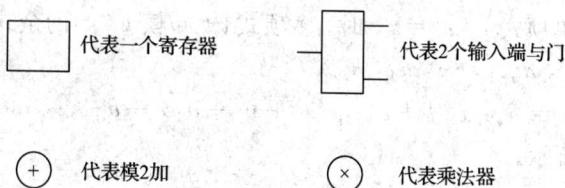

图 9-3 多项式运算符号的意义

2. 多项式乘法电路

多项式乘以 x 等价为时间序列 a 延迟一位，多项式 $a(x)$ 与多项式 $g(x)$ 的乘等价为 $a(x)$ 的不同位移后的相加，即

$$a(x)g(x) = a(x)[g_1(x) + g_2(x)] = a(x)g_1(x) + a(x)g_2(x)$$

多项式乘法电路如图 9-4 所示。

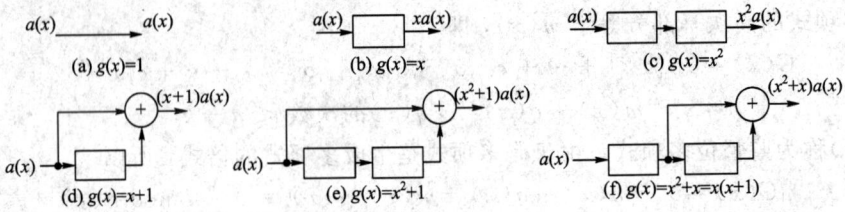

图 9-4　多项式乘法电路

多项式 $a(x)$ 与 $g(x)$ 的乘法一般电路如图 9-5 所示。在乘法电路中总假设多项式的低位在前,电路中所有寄存器初态为 0。在图 9-5 中符号 $\otimes$ 表示乘,对模 2 运算,它等效于逻辑"与",在实现上当 g_i 为 1 时此线路通,当 g_i 为 0 时此线路断。

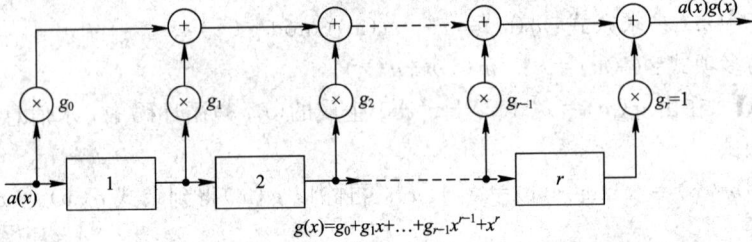

$$g(x)=g_0+g_1x+\ldots+g_{r-1}x^{r-1}+x^r$$

图 9-5　多项式乘法电路

3. 多项式除法电路

对多项式除法电路的学习,我们从最简单的情况开始,由浅入深,最后到一般情况。

1) 当除数 $g(x)=1$ 时

当除数 $g(x)=1$ 时,多项式 $a(x)$ 模 $g(x)$ 的余式为 0,电路如图 9-6 所示。

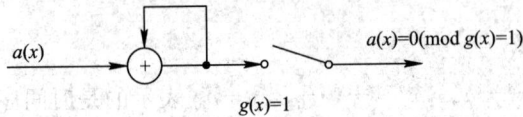

图 9-6　多项式模 $g(x)=1$ 的运算电路

2) 当除数 $g(x)$ 是单项式 $g(x)=x^k$ 时

当除数 $g(x)$ 是单项式 $g(x)=x^k$ 时,多项式 $a(x)$ 模 $g(x)$ 的余式的次数小于 k,进入电路的输入顺序为 $a_n,a_{n-1},\cdots,a_1,a_0$。

$$a(x) \equiv a_{k-1}x^{k-1}+a_{k-2}x^{k-2}+\cdots+a_1x+a_0 \qquad \mod x^k$$

运算电路如图 9-7 所示。

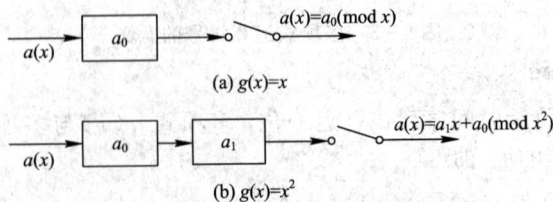

图 9-7　多项式模 $g(x)=x^k$ 的运算电路

3）当除数 $g(x)$ 是多项式 $g(x)=x^2+x+1$ 时

当除数 $g(x)$ 是多项式 $g(x)=x^2+x+1$ 时，多项式 $a(x)$ 模 $g(x)$ 的运算电路如图 9-8 所示。

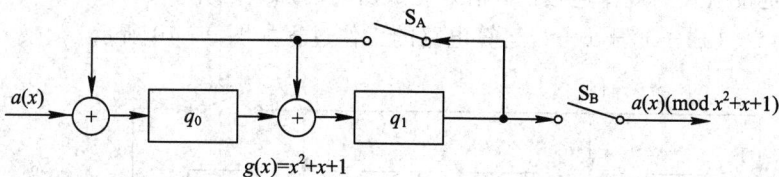

图 9-8 多项式模 $g(x)=x^2+x+1$ 的运算电路

一般的多项式模 $g(x)=g_r x^r+g_{r-1}x^{r-1}+\cdots+g_1 x+g_0$ 的运算电路如图 9-9 所示。移位寄存器初态全为 0。

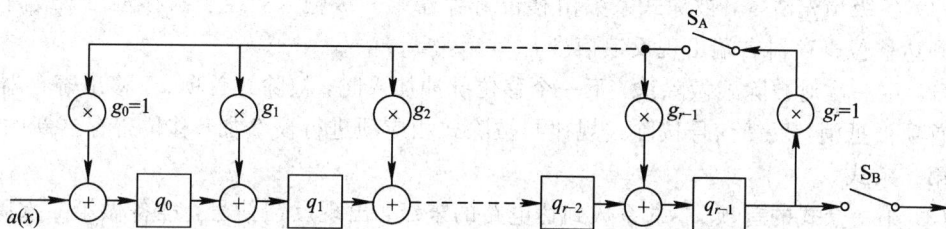

图 9-9 多项式模 $g(x)=g_r x^r+g_{r-1}x^{r-1}+\cdots+g_1 x+g_0$ 的运算电路

当 $a(x)$ 输入完后，移位寄存器内容 $(q_{r-1},\cdots,q_1,q_0)$ 就是余式：

$$q(x)=q_{r-1}x^{r-1}+q_{r-2}x^{r-2}+\cdots+q_1 x+q_0 \equiv a(x) \qquad \mathrm{mod}\ g(x)$$

4）多项式除法电路的构造

多项式除法电路是一个由除式（这里就是生成多项式 $g(x)$）

$$g(x)=g_{n-k}x^{n-k}+g_{n-k-1}x^{n-k-1}+\cdots+g_1 x+g_0$$

所确定的反馈移位寄存器。除法电路的构造方法如下：

（1）移位寄存器的级数等于除式的次数 $n-k$。

（2）移位寄存器的反馈抽头，由除式的各项系数 $g_i(i=0,1,\cdots,n-k)$ 决定：

① 当某个抽头等于 0 时，对应的反馈断开；

② 当某个抽头等于 1 时，对应的反馈接通。

（3）完成除法所需的移位次数等于被除式的次数加 1。

5）多项式除法电路举例

利用除法电路完成两个多项式的除法运算，求其余式的过程和将两个多项式进行长除运算是完全一致的。$(x^5+x^2)\div(x^4+x^3+x+1)$ 的长除运算过程如下：

（1）每做一次除法运算，被除式（或前次除法的余式）的首项被抵消，因而除法电路中每做一次除法运算，最高项就移到寄存器之外丢掉。

（2）除式除首项外的其他各项系数都要加到被除式或前次运算的余式中去，而除法电路的反馈正是按除式的规律连接的，恰好完成所需的加法运算。

$(x^5+x^2)\div(x^4+x^3+x+1)$ 运算电路的工作过程如图 9-10 所示。

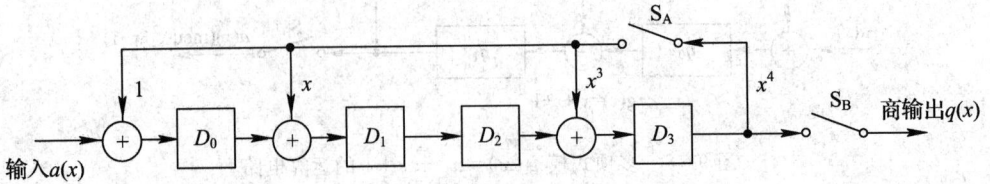

图 9-10 以 x^4+x^3+x+1 为除式的除法（求余）电路

该运算电路的工作过程如下：

（1）各级预先清零，被除式系数由移位寄存器第一级输入，经 4 次移位后，最高项的系数到达移位寄存器右端出现反馈信号。

（2）第一次对被除式做除法，下一个移位脉冲加入时，被除式首项 x^5 移出寄存器，相当于首项被抵消，反馈信号按除式规律与被除式相应项进行模 2 加，移位寄存器新的内容即为第一余式。

（3）第一余式的首项 x^4 的系数到达电路的末级，出现反馈信号，准备做第二次除法，当下一个移位脉冲加入时，第一余式的首项移出寄存器被丢掉，反馈信号又把除式（除首项外）加到第一余式，得到第二余式（即所求余式）。

（4）为了使被除式全部移入寄存器，除法求余所需要的移位次数等于被除式次数加1。

表 9-2 列出了电路的运算过程。

表 9-2 x^5+x^2 除以 x^4+x^3+x+1 的运算过程表

节拍	输入	移位寄存器内容				输出
		$D_0(x^0)$	$D_1(x^1)$	$D_2(x^2)$	$D_3(x^3)$	
0	0	0	0	0	0	0
1	$1(x^5)$	1	0	0	0	0
2	$0(x^4)$	0	1	0	0	0
3	$0(x^3)$	0	0	1	0	0
4	$1(x^2)$	1	0	0	1	0
5	$0(x^1)$	1	1	0	1	$1(x^1)$
6	$0(x^0)$	1	0	0	1	$1(x^0)$
		余式				商式

9.2.2 循环码的编码电路

给定 $g(x)$ 后实现编码电路的方法有两种：一种方法是采用 $g(x)$ 的乘法电路；另一种方法是采用 $g(x)$ 的除法电路。前者主要是利用方程式 $C(x)=a(x)g(x)$（$C(x)$ 的次数小于 n）

进行编码,其中 $a(x)=m(x)$,$m(x)$ 的次数小于 k ,这样编出的码为非系统码;而后者是系统码编码器中常用的电路,所编出的码为系统码。在这里只介绍常使用的系统码编码电路。

1. 系统码编码的基本原理

求生成多项式 $g(x)$ 的方法是分解多项式 x^n+1 ,取 $n-k$ 次因式作为生成多项式 $g(x)$,一般可通过查表完成。然后利用 $g(x)$ 实现编码,设信息多项式为

$$m(x)=m_{k-1}x^{k-1}+m_{k-2}x^{k-2}+\cdots+m_0$$

监督多项式为

$$q(x)=q_{r-1}x^{r-1}+q_{r-2}x^{r-2}+\cdots+q_0$$

则 (n,k) 循环码的码多项式为

$$C(x)=c_{n-1}x^{n-1}+c_{n-2}x^{n-2}+\cdots+c_{n-k}x^{n-k}+c_{n-k-1}x^{n-k-1}+\cdots+c_1x+c_0$$

上式的前 k 项系数为信息位,后 $r=n-k$ 项为监督位。所以

$$c_{n-1}x^{n-1}+\cdots+c_{n-k}x^{n-k}=x^{n-k}(m_{k-1}x^{k-1}+\cdots+m_0)=x^{n-k}m(x)$$

$$c_{n-k-1}x^{n-k-1}+\cdots+c_0=q_{r-1}x^{r-1}+\cdots+q_0=q(x)$$

利用移位寄存器实现的编码电路有两种方式,下面分别介绍。

2. 用 $n-k$ 级移位寄存器实现的编码电路

1) 编码电路的结构和工作原理

二元 (n,k) 循环码的编码是将信息多项式 $m(x)$ 乘以 x^{n-k} 后再除以生成多项式 $g(x)$,求出它的余式,即为监督位多项式 $q(x)$ 。则有

$$C(x)=x^{n-k}m(x)+x^{n-k}m(x) \mod g(x)$$

二元 (n,k) 循环码的编码电路就是以 $g(x)$ 为除式的除法电路,而输入的被除式为 $x^{n-k}m(x)$ 。实际的编码电路如图 9-11 所示。

编码电路的级数等于 $g(x)$ 的次数 $n-k$,移位寄存器的反馈连接取决于 $g(x)$ 的系数:当 $g_i=0$ 时 $(i=1,2,\cdots,n-k-1)$,反馈断开;当 $g_i=1$ 时,对应级加入反馈。由于被除式中含有因子 x^{n-k} ,使被除式各项的次数都大于或等于 $g(x)$ 的次数,因此被除式输入端可由第一级移到末级之后,使移位次数减少 $n-k$ 次。这样编一个码字求监督位所需的移位次数只要 k 次就可以了。

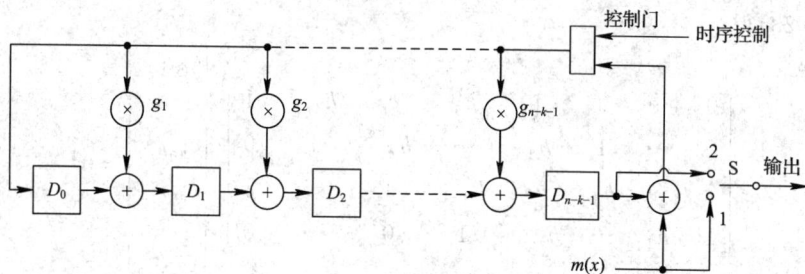

图 9-11　用 $g(x)$ 构造的 $n-k$ 级编码电路

2) 编码电路的工作过程

(1) 各级移位寄存器清"0",控制门开,开关 S 设置为位置 1。

(2) k 位信息位 $m_{k-1},m_{k-2},\cdots,m_1,m_0$ 依次从末端输入编码电路,同时送入信道,在每加入一位信息位时,各级移位寄存器移位一次。当 k 位信息位都输入移位寄存器后,

移位寄存器中 $n-k$ 位数字即为监督位。

(3) 控制门关，断开反馈，开关 S 由位置 1 转到位置 2，寄存器中的存数（监督位）依次移出，送入信道。k 位信息位和 $n-k$ 位监督位组成一个码字。

例如，由 $g(x)=x^3+x+1$ 作生成多项式所生成的 $(7,4)$ 循环码的编码电路如图 9-12 所示。它包括三级寄存器，$g_1=1$，第一级反馈接通；$g_2=0$，到第二级的反馈断开。每经 4 次移位，输入一个 4 位信息组，寄存器中的内容即为监督位。监督位跟在信息位之后，便构成一个码字。

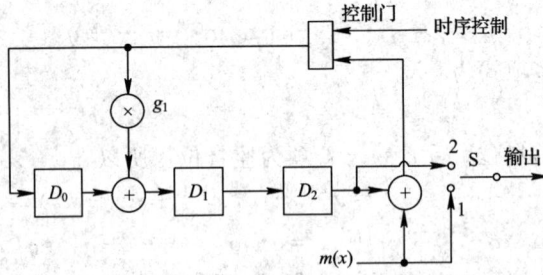

图 9-12 $g(x)=x^3+x+1$ 生成的 $(7,4)$ 循环码的编码电路

3. 用 k 级移位寄存器实现的编码电路

1) 编码电路的结构和工作原理

在 (n,k) 循环码中，若 $k<\frac{1}{2}n$，即信息位比监督位少时，可采用 k 级移位寄存器的编码电路。根据线性码的监督方程：

$$HC^T = 0^T \tag{9-23}$$

式中，$C=(\underbrace{c_{n-1},c_{n-2},\cdots,c_{n-k}}_{k\text{位信息位}},\underbrace{c_{n-k-1},c_{n-k-2},\cdots,c_0}_{n-k\text{位监督位}})$ 为任意码字，将

$$H_{(n-k)\times n}=\begin{bmatrix}0&\cdots&0&1&h_1&\cdots&h_{k-1}&1\\0&\cdots&1&h_1&\cdots&h_{k-1}&1&0\\\vdots&\cdots&h_1&\cdots&h_{k-1}&1&&\vdots\\1&h_1&\cdots&h_{k-1}&1&0&\cdots&0\end{bmatrix}$$

代入式(9-23)得

$$\begin{bmatrix}0&\cdots&0&1&h_1&\cdots&h_{k-1}&1\\0&\cdots&1&h_1&\cdots&h_{k-1}&1&0\\\vdots&\cdots&h_1&\cdots&h_{k-1}&1&&\vdots\\1&\cdots&h_1&\cdots&h_{k-1}&1&0&\cdots&0\end{bmatrix}\begin{bmatrix}c_{n-1}\\\vdots\\c_{n-k}\\c_{n-k-1}\\\vdots\\c_0\end{bmatrix}=0^T$$

由此得到 $n-k$ 个监督方程，进而得到 $n-k$ 个监督位的表示式：

$$\begin{cases}c_{n-k-1}=c_{n-1}+h_1c_{n-2}+\cdots+h_{k-1}c_{n-k}\\c_{n-k-2}=c_{n-2}+h_1c_{n-3}+\cdots+h_{k-1}c_{n-k-1}\\\quad\vdots\\c_0=c_k+h_1c_{k-1}+\cdots+h_{k-1}c_1\end{cases} \tag{9-24}$$

由式(9-24)可见，每个监督码元都是由它前面的 k 个码元按同一规律确定的。具体地说，第一个监督元 c_{n-k-1} 是 k 个信息元与 $h(x)$ 的系数决定的，第二个监督元是前面 $k-1$ 个信息元和第一个监督元与 $h(x)$ 的系数决定的，……，以此类推，一直到最后一个监督元 c_0 都按同一规律决定。因此，由式(9-24)可画出用 k 级移位寄存器构成的 (n,k) 循环码编码电路，如图 9-13 所示。

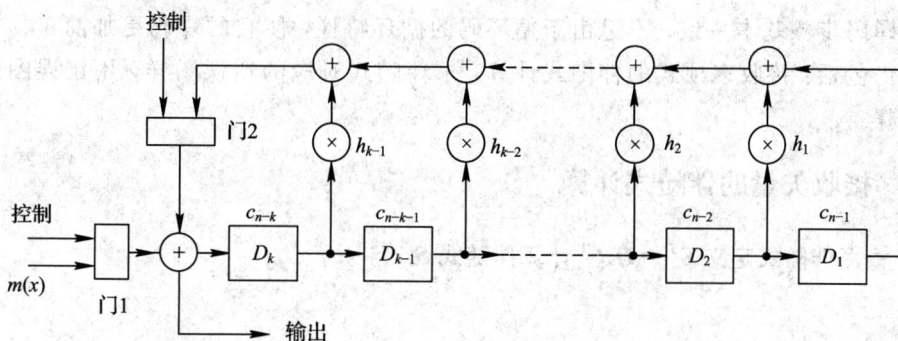

图 9-13　用 $h(x)$ 构造的编码电路(k 级)

2) 编码电路的工作过程

用 k 级移位寄存器的编码电路工作步骤如下：

(1) 门 1 开，门 2 关，k 位信息串行送入 k 级移位寄存器，并同时送入信道。

(2) 门 1 关，门 2 开，每移位一次输出一位监督位，并同时送入信道，经 $n-k$ 次移位，就在 k 位信息位之后附加上 $n-k$ 位监督位，构成了一个码字。

【例 9-6】　利用监督多项式构造 $(7,3)$ 循环码的编码电路。

解　$x^7+1 = (x+1)(x^3+x+1)(x^3+x^2+1)$

任取一个三次因式为监督多项式：

$$h(x)=x^3+x+1$$

得

$$h_3=1,\ h_2=0,\ h_1=1,\ h_0=1$$

由三级移位寄存器构成的 $(7,3)$ 循环码的编码电路如图 9-14 所示。

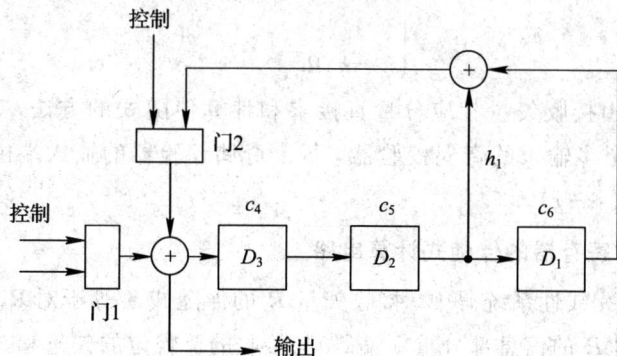

图 9-14　用 $h(x)$ 构造的 $(7,3)$ 编码电路

9.3 循环码的译码

我们知道，线性码的译码是根据接收多项式的伴随式和可纠的错误图样间的一一对应关系，由伴随式得到错误图样。循环码是线性码的一个特殊子类，循环码的译码与线性码的译码步骤基本一致，不过由于循环码的循环特性，使它的译码更加简单易行。译码过程仍包括：接收多项式的伴随式计算，求伴随式对应的错误图样，用错误图样纠错三个步骤。

9.3.1 接收矢量的伴随式计算

1. 根据伴随式定义 $S^T = HR^T$ 计算伴随式 S

设

$$H = \begin{bmatrix} h_{n-k-1} \\ h_{n-k-2} \\ \vdots \\ h_0 \end{bmatrix}$$

其中 $h_i (i = n-k-1, n-k-2, \cdots, 0)$ 表示 H 的行矢量，又设 $S = (s_{n-k-1}, s_{n-k-2}, \cdots, s_0)$，于是得到伴随式各分量的表示式：

$$S^T = HR^T = \begin{bmatrix} s_{n-k-1} \\ s_{n-k-2} \\ \vdots \\ s_0 \end{bmatrix} = \begin{bmatrix} h_{n-k-1} \\ h_{n-k-2} \\ \vdots \\ h_0 \end{bmatrix} R^T = \begin{bmatrix} h_{n-k-1}R^T \\ h_{n-k-2}R^T \\ \vdots \\ h_0 R^T \end{bmatrix}$$

所以

$$\begin{cases} s_{n-k-1} = h_{n-k-1}R^T \\ s_{n-k-2} = h_{n-k-2}R^T \\ \vdots \\ s_0 = h_0 R^T \end{cases} \qquad (9-25)$$

这是前面介绍过的由接收矢量相应分量直接求和计算伴随式的方法，对所有线性码都适用。电路是 $n-k$ 个多输入的奇偶校验器，每个奇偶校验器的输入端由 H 阵的相应行 h_i 中的 1 决定(参见图 8-7)。

2. 用 k 级移位寄存器的伴随式计算电路

定理 9-6 二元线性系统码中，接收矢量 R 的伴随式 S 等于对 R 的信息部分所计算的监督位(相当于对 R 的信息部分重新编码)与接收的监督位的矢量和。

证明 设接收矢量 $R = (R_I \quad R_P)$，R_I 是 R 的信息部分，它是长度为 k 的矢量；R_P 是 R 的监督位部分，它是长为 $r = n-k$ 的矢量；监督矩阵为 $H_{r \times n} = (P_{r \times k} \quad I_r)$。由伴随式的定义：

$$S_{1\times r} = R_{1\times n}(H^{\mathrm{T}})_{n\times r}$$

$$= [(R_{\mathrm{I}})_{1\times k} \quad (R_{\mathrm{P}})_{1\times r}](P_{r\times k} I_r)^{\mathrm{T}} = (R_{1\times k} \quad R_{\mathrm{P}1\times r})\begin{bmatrix}(P^{\mathrm{T}})_{k\times r}\\ I_r\end{bmatrix}$$

$$= (R_{\mathrm{I}})_{1\times k} \cdot (P^{\mathrm{T}})_{k\times r} + (R_{\mathrm{P}})_{1\times r} \cdot I_r$$

$$= (R_{\mathrm{I}})_{1\times k} \cdot (P^{\mathrm{T}})_{k\times r} + (R_{\mathrm{P}})_{1\times r}$$

注意到 $P_{r\times k}$ 是 H 阵除单位子阵外的 $r\times k$ 阶子阵，所以 $(R_{\mathrm{I}})_{1\times k} \cdot (P^{\mathrm{T}})_{k\times r}$ 是把 R_{I} 作信息位重新编码计算的监督位。

根据定理 9-6 可得到用 k 级移位寄存器实现的伴随式计算电路，如图 9-15 所示。该电路的工作步骤如下：

（1）门 1 通，门 2、门 3、门 4 关，接收矢量 R 的 k 位信息部分输入编码器；

（2）门 1 关，门 2、门 3、门 4 通，接收信息编码所得的监督位与接收监督位逐位模 2 和，得到伴随式。

这种伴随式计算方法只适用于线性系统码。

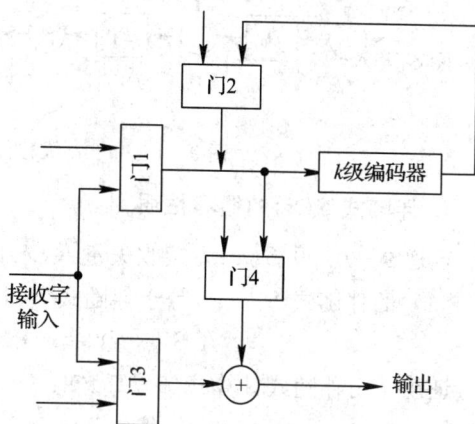

图 9-15 用 k 级移位寄存器实现的伴随式计算电路

3. 用 $n-k$ 级移位寄存器的伴随式计算电路

设接收多项式为 $R(x)$，它的信息部分表示为 $R_{\mathrm{I}}(x)$，监督部分表示为 $R_{\mathrm{P}}(x)$，由定理 9-6 知：

$$S(x) = r'(x) + R_{\mathrm{P}}(x) \tag{9-26}$$

其中 $r'(x)$ 是对 $R_{\mathrm{I}}(x)$ 重新编码的监督位多项式。若码的生成多项式为 $g(x)$，则由式（9-21）得

$$r'(x) \equiv R_{\mathrm{I}}(x) \quad \mathrm{mod}\, g(x) \tag{9-27}$$

$$C(x) = x^{n-k}m(x) + q(x) = m(x)g(x) \equiv 0 \quad \mathrm{mod}\, g(x)$$

$$q(x) = C(x) + x^{n-k}m(x) \equiv x^{n-k}m(x) \quad \mathrm{mod}\, g(x)$$

又因为 $\partial^{\circ}R_{\mathrm{P}}(x) < \partial^{\circ}g(x)$，所以

$$S(x) \equiv R_{\mathrm{I}}(x) + R_{\mathrm{P}}(x) \equiv R(x) \quad \mathrm{mod}\, g(x) \tag{9-28}$$

式（9-28）表明，循环码接收多项式的伴随式是接收多项式 $R(x)$ 除以 $g(x)$ 的余式。

设 $E(x)$ 为 $R(x)$ 的错误图样，那么 $R(x) = C(x) + E(x)$，由于 $C(x)$ 为 $g(x)$ 的倍式，因此

$$S(x) \equiv C(x) + E(x) \equiv E(x) \quad \mathrm{mod}\, g(x) \tag{9-29}$$

式（9-29）表明，伴随式是由错误图样决定的，与具体码字无关。

应该指出，循环码伴随式的表示式（9-28）是由系统码推出的，但由于伴随式仅与错误图样有关，因而对非系统码也是适用的。

由式（9-28）可画出用 $n-k$ 级移位寄存器计算循环码伴随式的电路，如图 9-16 所示。

这是一个 $n-k$ 级除法求余电路,它与编码除法电路的区别是,因为被除式 $R(x)$ 不含 x 的幂的因子,所以接收矢量(被除式)应由第一级前加入。

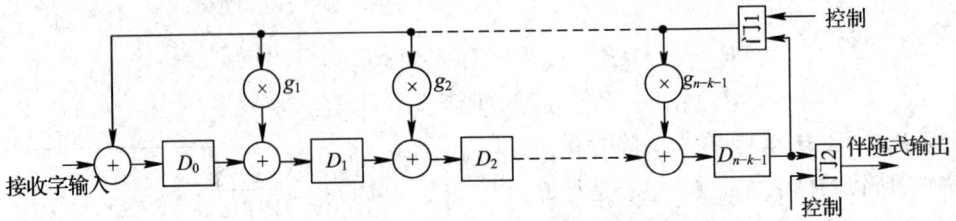

图 9-16　$n-k$ 级移位寄存器的伴随式计算电路

4. 伴随式 $S(x)$ 的循环性质

定理 9-7　设 $S(x)$ 为接收矢量 $R(x)$ 的伴随式,则 $R(x)$ 的循环移位 $x \cdot R(x) \pmod{(x^n+1)}$ 的伴随式 $S^{(1)}(x)$ 等于伴随式 $S(x)$ 的循环移位 $x \cdot S(x) \pmod{g(x)}$,即

$$S^{(1)}(x) \equiv x \cdot S(x) \qquad \mathrm{mod}\ g(x) \tag{9-30}$$

证明　由伴随式计算式(9-28)知:

$$S(x) \equiv R(x) \qquad \mathrm{mod}\ g(x)$$

对上式两边作同余运算得

$$x \cdot S(x) \equiv x \cdot R(x) \qquad \mathrm{mod}\ g(x) \tag{9-31}$$

令

$$R^{(1)}(x) \equiv x \cdot R(x) \qquad \mathrm{mod}\ (x^n+1) \tag{9-32}$$

即用 $R^{(1)}(x)$ 表示 $R(x)$ 循环移位一次 $(\mathrm{mod}\ (x^n+1))$ 的码多项式。

对式(9-32)进行模 $g(x)$ 运算,得到 $R(x)$ 循环移位 $x \cdot R(x)$ 的伴随式

$$S^{(1)}(x) \equiv x \cdot R(x) \qquad \mathrm{mod}\ g(x) \tag{9-33}$$

考虑到式(9-31),则有

$$S^{(1)}(x) \equiv x \cdot S(x) \qquad \mathrm{mod}\ g(x)$$

定理 9-7 说明,接收矢量的循环移位 $(\mathrm{mod}\ (x^n+1)$ 运算下)与伴随式在模 $g(x)$ 运算下(即在除以 $g(x)$ 的伴随式计算电路中)的循环移位是一一对应的。

9.3.2　循环码的通用译码法

1. 循环码译码器的组成(梅吉特译码法)

循环码的译码基本上按线性分组码的译码步骤进行,不过由于码的循环移位特性使译码电路大为简化。循环码通用译码器如图 9-17 所示。

循环码通用译码器由三个部分组成。

(1)伴随式计算电路。可根据实际情况选取不同的伴随式计算电路。

(2)错误图样检测器。它是一个组合逻辑电路,其作用是将伴随式译为错误图样。它的工作原理为:

① 当且仅当错误图样是一个可纠的错误图样,并且此错误图样包含最高阶位上的一个错误时,伴随式计算电路计算得到的伴随式才使检测电路输出为"1"。即:如果错误图

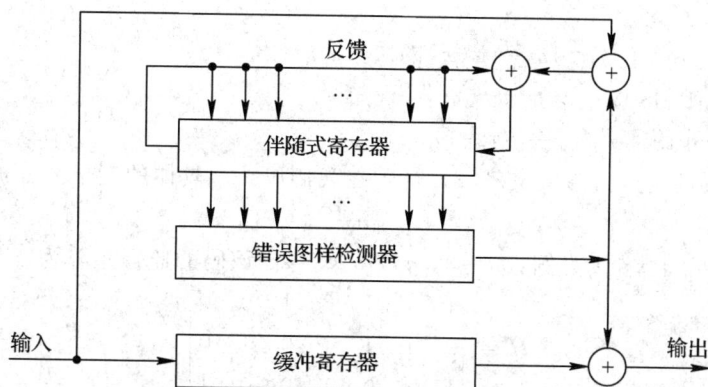

图 9 - 17　循环码通用译码器

样检测器输出为"1"，则认为最高阶位上接收符号是错误的，应该给以纠正；如果错误图样检测器输出为"0"，则认为最高阶位上接收符号是正确的，不必纠正。

② 对于码组中任何位置上的错误，通过码组和伴随式同时循环移位，当错误符号移到最高阶位上时，伴随式则使检测器输出为"1"，将其错误纠正。

③ 通过循环移位后，能使可纠错误图样中的全部错误都得到纠正。

（3）接收矢量缓存器和模 2 和纠错电路。

2. 循环码译码电路的工作过程

整个译码电路的工作过程如下：

（1）将接收矢量移入伴随式计算电路，计算出伴随式，同时将接收矢量移入缓存器。

（2）伴随式写入错误图样检测器，并在检测器中循环移位（mod $g(x)$），同时将接收矢量移出缓存器。

（3）当检测器输出"1"时，表示缓存器此时输出符号是错误的，并将错误纠正。同时检测器输出反馈到伴随式计算电路的输入端，去修改伴随式，从而消除错误对伴随式所产生的影响。

（4）直到接收矢量全部移出缓存器，该接收矢量纠错完毕。

（5）若最后伴随式寄存器中的输出为全"0"，则表示错误全部被纠正，否则检出了不可纠的错误图样。

应该指出，随着码长 n 和纠错能力 t 的增加，错误图样检测器的组合逻辑电路变得很复杂，甚至难以实现。

9.4　常用的循环码

9.4.1　循环汉明码

1. 循环汉明码的性能

定义 9 - 2　以 $m(n=2^m-1)$ 次本原多项式为生成多项式的循环码，称为循环汉明码。

循环汉明码具有下列参数：

(1) 码长：$n = 2^m - 1$；

(2) 监督位数：$n - k = m = g(x)$ 的次数；

(3) 信息元数目：$k = 2^m - m - 1$；

(4) 码的最小距离：$d_{\min} = 3(t = 1)$。

循环汉明码的构造可参阅文献[21]。现在我们以一个具体的例子来分析循环汉明码的纠错能力。

以 $g(x) = x^3 + x + 1$ 为例，$m = 3$，$n = 7$，$k = 4$。该码的监督矩阵为

$$\boldsymbol{H} = \begin{bmatrix} 1 & 1 & 1 & 0 & 1 & 0 & 0 \\ 0 & 1 & 1 & 1 & 0 & 1 & 0 \\ 1 & 1 & 0 & 1 & 0 & 0 & 1 \end{bmatrix}$$

$\boldsymbol{H}$ 矩阵共有 $n = 2^m - 1$ 列，每列都是 m 维向量，但没有全 0 的列，而且各列均不相同。$\boldsymbol{H}$ 矩阵中已包含了所有的 $2^m - 1$ 个非 0 列，它们任意两列之和不为 0，而三列之和可以为 0。说明由 $\boldsymbol{H}$ 矩阵所确定的循环汉明码的最小距离为 3，可以纠正一个随机错误。

汉明码是完备码，因而是高效码。

因此，在构造汉明码时，只要选择不同的本原多项式(可查表)作为生成多项式，就可以得到不同的 (n, k) 循环汉明码。例如 $(7, 4)$、$(15, 11)$、$(31, 26)$ 等。循环汉明码的编码、译码与一般循环码相同。不过由于它是纠正一个错误的循环码，因此译码电路特别简单。

2. (7，4)循环汉明码的译码

(7，4)循环码是纠一个错误的循环汉明码，由于码字和伴随式的循环移位特性，可将译码电路设计成纠正最高阶位上的一个错误。当实际错误不在最高阶位而在其他位上时，接收矢量和伴随式(在 $g(x)$ 除法运算电路中)同时进行移位，一旦错误到达最高阶位上，就将产生确定的伴随式。只需要一个简单的组合逻辑电路对这一确定的伴随式进行检测就可完成纠错。由 $g(x) = x^3 + x + 1$ 生成的 $(7,4)$ 循环汉明码的译码电路如图 9-18 所示。

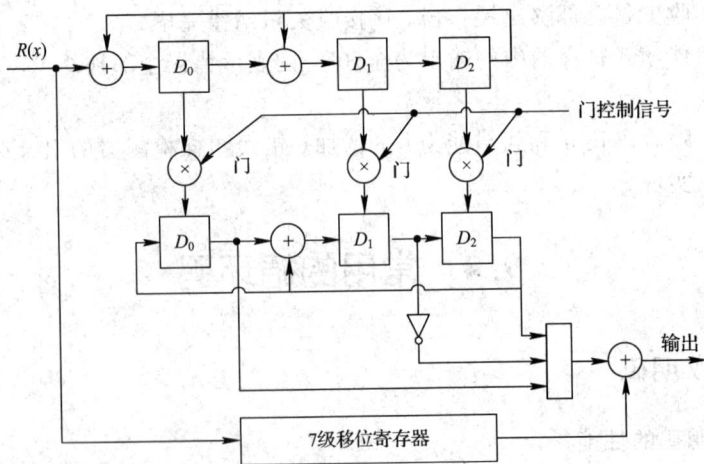

图 9-18　(7，4)循环码的译码电路

(7,4)循环汉明码的译码电路工作过程如下：

(1) 接收矢量送入伴随式计算电路，经 7 次移位得到伴随式，同时接收矢量移入缓存器。

(2) 将前一步所计算的伴随式转入伴随式自发运算电路，当错误恰好在最高阶位上时，伴随式为 $(101)\left(\dfrac{x^6}{x^3+x+1}=x^2+1\right)$，与门检测此状态并输出"1"，而当最高阶位移出缓存器时即被纠正；若错误不在最高阶位而在其他位上，比如在 x^4 位上时，错误图样经过两次移位变成 $x^2 \cdot x^4 = x^6$，经两次移位后的伴随式为 $S_2(x) = x^2+1 (\bmod\ g(x))$，检测到此状态时与门输出"1"，而对应的接收符号也正好移到最高阶位上，因而错误得到纠正。

(3) 当接收矢量全部移出缓存器后，完成一个码组的译码。在接收矢量开始移出缓存器时，下一个接收矢量紧跟着移入伴随式计算电路和缓存器，重复第(2)步的过程，可实现连续对接收矢量进行纠错。

3. (15,11)循环汉明码的译码

设计由 $g(x) = x^4 + x + 1$ 生成的(15,11)循环汉明码的译码电路。

由于(15,11)循环汉明码是纠一个错误的循环汉明码，因此把译码器设计成纠正最高阶位 x^{14} 上的一个错误。错误图样 x^{14} 的伴随式为

$$S(x) \equiv x^{14} \equiv x^3 + 1 \qquad \bmod\ g(x)$$

因而伴随式输出状态为(1001)时，应使错误图样检测器输出"1"。

根据上述可画出(15,11)循环汉明码的译码电路如图 9-19 所示。

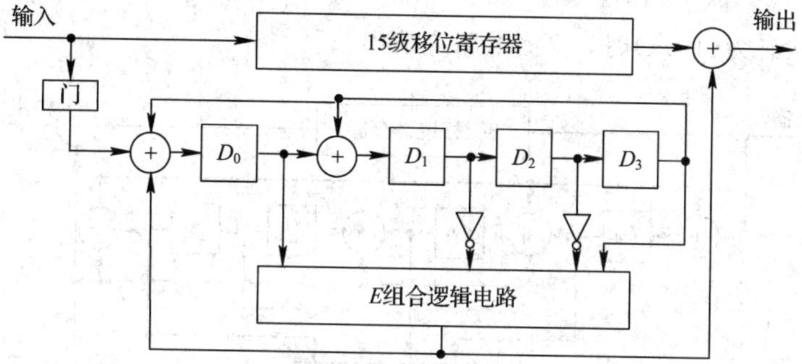

图 9-19 (15,11)循环码译码电路

(15,11)循环汉明码的译码电路与(7,4)循环汉明码的译码电路的工作原理是相同的。但图 9-19 未加自发运算电路，在每接收完一个接收矢量后，伴随式还需要在伴随式计算电路循环一周，以纠正所有码元位上可能的错误。所以这种电路所需的译码时间较长，不能进行连续译码。采用哪种形式的电路要由信号的要求来决定。

由上述可知，译码的关键是伴随式译为错误图样的组合逻辑电路的实现问题。梅吉特译码法是一种实现纠单个错误的循环码译码方法，电路特别简单，但纠多个错误循环码的译码电路就复杂了，甚至难以实现。人们在实践中找到了一些结构特殊的码，可采用简单的译码方法。

9.4.2 缩短循环码

在系统设计中，如果不能找到一种合适自然长度或合适信息位数目的码，则需要将码

组缩短，以满足系统的要求。将码组缩短的基本方法是：设法使满足前面若干个码元符号为 0，且不发送这些符号。对 (n,k) 系统循环码，只要令前 l 个信息位为 0 $(l<k)$，就可将 (n,k) 循环码缩短为 $(n-l,k-l)$ 线性码，称这种码组长度缩短了的循环码为缩短循环码。一般情况下，删去前 l 个 0 之后的缩短码，就失去了循环特性。但是，在纠错能力上缩短码至少与原码相同。

由于删去前面 l 个 0 信息元并不影响监督位和伴随式的计算，因此可用原循环码的编译码电路来完成缩短码的编译码。若用原循环码译码电路来译缩短循环码，则应修改错误图样检测电路，使原来对包含最高阶位 x^n-1 上的一个错误图样进行检测，修改为对包含 x^n-l-1 位上的一个错误图样进行检测。也就是说，错误图样检测电路的输出是与包含 x^n-l-1 位上的错误相对应的，即当 x^n-l-1 位上的接收符号是错误的时，检测电路输出为"1"，否则为"0"。当 x^n-l-1 位上错误被纠正时，还应消除 x^n-l-1 对伴随式的影响。在检测到 x^n-l-1 位上有错时，将 $g(x)$ 除 x^n-l-1 的余式加入此时的伴随式即可消除。

【例 9-7】 设计 $(15,11)$ 循环码的缩短码 $(8,4)$ 码的译码电路。

解 $(15,11)$ 循环汉明码是纠一个错误的码，它的 $(8,4)$ 缩短码的译码电路如图 9-20 所示。图中包含三个部分：

(1) 8 级移位寄存器。

(2) 由本原多项式 $g(x)=x^4+x+1$ 决定的伴随式计算电路。

(3) 当 x^7 位上发生错误时的错误图样检测电路。错误图样 x^7 的伴随式为

$$S(x)\equiv x^7\equiv x^3+x+1 \qquad \mod g(x)$$

当伴随式输出状态为 (1011) 时，检测电路应输出"1"。

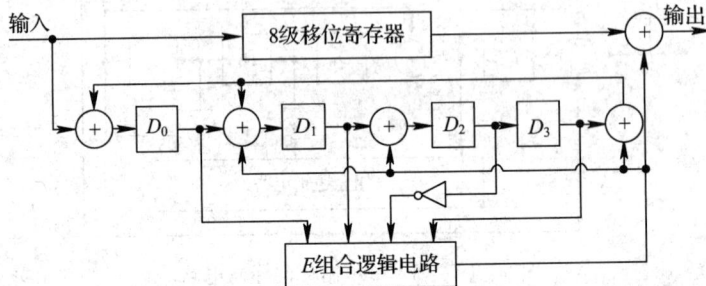

图 9-20 $(8,4)$ 循环码译码电路

缩短循环码的最大应用在于帧校验，这就是在数据通信中大家所熟悉的循环冗余校验码（Cyclic Redundancy Check，CRC）。在数据通信中，信息都是先划分成小块再组装成帧后（或叫分组、包、信元，仅名称不同而已）在线路上统计复用传送或存入共同物理介质的，帧尾一般都留有 8，12，16 或 32 位用作差错校验。如把一帧视为一个码字，则其校验位长度 $n-k$ 不变而信息位 k 和码长 n 是可变的，正符合 $(n-i,k-i)$ 缩短循环码的特点。只要以一个选定的 (n,k) 循环码为基础，改变 i 值，就能适用于任何信息长度的编码。

【例 9-8】 用于 HDLC，X.25，ISDN 和 7 号信令的 CRC-ITU-T 循环冗余校验码的生成多项式为 $g(x)=x^{16}+x^{12}+x^5+1$，说明其编码过程及检错原理。

解 帧结构如图 9-21(a) 所示，CRC 编码器如图 9-21(b) 所示。

根据循环码定义，多项式 $g(x)$ 必定是 x^n+1 的因式，而 $g(x)=x^{16}+x^{12}+x^5+1$ 是

本原多项式，它所能整除的 x^n+1 中 n 的最小值是 $2^{16}-1=65\,535$，又因为 $n-k=16$，所以原 (n,k) 循环码是 $(65\,535,65\,519)$ 循环码。

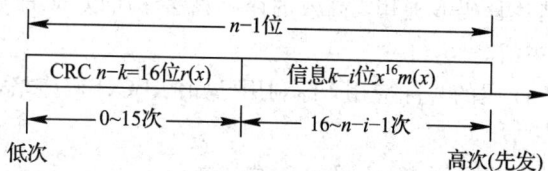

(a) 带CRC的帧结构

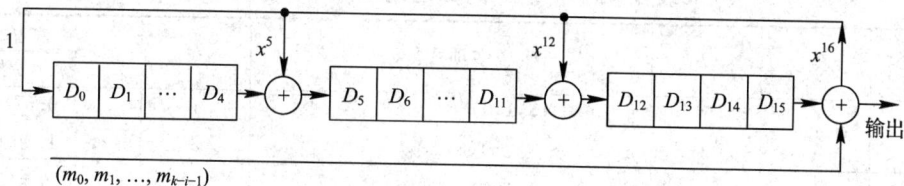

(b) 用除法器实现CRC–ITU–T循环冗余编码器

图 9 – 21　CRC 编码器

将该码所有前 i 位为 0 的码字去除后集合在一起就构成 $(n-i,k-i)$ 缩短循环码，表现为 $k-i$ 位信息位加上 16 位 CRC 组成长度为 $n-i$ 的一个帧。由于 i 可变，因此帧长可变，但不能超过原循环码 $n=65\,535$ 的长度。

实施 CRC 编码时，信息在输出的同时由位置 x^{16} 输入移存器，相当于信息移 16 位后即 $x^{16}m(x)$ 再除以 $g(x)$。输完 $k-i$ 位信息位后断开移存器的反馈线，将此时移存器内的数据（余式，即 CRC 校验位）移位输出即可。

接收端校验时，只要将整个帧除以 $g(x)$，检查余式是否为 0 即可。如余式为 0，则说明传输无误；如余式非 0，则说明该帧有差错，须反馈重发或丢弃。除法器的结构与图 9 – 21(b) 所示相同，只是接收序列由最左端而不是从 x^{16} 处输入。

9.4.3　BCH 码与 RS 码

1. BCH 码

BCH 码是一类最重要的循环码，能纠正多个随机错误。该码是 1959 年由霍昆格姆 (Hocquenghem)、1960 年由博斯 (Bose) 和查德胡里 (Chauduri) 三位学者独立提出的能纠正多个错误的循环码，这种码可以是二进制码，也可以是非二进制码。人们将三人名字的首字母 (BCH) 来命名这种码，称为 BCH 码。

BCH 码具有纠错能力强，构造方便，编、译码易于实现等一系列优点。二进制本原 BCH 码具有下列参数：

$$\begin{cases} n=2^m-1 \\ n-k=mt \\ d_{\min}=2t+1 \end{cases} \tag{9-34}$$

式中，$m(\geqslant 3)$ 和纠错能力 $t(<2^{m-1})$ 是正整数。BCH 码的码长为 $n=2^m-1$ 或它的因子，通常称前者为本原 BCH 码，称后者为非本原 BCH 码。

BCH 码的基本特点是其生成多项式 $g(x)$ 包含 $2t$ 个连续幂次的根，由该 $g(x)$ 生成的循环码，其纠错能力不小于 t。BCH 码的出现为通信系统设计者在纠错能力、码长和码率的灵活设计上提供了很大的选择余地，加上其构码方法带来的译码特点，使得其可以用伯利坎普(Berlekamp)迭代译码等通用、高效的译码算法。所以 BCH 码从 20 世纪 70 年代起已成为线性分组码的主流。

这里重点讨论 BCH 码的实际应用，即利用已知的 BCH 码表格，构造出对应生成多项式的 BCH 码。

表 9 - 3 给出的是一些本原 BCH 码的有关参数。

表 9 - 3 $n \leqslant 63$ 的二进制本原 BCH 码

n	k	d	生成多项式 $g(x)$	b	$z = \dfrac{2b}{n-k}$
7	4	3	$g_1(x) = (3,1,0)$	1	0.67
	1	7	$g_2(x) = g_1(x)(3,2,0)$	3	1.00
15	11	3	$g_1(x) = (4,1,0)$	1*	0.5
	7	5	$g_3(x) = g_1(x)(4,3,2,1,0)$	4	1.00
	5	7	$g_5(x) = g_3(x)(2,1,0)$	5	1.00
	1	15	$g_7(x) = g_5(x)(4,3,0)$	7	1.00
31	26	3	$g_1(x) = (5,2,0)$	1*	0.40
	21	5	$g_3(x) = g_1(x)(5,4,3,2,0)$	4*	0.80
	16	7	$g_5(x) = g_3(x)(5,4,2,1,0)$	7	0.93
	11	11	$g_7(x) = g_5(x)(5,3,2,1,0)$	10	1.00
	6	15	$g_{11}(x) = g_7(x)(5,4,3,1,0)$	12*	0.95
	1	31	$g_{13}(x) = g_{11}(x)(5,3,0)$	15	1.00
63	57	3	$g_1(x) = (6,1,0)$	1*	0.33
	51	5	$g_3(x) = g_1(x)(6,4,2,1,0)$	4*	0.67
	45	7	$g_5(x) = g_3(x)(6,5,2,1,0)$	5	0.56
	39	9	$g_7(x) = g_5(x)(6,3,0)$	11	0.92

注：① $g(x)$ 括号内的数字代表多项式的幂次，如 $g(x) = (3,1,0)$，表示 $g(x) = x^3 + x + 1$。

② $t = 1$，即为循环汉明码；$k = l$，即为重复码。

③ b 右上角有 * 者，表示该码若增加一个全校验位，可变成扩展本原 BCH 码，此时码距增加 1，b 表示纠突发错误的能力。

④ z 表示纠突发错误的效率。

【例 9 - 9】 $m = 4$，求码长 $n = 2^4 - 1 = 15$ 的二元 BCH 码。

解 (1)若 $t = 1$，则查表可得其生成多项式为
$$g(x) = x^4 + x + 1$$
故可构成一个 $(15, 11)$BCH 码，可纠正单个错误。显然，纠正单个错误的本原 BCH 码就是前面所述的循环汉明码。

(2)若 $t = 2$，则查表可得其生成多项式为
$$g(x) = (x^4 + x + 1)(x^4 + x^3 + x^2 + x + 1) = x^8 + x^7 + x^6 + x^4 + 1$$
可构成一个 $(15, 7)$BCH 码，具有纠正两个错误的能力。

（3）若 $t=3$，则查表可得其生成多项式为

$$g(x)=(x^4+x+1)(x^4+x^3+x^2+x+1)(x^2+x+1)$$
$$=x^{10}+x^8+x^5+x^4+x^2+x+1$$

可构成一个 $(15,5)$ BCH 码，具有纠正三个错误的能力。

上述 BCH 码的码长均为 $n=2^m-1=15$，故都是本原 BCH 码。

2. RS 码

里德-索洛蒙（Reed Solomon, RS）码是一类纠错能力很强的特殊的非二进制 BCH 码，在 (n,k) RS 码中，输入信号分成 $k \cdot m$ 比特一组，每组包括 k 个符号，每个符号由 m 比特组成，而不是前面介绍的二元 BCH 码中的一个比特。

一个可纠正 t 个错误的 RS 码有如下参数：

（1）码长为 $n=2^m-1$ 个符号，或 $m \cdot (2^m-1)$ 比特；

（2）信息位为 k 个符号，或 $m \cdot k$ 比特；

（3）监督位为 $n-k=2t$ 个符号，或 $m \cdot (n-k)=2mt$ 比特；

（4）最小码距为 $d_{\min}=2t+1$ 个符号，或 $md_{\min}=m \cdot (2t+1)$ 比特。

RS 码特别适合于纠正突发错误，它可以纠正的错误图样有：总长度为 $b_1=(t-1) \cdot m+1$ 比特的单个突发错误，总长度为 $b_3=(t-3) \cdot m+3$ 比特的两个突发错误，…，总长度为 $b_i=(t-2i+1) \cdot m+2i-1$ 比特的 i 个突发错误。

【例 9-10】 试分析一个能纠正 3 个符号错误，码长为 $n=15$，$m=4$ 的 RS 码的参数。

解 已知 $t=3$，$m=4$，求得：

（1）码长为 $n=15$ 个符号，或 60 比特；

（2）信息位为 $k=n-(n-k)=15-6=9$ 个符号，或 36 比特；

（3）监督位为 $n-k=2t=6$ 个符号，或 24 比特；

（4）码距为 $d_{\min}=2t+1=7$ 个符号，或 28 比特。

所以该码应为 $(15,9)$ RS 码，或从二进制角度来看，是一个 $(60,36)$ 二进制码。RS 码的编码过程与 BCH 码一样，也是除以 $g(x)$，同样可以用带反馈的移位寄存器实现。不同的是，所有数据通道都是 m 比特宽，即移位寄存器为 m 级并联工作，每个反馈连接必须乘以生成多项式中相应的系数。

小　　结

循环码是一类重要的线性分组码。它具有循环特性和优良的代数结构，可用简单的反馈移位寄存器实现编码和译码。学习、研究循环码一般用码多项式来表示循环码组（线性分组码一般用矢量表示），一个循环码由它的生成多项式或监督多项式唯一确定（线性分组码一般用生成矩阵或监督矩阵确定），一般应用都采用系统循环码。域上多项式可用数字电路进行加、乘、除运算，编码有两种方法，分别为 $n-k$ 级和 k 级编码器，当 $k<(1/2)n$ 时，采用 k 级编码器可减少移位寄存器的数量。循环码的译码与线性码的译码步骤基本一致，不过由于循环码的循环特性使译码电路大为简化。译码过程仍包括：接收多项式的伴随式计算，求伴随式对应的错误图样，用错误图样纠错三个步骤。由于码多项式和伴随式的循环移位特性，纠错电路可设计成只纠最高阶位上的错误，对于码组中其他位置上的错

误，则利用它的循环特性使可纠错误图样中的全部错误都得到纠正。循环汉明码是最简单的循环码，它能纠一个随机错误。缩短循环码是一种可满足系统对合适自然长度或合适信息位数有要求的码。BCH 码是一类最重要的循环码，能纠正多个随机错误，RS 码是一类纠错能力很强的特殊的非二进制 BCH 码，它们在实际中得到越来越多的应用。

习 题 9

9-1 已知(7，4)循环码的全部码字：

0000000	0100111	1000101	1100010
0001011	0101100	1001110	1101001
0010110	0110001	1010011	1110100
0011101	0111010	1011000	1111111

试写出该循环码的生成多项式 $g(x)$ 和生成矩阵 G，并将 G 化成标准形式，最后根据标准形式自行核对能否产生上述全部码组，为什么？

9-2 已知(7，3)循环码的全部码字：

0000000	1101001
0011101	1010011
0111010	0100111
1110100	1001110

(1) 写出该循环码的生成多项式 $g(x)$ 和生成矩阵 G；

(2) 写出一致监督矩阵 H；

(3) 画出 $n-k$ 级编码电路；

(4) 画出译码电路。

9-3 设(15，7)循环码由 $g(x) = x^8 + x^7 + x^6 + x^4 + 1$ 生成，试问：$R(x) = x^{14} + x^5 + x + 1$ 是码多项式吗？若不是，求出 $R(x)$ 的伴随式。

9-4 证明 $x^{10} + x^8 + x^4 + x^3 + x^2 + x + 1$ 为(15，5)循环码的生成多项式，并求：

(1) 该码的一致校验多项式 $h(x)$；

(2) 信息多项式 $m(x) = x^4 + x^2 + 1$ 的系统码多项式；

(3) 该码的生成矩阵和一致监督矩阵；

(4) 构造该码的 k 级编码器。

9-5 令 n 为多项式 $g(x)$ 能整除 $x^n + 1$ 的最小整数，证明由 $g(x)$ 生成的二元循环码的最小距离为 3。

9-6 在由 $g(x)$ 生成的 (n, k) 循环码中，若 n 为奇数，且 $x+1$ 不是 $g(x)$ 的因式，试证明含有一个全 1 的码字；若 $x+1$ 是 $g(x)$ 的因式，证明全 l 矢量不是码字，但若 n 为偶数，则全 l 矢量是一个码字。

9-7 由生成多项式为 $g(x) = x^4 + x^2 + 1$ 的(7，4)循环汉明码构造一个(8，4)扩展汉明码并列出所有码字，求该扩展码的 d_{min}。

9-8 设计由(31，26)循环汉明码缩短为(20，15)码的译码器，其中伴随式计算电路不需要附加移位。

9-9　某(8,4)线性分组码是由生成多项式 $g(x)=x^4+x+1$ 的(15,11)汉明码缩短而成的。要求构造(8,4)码的码字并列出它们,求该(8,4)码的最小距离。

9-10　选用一个最短的生成多项式设计一个(6,2)循环码。

(1) 计算该码的生成矩阵(系统形式),找出所有可能的码字;

(2) 该码能纠多少差错?

上机要求与 Matlab 源程序

9-1　完成循环码编码器的 Matlab 编程、调试、运行及结果打印。

要求:输入为信息序列 msg_seq,码字长度 N,信息序列长度 K,循环码生成多项式 g;输出为循环码编码器返回的码字 coded。

参考代码:

```
function coded = cyclic_encoder ( msg_seq, N, K, g )
% Cyclic (N,K) encoding of input msg_seq m with generator polynomial g
Lmsg = length( msg_seq );
Nmsg = ceil( Lmsg/K );
Msg = [ msg_seq(:); zeros(Nmsg * K−Lmsg,1) ];
Msg = reshape( Msg,K, Nmsg ).';
coded = [];
for n = 1:Nmsg
msg = Msg(n,:);
for i = 1:N−K,
x(i) = 0;
end
for k = 1:K
    tmp=rem(msg(K+1−k)+x(N−K),2); % msg(K+1−k)+g(N−K+1) * x(N−K)
for i = N−K:−1:2,
x(i) = rem( x(i−1) + g(i) * tmp, 2);
end
x(1) = g(1) * tmp;
end
coded = [coded x msg];
end
```

9-2　完成循环码译码器的 Matlab 编程、调试、运行及结果打印。

要求:输入为码字序列 code_seq,码字长度 N,信息序列长度 K,循环码生成多项式 g;输出为循环码译码器输出信息序列 decodes。

参考代码:

```
function [ decodes, E, epi ] = cyclic_decoder(code_seq, N, K, g, E, epi)
% E:错误模式矩阵
% epi:矢量错误模式
```

```
if (nargin < 6)
nceb = ceil((N-K)/lb2(N+1));           % 可纠错位数
E = combis(N, nceb);                    % 所有错误模式
for i = 1:size(E, 1)
syndrome = cyclic_decoder0(E(i,:), N, K, g);
synd_decimal = bin2deci(syndrome);
    epi(synd_decimal) = i;              % 矢量错误模式
  end
end
if (size(code_seq, 2) == 1 )
code_seq = code_seq.';
end
Lcode = length(code_seq);
Ncode = ceil(Lcode/N);
Code_seq = [ code_seq(:); zeros(Ncode * N-Lcode,1) ];
Code_seq = reshape(Code_seq, N, Ncode).';
decodes = [];
syndromes = [];
for n = 1:Ncode
code = Code_seq(n, :);
syndrome = cyclic_decoder0(code, N, K, g);
si = bin2deci(syndrome);
if (0 < si & si <= length(epi))
m = epi(si);
if (m > 0)
code = rem(code+E(m, :), 2);
end
end
decodes = [decodes code(N-K+1:N)];
syndromes = [syndromes syndrome];
end
if (nargout == 2)
E = syndromes;
end
```

第 10 章 卷 积 码

卷积码(又称连环码)首先由麻省理工学院的 Elias 于 1955 年提出。卷积码不同于分组码之处在于:在任意给定单元时刻,编码器输出的 n 个码元中,每一个码元不仅与此时刻输入的 k 个信息元有关,还与前面连续 m 个时刻输入的信息元有关。

卷积码常用 (n,k,m) 表示。其中,n 为子码个数,k 为信息位个数,m 为编码存储长度。除了构造上的不同外,在同样的编码效率 η 下,卷积码的性能优于分组码,至少不低于分组码。当编码存储较大时,可以得到较低的译码错误概率。卷积码理论的发展经历与译码的三个最主要的方法有密切的关联。这三个译码方法是门限译码、序列译码和维特比译码。门限译码是一种代数译码,它的主要特点是算法简单,易于实现,译出每一个信息元所需的译码运算时间是个常数,即译码延时是固定的。序列译码和维特比译码是概率译码。序列译码的延时是随机的,它与信道干扰情况有关。而维特比译码的运算时间是固定的,其译码的复杂性(无论是硬件实现还是软件实现)随 m 按指数增长。

10.1 卷积码的代数结构

10.1.1 卷积码的构成

1. 卷积码的生成序列、约束度和约束长度

下面通过实例来说明卷积码的生成序列、约束度和约束长度的概念。

【例 10-1】 $(2,1,3)$ 卷积码。

$(2,1,3)$ 卷积码的编码原理示意图如图 10-1 所示。设待编码的信息序列为 M,在对 M 进行编码之前,先将它每 k 个码元分成一组,在每单元时刻内,k 个码元串行输入到编

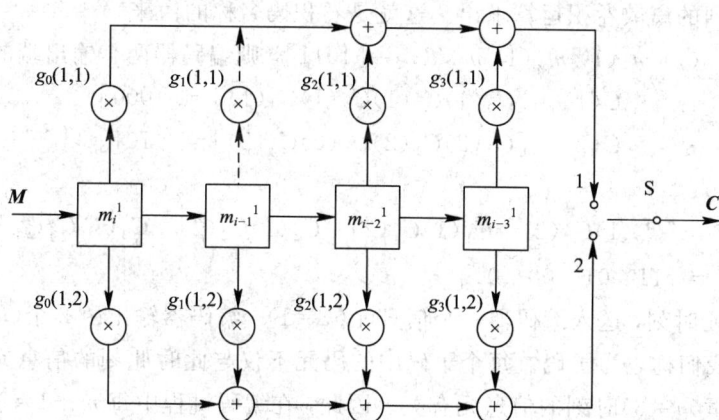

图 10-1 $(2,1,3)$卷积码的编码原理示意图

码器。编码器由 $m+1$ 个移位寄存器组构成，每个移位寄存器组内有 k 级寄存器。图中 $g(i,j)$ 表示常数乘法器 $(i=1,2,\cdots,k; j=1,2,\cdots,n)$，共有 $(m+1)\cdot n$ 个，当 $g(i,j)=1$ 时，常数乘法器为一条直通的连接线；当 $g(i,j)=0$ 时，连接线断开。每一个码元都是 $k\cdot(m+1)$ 个数据组合，每一个码字需用 $n\cdot k\cdot(m+1)$ 个系数才能描述。开关 S 在每一节拍中移动 n 次，每一节拍输入 k 个信息元而输出 n 个码元。

本例中信息序列 $\boldsymbol{M}=[m_0(1)m_1(1)\cdots]$，其中 $m_l(1)$ 表示第 l 个时刻的第 $k=1$ 个信息元。由图 10-1 可知：

$$g(1,1)=[g_0(1,1)\ g_1(1,1)\ g_2(1,1)\ g_3(1,1)]=[1011]$$
$$g(1,2)=[g_0(1,2)\ g_1(1,2)\ g_2(1,2)\ g_3(1,2)]=[1111]$$

$g(1,1)$ 表明，任一时刻 l 时，输出端 1 的码元 $C_l(1)$ 是由此时刻 l 输入的信息元 $m_l(1)$ 与前两个时刻输入的信息元 $m_{l-2}(1)$ 以及前三个时刻输入的信息元 $m_{l-3}(1)$ 模 2 加后的和。$g(1,2)$ 表明，$C_l(2)$ 是由 $m_l(1)$、$m_{l-1}(1)$、$m_{l-2}(1)$ 和 $m_{l-3}(1)$ 的模 2 和。所以，只要给定 $g(i,j)$ 后，就可以生成编码器输出的码元。我们称 $g(1,1)$ 和 $g(1,2)$ 为 $(2,1,3)$ 卷积码的**生成序列**。第 l 个时刻的编码器输出为

$$C_l(1)=m_l(1)\cdot g_0(1,1)+m_{l-1}(1)\cdot g_1(1,1)$$
$$+m_{l-2}(1)\cdot g_2(1,1)+m_{l-3}(1)\cdot g_3(1,1)$$
$$=m_l(1)+m_{l-2}(1)+m_{l-3}(1)$$
$$C_l(2)=m_l(1)\cdot g_0(1,2)+m_{l-1}(1)\cdot g_1(1,2)$$
$$+m_{l-2}(1)\cdot g_2(1,2)+m_{l-3}(1)\cdot g_3(1,2)$$
$$=m_l(1)+m_{l-1}(1)+m_{l-2}(1)+m_{l-3}(1)$$

或者表示为

$$C_l(j)=\sum_{t=0}^{3}m_{l-t}(1)\cdot g_t(1,j)\qquad j=1,2 \tag{10-1}$$

卷积公式为

$$y(n)=\sum_{t=-\infty}^{\infty}h(t)\cdot x(n-t) \tag{10-2}$$

将式 (10-1) 与卷积公式 (10-2) 比较，结果表明，任一时刻编码器的输出 $C_l(j)$ 可以由信息元与生成序列的离散卷积运算求出。这就是卷积码名称的由来。

设 $\boldsymbol{M}=[m_0(1)\ m_1(1)\ m_2(1)\ m_3(1)]=[1011]$，则编码器两个输出端的序列分别是

$$C(1)=[C_0(1)C_1(1)C_2(1)C_3(1)]=[1000]$$
$$C(2)=[C_0(2)C_1(2)C_2(2)C_3(2)]=[1101]$$

故码序列 $\boldsymbol{C}$ 为

$$\boldsymbol{C}=[C_0(1)C_0(2)\quad C_1(1)C_1(2)\quad C_2(1)C_2(2)\quad C_3(1)C_3(2)]$$
$$=[11\quad 01\quad 00\quad 01]$$

在任一单元时刻，送入编码器一个信息元 $(k=1)$，编码器输出由 2 个 $(n=2)$ 码元组成的一个码组，我们称之为子码。每个子码中的码元不仅与此时此刻的信息元有关，而且还与前 m 个（这里 $m=3$）时刻的信息元有关。因此，在编码过程中每 $m+1=N$ 个（这里 $N=4$）子码之间互相约束，我们称 N 为编码的约束度，它表明编码过程中互相约束的子码数。称

$N \cdot n$ 为编码约束长度,它表明编码过程中互相约束的码元数。本例中,$N=4$,$N \cdot n=8$。

图 10-1 所示的(2,1,3)卷积码是非系统码,因为在码序列 C 中的每个子码不是系统码字结构。由(2,1,3)非系统卷积码的生成,我们不难推广到任一(n,1,m)非系统码的生成。

【例 10-2】 (3,2,1)卷积码。

(3,2,1)卷积码中,$n=3$,$k=2$,$m=1$。它的任一子码 C_l 有 3 个码元,每个码元由此时此刻的 2 个信息元和前一个时刻进入编码器的 2 个信息元模 2 运算和求出,这些信息元参加模 2 运算的规则由 $3 \times 2 = 6$ 个生成序列所确定,每个生成序列含有 2 个元素,这 6 个生成序列是

$$
\begin{cases}
g(1,1) = [g_0(1,1) g_1(1,1)] = [11] \\
g(1,2) = [g_0(1,2) g_1(1,2)] = [01] \\
g(1,3) = [g_0(1,3) g_1(1,3)] = [11] \\
g(2,1) = [g_0(2,1) g_1(2,1)] = [01] \\
g(2,2) = [g_0(2,2) g_1(2,2)] = [10] \\
g(2,3) = [g_0(2,3) g_1(2,3)] = [10]
\end{cases}
\tag{10-3}
$$

若待编码的信息序列 $M = [m_0(1) m_0(2) m_1(1) m_1(2) \cdots m_l(1) m_l(2) \cdots]$,则码序列 C 中的任一子码为

$$
\begin{cases}
C_l(1) = \sum_{i=1}^{2} \sum_{t=0}^{1} m_{l-t}(i) \cdot g_t(i,1) \\
C_l(2) = \sum_{i=1}^{2} \sum_{t=0}^{1} m_{l-t}(i) \cdot g_t(i,2) \\
C_l(3) = \sum_{i=1}^{2} \sum_{t=0}^{1} m_{l-t}(i) \cdot g_t(i,3)
\end{cases}
\tag{10-4}
$$

根据式(10-3)和式(10-4)可以得到(3,2,1)卷积码串行编码器原理图,如图 10-2 所示。

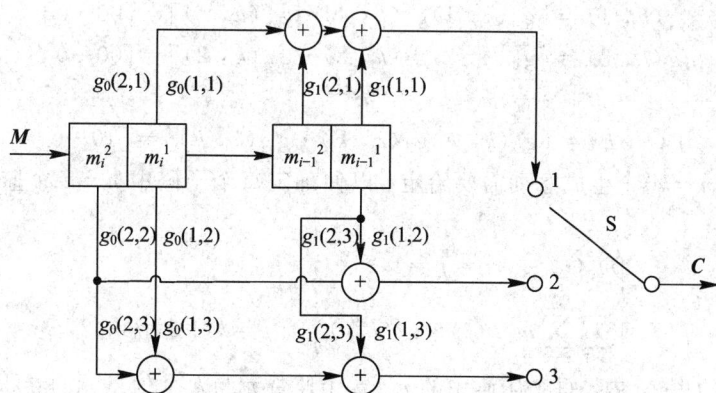

图 10-2 (3,2,1)卷积码串行编码器原理图

在图 10-2 中,每个单元时刻输入编码器 $k=2$ 个信息元,它们与前一个时刻进入编码器的 2 个信息元按式(10-4)所确定的卷积关系进行运算后,在输出端 1,2,3 分别得到该

时刻子码中的 3 个码元。编码器由 $N = 2$ 个移位寄存器组和模 2 加法器构成，每个移位寄存器组含有 $k = 2$ 级移位寄存器，每级移位寄存器的输出按式(10-3)的规则引出后进行模 2 加的运算。

本例也是非系统码形式的卷积码。由例 10-1 和例 10-2 可推出 (n, k, m) 非系统码的生成序列 $g(i, j)$。(n, k, m) 码完全由 $n \cdot k$ 个生成序列所生成，每个生成序列中含有 $N = m + 1$ 个元素。码序列 $\boldsymbol{C} = [C_0(1)C_0(2)\cdots C_0(n)C_1(1)C_1(2)\cdots C_1(n)\cdots C_l(1)C_l(2)\cdots C_l(n)\cdots]$ 中任一子码可以由待编码的信息序列 $\boldsymbol{M} = [m_0(1)m_0(2)\cdots m_0(k)m_1(1)m_1(2)\cdots m_1(k)\cdots m_l(1)m_l(2)\cdots m_l(k)\cdots]$ 按如下卷积关系求出：

$$C_l(j) = \sum_{i=1}^{k} \sum_{t=0}^{m} m_{l-t}(i) \cdot g_t(i, j) \qquad j = 1, 2, 3, \cdots, n \qquad (10-5)$$

2. 系统卷积码

系统卷积码是卷积码的一类。它的码序列中任一子码 C_l 也有 n 个码元，其前 k 位与待编码信息序列中的第 l 信息组 $m_l(i)$ 相同，而后 $n-k$ 位监督元由生成序列生成。由于每个码中的前 k 位就是此时刻待编码的 k 位信息元，因此在生成序列 $g(i, j)$ 中有 $k \cdot k$ 个生成序列是固定的，即

$$g(1, 1) = [g_0(1, 1)g_1(1, 1)\cdots g_m(1, 1)] = [10\cdots 0]$$
$$g(1, 2) = [g_0(1, 2)g_1(1, 2)\cdots g_m(1, 2)] = [00\cdots 0]$$
$$\vdots$$
$$g(1, k) = [g_0(1, k)g_1(1, k)\cdots g_m(1, k)] = [00\cdots 0]$$
$$g(2, 1) = [g_0(2, 1)g_1(2, 1)\cdots g_m(2, 1)] = [00\cdots 0]$$
$$g(2, 2) = [g_0(2, 2)g_1(2, 2)\cdots g_m(2, 2)] = [10\cdots 0]$$
$$g(2, 3) = [g_0(2, 3)g_1(2, 3)\cdots g_m(2, 3)] = [00\cdots 0]$$
$$\vdots$$
$$g(2, k) = [g_0(2, k)g_1(2, k)\cdots g_m(2, k)] = [00\cdots 0]$$
$$\vdots$$
$$g(k, 1) = [g_0(k, 1)g_1(k, 1)\cdots g_m(k, 1)] = [00\cdots 0]$$
$$g(k, 2) = [g_0(k, 2)g_1(k, 2)\cdots g_m(k, 2)] = [00\cdots 0]$$
$$\vdots$$
$$g(k, k) = [g_0(k, k)g_1(k, k)\cdots g_m(k, k)] = [10\cdots 0]$$

只有 $k \cdot (n-k)$ 个生成序列需要给定，以便确定每个子码中 $n-k$ 个监督元。任一子码由下式计算：

$$C_l(j) = \begin{cases} m_l(i) & i = j = 1, 2, \cdots, k \\ \sum_{i=1}^{k} \sum_{t=0}^{m} m_{l-t}(i) \cdot g_t(i, j) & j = k+1, k+2, \cdots, n \end{cases} \qquad (10-6)$$

上式表明了在约束 N 内，每个子码中的 $n-k$ 个监督元与 k 个信息元的卷积关系。

【**例 10-3**】 $(3, 1, 2)$ 系统卷积码的生成序列为

$$g(1, 1) = [g_0(1, 1)g_1(1, 1)g_2(1, 1)] = [100]$$
$$g(1, 2) = [g_0(1, 2)g_1(1, 2)g_2(1, 2)] = [110]$$
$$g(1, 3) = [g_0(1, 3)g_1(1, 3)g_2(1, 3)] = [101]$$

该系统卷积码的编码电路见图 10-3，任一时刻子码为

$$C_l(1) = m_l(1)$$

$$C_l(2) = \sum_{t=0}^{2} m_{l-t}(1) \cdot g_t(1, 2)$$

$$C_l(3) = \sum_{t=0}^{2} m_{l-t}(1) \cdot g_t(1, 3)$$

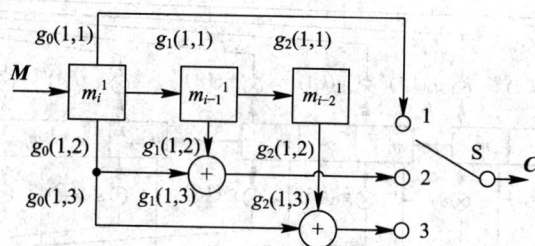

图 10-3　(3，1，2)系统卷积码的编码电路

【例 10-4】　(3，2，2)系统卷积码的生成序列为

$$g(1, 1) = [g_0(1, 1) g_1(1, 1) g_2(1, 1)] = [100]$$
$$g(1, 2) = [g_0(1, 2) g_1(1, 2) g_2(1, 2)] = [000]$$
$$g(1, 3) = [g_0(1, 3) g_1(1, 3) g_2(1, 3)] = [101]$$
$$g(2, 1) = [g_0(2, 1) g_1(2, 1) g_2(2, 1)] = [000]$$
$$g(2, 2) = [g_0(2, 2) g_1(2, 2) g_2(2, 2)] = [100]$$
$$g(2, 3) = [g_0(2, 3) g_1(2, 3) g_2(2, 3)] = [110]$$

该码的任一子码 C_l 中前两位与 $m_l(1)$、$m_l(2)$ 相同，后一位的监督元由式(10-6)确定，即

$$C_l(1) = m_l(1)$$

$$C_l(2) = m_l(2)$$

$$C_l(3) = \sum_{i=1}^{2} \sum_{t=0}^{2} m_{l-t}(i) \cdot g_t(i, 3)$$

(3，2，2)系统卷积码的编码电路如图 10-4 所示。

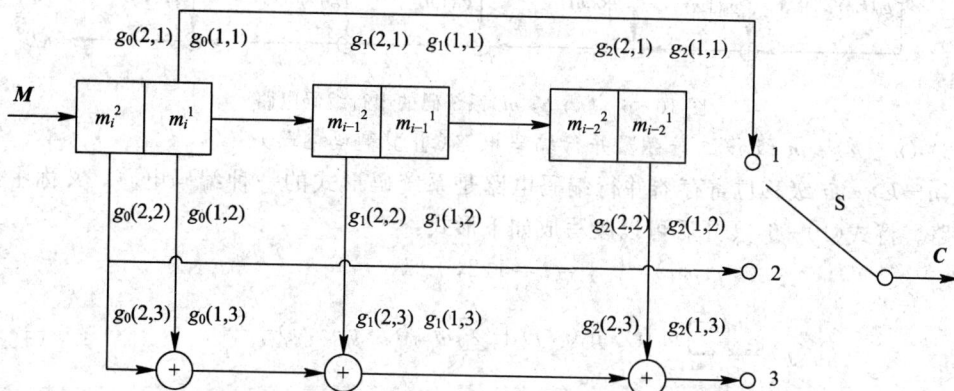

图 10-4　(3，2，2)系统卷积码的编码电路

3. 卷积码的编码

1) 串行输入、串行输出的编码电路

构造串行输入、串行输出的编码电路的基础是式(10-5)和式(10-6)。根据式(10-5)构造的是非系统码编码电路,而式(10-6)则是系统码编码电路的依据。图10-5所示的是(n,k,m)非系统码的串行编码电路。图10-6是系统码的串行编码电路。

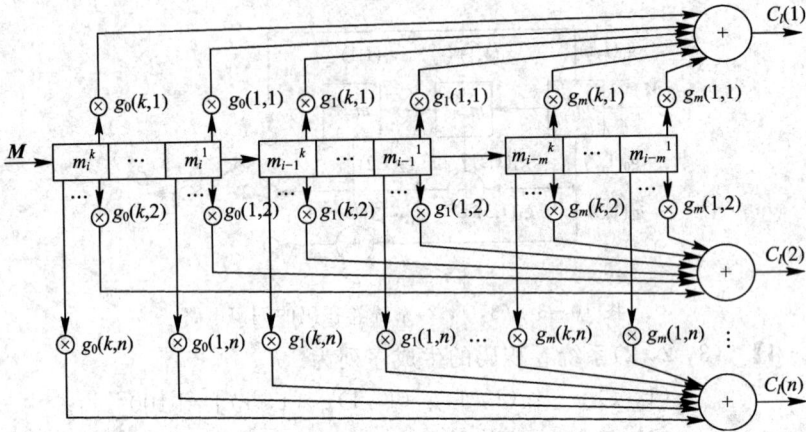

图10-5 (n,k,m)非系统码的串行编码电路

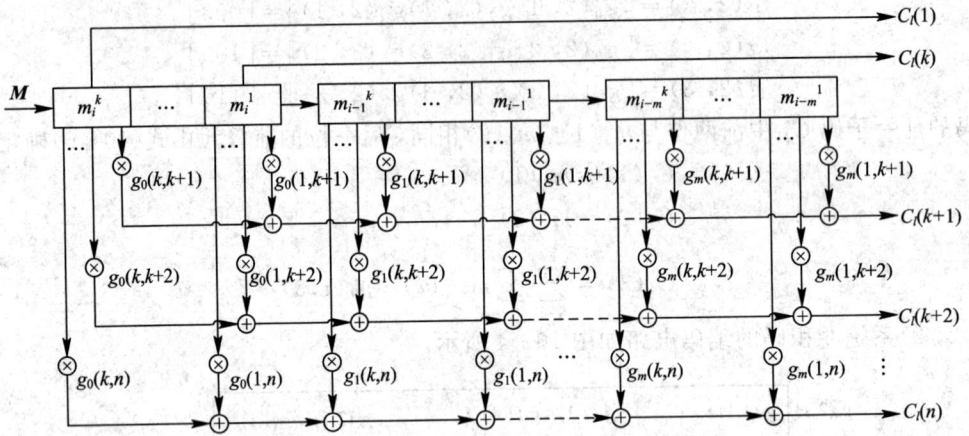

图10-6 (n,k,m)系统码的串行编码电路

2) $(n-k)\cdot m$级移位寄存器并行编码电路(Ⅰ型编码电路)

$(n-k)\cdot m$级移位寄存器并行编码电路是系统码形式的一种编码电路,又称Ⅰ型编码电路。将式(10-6)展开后可以改写成如下形式:

$$C_l(j) = \begin{cases} m_l(i) & j=i=1,2,\cdots,k \\ \sum_{i=1}^{k} m_l(i)\cdot g_0(i,j) + \sum_{i=1}^{k} m_{l-1}(i)\cdot g_1(i,j)+\cdots \\ \quad + \sum_{i=1}^{k} m_{l-m}(i)\cdot g_m(i,j) & j=k+1,k+2,\cdots,n \end{cases} \tag{10-7}$$

$$C_l(k+1) = m_l(1)\cdot g_0(1,k+1) + m_l(2)\cdot g_0(2,k+1)$$

$$+\cdots+m_l(k) \cdot g_0(k, k+1)$$
$$+m_{l-1}(1) \cdot g_1(1, k+1)+m_{l-1}(2) \cdot g_1(2, k+1)$$
$$+\cdots+m_{l-1}(k) \cdot g_1(k, k+1)+\cdots$$
$$+m_{l-m}(1) \cdot g_m(1, k+1)+m_{l-m}(2) \cdot g_m(2, k+1)$$
$$+\cdots+m_{l-m}(k) \cdot g_m(k, k+1)$$
$$\vdots$$
$$C_l(n)=m_l(1) \cdot g_0(1, n)+m_l(2) \cdot g_0(2, n)+\cdots+m_l(k) \cdot g_0(k, n)$$
$$+m_{l-1}(1) \cdot g_1(1, n)+m_{l-1}(2) \cdot g_1(2, n)$$
$$+\cdots+m_{l-1}(k) \cdot g_1(k, n)+\cdots$$
$$+m_{l-m}(1) \cdot g_m(1, n)+m_{l-m}(2) \cdot g_m(2, n)$$
$$+\cdots+m_{l-m}(k) \cdot g_m(k, n)$$

式(10-7)表明，在并入并出方式下，为了获得第 l 个子码的 $n-k$ 个监督元，需要 $n-k$ 个移位寄存器组，每一组移位寄存器的数目为 m 级，它们根据生成序列 $g(i, j)$ 所确定的关系存储了与第 l 个信息组相邻的前 m 个信息组。

【例 10-5】 构造 $(3, 2, 2)$ 码 I 型编码电路。

解 $(3, 2, 2)$ 码的生成序列为

$$g(1, 1)=[g_0(1, 1) \ g_1(1, 1) \ g_2(1, 1)]=[100]$$
$$g(1, 2)=[g_0(1, 2) \ g_1(1, 2) \ g_2(1, 2)]=[000]$$
$$g(1, 3)=[g_0(1, 3) \ g_1(1, 3) \ g_2(1, 3)]=[101]$$
$$g(2, 1)=[g_0(2, 1) \ g_1(2, 1) \ g_2(2, 1)]=[000]$$
$$g(2, 2)=[g_0(2, 2) \ g_1(2, 2) \ g_2(2, 2)]=[100]$$
$$g(2, 3)=[g_0(2, 3) \ g_1(2, 3) \ g_2(2, 3)]=[110]$$

根据式(10-7)，第 l 个子码的监督元为

$$C_l(3)=m_l(1)g_0(1, 3)+m_l(2)g_0(2, 3)+m_{l-1}(1)g_1(1, 3)$$
$$+m_{l-1}(2)g_1(2, 3)+m_{l-2}(1)g_2(1, 3)+m_{l-2}(2)g_2(2, 3)$$

将生成序列诸元素代入后有

$$C_l(3)=m_l(1)+m_l(2)+m_{l-1}(2)+m_{l-2}(1)$$

$(3, 2, 2)$ 码的 I 型编码电路如图 10-7 所示。

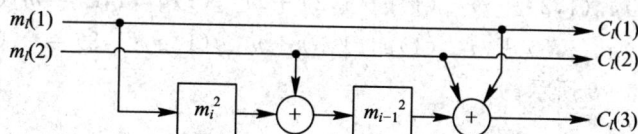

图 10-7 $(3, 2, 2)$ 码的 I 型编码电路

图 10-8 是 (n, k, m) 码的 I 型编码电路。

3) $k \cdot m$ 级移位寄存器并行编码电路（II 型编码电路）

将式(10-6)展开后可以改写为如下形式：

$$C_l(j)=\begin{cases} m_l(i) & j=i=1, 2, \cdots, k \\ \sum_{t=0}^{m} m_{l-t}(1) \cdot g_t(1, j)+\sum_{t=0}^{m} m_{l-t}(2) \cdot g_t(2, j)+\cdots+\sum_{t=0}^{m} m_{l-t}(k) \cdot g_t(k, j) \\ \qquad\qquad j=k+1, k+2, \cdots, n \end{cases}$$

$$(10-8)$$

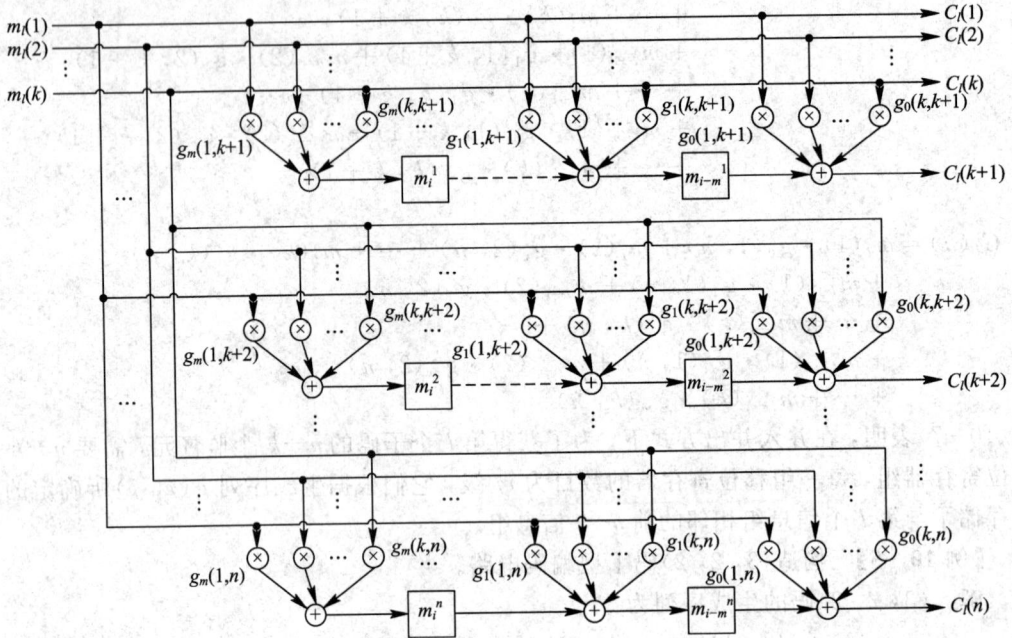

图 10-8　(n, k, m) 码的 I 型编码电路

式(10-8)表明，只需将第 l 时刻的 k 个信息元与前 m 个时刻的诸信息元按生成序列所确定的关系模 2 相加，就可以得到此时刻的 $n-k$ 个监督元。

II 型编码电路由 k 个移位寄存器组构成，每一组有 m 级移位寄存器，它们分别寄存了前 m 时刻进入编码器的第 1 个到第 k 个信息元。

【例 10-6】　$(3, 1, 2)$ 码的生成序列为

$$g(1, 1) = [g_0(1, 1) g_1(1, 1) g_2(1, 1)] = [100]$$
$$g(1, 2) = [g_0(1, 2) g_1(1, 2) g_2(1, 2)] = [110]$$
$$g(1, 3) = [g_0(1, 3) g_1(1, 3) g_2(1, 3)] = [101]$$

由式(10-8)得该码任一子码的监督元为

$$C_l(2) = m_l(1) g_0(1, 2) + m_{l-1}(1) g_1(1, 2) + m_{l-2}(1) g_2(1, 2) = m_l(1) + m_{l-1}(1)$$
$$C_l(3) = m_l(1) g_0(1, 3) + m_{l-1}(1) g_1(1, 3) + m_{l-2}(1) g_2(1, 3) = m_l(1) + m_{l-2}(1)$$

其编码电路如图 10-9 所示。

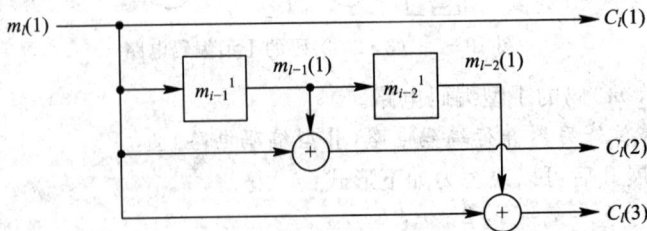

图 10-9　$(3, 1, 2)$ 码的 II 型编码电路

【例 10-7】　$(3, 2, 2)$ 码的生成序列为

$$g(1, 1) = [g_0(1, 1) g_1(1, 1) g_2(1, 1)] = [100]$$

$$g(1,2)=[g_0(1,2)g_1(1,2)g_2(1,2)]=[000]$$
$$g(1,3)=[g_0(1,3)g_1(1,3)g_2(1,3)]=[101]$$
$$g(2,1)=[g_0(2,1)g_1(2,1)g_2(2,1)]=[000]$$
$$g(2,2)=[g_0(2,2)g_1(2,2)g_2(2,2)]=[100]$$
$$g(2,3)=[g_0(2,3)g_1(2,3)g_2(2,3)]=[110]$$

由式(10-8)得该码任一子码的监督元为

$$C_l(3)=m_l(1)g_0(1,3)+m_{l-1}(1)g_1(1,3)+m_{l-2}(1)g_2(1,3)+m_l(2)g_0(2,3)$$
$$+m_{l-1}(2)g_1(2,3)+m_{l-2}(2)g_2(2,3)$$
$$=m_l(1)+m_{l-2}(1)+m_l(2)+m_{l-1}(2)$$

其编码电路如图 10-10 所示。

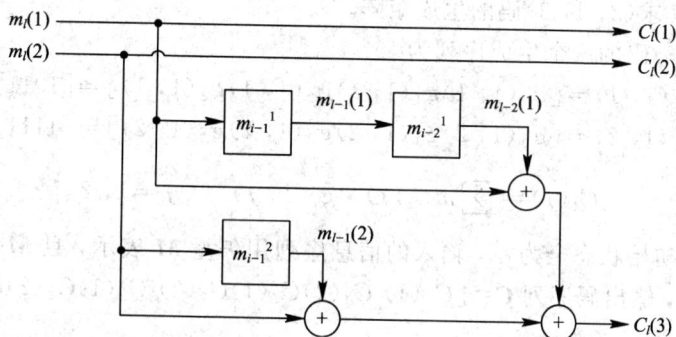

图 10-10 (3,2,2)码的Ⅱ型编码电路

图 10-11 所示的是(n,k,m)码的Ⅱ型编码电路。

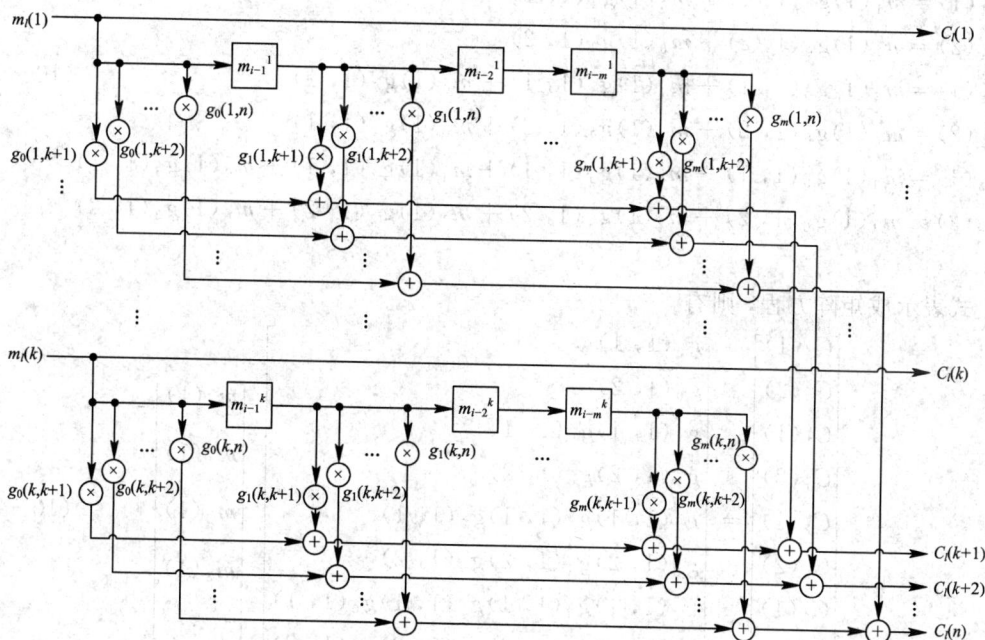

图 10-11 (n,k,m)码的Ⅱ型编码电路

以上三种形式电路各有不同的特点：在一般的串行通信方式下，用串行编码电路比较方便，虽然它所需的电路级数较多；在并行通信时，若$(n-k)<k$，则采用 Ⅰ 型编码电路较 Ⅱ 型编码电路更为简单；否则，应采用 Ⅱ 型编码电路。

10.1.2　卷积码的矩阵描述

描述卷积码编译码的过程，可以用不同的描述方法，如矩阵法、码树图法、状态图法和网格图法等。采用何种方法与卷积码的译码方法有很大关系。例如，在代数译码时，用矩阵法对译码原理的叙述和理解较方便。而借助码树图和网格图能更为清晰地分析概率译码的过程和码的性能。下面首先介绍卷积码的矩阵描述。

1. 卷积码的生成矩阵

【例 10 - 8】　求$(2，1，3)$码的生成矩阵。

解　$(2，1，3)$码的两个生成序列为

$$g(1，1)=[g_0(1，1)g_1(1，1)g_2(1，1)g_3(1，1)]=[1011]$$

$$g(1，2)=[g_0(1，2)g_1(1，2)g_2(1，2)g_3(1，2)]=[1111]$$

$$C_l(j)=\sum_{t=0}^{3}m_{l-t}(1)\cdot g_t(1，j)\qquad j=1，2$$

设编码器的初始状态全为零，输入的信息序列用矢量 $\boldsymbol{M}$ 表示，且 $\boldsymbol{M}=[m_0(1)m_1(1)$ $m_2(1)m_3(1)\cdots]$，输出码序列 $\boldsymbol{C}=[C_0(1)\ C_0(2)C_1(1)C_1(2)\ C_2(1)C_2(2)C_3(1)C_3(2)\cdots]$，其中：

$$
\begin{cases}
C_0(1)=m_0(1)g_0(1，1)\\
C_0(2)=m_0(1)g_0(1，2)\\
C_1(1)=m_1(1)g_0(1，1)+m_0(1)g_1(1，1)\\
C_1(2)=m_1(1)g_0(1，2)+m_0(1)g_1(1，2)\\
C_2(1)=m_2(1)g_0(1，1)+m_1(1)g_1(1，1)+m_0(1)g_2(1，1)\\
C_2(2)=m_2(1)g_0(1，2)+m_1(1)g_1(1，2)+m_0(1)g_2(1，1)\\
C_3(1)=m_3(1)g_0(1，1)+m_2(1)g_1(1，1)+m_1(1)g_2(1，1)+m_0(1)g_3(1，1)\\
C_3(2)=m_3(1)g_0(1，2)+m_2(1)g_1(1，2)+m_1(1)g_2(1，2)+m_0(1)g_3(1，2)\\
\vdots
\end{cases}
\tag{10-9}
$$

将上式表示成矩阵方程，则有

$$
\begin{bmatrix}
C_0(1)\\
C_0(2)\\
C_1(1)\\
C_1(2)\\
C_2(1)\\
C_2(2)\\
C_3(1)\\
C_3(2)\\
\vdots
\end{bmatrix}=
\begin{bmatrix}
g_0(1，1)\\
g_0(1，2)\\
g_1(1，1)g_0(1，1)\\
g_1(1，2)g_0(1，2)\\
g_2(1，1)g_1(1，1)g_0(1，1)\\
g_2(1，2)g_1(1，2)g_0(1，2)\\
g_3(1，1)g_2(1，1)g_1(1，1)g_0(1，1)\\
g_3(1，2)g_2(1，2)g_1(1，2)g_0(1，2)\\
\vdots\quad\vdots\quad\vdots\quad\vdots
\end{bmatrix}
\begin{bmatrix}
m_0(1)\\
m_1(1)\\
m_2(1)\\
m_3(1)\\
\vdots
\end{bmatrix}
\tag{10-10}
$$

即 $\boldsymbol{C}_{\infty}^{\mathrm{T}}=\boldsymbol{G}_{\infty}^{\mathrm{T}}\boldsymbol{M}_{\infty}^{\mathrm{T}}=(\boldsymbol{M}_{\infty}\boldsymbol{G}_{\infty})^{\mathrm{T}}$，或者

$$[C_0(1)C_0(2)C_1(1)C_1(2)C_2(1)C_2(2)C_3(1)C_3(2)\cdots]=[m_0(1)m_1(1)m_2(1)m_3(1)\cdots]\cdot$$

$$\begin{bmatrix} g_0(1,1)g_0(1,2)g_1(1,1)g_1(1,2)g_2(1,1)g_2(1,2)g_3(1,1)g_3(1,2) \\ \quad g_0(1,1)g_0(1,2)g_1(1,1)g_1(1,2)g_2(1,1)g_2(1,2)g_3(1,1)g_3(1,2) \\ \qquad g_0(1,1)g_0(1,2)g_1(1,1)g_1(1,2)g_2(1,1)g_2(1,2)g_3(1,1)g_3(1,2) \\ \qquad\quad g_0(1,1)g_0(1,2)g_1(1,1)g_1(1,2)g_2(1,1)g_2(1,2)g_3(1,1)g_3(1,2) \\ \vdots \qquad \vdots \qquad \vdots \qquad \vdots \qquad \vdots \qquad \vdots \qquad \vdots \qquad \vdots \end{bmatrix}$$

即

$$\boldsymbol{C}_{\infty}=\boldsymbol{M}_{\infty}\boldsymbol{G}_{\infty} \qquad (10-11)$$

式中：

$$\boldsymbol{G}_{\infty}=\begin{bmatrix} \boldsymbol{G}_0 & \boldsymbol{G}_1 & \boldsymbol{G}_2 & \boldsymbol{G}_3 & & & \\ & \boldsymbol{G}_0 & \boldsymbol{G}_1 & \boldsymbol{G}_2 & \boldsymbol{G}_3 & & \\ & & \boldsymbol{G}_0 & \boldsymbol{G}_1 & \boldsymbol{G}_2 & \boldsymbol{G}_3 & \\ & & & \boldsymbol{G}_0 & \boldsymbol{G}_1 & \boldsymbol{G}_2 & \boldsymbol{G}_3 \\ & & & & \vdots & \vdots & \vdots \end{bmatrix} \qquad (10-12)$$

式(10-12)中的诸元素分别是：

$$\begin{cases} \boldsymbol{G}_0=[g_0(1,1)g_0(1,2)] \\ \boldsymbol{G}_1=[g_1(1,1)g_1(1,2)] \\ \boldsymbol{G}_2=[g_2(1,1)g_2(1,2)] \\ \boldsymbol{G}_3=[g_3(1,1)g_3(1,2)] \end{cases} \qquad (10-13)$$

称 $\boldsymbol{G}_{\infty}$ 为 $(2,1,3)$ 码的生成矩阵。当输入的信息序列是有头无尾的半无限序列时，生成矩阵也是半无限矩阵，$\boldsymbol{G}_{\infty}$ 的下标就是这个含义，这时码序列 $\boldsymbol{C}_{\infty}$ 亦为半无限序列。

由式(10-12)可以看出，生成矩阵 $\boldsymbol{G}_{\infty}$ 中，只要第一行 $\boldsymbol{G}_0$ $\boldsymbol{G}_1$ $\boldsymbol{G}_2$ $\boldsymbol{G}_3$ 确定以后，生成矩阵 $\boldsymbol{G}_{\infty}$ 也就确定了。所以我们定义生成矩阵 $\boldsymbol{G}_{\infty}$ 的第一行为该码的**基本生成矩阵**，用符号 $\boldsymbol{g}_{\infty}$ 表示。

对 $(2,1,3)$ 码，它的基本生成矩阵 $\boldsymbol{g}_{\infty}$ 为

$$\boldsymbol{g}_{\infty}=[\ \boldsymbol{G}_0\ \boldsymbol{G}_1\ \boldsymbol{G}_2\ \boldsymbol{G}_3\ 000\cdots] \qquad (10-14)$$

$\boldsymbol{g}_{\infty}$ 中的每一个元素完全由码的生成序列 $g(i,j)$ 诸元素所确定。一旦给定了码的生成序列后，该码的基本生成矩阵和生成矩阵也就确定了。有了生成矩阵，根据式(10-11)就可以得到编码器的输出码序列 $\boldsymbol{C}_{\infty}$。

对于 $(2,1,3)$ 码，基本生成矩阵中的每个元素 $\boldsymbol{G}_0$，$\boldsymbol{G}_1$，$\boldsymbol{G}_2$，$\boldsymbol{G}_3$ 都是 1×2 阶矩阵 $(k\cdot n,k=1,n=2)$，元素的数目共 4 个 $(m+1=N=4)$。

为了更好地了解生成序列与生成矩阵，下面再以 $k>1$ 的 $(3,2,2)$ 码为例给予说明。

【**例 10-9**】 $(3,2,2)$ 非系统卷积码的 6 个生成序列为

$$g(1,1)=[g_0(1,1)g_1(1,1)g_2(1,1)]=[110]$$
$$g(1,2)=[g_0(1,2)g_1(1,2)g_2(1,2)]=[010]$$
$$g(1,3)=[g_0(1,3)g_1(1,3)g_2(1,3)]=[100]$$
$$g(2,1)=[g_0(2,1)g_1(2,1)g_2(2,1)]=[001]$$

$$g(2, 2) = [g_0(2, 2) g_1(2, 2) g_2(2, 2)] = [100]$$
$$g(2, 3) = [g_0(2, 3) g_1(2, 3) g_2(2, 3)] = [111]$$

设信息序列：$M = [m_0(1) m_0(2) m_1(1) m_1(2) m_2(1) m_2(2) m_3(1) m_3(2) \cdots]$，由式（10-5）得编码器的输出 C：

$$
\left\{
\begin{aligned}
C_0(1) &= m_0(1) g_0(1, 1) + m_0(2) g_0(2, 1) \\
C_0(2) &= m_0(1) g_0(1, 2) + m_0(2) g_0(2, 2) \\
C_0(3) &= m_0(1) g_0(1, 3) + m_0(2) g_0(2, 3) \\
C_1(1) &= m_1(1) g_0(1, 1) + m_1(2) g_0(2, 1) + m_0(1) g_1(1, 1) + m_0(2) g_1(2, 1) \\
C_1(2) &= m_1(1) g_0(1, 2) + m_1(2) g_0(2, 2) + m_0(1) g_1(1, 2) + m_0(2) g_1(2, 2) \\
C_1(3) &= m_1(1) g_0(1, 3) + m_1(2) g_0(2, 3) + m_0(1) g_1(1, 3) + m_0(2) g_1(2, 3) \\
C_2(1) &= m_2(1) g_0(1, 1) + m_2(2) g_0(2, 1) + m_1(1) g_1(1, 1) \\
&\quad + m_1(2) g_1(2, 1) + m_0(1) g_2(1, 1) + m_0(2) g_2(2, 1) \\
C_2(2) &= m_2(1) g_0(1, 2) + m_2(2) g_0(2, 2) + m_1(1) g_1(1, 2) \\
&\quad + m_1(2) g_1(2, 2) + m_0(1) g_2(1, 2) + m_0(2) g_2(2, 2) \\
C_2(3) &= m_2(1) g_0(1, 3) + m_2(2) g_0(2, 3) + m_1(1) g_1(1, 3) \\
&\quad + m_1(2) g_1(2, 3) + m_0(1) g_2(1, 3) + m_0(2) g_2(2, 3) \\
C_3(1) &= m_3(1) g_0(1, 1) + m_3(2) g_0(2, 1) + m_2(1) g_1(1, 1) \\
&\quad + m_2(2) g_1(2, 1) + m_1(1) g_2(1, 1) + m_1(2) g_2(2, 1) \\
C_3(2) &= m_3(1) g_0(1, 2) + m_3(2) g_0(2, 2) + m_2(1) g_1(1, 2) \\
&\quad + m_2(2) g_1(2, 2) + m_1(1) g_2(1, 2) + m_1(2) g_2(2, 2) \\
C_3(3) &= m_3(1) g_0(1, 3) + m_3(2) g_0(2, 3) + m_2(1) g_1(1, 3) \\
&\quad + m_2(2) g_1(2, 3) + m_1(1) g_2(1, 3) + m_1(2) g_2(2, 3)
\end{aligned}
\right.
\tag{10-15}
$$

写成矩阵方程，得到（3，2，2）码的生成矩阵和基本生成矩阵：

$$
G_\infty =
\begin{bmatrix}
G_0 & G_1 & G_2 & & & \\
& G_0 & G_1 & G_2 & & \\
& & G_0 & G_1 & G_2 & \\
& & & G_0 & G_1 & G_2 \\
& & & \vdots & \vdots & \vdots
\end{bmatrix}
$$

$$g_\infty = [G_0 G_1 G_2 0 0 0 \cdots]$$

其中，G_0，G_1，G_2 分别是

$$
G_0 =
\begin{bmatrix}
g_0(1, 1) g_0(1, 2) g_0(1, 3) \\
g_0(2, 1) g_0(2, 2) g_0(2, 3)
\end{bmatrix}
$$

$$
G_1 =
\begin{bmatrix}
g_1(1, 1) g_1(1, 2) g_1(1, 3) \\
g_1(2, 1) g_1(2, 2) g_1(2, 3)
\end{bmatrix}
$$

$$
G_2 =
\begin{bmatrix}
g_2(1, 1) g_2(1, 2) g_2(1, 3) \\
g_2(2, 1) g_2(2, 2) g_2(2, 3)
\end{bmatrix}
$$

通过上述两个例子，借助式（10-13），我们可得到（n，k，m）码的基本生成矩阵和生成矩阵：

$$g_\infty = \begin{bmatrix} G_0 & G_1 & G_2 \cdots G_m\,000\cdots \end{bmatrix}$$

$$G_\infty = \begin{bmatrix} G_0 & G_1 & G_2 & \cdots & G_m & & & \\ & G_0 & G_1 & \cdots & G_{m-1} & G_m & & \\ & & G_0 & \cdots & G_{m-2} & G_{m-1} & G_m & \\ & & & \ddots & \vdots & \vdots & \vdots & \ddots \\ & & & & G_0 & G_1 & G_2 & \cdots \\ & & & & & G_0 & G_1 & \cdots \\ & & & & & & G_0 & \cdots \end{bmatrix}$$

由卷积码的定义可知，(n,k,m) 码的任意 N 个连续的子码之间有着相同的约束关系。此外，在卷积码的代数译码中，也只考虑一个编码约束长度内的码序列。所以，不失一般性，我们只考虑编码器初始状态全为 0 时，编码器输入 N 个信息组，即 $N\cdot k$ 个信息元后，编码器输出的首 N 个子码，即 $N\cdot n$ 个码元之间的约束关系即可，这首 N 个子码组成的码组称为卷积码的初始截断码组 C，即

$$C = \begin{bmatrix} C_0 C_1 C_2 \cdots C_m \end{bmatrix}$$

其中 $C_i = C_i(1)\ C_i(2)\cdots C_i(n)$，$i=0,1,2,\cdots,m$。

根据初始截断码组的定义：

$$C = M \cdot G \tag{10-16}$$

式中，$M = \begin{bmatrix} m_0\ m_1\ m_2 \cdots m_m \end{bmatrix}$，且 $m_i = m_i(1) m_i(2) \cdots m_i(k)$，$i=0,1,2,\cdots,m$。

$$G = \begin{bmatrix} G_0 & G_1 & G_2 & \cdots & G_m \\ & G_0 & G_1 & \cdots & G_{m-1} \\ & & G_0 & \cdots & G_{m-2} \\ & & & \ddots & \vdots \\ & & & & G_0 \end{bmatrix} \tag{10-17}$$

称 G 为初始截断码组的基本生成矩阵，相应的基本生成矩阵 g 为

$$g = \begin{bmatrix} G_0 G_1 G_2 \cdots G_m \end{bmatrix} \tag{10-18}$$

在系统卷积码的情况下，由于 $k\times k$ 个生成序列是已知的，即当 $i=j$ 时，$g(i,j)=1$；当 $i\neq j$ 时，$g(i,j)=0$，$i=1,2,\cdots,k$，$j=1,2,\cdots,k$。且每个子码中的前 k 个码元与相应的 k 个信息元相同而后 $n-k$ 个监督元由信息序列与生成序列的卷积运算得到（见式 (10-7)）。由此可知，系统卷积码的初始截断码组的生成矩阵为

$$G = \begin{bmatrix} [I_k P_0]_{k\times n} & [0P_1]_{k\times n} & [0P_2]_{k\times n} & \cdots & [0P_m]_{k\times n} \\ & [I_k P_0]_{k\times n} & [0P_1]_{k\times n} & \cdots & [0P_{m-1}]_{k\times n} \\ & & [I_k P_0]_{k\times n} & \cdots & [0P_{m-2}]_{k\times n} \\ & & & \ddots & \vdots \\ & & & & [I_k P_0]_{k\times n} \end{bmatrix}_{N\cdot k\times N\cdot n}$$

式中，I_k 是 k 阶单位方阵，P_l 是 $k\times(n-k)$ 阶矩阵，$l=0,1,2,\cdots,m$。

$$P_l = \begin{bmatrix} g_l(1,k+1) & g_l(1,k+2) & \cdots & g_l(1,n) \\ g_l(2,k+1) & g_l(2,k+2) & \cdots & g_l(2,n) \\ \vdots & \vdots & & \vdots \\ g_l(k,k+1) & g_l(k,k+2) & \cdots & g_l(k,n) \end{bmatrix}$$

而系统卷积码初始截断码组的基本生成矩阵为

$$g = \begin{bmatrix} I_k P_0 & 0P_1 & 0P_2 & \cdots & 0P_m \end{bmatrix}$$

由于初始截断码组的基本生成矩阵和生成矩阵完全可以描述码的卷积关系，为简洁起见，直接称它们为码的基本生成矩阵和生成矩阵。

2. 卷积码的监督矩阵(系统卷积码的监督矩阵)

任一单元时刻的信息元不仅参与本时刻子码中 $n-k$ 个监督元的运算，而且还参与了相邻的后 m 个子码中的监督元的运算。这种约束关系用矩阵表示，就是卷积码的监督矩阵。下面举例说明。

【例 10 - 10】 (3，1，2)系统卷积码。

已知(3，1，2)系统卷积的生成序列为

$$g(1, 1) = \begin{bmatrix} g_0(1, 1) g_1(1, 1) g_2(1, 1) \end{bmatrix} = \begin{bmatrix} 100 \end{bmatrix}$$

$$g(1, 2) = \begin{bmatrix} g_0(1, 2) g_1(1, 2) g_2(1, 2) \end{bmatrix} = \begin{bmatrix} 110 \end{bmatrix}$$

$$g(1, 3) = \begin{bmatrix} g_0(1, 3) g_1(1, 3) g_2(1, 3) \end{bmatrix} = \begin{bmatrix} 101 \end{bmatrix}$$

根据式(10-6)，(3，1，2)码的任一子码可以表示为

$$C_l(1) = m_l(1)$$

$$C_l(2) = \sum_{t=0}^{2} m_{l-t}(1) \cdot g_t(1, 2)$$

$$C_l(3) = \sum_{t=0}^{2} m_{l-t}(1) \cdot g_t(1, 3)$$

为了不失一般性，仅讨论初始截断码组的监督矩阵，即可知道码的监督关系。为此，设 $l = 0, 1, 2$，便得到(3，1，2)码的初始截断码组：

$$
\begin{cases}
C_0(1) = m_0(1) \\
C_0(2) = m_0(1) g_0(1, 2) \\
C_0(3) = m_0(1) g_0(1, 3) \\
C_1(1) = m_1(1) \\
C_1(2) = m_1(1) g_0(1, 2) + m_0(1) g_1(1, 2) \\
C_1(3) = m_1(1) g_0(1, 3) + m_0(1) g_1(1, 3) \\
C_2(1) = m_2(1) \\
C_2(2) = m_2(1) g_0(1, 2) + m_1(1) g_1(1, 2) + m_0(1) g_2(1, 2) \\
C_2(3) = m_2(1) g_0(1, 3) + m_1(1) g_1(1, 3) + m_0(1) g_2(1, 3)
\end{cases}
\tag{10-19}
$$

将式(10-19)中各子码的监督元表示式重写如下：

$$
\begin{cases}
g_0(1, 2) C_0(1) + C_0(2) = 0 \\
g_0(1, 3) C_0(1) + C_0(3) = 0 \\
g_1(1, 2) C_0(1) + g_0(1, 2) C_1(1) + C_1(2) = 0 \\
g_1(1, 3) C_0(1) + g_0(1, 3) C_1(1) + C_1(3) = 0 \\
g_2(1, 2) C_0(1) + g_1(1, 2) C_1(1) + g_0(1, 2) C_2(1) + C_2(2) = 0 \\
g_2(1, 3) C_0(1) + g_1(1, 3) C_1(1) + g_0(1, 3) C_2(1) + C_2(3) = 0
\end{cases}
\tag{10-20}
$$

把式(10-20)中的诸码元的系数用矩阵表示，得到如下矩阵方程：

$$\begin{bmatrix} g_0(1,2) & 1 & 0 & 0 & 0 & 0 & 0 & 0 & 0 \\ g_0(1,3) & 0 & 1 & 0 & 0 & 0 & 0 & 0 & 0 \\ g_1(1,2) & 0 & 0 & g_0(1,2) & 1 & 0 & 0 & 0 & 0 \\ g_1(1,3) & 0 & 0 & g_0(1,3) & 0 & 1 & 0 & 0 & 0 \\ g_2(1,2) & 0 & 0 & g_1(1,2) & 0 & 0 & g_0(1,2) & 1 & 0 \\ g_2(1,3) & 0 & 0 & g_1(1,3) & 0 & 0 & g_0(1,3) & 0 & 1 \end{bmatrix} \begin{bmatrix} C_0(1) \\ C_0(2) \\ C_0(3) \\ C_1(1) \\ C_1(2) \\ C_1(3) \\ C_2(1) \\ C_2(2) \\ C_2(3) \end{bmatrix} = \begin{bmatrix} 0 \\ 0 \\ 0 \\ 0 \\ 0 \\ 0 \end{bmatrix} \quad (10-21)$$

即

$$\begin{bmatrix} [\boldsymbol{P}_0^{\mathrm{T}} \boldsymbol{I}_2]_{2\times3} & & \\ [\boldsymbol{P}_0^{\mathrm{T}} \boldsymbol{0}_2]_{2\times3} & [\boldsymbol{P}_0^{\mathrm{T}} \boldsymbol{I}_2]_{2\times3} & \\ [\boldsymbol{P}_0^{\mathrm{T}} \boldsymbol{0}_2]_{2\times3} & [\boldsymbol{P}_0^{\mathrm{T}} \boldsymbol{0}_2]_{2\times3} & [\boldsymbol{P}_0^{\mathrm{T}} \boldsymbol{I}_2]_{2\times3} \end{bmatrix} \cdot \boldsymbol{C}_{9\times1}^{\mathrm{T}} = \boldsymbol{0}_{6\times1}^{\mathrm{T}} \quad (10-22)$$

或写为

$$\boldsymbol{H}_{6\times9} \cdot \boldsymbol{C}_{9\times1}^{\mathrm{T}} = \boldsymbol{0}_{6\times1}^{\mathrm{T}} \quad (10-23)$$

式中：$\boldsymbol{C}^{\mathrm{T}}$ 是初始截断码组的转置，$\boldsymbol{C} = [C_0(1)\ C_0(2)\ C_0(3)\ C_1(1)\ C_1(2)\ C_1(3)\ C_2(1)\ C_2(2)\ C_2(3)]$；

$\boldsymbol{0}^{\mathrm{T}}$ 是一个 6×1 阶全 0 阵（$N \cdot (n-k)=6$）；

$\boldsymbol{H}$ 是一个 6×9 阶矩阵（$N \cdot (n-k)=6$，$N \cdot n=9$），称为初始截断码组的监督矩阵。

$$\boldsymbol{H}_{6\times9} = \begin{bmatrix} [\boldsymbol{P}_0^{\mathrm{T}} \boldsymbol{I}_2]_{2\times3} & & \\ [\boldsymbol{P}_1^{\mathrm{T}} \boldsymbol{0}_2]_{2\times3} & [\boldsymbol{P}_0^{\mathrm{T}} \boldsymbol{I}_2]_{2\times3} & \\ [\boldsymbol{P}_2^{\mathrm{T}} \boldsymbol{0}_2]_{2\times3} & [\boldsymbol{P}_1^{\mathrm{T}} \boldsymbol{0}_2]_{2\times3} & [\boldsymbol{P}_0^{\mathrm{T}} \boldsymbol{I}_2]_{2\times3} \end{bmatrix} \quad (10-24)$$

在监督矩阵 $\boldsymbol{H}$ 中，$\boldsymbol{I}_2$ 是 2 阶单位方阵，$\boldsymbol{0}_2$ 是 2 阶全 0 方阵，$\boldsymbol{P}_0^{\mathrm{T}}$，$\boldsymbol{P}_1^{\mathrm{T}}$，$\boldsymbol{P}_2^{\mathrm{T}}$ 分别为

$$\boldsymbol{P}_0^{\mathrm{T}} = \begin{bmatrix} g_0(1,2) \\ g_0(1,3) \end{bmatrix}, \quad \boldsymbol{P}_1^{\mathrm{T}} = \begin{bmatrix} g_1(1,2) \\ g_1(1,3) \end{bmatrix}, \quad \boldsymbol{P}_2^{\mathrm{T}} = \begin{bmatrix} g_2(1,2) \\ g_2(1,3) \end{bmatrix}$$

由式（10-24）可见，监督矩阵 $\boldsymbol{H}$ 完全可由最后一行获得，所以称它为码的基本监督矩阵，用符号 $\boldsymbol{h}$ 表示，它是一个 2×9 阶矩阵，即

$$\boldsymbol{h}_{2\times9} = [\boldsymbol{P}_2^{\mathrm{T}} \boldsymbol{0}_2 \quad \boldsymbol{P}_1^{\mathrm{T}} \boldsymbol{0}_2 \quad \boldsymbol{P}_0^{\mathrm{T}} \boldsymbol{I}_2] \quad (10-25)$$

由 $(3,1,2)$ 码不难推出 (n,k,m) 码的基本监督矩阵和监督矩阵为

$$\boldsymbol{h}_{(n-k)\times nN} = [[\boldsymbol{P}_m^{\mathrm{T}} \boldsymbol{0}]_{r\times n} \quad [\boldsymbol{P}_{m-1}^{\mathrm{T}} \boldsymbol{0}]_{r\times n} \quad \cdots \quad [\boldsymbol{P}_2^{\mathrm{T}} \boldsymbol{0}]_{r\times n} \quad [\boldsymbol{P}_1^{\mathrm{T}} \boldsymbol{0}]_{r\times n} \quad [\boldsymbol{P}_0^{\mathrm{T}} \boldsymbol{I}_r]_{r\times n}]$$

$$(10-26)$$

$$\boldsymbol{H}_{(n-k)N\times nN} = \begin{bmatrix} [\boldsymbol{P}_0^{\mathrm{T}} \boldsymbol{I}_r]_{r\times n} & & & & \\ [\boldsymbol{P}_1^{\mathrm{T}} \boldsymbol{0}]_{r\times n} & [\boldsymbol{P}_0^{\mathrm{T}} \boldsymbol{I}_r]_{r\times n} & & & \\ \vdots & \vdots & \ddots & & \\ [\boldsymbol{P}_{m-1}^{\mathrm{T}} \boldsymbol{0}]_{r\times n} & [\boldsymbol{P}_{m-2}^{\mathrm{T}} \boldsymbol{0}]_{r\times n} & \cdots & [\boldsymbol{P}_0^{\mathrm{T}} \boldsymbol{I}_r]_{r\times n} & \\ [\boldsymbol{P}_m^{\mathrm{T}} \boldsymbol{0}]_{r\times n} & [\boldsymbol{P}_{m-1}^{\mathrm{T}} \boldsymbol{0}]_{r\times n} & \cdots & [\boldsymbol{P}_1^{\mathrm{T}} \boldsymbol{0}]_{r\times n} & [\boldsymbol{P}_0^{\mathrm{T}} \boldsymbol{I}_r]_{r\times n} \end{bmatrix}$$

$$(10-27)$$

由以上关于生成矩阵 $\boldsymbol{G}$、监督矩阵 $\boldsymbol{H}$ 的讨论可以看出，它们与码的生成序列 $g(i,j)$

有密切联系,只不过是以矩阵的方式描述了卷积码的卷积关系式(10-5)或式(10-6)。所以,在卷积码的应用中经常是给定码的$g(i,j)$,这样,就可以确定卷积码的编码电路及矩阵表达式。

10.1.3 卷积码的多项式描述

为了更方便地描述卷积码,需要注意时间序列与多项式的对应关系。延时算子D是一个运算符号,如果用D表示编码过程中的一个单元时刻(n个码元的时间长度),则编码过程的卷积运算可以用多项式的乘法运算来描述。下面举例说明这一方法。

【例10-11】 $(3,1,2)$码的生成序列为
$$g(1,1)=[g_0(1,1)g_1(1,1)g_2(1,1)]=[100]$$
$$g(1,2)=[g_0(1,2)g_1(1,2)g_2(1,2)]=[110]$$
$$g(1,3)=[g_0(1,3)g_1(1,3)g_2(1,3)]=[101]$$

设信息序列$\boldsymbol{M}=[m_0(1)m_1(1)m_2(1)\cdots]$,编码器输出的码序列$\boldsymbol{C}=[C_0(1)C_0(2)C_0(3)$ $C_1(1)C_1(2)C_1(3)\ C_2(1)C_2(2)C_2(3)\cdots]$。码序列$\boldsymbol{C}$与信息序列$\boldsymbol{M}$的关系完全由式(10-5)确定,即
$$C_l(j)=\sum_{i=1}^{k}\sum_{t=0}^{m}m_{l-t}(i)\cdot g_t(i,j)\qquad i=1,\quad j=1,2,3,\quad m=2$$
引入延时算子D后,信息序列$\boldsymbol{M}$可以用D的多项式$M(D)$来表示,即
$$M(D)=m_0(1)+m_1(1)D+m_2(1)D^2+\cdots \tag{10-28}$$
如果把$\boldsymbol{M}$序列中每个信息组的第i位$(i=1,2,\cdots,k)$都用$M(i)(D)$表示,则
$$\begin{cases}M(1)(D)=m_0(1)+m_1(1)D+m_2(1)D^2+\cdots\\ M(2)(D)=m_0(2)+m_1(2)D+m_2(2)D^2+\cdots\\ \qquad\vdots\\ M(k)(D)=m_0(k)+m_1(k)D+m_2(k)D^2+\cdots\end{cases} \tag{10-29}$$
显然,对$(3,1,2)$码,有
$$M(1)(D)=M(D)$$
同样,编码器输出的码序列可以表示为D的多项式$C(D)$,即
$$\begin{aligned}C(D)&=C_0(j)+C_1(j)D+C_2(j)D^2+\cdots\\ &=C_0(1)C_0(2)C_0(3)+C_1(1)C_1(2)C_1(3)D+C_2(1)C_2(2)C_2(3)D^2+\cdots\end{aligned}$$
$$\tag{10-30}$$
如果用$C(j)(D)$表示码序列$\boldsymbol{C}$中每个子码的第j位所构成的多项式,$j=1,2,\cdots,n$,则
$$\begin{cases}C(1)D=C_0(1)+C_1(1)D+C_2(1)D^2+\cdots\\ C(2)D=C_0(2)+C_1(2)D+C_2(2)D^2+\cdots\\ C(3)D=C_0(3)+C_1(3)D+C_2(3)D^2+\cdots\end{cases} \tag{10-31}$$
而生成序列$g(i,j)$的多项式$g(i,j)(D)$则为
$$\begin{cases}g(1,1)(D)=g_0(1,1)+g_1(1,1)D+g_2(1,1)D^2\\ g(1,2)(D)=g_0(1,2)+g_1(1,2)D+g_2(1,2)D^2\\ g(1,3)(D)=g_0(1,3)+g_1(1,3)D+g_2(1,3)D^2\end{cases} \tag{10-32}$$
对于本例,有

$$\begin{cases} g(1,1)(D)=1 \\ g(1,2)(D)=1+D \\ g(1,3)(D)=1+D^2 \end{cases} \qquad (10-33)$$

称它们是本(3，1，2)码的生成多项式。

如果继续将式(10-5)展开，令 $l=0，1，2，\cdots$，借助式(10-28)、式(10-31)和式(10-32)不难得到：

$$\begin{cases} C(1)(D)=M(1)(D)\cdot g(1,1)(D) \\ C(2)(D)=M(1)(D)\cdot g(1,2)(D) \\ C(3)(D)=M(1)(D)\cdot g(1,3)(D) \end{cases} \qquad (10-34)$$

上式表明，只要给定生成序列 $g(i,j)$，并将它们写成延时算子 D 的多项式，就不难通过信息多项式与生成多项式的乘法运算求得编码器输出码多项式。

设 $M=[1011\cdots]$，则 $M(D)$ 为

$$M(D)=M(1)(D)=1+D^2+D^3+\cdots$$

借助式(10-32)和式(10-33)可得

$$\begin{cases} C(1)(D)=(1+D^2+D^3+\cdots)\cdot 1=1+D^2+D^3+\cdots \\ C(2)(D)=(1+D^2+D^3+\cdots)\cdot(1+D)=1+D+D^2+D^3+\cdots \\ C(3)(D)=(1+D^2+D^3+\cdots)\cdot(1+D^2)=1+D^3+D^4+D^5+\cdots \end{cases} \qquad (10-35)$$

与式(10-30)相对应，有

$$\begin{cases} C_0(1)=1,\ C_1(1)=0,\ C_2(1)=1,\ C_3(1)=1,\ \cdots \\ C_0(2)=1,\ C_1(2)=1,\ C_2(2)=1,\ C_3(2)=1,\ \cdots \\ C_0(3)=1,\ C_1(3)=0,\ C_2(3)=0,\ C_3(3)=1,\ \cdots \end{cases}$$

码多项式 $C(D)$ 和码序列 C 分别为

$$C(D)=(111)+(010)D+(110)D^2+(111)D^3+\cdots$$

$$C=[111\ 010\ 110\ 111\ \cdots]$$

不难验证，这个结果与式(10-5)的卷积运算结果是一致的。

为了求得初始截断码组，只要将信息多项式 $M(D)$ 和码多项式 $C(1)(D)$、$C(2)(D)$ 和 $C(3)(D)$ 或 $C(D)$ 中，D 的幂次取到 D^2 项(本例中 $m=2$)即可。

式(10-31)还可以写成更简洁的形式，即

$$C(j)(D)=M(1)(D)\cdot g(1,j)(D) \qquad j=1,2,3 \qquad (10-36)$$

由式(10-35)所示的(3，1，2)码的关系式，我们不难得到 $(n,1,m)$ 码的关系式，这时生成多项式为

$$g(1,j)(D)=g_0(1,j)+g_1(1,j)D+\cdots+g_m(1,j)D^m \qquad j=1,2,\cdots,n$$

$$(10-37)$$

由于卷积码也是线性码，对(3，1，2)码而言，它的编码器是有一个输入、三个输出的线性系统。所以，码的生成多项式 $g(1,1)(D)$、$g(1,2)(D)$ 和 $g(1,3)(D)$ 可以看成是该系统的三个转移函数，它们可以构成该系统的转移矩阵，我们用 $G(D)$ 来表示：

$$G(D)=[g(1,1)(D)\ g(1,2)(D)\ g(1,3)(D)] \qquad (10-38)$$

编码器输出的码多项式也可用矩阵 $C(D)$ 表示为

$$C(D)=[C(1)(D)\ C(2)(D)\ C(3)(D)] \qquad (10-39)$$

由式(10-34)可以得到如下矩阵方程：

$$C(D)=[C(1)(D)\ C(2)(D)\ C(3)(D)\ ]$$
$$=M(1)(D)\cdot G(D) \tag{10-40}$$

式中：

$$M(1)(D)=[M(1)(D)]$$

由式(10-37)可见，(3，1，2)码的转移函数矩阵是1×3阶矩阵。一般来说，对于$(n，1，m)$码而言，$G(D)$是$1\times n$阶矩阵。

下面再以$k>1$的码为例，进一步说明生成多项式$g(i，j)(D)$的转移矩阵$G(D)$的概念。

【例10-12】 (3，2，2)码的生成序列是

$$g(1，1)=[g_0(1，1)g_1(1，1)g_2(1，1)]=[110]$$
$$g(1，2)=[g_0(1，2)g_1(1，2)g_2(1，2)]=[010]$$
$$g(1，3)=[g_0(1，3)g_1(1，3)g_2(1，3)]=[100]$$
$$g(2，1)=[g_0(2，1)g_1(2，1)g_2(2，1)]=[001]$$
$$g(2，2)=[g_0(2，2)g_1(2，2)g_2(2，2)]=[100]$$
$$g(2，3)=[g_0(2，3)g_1(2，3)g_2(2，3)]=[111]$$

它们可以用多项式表示如下：

$$g(1，1)(D)=1+D，\qquad g(2，1)(D)=D^2$$
$$g(1，2)(D)=D，\qquad g(2，2)(D)=1$$
$$g(1，3)(D)=1，\qquad g(2，3)(D)=1+D+D^2$$

(3，2，2)码每个子码的3个码元为$C_l(1)$、$C_l(2)$和$C_l(3)$，利用延时算子D可以写出$C(1)(D)$、$C(2)(D)$和$C(3)(D)$分别为

$$\begin{cases}C(1)(D)=M(1)(D)\cdot g(1，1)(D)+M(2)(D)\cdot g(2，1)(D)\\C(2)(D)=M(1)(D)\cdot g(1，2)(D)+M(2)(D)\cdot g(2，2)(D)\\C(3)(D)=M(1)(D)\cdot g(1，3)(D)+M(2)(D)\cdot g(2，3)(D)\end{cases} \tag{10-41}$$

式中：

$$M(1)(D)=m_0(1)+m_1(1)D+m_2(1)D^2+\cdots$$
$$M(2)(D)=m_0(2)+m_1(2)D+m_2(2)D^2+\cdots$$

式(10-41)还可以更简洁地表示为

$$C(j)(D)=\sum_{i=1}^{2}M(i)(D)\cdot g(i，j)(D)\qquad j=1，2，3 \tag{10-42}$$

如果将式(10-41)写成矩阵方程，则

$$C(D)=[C(1)(D)\ C(2)(D)\ C(3)(D)]=M(D)\cdot G(D) \tag{10-43}$$

式中：

$$\begin{cases}M(D)=[M(1)(D)M(2)(D)]\\G(D)=\begin{bmatrix}g(1，1)(D)&g(1，2)(D)&g(1，3)(D)\\g(2，1)(D)&g(2，2)(D)&g(2，3)(D)\end{bmatrix}\end{cases} \tag{10-44}$$

称$G(D)$为(3，2，2)码的转移函数矩阵，它是2×3阶矩阵。

若$M=[11\ 01\ 10\ \cdots]$，则

$$M(1)(D) = 1 + D^2 + \cdots$$
$$M(2)(D) = 1 + D + \cdots$$

编码器的输出 $C(D)$ 为

$$C(D) = M(D)G(D)$$

$$= \begin{bmatrix} 1+D^2+\cdots & 1+D+\cdots \end{bmatrix} \begin{bmatrix} 1+D & D & 1 \\ D^2 & 1 & 1+D+D^2 \end{bmatrix}$$

$$= \begin{bmatrix} 1+D+\cdots & 1+D^3+\cdots & D^2+D^4+\cdots \end{bmatrix}$$

$$C(1)(D) = 1 + D + \cdots$$
$$C(2)(D) = 1 + D^3 + \cdots$$
$$C(3)(D) = D^2 + D^4 + \cdots$$

所以

$$C_0(1)=1, \quad C_1(1)=0, \quad C_2(1)=1, \quad C_3(1)=0, \cdots$$
$$C_0(2)=1, \quad C_1(2)=1, \quad C_2(2)=0, \quad C_3(2)=0, \cdots$$
$$C_0(3)=0, \quad C_1(3)=0, \quad C_2(3)=0, \quad C_3(3)=1, \cdots$$

如果在 $M(D)$ 和 $C(j)(D)$ 中，D 的最高次项取到 D^2 项，就可以得到 $M=[11\ 01\ 10]$ 所对应的初始截断码组 C：

$$C = [110\ 100\ 001]$$

由上述两个例子可以推得 (n, k, m) 卷积码的生成多项式 $g(i, j)(D)$、码多项式 $C(j)(D)$ 的表示式

$$g(i,j)(D) = g_0(i,j) + g_1(i,j)D + \cdots + g_m(i,j)D^m \qquad j=1,2,\cdots,n \tag{10-45}$$

$$C(j)(D) = \sum_{i=1}^{k} M(i)(D) \cdot g(i,j)(D) \qquad j=1,2,\cdots,n \tag{10-46}$$

其中：

$$M(i)(D) = m_0(i) + m_1(i)D + m_2(i)D^2 + \cdots$$

若用矩阵方程表示式(10-46)，则

$$C(D) = M(D) \cdot G(D) \tag{10-47}$$

式中：

$$\begin{cases} C(D) = \begin{bmatrix} C(1)(D) & C(2)(D) & \cdots & C(n)(D) \end{bmatrix} \\ M(D) = \begin{bmatrix} M(1)(D) & M(1)(D) & \cdots & M(k)(D) \end{bmatrix} \\ G(D) = \begin{bmatrix} g(1,1)(D) & g(1,2)(D) & \cdots & g(1,n)(D) \\ g(2,1)(D) & g(2,2)(D) & \cdots & g(2,n)(D) \\ \vdots & \vdots & & \vdots \\ g(k,1)(D) & g(k,2)(D) & \cdots & g(k,n)(D) \end{bmatrix} \end{cases} \tag{10-48}$$

综上所述，用多项式来描述卷积码，只不过是以生成多项式 $g(i,j)(D)$ 来描述码的生成过程，式(10-46)和式(10-47)都是描述码的卷积特性的另一种形式。我们今后多用生成序列 $g(i,j)$ 和码的生成矩阵 H 来描述卷积码的编码和译码。

10.2 卷积码的图描述

卷积码除了用代数方法加以描述外，还可以用图形方式加以形象地描述，如用树图、网格图和状态转移图加以描述。在卷积码的概率译码中，图形描述是非常有用的，可以帮助理解概率译码的算法和性能估计。

10.2.1 卷积码的树图描述

若一个(n,k,m)卷积码编码器的输入序列是半无限长序列，则它的输出序列也是半无限长序列。这种半无限的输入、输出编码过程可用半无限树图来描述。

下面以图 10-12 所示的$(2,1,2)$卷积码为例说明之。这里用寄存器中的内容来表示该时刻编码器的状态。由于本例中共有两个寄存器，因此可能有 4 个状态，这里用$S=(D_2 D_1)$表示，即用

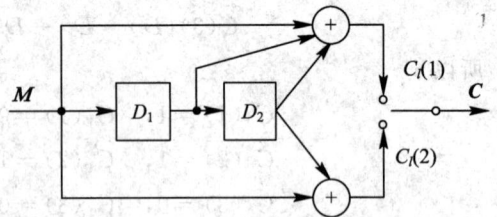

图 10-12 $(2,1,2)$卷积码编码器

$$S_0=(00), \quad S_1=(01), \quad S_2=(10), \quad S_3=(11)$$

标记这 4 个状态。假设编码器的初始状态为S_0，相继的输入序列为

$$\boldsymbol{m}=(m_0,m_1,m_2,\cdots)$$

在t时刻编码器的输出由该时刻编码器状态和输入数据所决定，同时当前时刻的状态和输入也决定了下一时刻的编码器状态，可以把整个编码过程用图 10-13 所示编码树表示。

编码树从根节点S_0状态出发，若输入一个"0"，则树向上走一分支，若输入一个"1"，则树向下走一分支，在每条分支上标有的 2 bit 数字表示这时编码器输出的两位数据。若输入$m_0=0$，则编码树走上面分支，输出(00)，进入状态S_0；若输入$m_0=1$，则编码树相应走下面分支，输出(11)，进入状态S_1。当第二个消息数据m_1输入时，编码器已处于S_0状态或S_1状态。若这时编码器处于S_0状态，则由$m_1=$"0"或"1"知编码器进入状态S_0或S_1，同时输出(00)或(11)；若当m_1输入时，编码器处于S_1状态，则由$m_1=$"0"或"1"知编码器进入S_2或S_3状态，同时输出(10)或(01)。如此继续，随着输入消息数据序列不断输入到编码器，在编码树上从根节点出发，从一个节点走向下一个节点，演绎出一条路径，而由组成路径的各分支上所标记的两位输出数据所组成的序列就是编码器输出的码字序列。每一个输入消息数据序列对应了唯一的一条路径，也

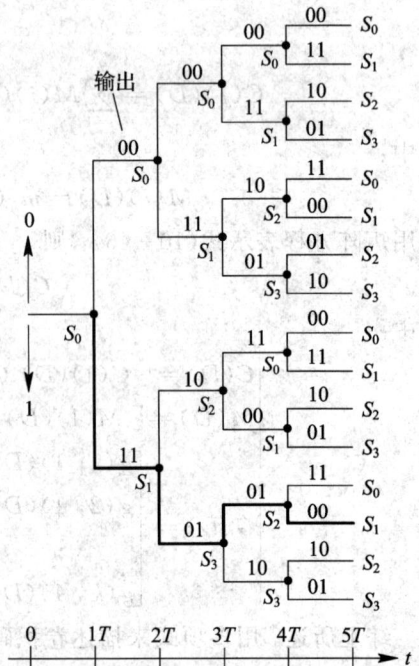

图 10-13 描述$(2,1,2)$卷积码的树图

就对应了唯一的输出码字序列。例如输入数据序列：
$$m = (1101000\cdots)$$
在图 10 - 13 所示的树图上对应一条用粗线画出的路径，相应输出码序列为
$$C = (11, 01, 01, 00, 10, 11, 00, \cdots)$$
一般地，对于 (n, k, m) 卷积码来说，从每个节点发出 2^k 条分支，每条分支上标有 $n(\text{bit})$ 编码输出数据，最多可能有 2^k 种不同状态。

10.2.2 卷积码的网格图描述

对于树图来说，随着路径长度 L 的增加，终端分支数呈指数增长，所以对于大的 L 不可能画出编码树。同时由图 10 - 13 可以看出，从树的每一层上的同类节点，也就是从同一状态生长出的子树结构完全相同，因此，可以把树的每一层上的同类节点归并压缩，例如图 10 - 13 所示树图经压缩后，得到图 10 - 14 所示的网格图，它也是描述卷积编码的重要工具。图 10 - 14 所示网格图在 $t \geqslant 2T$ 后，只保留 4 个状态，每个状态根据输入数据为"0"或"1"，转移到新的状态，同时输出两位输出码字比特。图 10 - 14 中用实线和虚线分别表示相应输入数据为"0"和"1"，在状态转移分支上所标的 2 bit 数据为相应的输出码字比特。

若从 $t = 0$，状态 S_0 出发，输入序列为
$$m = (11010000\cdots)$$
在网格图中对应一条路径，图中用粗线标出，对应的状态转移序列为
$$S_0 \to S_1 \to S_3 \to S_2 \to S_1 \to S_2 \to S_0 \to S_0$$
输出码字序列为
$$C = (11, 01, 01, 00, 10, 11, 00, 00, 00, \cdots)$$
因此，用网格图来描述卷积码与用树图来描述是等价的。

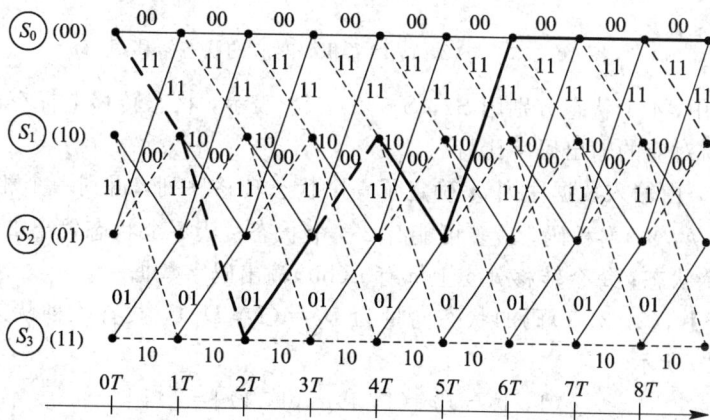

图 10 - 14 与 $(2, 1, 2)$ 卷积码对应的网格图

显然在 $t = 0$ 时刻，从 S_0 出发可能有许多路径，但只有一条与输入序列 m 对应。这条路径称为正确路径，而所有其他路径称为错误路径。对于一般 (n, k, m) 卷积码编码器来说，它对应的网格图最多有 2^{km} 个不同状态，从每个状态发出 2^{km} 条分支，每条分支上标有 $n(\text{bit})$ 输出码字数据。

10.2.3　卷积码的状态转移图描述

实际上卷积码编码器是一个有限状态机,因此可以用状态转移图来描述。另一方面从网格图上也可以看到,网格图在时间上完全是重复的,所以如果把网格图在时间轴上进行归并和压缩,就可以得到状态转移图。例如,图 10-15 可表示与图 10-12 所示 $(2,1,2)$ 卷积码相对应的状态转移图。

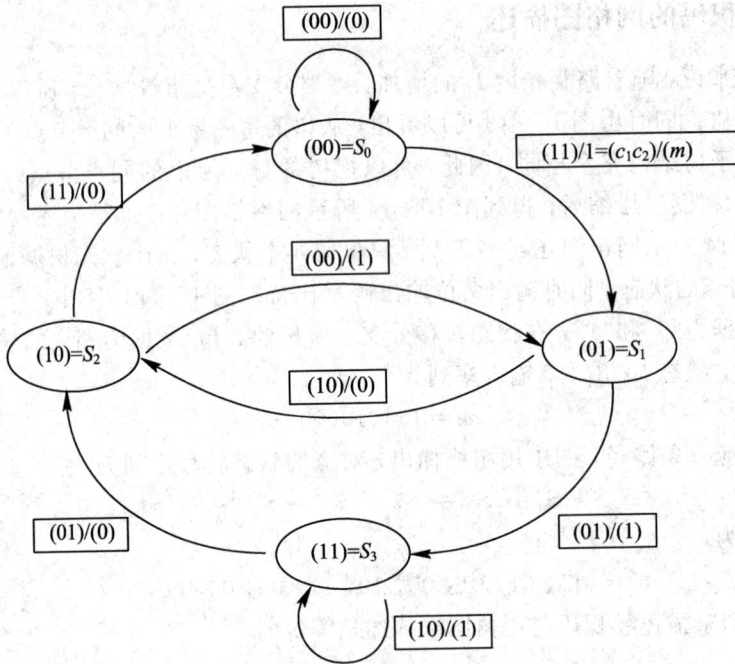

图 10-15　与 $(2,1,2)$ 卷积码对应的状态转移图

图 10-15 中,4 个状态分别用 S_0,S_1,S_2,S_3 表示,状态转移上标有的 2 bit 数据表示状态转移时所对应的输出码字比特。

从 S_0 出发,由输入数据序列 m 确定了一个状态转移序列,得到一个相应的输出码字序列。对于 (n,k,m) 卷积码,最多可能有 2^{km} 个状态;从每个状态发出 2^k 条分支,转移到相应的下一个状态;每个转移分支上标有 n(bit)输出码字数据。

【例 10-13】 $(3,2,1)$ 码的状态向量为 $\boldsymbol{D}=(D_2\ D_1)$,共有 4 种状态 S_0,S_1,S_2,S_3,如图 10-16 所示。

$$g(1,1)=[g_0(1,1)g_1(1,1)]=[11]$$
$$g(1,2)=[g_0(1,2)g_1(1,2)]=[01]$$
$$g(1,3)=[g_0(1,3)g_1(1,3)]=[11]$$
$$g(2,1)=[g_0(2,1)g_1(2,1)]=[01]$$
$$g(2,2)=[g_0(2,2)g_1(2,2)]=[10]$$
$$g(2,3)=[g_0(2,3)g_1(2,3)]=[10]$$

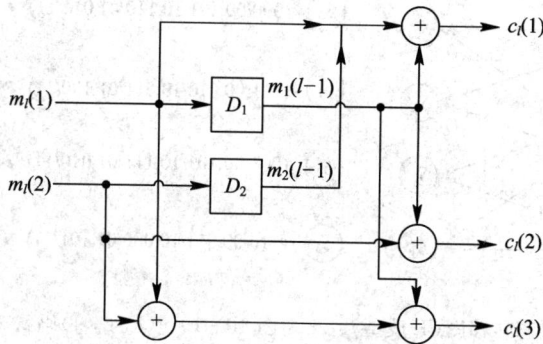

图 10-16　(3,2,1)卷积码编码器

　　由于只有 2 个寄存器，因此状态数为 $2^2=4$，用$(D_2，D_1)$来标识状态，其中 D_1 是图 10-16 中上面寄存器存储的内容，D_2 为下面寄存器存储的内容。从每个状态发出 4 条转移分支，每条转移分支上标有 $c_1c_2c_3/m_1m_2$，其中 m_1m_2 为输入的 2 位数据比特，$c_1c_2c_3$ 表示相应的 3 位输出比特。

　　假定编码器始于状态 S_0，对任何一给定信息序列的码字可以这样得到，沿着由信息序列所决定的状态图中的状态转移路径，记下每条转移分支上的输出数据，就可得到与输入消息序列对应的码字序列。如果给输入消息序列后面添加 m 个全 0 序列，就可使编码器转回到 S_0 状态。例如，对图 10-17 所示的状态转移图，输入

$$\boldsymbol{m}=(01，11，10，00，10，10)$$

相应输出为

$$\boldsymbol{C}=(110，010，011，111，101，010)$$

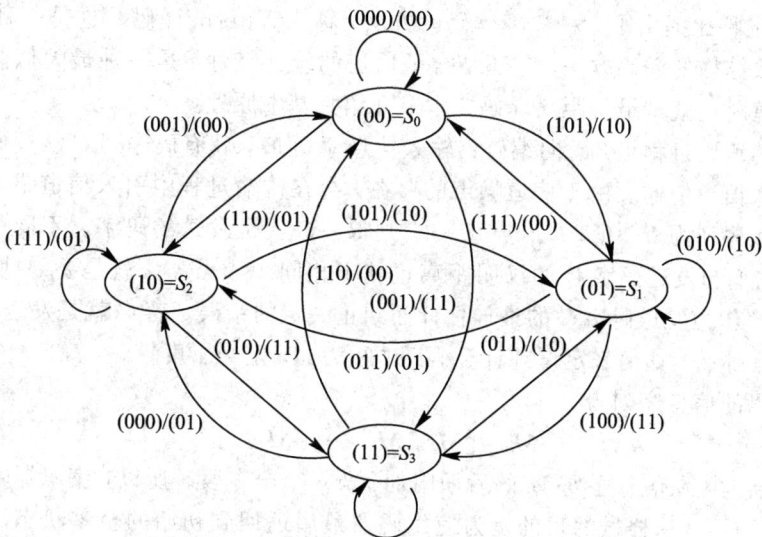

图 10-17　与(3,2,1)卷积码对应的状态转移图

　　上述的状态转移图都是闭合型的，(2,1,2)码和(3,2,1)码的开放型状态转移图分别如图 10-18 和图 10-19 所示。

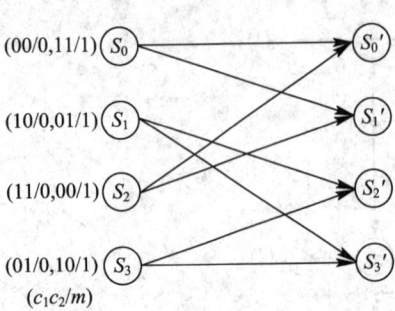

图 10-18 (2,1,2)码状态转移图(开放型)　　图 10-19 (3,2,1)码状态转移图(开放型)

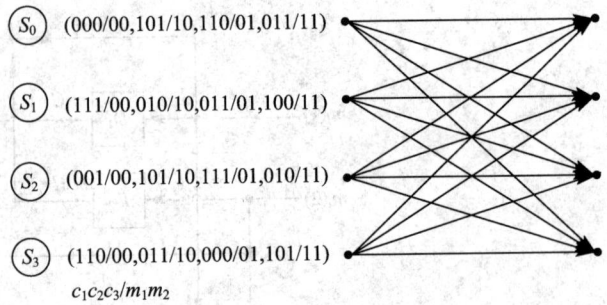

由图可见,闭合型的状转移态图直接描述了卷积码编码器在任一时刻的工作状况;而开放型的状态转移图更适合去描述一个特定输入序列的编码过程。进一步,将开放型的状态转移图按时间顺序级联就形成了 10.2.2 节的网格图。

10.3　卷积码的译码

卷积码的译码可分为代数译码和概率译码。代数译码是从码的代数结构出发,以一个约束度的接收序列为单位,对该接收序列的信息码组进行译码。大数逻辑译码是代数译码的主要方法。在代数译码中,用矩阵描述比较方便。概率译码是从信道的统计特性出发,以远大于约束度的接收序列为单位,对信息码组进行最大似然的判决。维特比译码和序列译码是其最主要的方法。在维特比译码中,用网格图来描述码的译码更为方便。

10.3.1　维特比译码的度量

1967 年维特比提出了一种概率译码的方法,称为 Viterbi 译码。这是一种不同于只考虑码字的代数结构的译码方法,它还结合了信道的统计特性,是一种最大似然译码,在二进制对称信道时也就是最小距离译码。本节介绍其基本原理。

由前面的编码过程可知,向编码器输入信息序列 M,就有码序列 C 从编码器输出,经过调制而送入信道传输。由于信道噪声的存在,会在传输过程中引入信道错误序列 E,使译码器的输入序列为 $R = C + E$。若 $E = 0$,则 $R = C$ 就是发送的码字。不同的 E,就会有不同的 R,它们与发送码字 C 的汉明距离也就不相同。译码算法就是要寻找与 R 有最小码距的一个 $\hat{C}$ 作为发送码字 C 的最佳估计而纠正一定的错误。若 $\hat{C}$ 就是发送的 C,则错误全部被纠正。那么,如何来定量地计算码距呢?为此,定义了度量。

设待编码的信息序列为

$$M = [M_0, M_1, \cdots, M_{L-1}] \tag{10-49}$$

在进入编码器时,在信息序列 M 的后面附加了 km 个全零段。所以,编码器输入序列的总长度为 $k(L+m)$。这样做的目的是为使编码器最后返回到初始的全零状态。编码器输出的码序列为

$$C = [C_0, C_1, \cdots, C_{L+m-1}]$$

其中每个子码 C_i 含有 n 个码元:

$$C_i = [c_0, c_1, \cdots, c_{n-1}]$$

经离散无记忆信道(DMC)传输后，译码器接收的序列为

$$\boldsymbol{R} = [\boldsymbol{R}_0, \boldsymbol{R}_1, \cdots, \boldsymbol{R}_{L+m-1}]$$
$$\boldsymbol{R}_i = [r_0, r_1, \cdots, r_{n-1}]$$

对于 DMC 信道，输入为码序列 $\boldsymbol{C}$，输出为 $\boldsymbol{R}$ 的概率为

$$p(\boldsymbol{R} \mid \boldsymbol{C}) = \prod_{i=0}^{L+m-1} p(\boldsymbol{R}_i \mid \boldsymbol{C}_i)$$

定义 10-1　第 l 时刻到达状态 i 的最大似然路径的相似度为 $\log p(\boldsymbol{R} \mid \boldsymbol{C})$，我们称其为码序列 $\boldsymbol{C}$ 的路径度量或度量，这是因为每个码序列都对应于编码器网格图上的一条路径。用 $M(\boldsymbol{R} \mid \boldsymbol{C})$ 表示度量。

定义 10-2　第 l 时刻接收子码 $\boldsymbol{R}_i$ 相对于子码 $\boldsymbol{C}_i$ 的相似度为 $\log p(\boldsymbol{R}_i \mid \boldsymbol{C}_i)$，我们称其为子码 $\boldsymbol{C}_i$ 的分支度量或子码度量，记为 $M(\boldsymbol{R}_i \mid \boldsymbol{C}_i)$。

定义 10-3　第 l 时刻接收码元 r_i 相对于码元 c_i 的相似度为 $\log p(r_i \mid c_i)$，我们称其为码元 c_i 的码元度量，记为 $M(r_i \mid c_i)$。

对二进制对称信道而言，计算和寻找有最大度量的路径与寻找与 $\boldsymbol{R}$ 有最小汉明距离的 $\boldsymbol{C}$ 是等价的。即 $\min d(\boldsymbol{R}, \boldsymbol{C})$ 与 $\max M(\boldsymbol{R}, \boldsymbol{C})$ 是等效的。于是，译码问题就归结为寻找与接收码字 $\boldsymbol{R}$ 有最大路径度量的码字 $\boldsymbol{C}$。

对二进制输入 Q 进制($Q>2$)输出的 DMC 信道而言，计算和寻找有最大度量的路径就是寻找与 $\boldsymbol{R}$ 有最小软判决距离的路径，此时的度量就是软判决距离：

$$\min_j d_s(\boldsymbol{R}_s, \boldsymbol{C}_{js}) \qquad j=1, 2, \cdots, 2^{kL} \tag{10-50}$$

式中，$\boldsymbol{R}_s$ 与 $\boldsymbol{C}_{js}$ 是接收序列 $\boldsymbol{R}$ 与 $\boldsymbol{C}_j$ 序列的 Q 进制表示。

10.3.2　维特比译码的基本原理

本节以(2，1，2)非系统码为例说明维特比译码的基本原理。(2，1，2)非系统码的两个生成序列分别为

$$g(1, 1) = [g_0(1, 1)g_1(1, 1)g_2(1, 1)] = [111]$$
$$g(1, 2) = [g_0(1, 2)g_1(1, 2)g_2(1, 2)] = [101]$$

该码的编码电路如图 10-12 所示。

编码的信息序列每单元时刻输入一个信息元，输出端得到此时刻的两个码元。由于编码存储长度 $m=2$，每单元时刻输出的两个码元不仅与此时刻的信息元有关，还与前两个时刻的信息元有关，它们存储在两级移存器 D_1 和 D_2 内。随着每时刻输入信息的取值不同，输出端可以得到两个不同的子码，并将两级移存器转换为新的状态。一般地，对 (n, k, m) 码而言，每输入 k 个信息元，输出的不同子码数可能有 2^k 个，m 级移存器的可能状态有 2^{km} 种。若每个可能的子码称为分支，则编码器的编码过程完全可以由分支与移存器状态构成的状态图来描述。对(2，1，2)码而言，每单位时刻可能的分支数有两条，可能的状态有 4 个，我们用 $S_0=00$，$S_1=01$，$S_2=10$，$S_3=11(S_i = D_1 D_2)$ 来表示，这样，就可以得到(2，1，2)码的状态图。但状态图不能反映出状态转移与时间的关系，为此，可以采用网格图来描述编码的过程。图 10-20 所示为(2，1，2)码的网格图。

网格图由节点和分支构成。本例中设 $L=5$，所以共有 8 个节点(单元时刻)，在图中的上方以 0，1，2，$\cdots$，7 予以标号，0 节点表示第 0 个时刻，而编码器的 4 个可能状态在图中

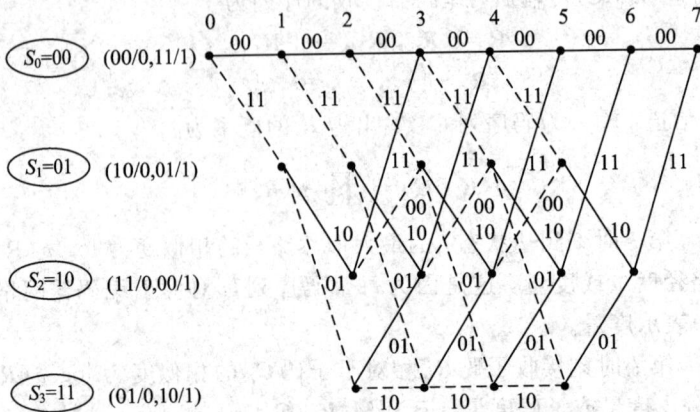

图 10-20 （2，1，2）卷积码的网格图

自上而下以 S_0，S_1，S_2 和 S_3 标出。编码器从 S_0 状态开始行进，在起始的第 0 个到第 2 个时刻内，编码器从 S_0 状态向 4 个可能的状态之一行进，视各时刻输入的信息元而定。由于本例中假定信息序列长为 $L=5$ 个信息组，而最后 m 个信息组是全零，因此在网格图上的最后两个时刻向 S_0' 状态返回。网格图上各连续分支组成了可能的路径，它们代表了各可能的码序列，因为可能的输入信息序列有 $2^{kL}=2^5=32$ 个，所以，可能的路径有 32 条。每个分支上的数字表示输出的子码。

对 (n,k,m) 码而言，编码器的可能状态数目为 2^{km} 个，进入每个状态的分支数为 2^k 个，从每个状态输出的分支数也是 2^k 个，若输入信息序列长为 $k(L+m)$，则网格图上共有 2^{kL} 条不同的路径，它们对应了不同的输出码序列。

译码器接收到 R 序列后，按最大似然法则力图寻找编码器在网格图上原来走过的路径，也就是寻找具有最大度量的路径。为此，译码器必须计算：
$$\max[M(R\mid C_j)] \qquad j=1,2,\cdots,2^{kL}$$
对 BSC 信道，就是寻找与 R 有最小汉明距离的路径，即计算和寻找：
$$\min[d(R\mid C_j)]$$

最大似然译码方法只是给我们提供了一个译码准则，实现起来尚有一定困难，因为它是考虑了长度为 $(L+m)n$ 的接收序列来译码的，这样的序列可能有 2^{kL} 条。若实际接收序列中，$L=50$，$k=2$，则可能的路径有 2^{100} 条，显然，译码器每接收一个序列 R，就要计算约 10^{30} 个似然函数才能做出译码判决，若 kL 再大一些，译码器按最大似然译码准则译码将是很困难的。维特比针对这一实际应用的困难，提出了一种算法，后被称为维特比算法。按照这个算法，译码器不是在网格图上一次就计算和比较 2^{kL} 条路径，而是接收一段，就计算、比较一段，从而在每个状态时，选择进入该状态最可能的分支。也就是说，维特比算法的基本思想是将接收序列 R 与网格图上的路径逐分支地进行比较，比较的长度一般取 $(5\sim6)mn$。然后留下与 R 距离最小的路径，称为幸存路径，而去掉其余可能的路径，并且将这些幸存路径逐分支地延长并存储起来。幸存路径的数目等于状态数，所以幸存路径的数目为 2^{km}。

现仍以 $(2,1,2)$ 非系统码为例说明维特比译码的基本思想。设发送序列为全零序列，而接收序列为 $R=[\,01,00,01,10,00,00,\cdots,]$，假设译码器的初始状态为全零，在第

0个时刻时，接收序列的第 0 个分支 $R_0=10$ 进入译码器，由图 10-20 的网格图可见，从 S_0 状态有两个分支，它们是 00 和 11，R_0 与这两个分支比较，比较的结果和到达的状态如表 10-1 所示。

表 10-1　第 0 个时刻比较结果

幸存路径	第 0 分支的距离	到达状态
00	1	S_0
11	1	S_1

每个状态或节点都有两个存储器，一个存储该状态的部分路径，称为**路径存储器**，另一个用来存储到达该状态的部分路径值，称为**路径值存储器**。S_0 状态和 S_1 状态的两个存储器分别存储从第 0 个时刻到达第 1 个时刻时的两个分支的距离和分支。根据网格图，在第 1 个时刻进入译码器的接收码组 $R_1=00$ 将和此时刻出发的 4 条分支比较，比较的结果和到达的状态如表 10-2 所示。

表 10-2　第 1 个时刻比较结果

上次距离	幸存路径	延长分支	本分支距离	累加距离	到达状态
1	00	00	0	1	S_0
		11	2	3	S_1
1	11	10	1	2	S_2
		01	1	2	S_3

从第 1 个时刻到第 2 个时刻共有 4 条路径，到达状态 S_0，S_1，S_2 和 S_3。在第 2 个时刻以前译码器不做任何选择和判决，路径存储器存储下此时刻的幸存路径：0000，0011，1110，1101，而每个状态的路径值存储器存储了此时刻到达该状态的幸存路径累加值，如图 10-21 所示。

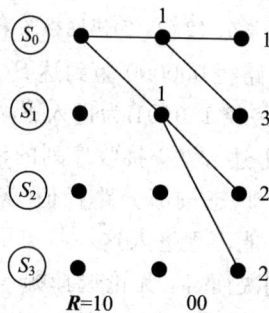

图 10-21　(2，1，2)码网格图第 2 步

从第 2 个时刻起，第 2 个接收码组 $R_2=01$ 进入译码器，由网格图可知，从第 2 个时刻到第 3 个时刻进入每个状态的分支有两个，或者说在第 3 个时刻进入每个状态的路径有两条，译码器将接收码组 R_2 与进入每个状态的两个分支进行比较和判决，选择一个累加距离(部分路径值)最小的路径作为进入该状态的幸存路径，这样的幸存路径共 4 条，比较和

判决的过程如表 10-3 和图 10-22 所示。

表 10-3　第 2 个时刻比较结果

上次距离	幸存路径	延长分支	本分支距离	累加距离	到达状态
1	0000	00	1	2	S_0
		11	1	2	S_1
3	0011	10	2	5	S_2
		01	0	3	S_3
2	1110	11	1	3	S_0
		00	1	3	S_1
2	1101	01	1	2	S_2
		10	2	4	S_3

注:加下划线的是被选定的路径。

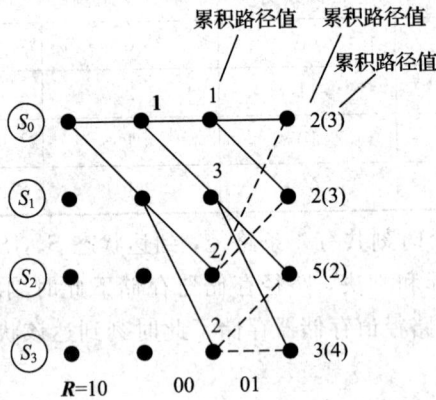

图 10-22　(2,1,2)码网格图第 3 步

经过比较后,译码器选择部分路径 000000 为到达 S_0 状态的幸存路径,选择 000011 为到达 S_1 状态的幸存路径,而部分路径 110101 为进入 S_2 状态的幸存路径,到达 S_3 状态的幸存路径被选择为 001101。按照上述方法,接收序列的诸码组依次进入译码器,每个时刻进入一个码组,沿着网格图对每个状态按部分路径值(累加距离)的大小选择一条幸存路径。在每个状态上进行判决时,可能出现进入这一状态的两条路径的距离值相同,这时可以任选其一,因为对以后的接收判决而言,无论选择哪一条路径,累加距离是相同的。

对本例的接收序列而言,按上述算法进行比较和判决,如图 10-23～图 10-30 所示,到第 11 个分支后,4 条路径的前面分支都合并在一起。因此,只要译码深度足够,就可达到较低的错误概率,一般为 $(5\sim6)mn$,所以,维特比译码的延时可达 $(5\sim6)mn$,也就是说,从第 0 个时刻算起,经过 $(5\sim6)m$ 个单元时刻(每个单元时刻为 n 个码元长度)就可以对第 0 个接收码组的信息元进行判决。若用 τ 表示这个延时,则在第 $\tau+1$ 个时刻后,就可以对第一个接收码组的信息元进行判决。依次类推,对接收序列中的诸码组进行译码。

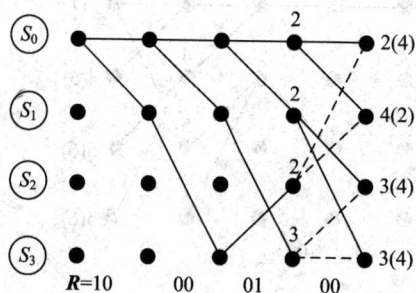

图 10 - 23 （2，1，2)码网格图第 4 步

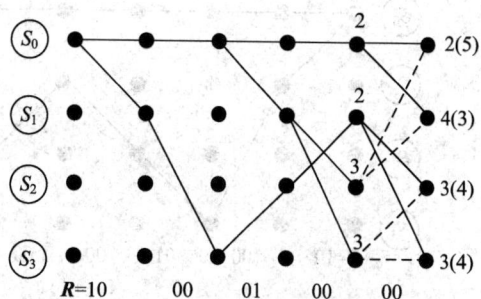

图 10 - 24 （2，1，2)码网格图第 5 步

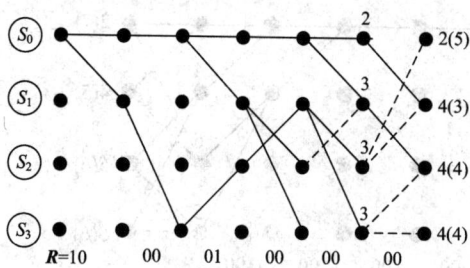

图 10 - 25 （2，1，2)码网格图第 6 步

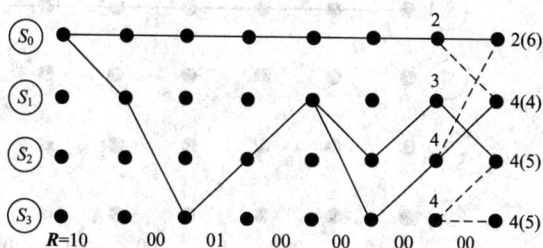

图 10 - 26 （2，1，2)码网格图第 7 步

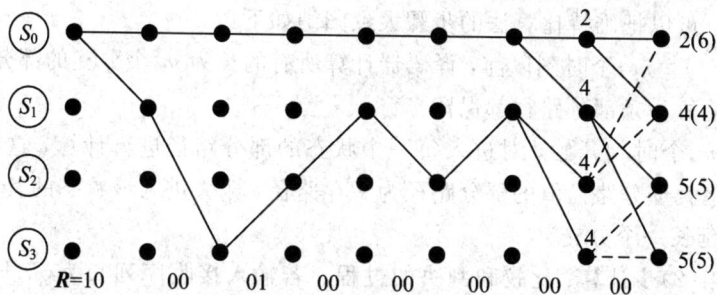

图 10 - 27 （2，1，2)码网格图第 8 步

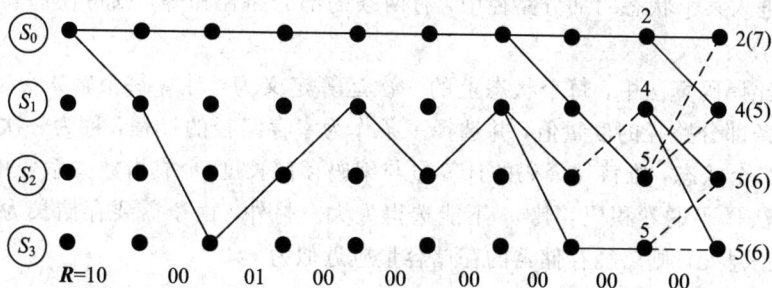

图 10 - 28 （2，1，2)码网格图第 9 步

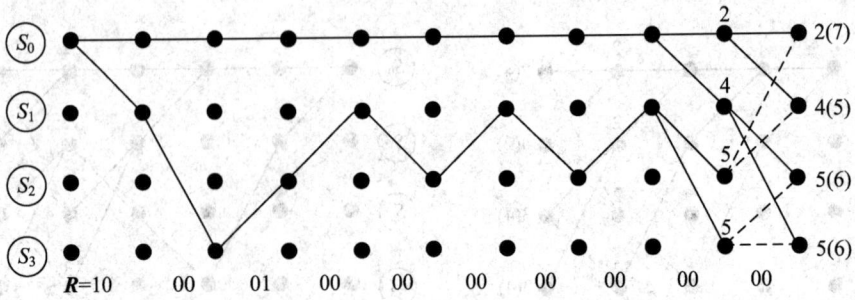

图 10-29 (2,1,2)码网格图第 10 步

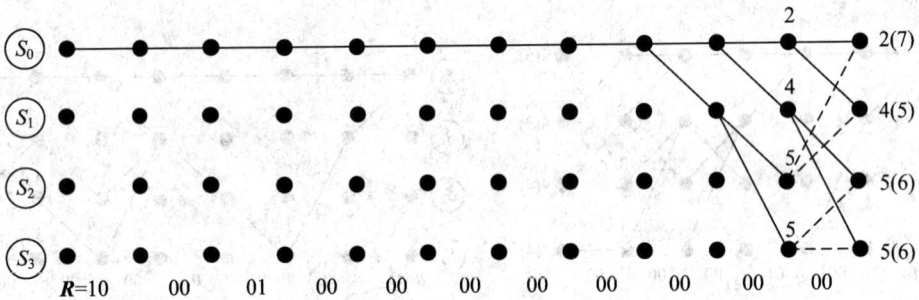

图 10-30 (2,1,2)码网格图第 11 步

综上所述，可以把维特比算法的步骤大致归纳如下：

(1) 在第 $j(j=m)$ 个时刻以前，译码器计算所有的长为 m 个分支的部分路径值，对进入 2^{km} 个状态的每一条部分路径都保留。

(2) 从第 m 个时刻开始，对进入每一个状态的部分路径进行计算，这样的路径有 2^k 条，挑选具有最大部分路径值的部分路径为幸存路径，删去进入该状态的其他路径，然后，幸存路径向前延长一个分支。

(3) 重复第(2)步计算、比较和判决的过程。若输入接收序列长为 $(L+m)k$，其中后 m 段是人为加入的全零段，则译码一直进行到第 $L+m$ 个时刻为止。否则，一直继续到所有接收码序列进入译码器为止。

(4) 若进入某个状态的部分路径中，有两条的部分路径相等，则可任选其一作为幸存路径。

在维特比译码算法中，每个状态上的一次运算定义为：计算每个输入分支的度量值，同时比较各条部分路径的度量值，并选择一条作为幸存路径的过程，称为一次运算。网格图中共有 2^{km} 个状态，维特比译码的计算量与编码存储长度 m 成指数关系变化，所以，采用维特比算法译码的卷积码，其 m 不能选得太大。另外，由于需要存储长为 τn 的路径，如果只存储信息元，则路径存储器的存储容量应近似为 $\tau k 2^{km}$。

10.3.3　软判决维特比译码

前面介绍的以最小距离为度量的译码器称为硬判决译码器，它适用于 BSC 信道。为了充分利用信道输出信号的信息,提高译码的可靠性,往往把信道输出的信号进行 $Q(>2)$ 电平量化,然后再输入到维特比译码器进行译码。能适应于这种 Q 进制输入的维特比译码器称为软判决维特比译码器。软判决译码适用于 DMC 信道。

正如式(10-49)所表明的,软判决维特比译码器就是寻找与接收序列 R 有最小软判决距离的路径。因此,如果用最小软判决距离代替汉明距离作为选择幸存路径和译码器输出的准则,则软判决维特比译码器的结构和译码过程与硬判决的完全相同,只要在 R 与 C 中用 Q 进制的值代替二进制的值即可,这里不再重复。

在二进制输入、Q 进制输出的 DMC 信道中,码元的量化电平值 $j(0 \leqslant j \leqslant Q-1)$ 近似地反映了码元似然函数的值。如果在计算码元的似然函数时不用这种近似的电平,而用较为精确的计算方法,则可以用软判决译码准则和码元度量。

可以证明,在一定信道条件下,用软判决译码可以获得更小的误比特率(误码率),或者在同等误比特率条件下,获得较高的编码增益(即相同信道条件下,对给定的误码率,有编码的信噪比 E_b/N_0 较未编码时减小的数值)。

10.3.4 维特比译码的性能

定义 10-4 长度为 l(码字)的任意两序列的最小距离称为码的 l 阶列距离,记作 $d_c(l)$。

$$d_c(l) = \min\{d(\boldsymbol{C}^{(1)}, \boldsymbol{C}^{(2)})_l : \boldsymbol{C}^{(1)} \neq \boldsymbol{C}^{(2)}\} = \min\{W(\boldsymbol{C})_l : \boldsymbol{C} \neq \boldsymbol{0}\} \qquad (10-51)$$

定义 10-5 当 $l \to \infty$ 时,任意两序列的最小距离称为码的自由距离,记作 d_f。

$$d_f = \lim_{l \to \infty} d_c(l) = \min\{d(\boldsymbol{C}^{(1)}, \boldsymbol{C}^{(2)})_\infty : \boldsymbol{C}^{(1)} \neq \boldsymbol{C}^{(2)}\} = \min\{W(\boldsymbol{C})_\infty : \boldsymbol{C} \neq \boldsymbol{0}\}$$

$$(10-52)$$

1. BSC 信道下维特比译码算法的性能

可以证明:

$$P_b \approx \frac{1}{k} A_{d_f} 2^{d_f} 2^{d_f/2} \qquad (10-53)$$

式中,A_{d_f} 是 (n, k, m) 卷积码码字中所有重量等于 d_f 的码字(路径)个数。

2. 高斯白噪声信道(AWGN)中维特比译码的误码率

二进制输入、Q 电平输出($Q=2$)情况下的误比特率为

$$P_b \approx \frac{1}{k} A_{d_f} 2^{d_f/2} \mathrm{e}^{-(Rd_f/2)(E_b/N_0)} \qquad (10-54)$$

式中,N_0 为单边带噪声功率谱密度;R 为信息传输速率;$E_b = E/R$ 是每个信息比特的能量,E 是每个信道符号的平均能量。

二进制输入、Q 电平输出($Q>2$)情况下的误比特率为

$$P_b \approx \frac{1}{k} A_{d_f} \left[\sum_{j=1}^{Q} \sqrt{p(j \mid 1)p(j \mid 0)} \right]^{d_f} \qquad (10-55)$$

式中,$p(j|0)$ 和 $p(j|1)$ 分别是 0 错成 j 和 1 错成 j 的概率。

无限量化电平输出(模拟信号输出,即 $Q \to \infty$)时的误比特率为

$$P_\mathrm{b} \approx \frac{1}{k} A_{d_\mathrm{f}} \mathrm{e}^{-(Rd_\mathrm{f})(E_\mathrm{b}/N_0)} \tag{10-56}$$

维特比译码技术在目前已作为一个标准技术在宇航、卫星和移动通信系统中获得广泛应用。维特比译码算法是一种最大似然译码算法，由于译码的计算量与 m 成指数增长，因此适用于维特比算法的码，编码存储长度 m 都不太大，从而码的自由距离不能很大，维特比译码器的输出误码率不能做得很低，一般只能达到 $10^{-5} \sim 10^{-6}$ 的量级。软判决译码器与硬判决译码器的复杂性差不多，也易于实现，而 $Q=8$ 或 $Q=16$ 电平量化的软判决译码在 $\eta=1/2$ 时，大约可以得到 5 dB 的纯编码增益，这对于宇航、卫星通信是极有吸引力的。随着大规模集成技术的发展和计算机的应用，维特比译码在功率受限、误码率要求为中等的情况下，广泛被作为标准技术应用。

10.3.5 凿孔卷积码

当 $k>1$ 时卷积码的维特比译码算法非常复杂，一般情况下采用 $k=1$，于是卷积码的码率比较低（$\eta=1/n$）。例如，$\eta=2/3$，编码存储长度 $m=1$，生成矩阵为 $\boldsymbol{G}(x)=\begin{bmatrix}1+X & 1+X & 1 \\ X & 0 & 1+X\end{bmatrix}$ 的卷积码，即

$$\boldsymbol{G}_0 = \begin{bmatrix} g_{1,0}^{(1)} & g_{1,0}^{(2)} & g_{1,0}^{(3)} \\ g_{2,0}^{(1)} & g_{2,0}^{(2)} & g_{2,0}^{(3)} \end{bmatrix} = \begin{bmatrix} 1 & 1 & 1 \\ 0 & 0 & 1 \end{bmatrix}$$

$$\boldsymbol{G}_1 = \begin{bmatrix} g_{1,1}^{(1)} & g_{1,1}^{(2)} & g_{1,1}^{(3)} \\ g_{2,1}^{(1)} & g_{2,1}^{(2)} & g_{2,1}^{(3)} \end{bmatrix} = \begin{bmatrix} 1 & 1 & 0 \\ 1 & 0 & 1 \end{bmatrix}$$

图 10-31 表示该卷积码的编码电路，显然利用维特比译码在它的网格图上寻找最优通路是非常复杂的。

我们可以用凿孔的方法提高卷积码的码率，而且凿孔后的卷积码仍可以用维特比算法译码。下面通过举例说明凿孔卷积码的原理。设 $\eta=1/2$，$m=2$ 的卷积码编码器的生成多项式为

$$G(X) = (1+X+X^2, 1+X^2)$$

其编码电路如图 10-32 所示。

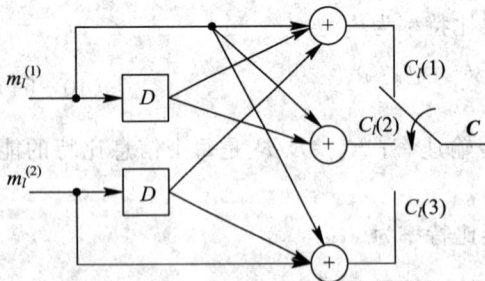

图 10-31　$\eta=2/3$，$m=1$ 的卷积码编码电路　　图 10-32　$\eta=1/2$，$m=2$ 的卷积码编码电路

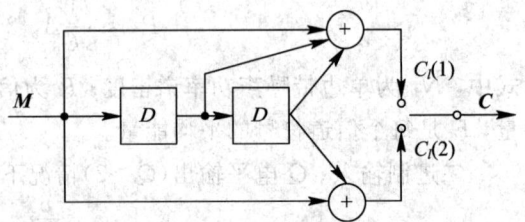

把卷积编码器输出中每 4 位输出比特周期地删除一位（即凿掉一位）。比如对上面输出

支路不删除，对下面支路中偶数位凿孔。在 $2T$ 时间中输入 2 bit，输出 3 bit，码率上升到 $\eta=2/3$。图 10-33 中分支线上的两个符号是每时刻编码器的输出，"X"表示该比特被凿孔（删除）。

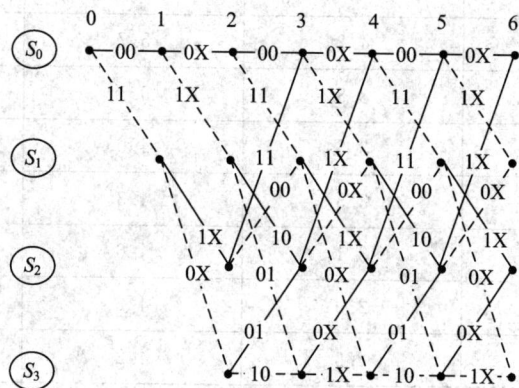

图 10-33 $\eta=1/2$，$m=2$ 卷积码中每 4 位删除一位得到的 $\eta=2/3$，$m=2$ 网格图

凿孔后卷积码的自由距离减小了。本例中自由距离从 5 降到 3，但与任何其他 $\eta=2/3$、状态数为 4 的卷积码相比，这个自由距离并不算低，因而它们的性能差不多，但译码容易多了。

对于 $\eta=1/n$ 的卷积码进行周期为 P 的凿孔，由凿孔表 A 确定：

$$A=\begin{bmatrix} a_{11} & a_{12} & \cdots & a_{1P} \\ a_{21} & a_{22} & \cdots & a_{2P} \\ \vdots & \vdots & & \vdots \\ a_{n1} & a_{n2} & \cdots & a_{nP} \end{bmatrix}$$

本例中凿孔表为

$$A=\begin{bmatrix} 1 & 1 \\ 1 & 0 \end{bmatrix}$$

10.4 卷积码的应用

由于卷积码的优异性能，使它在很多方面得到了应用，其典型应用是加性高斯白噪声信道，特别是在卫星通信和空间通信中，主要是和 PSK 或 QPSK 调制结合，它还是网格编码调制（TCM）以及级联码内码的主要码型。

表 10-4 列出了一些常用卷积码采用 3 比特软判决维特比译码的编码增益，其中 (2,1,7) 码及 (3,1,7) 码在 20 世纪 70 年代末已由美国宇航局制定为人造行星的标准码，用于太阳系行星的深空探测器中。20 世纪 80 年代，(2,1,7) 码和 (4,3,2) 码已被国际通信卫星组织（INTELSAT）制定为 IDR 和 IBS 业务的标准码。此外，许多小型卫星通信地球站（VSAT）中采用了 (2,1,6) 码或 (2,1,7) 码。

表 10-4　常用卷积码的编码增益

卷积码 (n, k, m)	编码增益/dB		
	$P_b = 10^{-3}$	$P_b = 10^{-5}$	$P_b = 10^{-7}$
$(3, 1, 7)$	4.2	5.7	6.2
$(2, 1, 7)$	3.8	5.1	5.8
$(2, 1, 6)$	3.5	4.6	5.3
$(2, 1, 5)$	3.3	4.3	4.9
$(3, 2, 4)$	3.1	4.6	5.2
$(3, 2, 3)$	2.9	4.2	4.7
$(4, 3, 3)$	2.6	4.2	4.8
$(4, 3, 2)$	2.6	3.6	3.9

此外,随着卫星通信面临的新挑战,特别需要非同步轨道来支持移动通信网络,因此,蜂窝移动通信所采用的码对于卫星通信也有很大的吸引力。

在蜂窝移动通信中,多径干扰(反射)、信号阴影、同波道干扰(在其他蜂窝中复用同一频段)等造成了很多突发错误,我们需要将目标误比特率控制在适度的范围内,同时获得编码增益,为此卷积码得到了大量的应用。

数字移动通信的 GSM 标准是时分多址(TDMA)系统,各信道的比特率是 22 800 b/s。这是在包含了 144 比特数据的时隙中获得的。它的主要应用是具有数字语音合成器的数字语音,即使在 1%甚至更高的误比特率的条件下,通话质量也是可以接受的。为了在这种水平下传递编码增益,需要将卷积码与交织技术一起使用,以防止信道误码突发的产生。所使用的码的码率为 1/2, $m=5$,生成子多项式为

$$g(1, 1)(D) = D^4 + D + 1$$
$$g(1, 2)(D) = D^4 + D^3 + 1$$

GSM 的原始全码率语音编码标准使用速率为 13 000 b/s 的声音合成器,处理一帧要 20 ms,即每帧 260 比特。合成语音一部分由滤波参数构成,一部分由激励参数构成,在收端产生语音信号。误码的主观效果取决于受影响的参数,于是各比特相应地分成 182 个 1 级比特(敏感)和 78 个 2 级比特(非敏感)。在 1 级比特中,有 50 个(叫做 $1a$ 级)被认为是最重要的,能够根据过去的值进行预测。它们采用 3 比特的循环冗余码校验(CRC)进行检错,并在译码后进行错误隐藏。$1a$ 级比特、3 比特 CRC 和剩余的 1 级比特($1b$ 级)随后被送入卷积码编码器,后面跟了 4 个零比特,用来清空编码器的内存。编码器产生 378 比特(即 $2 \times (182+3+4)$),加上 2 级比特的未编码的数据,构成了 456 比特。

为了防止突发性错误,采用分组对角线交织编码的方法。它加入了卷积交织的元素,其中,奇数比特因交织模式前的 4 个分组而延迟,交织模式保留了编号为奇数的比特和编号为偶数的比特相分离。8 个分组中编号为偶数的比特被交织编入 8 个时隙中编号为偶数的比特中,编号为奇数的比特被编入 8 个时隙中编号为奇数的比特中,但要在 4 个时隙后开始。

在较新型的终端中，标准语音合成器被 EFR 标准所取代，后者可以在稍低一点的比特率(即 12 200 b/s)下产生更高的性能。因此，每帧中有 244 比特，还有 16 比特是在信道预编码时产生的，用来提供额外的防误码保护。信道预编码采用不同等级的误码保护，即在最重要的 65 比特(50 个 1a 级比特和 15 个 1b 级比特)上创建了 8 比特 CRC 码，对 4 个被认为是最重要的 2 级比特都分别加入一个(3,1)二进制循环码。

UMTS，IS-95 和移动通信的 CDMA 2000 标准均采用 $m=9$ 的卷积码。这些码在未来的卫星通信中将占据一席之地。

小 结

卷积码与分组码最主要的区别是它具有记忆性，它的码字不但与本码字的信息位有关，而且与前面若干个码字的信息位有关。卷积码的构成可用生成序列来描述，约束度和约束长度是卷积码最重要的参数，卷积码也分为系统码和非系统码。卷积码的编码器分为三类：串行输入、串行输出的编码电路，Ⅰ型编码电路($(n-k) \cdot m$ 级移位寄存器并行编码电路)，Ⅱ型编码电路($k \cdot m$ 级移位寄存器并行编码电路)。在一般的串行通信方式下，用串行编码电路比较方便，虽然它所需的电路级数较多，在并行通信时，若 $(n-k)<k$，则采用Ⅰ型编码电路较Ⅱ型更为简单，否则应采用Ⅱ型编码电路。卷积码可以用不同的描述方法，如矩阵法、码树图法、状态图法和网格图法等。采用何种方法与卷积码的译码方法有很大关系。在代数译码时用矩阵法较方便，给定生成序列可得到生成矩阵。卷积码的生成矩阵是一个半无限矩阵，与分组码不同的是，卷积码可用初始截断码组的基本生成矩阵完全描述，卷积码系统码的基本生成矩阵和基本监督矩阵也可以直接互相转换。卷积码也可以用多项式来描述，只不过以生成多项式来描述码的生成过程，我们一般多用生成序列和生成矩阵来描述卷积码的编码和译码。卷积码的图描述方法有：树图、网格图和状态转移图。随着路径长度的增加，不可能画出编码树，可以把树的每一层上的同类节点归并压缩，得到网格图。网格图在时间上完全是重复的，把网格图在时间轴上进行归并和压缩，可以得到状态转移图。状态转移图又分为闭合型状态转移图和开放型状态转移图。闭合型状态转移图直接地描述了卷积码编码器在任一时刻的工作状况；而开放型状态转移图更适合描述一个特定输入序列的编码过程，将开放型状态转移图按时间顺序级联就形成了网格图。

卷积码的译码可分为代数译码和概率译码。在代数译码中，用矩阵描述比较方便。维特比译码和序列译码是概率译码的最主要方法。在维特比译码中，用网格图来描述码的译码更为方便，它是一种最大似然译码，在二进制对称信道时也就是最小距离译码。维特比译码的计算量与编码存储长度 m 成指数关系变化，采用维特比算法译码的卷积码，其 m 不能选得太大。以最小距离为度量的硬判决译码器适用于 BSC 信道，而多电平量化的软判决维特比译码器适用于 DMC 信道。在一定信道条件下，用软判决译码可以获得更小的误比特率。采用凿孔的方法可提高卷积码的码率，凿孔后的卷积码仍可以用维特比算法译码。

习 题 10

10-1 设$(3,1,2)$码的生成序列为

$$g(1,1)=[g_0(1,1)g_1(1,1)g_2(1,1)]=[110]$$
$$g(1,2)=[g_0(1,2)g_1(1,2)g_2(1,2)]=[101]$$
$$g(1,3)=[g_0(1,3)g_1(1,3)g_2(1,3)]=[111]$$

(1) 画出编码器框图;

(2) 画出编码器状态图;

(3) 求生成矩阵G_∞;

(4) 求与信息序列$M=(11101)$相对应的码字。

10-2 设$(3,2,2)$码的生成序列为

$$g(1,1)=[g_0(1,1)g_1(1,1)g_2(1,1)]=[100]$$
$$g(1,2)=[g_0(1,2)g_1(1,2)g_2(1,2)]=[000]$$
$$g(1,3)=[g_0(1,3)g_1(1,3)g_2(1,3)]=[101]$$
$$g(2,1)=[g_0(2,1)g_1(2,1)g_2(2,1)]=[000]$$
$$g(2,2)=[g_0(2,2)g_1(2,2)g_2(2,2)]=[100]$$
$$g(2,3)=[g_0(2,3)g_1(2,3)g_2(2,3)]=[110]$$

(1) 画出它的编码电路(Ⅰ型、Ⅱ型、串行);

(2) 求出它的生成矩阵;

(3) 求出相应于输入信息序列$M=(111011)$的码序列。

10-3 已知$(2,1,3)$码的生成序列为

$$g(1,1)=[g_0(1,1)g_1(1,1)g_2(1,1)g_3(1,1)]=[1101]$$
$$g(1,2)=[g_0(1,2)g_1(1,2)g_2(1,2)g_3(1,2)]=[1111]$$

(1) 写出该码的$G(D)$、$H(D)$,以及G_∞和H_∞矩阵;

(2) 画出该码的编码电路;

(3) 写出相应于$M=(11001)$的码序列;

(4) 判断此码是否是系统码。

10-4 已知$(3,1,2)$码的生成多项式为

$$g(1,1)(D)=1+D$$
$$g(1,2)(D)=1+D^2$$
$$g(1,3)(D)=1+D+D^2$$

(1) 写出该码的$G(D)$和$H(D)$;

(2) 画出该码的编码电路;

(3) 画出该码的状态转移图和网格图。

10-5 画出图$10-34$所示$(3,2,1)$卷积码和长度$L=3$段的信息序列的网格图,求相应信息序列$M=(11,01,10)$对应的码字。

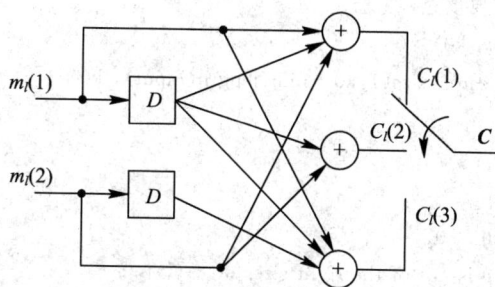

图 10-34   题 10-5 图

10-6 设 $(3,1,4)$ 码的生成序列为

$$g(1,2)=[11000]$$
$$g(1,3)=[10111]$$

写出该码的初始监督矩阵 $\boldsymbol{h}_{\infty}$。

10-7 设 $(3,1,2)$ 码的生成序列为

$$g(1,1)=[101]$$
$$g(1,2)=[111]$$
$$g(1,3)=[111]$$

绘出它的网格图,设信息序列长度 $L=5$,若信息序列 $\boldsymbol{M}=(11000)$,找出网格图上的路径。

10-8 绘出题 10-7 的码树图。

10-9 设题 10-7 中的 $(3,1,2)$ 码,当接收序列为 $\boldsymbol{R}=(110,110,110,010,101,101)$ 时,用维特比译码法对 $\boldsymbol{R}$ 进行译码。设 BSC 信道误码率 $p=0.01$。

10-10 在 GSM 移动通信系统中,信令信号的编码方案为:184 信令比特用法尔码编为 224 bit,生成多项式为 $g(x)=(1+x^{23})(1+x+x^{17})$,然后加上 4 bit 成为 228 bit,进行码率 1/2 的卷积码编码到 456 bit,卷积码的生成矩阵是 $\boldsymbol{G}=[1+x^3+x^4,1+x+x^3 1+x^4]$。

(1) 画出卷积码的电路图;

(2) 分析该卷积码的自由距离 d_f。

上机要求与 Matlab 源程序

10-1 完成卷积码编码器的 Matlab 编程、调试、运行及结果打印。

要求:输入为卷积码的生成矩阵 G,输入序列 input,卷积码编码器输入长度 k_0;输出为卷积码编码的码字 output。

参考代码:

```
function output = cnv_encd( g, k0, input )
% g:卷积码的生成矩阵
% k0:卷积码编码器输入长度
% input:输入序列
% output:输出码字
```

```
%检查 input 是否需要填充零
if rem(length(input), k0)>0
    input=[input, zeros(size(1:k0-rem(length(input), k0)))];
end
n=length(input)/k0;
%检查矩阵 g 的大小
if rem(size(g,2), k0)>0
    error ('Error, g is not of the right size.')
end
l=size(g, 2)/k0;
n0=size(g, 1);
%零填充 u 矩阵
u=[zeros(size(1:(l-1)*k0)), input, zeros(size(1:(l-1)*k0))];
%生成 uu, a 矩阵，矩阵的列是不同周期的卷积码编码器
    u1=u(l*k0:-1:1);
for i=1:n+l-2
u1=[u1,u((i+l)*k0:-1:i*k0+1)];
end
uu=reshape(u1,l*k0,n+l-1);
%确定输出
output=reshape(rem(g*uu,2), 1, n0*(l+n-1));
```

10-2 完成维特比译码器的 Matlab 编程、调试、运行及结果打印。

要求：输入为卷积码的生成矩阵 G，输入序列 input，卷积码编码器输入长度 k；输出为译码器输出 decoder_output，最佳路径 survivor_state，累加的度量 cumulated_metric。

参考代码：

```
function [decoder_output, survivor_state, cumulated_metric]=viterbi(G, k, channel_output)
% G:卷积码的生成矩阵
% k:卷积码编码器输入长度
% input:输入序列
% channel_output:信道输出
% decoder_output:译码器输出
% survivor_state:最佳路径
% cumulated_metric:累加的度量

n=size(G, 1);
%检查 G 大小
if rem(size(G, 2), k)~=0
    error('Size of G and k do not agree')
end
if rem(size(channel_output, 2), n)~=0
    error('channel output not of the right size')
end
```

```
L＝size(G, 2)/k;
number_of_states＝2^((L－1) * k);
％产生状态转移矩阵，输出矩阵，输入矩阵
for j＝0:number_of_states－1
    for l＝0:2^k－1
        [next_state, memory_contents]＝nxt_stat(j, l, L, k);
        input(j+1, next_state+1)＝l;
        branch_output＝rem(memory_contents * G', 2);
        nextstate(j+1, l+1)＝next_state;
        output(j+1, l+1)＝bin2deci(branch_output);
    end
end
state_metric＝zeros(number_of_states, 2);
depth_of_trellis＝length(channel_output)/n;
channel_output_matrix＝reshape(channel_output, n, depth_of_trellis);
survivor_state＝zeros(number_of_states, depth_of_trellis+1);
％开始对信道输出译码
for i＝1:depth_of_trellis－L+1
    flag＝zeros(1, number_of_states);
    if i <= L
        step＝2^((L－i) * k);
    else
        step ＝ 1;
    end
    for j＝0:step:number_of_states－1
        for l＝0:2^k－1
            branch_metric＝0;
            binary_output＝deci2bin(output(j+1, l+1), n);
            for ll＝1:n
                branch_metric ＝branch_metric + metric(channel_output_ matrix(ll, i),
                        binary_output(ll));
            end
            if((state_metric(nextstate(j+1, l+1)+1, 2)>state_ metric(j+1, 1)...
                    + branch_metric) | flag(nextstate(j+1, l+1)+1)＝＝0)
                state_metric (nextstate(j+1, l+1)+1, 2)＝state_metric(j+1, 1)+
                        branch_metric;
                survivor_state(nextstate(j+1, l+1) + 1 , i+1)＝j;
                flag(nextstate(j+1, l+1)+1)＝1;
            end
        end
    end
    state_metric＝state_metric(:, 2:－1:1);
end
```

```
%开始对信道输出译码
for i=depth_of_trellis-L+2:depth_of_trellis
    flag=zeros(1, number_of_states);
    last_stop=number_of_states/(2^((i-depth_of_trellis+L-2)*k));
    for j=0:last_stop-1
        branch_metric=0;
        binary_output=deci2bin(output(j+1,1),n);
        for ll=1:n
            branch_metric=branch_metric+metric(channel_output_matrix(ll,i),
                        binary_output(ll));
        end
        if((state_metric(nextstate(j+1, 1)+1, 2)>state_metric(j+1, 1)...
            +branch_metric)|flag(nextstate(j+1, 1)+1)==0)
            state_metric (nextstate(j+1, 1)+1, 2)=state_metric(j+1, 1)+
                        branch_metric;
            survivor_state(nextstate(j+1, 1)+1, i+1)=j;
            flag(nextstate(j+1, 1)+1)=1;
        end
    end
    state_metric = state_metric(:, 2:-1:1);
end
%从最优路径中产生译码输出
state_sequence=zeros(1, depth_of_trellis+1);
state_sequence(1, depth_of_trellis)=survivor_state(1, depth_of_trellis+1);
for i=1:depth_of_trellis
    state_sequence(1, depth_of_trellis-i+1)=survivor_state((state_sequence(1, depth_of_
    trellis+2-i)...
    +1), depth_of_trellis-i+2);
end
decodeder_output_matrix=zeros(k, depth_of_trellis-L+1);
for i=1:depth_of_trellis-L+1
    dec_output_deci=input(state_sequence(1,i)+1, state_sequence(1,i+1)+1);
    dec_output_bin=deci2bin(dec_output_deci, k);
    decoder_output_matrix(:, i)=dec_output_bin( k:-1:1 )';
end
decoder_output=reshape(decoder_output_matrix, 1, k*(depth_of_trellis-L+1));
cumulated_metric=state_metric(1,1);
```

第 11 章　TCM 与 Turbo 码

通过编码，无线信道中的比特差错可以通过接收端的译码器检测或者纠正。可以认为，编码是将信号星座点的维数进行了扩展。维数的扩展增加了星座点之间的距离，使我们能够更好地检测出错误或者纠正错误。

本章首先介绍网格（Trellis）编码调制以及更一般化的点格（Lattice）编码调制的基本原理及其应用。然后介绍 Turbo 码的提出与构造原理，最后介绍迭代反馈译码算法。

11.1　TCM 技术

11.1.1　TCM 思想的由来

香农编码定理已证明，既要效率高，即可以用任意接近信道容量 C 的传输效率 η 来传送，又要抗干扰性强，即传输差错率可以任意小的编码方法是存在的。传统的纠错码方案，如分组码、卷积码等，无一不是以增加带宽或减少数据率为代价来获得编码增益的。TCM(Trellis Coded Modulation)又称格码调制。TCM 技术是一种将编码和调制结合在一起的技术。它与常规的非编码多进制调制相比具有较大的编码增益且不降低频带利用率，所以特别适合限带信道的信号传输。

TCM 系统使用冗余多进制调制与一个有限状态的网格编码器相结合，由编码器控制选择调制信号，以产生编码符号序列。在接收端，对带有噪声的信号用维特比软判决译码解调。为提高网格编码器的编码增益，必须增大码的自由距离并采用软判决译码代替硬判决译码。因此，必须使编码序列对应的调制符号序列之间的欧氏距离最大。但是编码序列间的汉明距离并不与它们调制符号序列间的欧氏距离对应。就是说，如果两编码序列间有较大的汉明距离，那么两个编码序列对应的调制符号序列间就未必有较大的欧氏距离。因此，要设计一种编码与调制符号之间的映射函数，使编码序列对应的调制符号序列之间的自由欧氏距离最大。TCM 编码器就是为实现此目的而提出的。

11.1.2　TCM 系统模型

图 11-1 给出了基于网格码和点格码，以任何形式的陪集首编码调制的一般形式，包括以下五个主要部分：

（1）一个二进制的卷积码或分组码编码器 E，它将 k 个数据比特编成 $k+r$ 个编码比特；

（2）一个子集（陪集）选择器，它用编码比特从 N 维星座的 2^{k+r} 个子集中选出一个子集；

（3）一个星座点选择器，它用 $n-k$ 个未编码比特从所选子集中的 2^{n-k} 个星座点中选

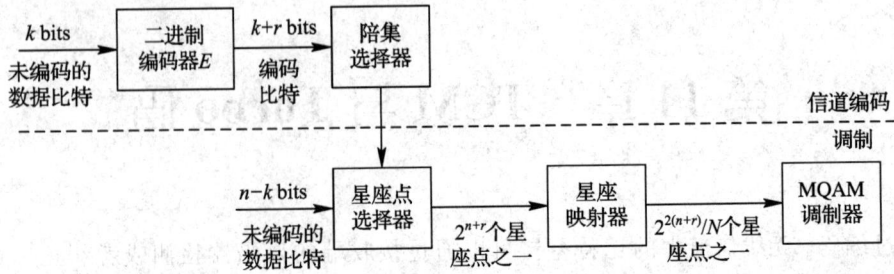

图 11-1 编码调制的一般形式

出一个星座点；

（4）一个星座映射器，它将所选 N 维星座点映射为连续 $N/2$ 个二维星座点；

（5）一个 MQAM 调制器或者其他 M 进制调制器。

其中的前两部分用于编码，后三部分用于调制。接收端基本上是以相反的次序操作。首先是 MQAM 解调，然后是二维到 N 维的星座映射。译码过程基本分为两部分：首先将接收信号点判决为每个子集中距离最近的星座点，然后计算最大似然的子集序列。如果 E 是卷积码编码器，则这样的编码调制方案称为网格码调制；如果 E 是分组码编码器，则称为点格码调制，也简称为格码或点阵码。

上述编码调制过程基本上可以分为信道编码带来的增益和调制星座成形带来的增益。子集划分基本上可以从星座成形中分出，这样子集划分和编码器(E)的特性决定了信道编码的距离特性，进而决定了信道编码的增益。

11.1.3 TCM 的应用

基于 Ungerboeck 对高效 TCM 的研究成果，人们很快将这一技术应用于模拟电话线的限带高速、高效数据传输中。1986 年 ITU-T 通过了以 Wei 提出的 8 状态 (3,2,4) 非线性二维码为基础的 V.32 和 V.33 标准，后来又通过了仍以 Wei 提出的另一种以 16 状态 (3,2,5) 线性思维码为基础的 V.34 标准。

其中，V.32 标准的 TCM 技术中采用了两个未编码比特和 32 点的星座图。它在频谱效率 $\eta = 4.0$ 比特/符号和 9600 b/s 数据传输速率的条件下，与未采用 TCM 的 V.29 标准在同样的数据传输速率下，可获得大约 3.5 dB 的性能增益，若与未编码的 16QAM 相比，在误码率(BER)$\approx 10^{-5}$ 的情况下，可获得 3.6 dB 编码增益。

在 V.33 标准的 TCM 技术中采用了 4 个未编码比特和 128 点的星座图。它在频谱效率 $\eta = 6.0$ 比特/符号和 14.4 kb/s 数据传输速率的条件下，与 64QAM 相比，在误码率 (BER)$\approx 10^{-5}$ 的情况下，可获得 3.6 dB 编码增益。

在 V.34 标准的 TCM 技术中采用 16 状态的(3,2,5)线性思维 Wei 码，并综合了一些先进、复杂的信号处理技术，比如实时信道探测技术、自适应均衡技术及预编码技术等，可以将以前的 2400 符号/秒进一步提高至 3429 符号/秒。在 V.34 中数据速率不一定是符号速率的整数倍，由于它采用了一种先进的外壳构图技术，允许对每个符号的部分比特进行构图。最理想情况下，最终可实现频谱效率 $\eta = 10$ 比特/符号和数据传输速率高达 33.6 kb/s。

11.2　Turbo 码

11.2.1　引言

1993 年，法国人 Berrou 等在 ICC 国际会议上提出了一种采用重复迭代(Turbo)译码方式的并联级联码。Turbo 码充分考虑了 Shannon 信道编码定理证明时所假设的条件，从而获得了接近 Shannon 理论极限的性能。Turbo 码通过在编码器中引入随机交织器，使码字具有近似随机的特性；通过分量码的并行级联实现通过短码(分量码)构造长码(Turbo 码)；在接收端虽然采用了次最优的迭代算法，但分量码采用的是最优的最大后验概率译码算法，同时通过迭代过程可使译码接近最大似然译码。模拟结果表明，当采用 65 535 位随机交织器，并进行 18 次迭代，在 $E_b/N_0 \geqslant 0.7$ dB 时，码率为 1/2 的 Turbo 码在 AWGN 信道上的误码率(BER) $\leqslant 10^{-5}$，接近了 Shannon 限(1/2 码率的 Shannon 限是 0 dB)。它的优良性能，受到移动通信领域的广泛重视，特别是在第三代移动通信体制中，非实时的数据通信广泛采用了 Turbo 码。本节将重点介绍 Turbo 码的编译码原理。

11.2.2　Turbo 码编码器

Turbo 码编码器由两个分量码编码器通过交织器并行级联在一起而构成，编码后的校验位经过删余矩阵，从而产生不同码率的码字，如图 11 - 2 所示。

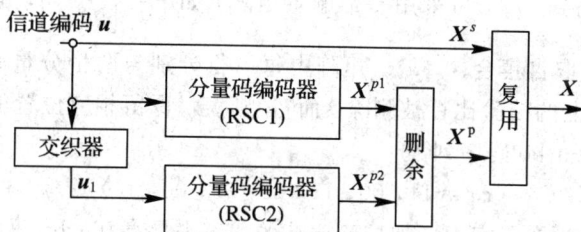

图 11 - 2　Turbo 码编码器结构框图

信息序列 $u = \{u_1, u_2, \cdots, u_N\}$ 先送入第一个编码器，再经过一个 N 位交织器后送入第二个编码器，形成一个新序列 $u_1 = \{u_1', u_2', \cdots, u_N'\}$ (长度与内容没变，但比特位置经过重新排列)。u 与 u_1 分别送到两个分量码编码器，生成序列 X^{p1} 与 X^{p2}。通常，这两个分量码编码器结构相同。输出的码字由三部分组成：输入的信息序列 u、第一个编码器产生的校验序列 X^{p1} 和第二个编码器对交织后的信息序列产生的校验序列 X^{p2}。为了提高码率，序列 X^{p1} 与 X^{p2} 需要经过删余矩阵，采用删余技术从这两个校验序列中周期地删除一些校验位，形成校验位序列 X^p。X^p 与未编码序列 X^s 经过复用调制后，生成 Turbo 码序列 X。

Turbo 码的主要特点是在两个编码器之间采用了交织器，交织器在信息序列进入第二个编码器之前对它进行置换，以减小分量码编码器输出校验序列的相关性并提高码重。这样，即使分量码是较弱的码，产生的 Turbo 码也可能具有很好的性能，这就是所谓的 Turbo 码的"交织增益"。

图 11 - 3 给出了一个具体的 Turbo 码的例子，码率是 1/3。图中两个递归系统卷积码

(RSC)的生成多项式都是 $G_1(D)=1+D^4$，也可表示为二进制数 $g_1=(10001)_2$，或者八进制数 $g_1=(21)_8$。反馈多项式都是 $G_0(D)=1+D+D^2+D^3+D^4$，也可表示为二进制数 $g_0=(11111)_2$，或者八进制数 $g_0=(37)_8$。移位寄存器长度 m 为 4，其生成矩阵可以写为 $G(D)=\left(1,\dfrac{1+D^4}{1+D+D^2+D^3+D^4}\right)$，或者写成 $\boldsymbol{G}=[g_0, g_1]=[37, 21]$。

假设输入序列为

$$\boldsymbol{u}=(1011001)_2 \tag{11-1}$$

则第一个分量码的输出序列为

$$\boldsymbol{c}_0=(1011001)_2 \tag{11-2}$$

$$\boldsymbol{c}_1=(1110001)_2 \tag{11-3}$$

假设经过交织器后信息序列变为

$$\boldsymbol{u}_1=(1101010)_2 \tag{11-4}$$

第二个分量码编码器所输出的校验位序列为

$$\boldsymbol{c}_2=(1000000)_2 \tag{11-5}$$

则得到 Turbo 码序列为

图 11-3　一个码率为 1/3 的 Turbo 码编码器

$$\boldsymbol{c}=(111, 010, 110, 100, 000, 000, 110)_2 \tag{11-6}$$

若要将码率提高到 1/2，可采用一个删余矩阵，如 $\boldsymbol{P}=\begin{bmatrix}1 & 0\\ 0 & 1\end{bmatrix}$，删余矩阵的作用是提高编码码率，其元素取自集合 {0, 1}。矩阵中每一行分别与两个分量码编码器相对应，其中"0"表示相应位置上的校验比特被删除，而"1"则表示保留相应位置的校验比特。与系统输出 $\boldsymbol{u}$ 复接后得到 Turbo 码序列为

$$\boldsymbol{c}=(11, 00, 11, 10, 00, 00, 11)_2 \tag{11-7}$$

同样，也可以通过在码字中增加校验比特的比率来提高 Turbo 码的性能。

11.2.3　Turbo 码译码器

Turbo 码译码的基本思想是把接收到的复杂的长码译码分成若干步，并通过分量码译码器之间软信息的交换来提高译码性能。一个由两个分量码构成 Turbo 码的译码器是由两个与分量码编码器对应的译码单元和交织器与解交织器组成的，将一个译码单元的软输出信息作为下一个译码单元的输入，为了获得更好的译码性能，将此过程迭代数次。

Turbo 码译码器的基本结构如图 11-4 所示。它由两个软输入软输出(SISO)译码器 DEC1 和 DEC2 串行级联组成，交织器与编码器中所使用的交织器相同，解交织器的作用与交织器的作用相反。译码器 DEC1 对分量码 RSC1 进行最佳译码，产生关于信息序列 $\boldsymbol{u}$ 中每一比特的似然比信息，并将其中的"外信息"经过交织送给 DEC2，译码器 DEC2 将此信息作为先验信息，对分量码 RSC2 进行最佳译码，产生交织后信息序列中每一比特的似然比信息，然后将其中的"外信息"经过解交织后送给 DEC1，进行下一次译码。这样的过程持续进行就形成了 Turbo 码的迭代译码。

Turbo 码的每个软输入软输出译码器产生一个后验概率，并把这个后验概率作为先验

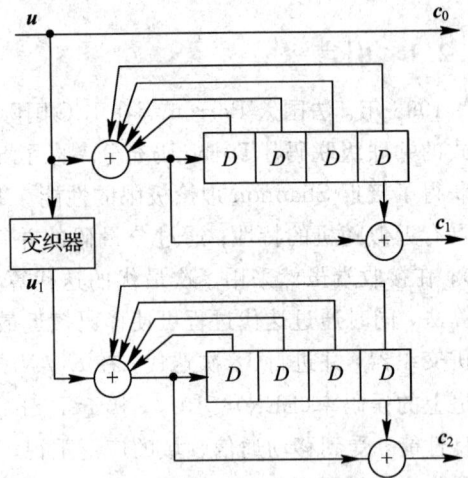

概率送给下一级译码器,因此,也称这样的译码器为后验概率译码器,即 APP 译码器。假定 Turbo 码译码器的接收序列 $y=(y^s,y^p)$,冗余信息经解复用后,分别送给 DEC1 和 DEC2。于是,两个软输出译码器的输入序列分别为 $y_1=(y^s,y^{1p})$ 和 $y_2=(y^s,y^{2p})$。为了使译码后的比特错误概率最小,由最大后验概率译码准则,根据接收序列 y 计算后验概率(APP) $p(u_k)=p(u_k|y_1,y_2)$,但对于稍长一点的码计算复杂度太高。在 Turbo 码译码方案中,巧妙地采用了一种次优的译码规则,将 y_1 和 y_2 分开考虑,由两个分量码译码器分别计算后验概率 $p(u_k)=p(u_k|y_1,L_1^e)$ 和 $p(u_k)=p(u_k|y_2,L_2^e)$,然后通过 DEC1 和 DEC2 之间的多次迭代,使它们收敛于 MAP 译码的 $p(u_k|y_1,y_2)$,从而达到近 Shannon 限的性能。其中,L_1^e 由 DEC2 提供,在 DEC1 中用作先验信息;L_2^e 由 DEC1 提供,在 DEC2 中用作先验信息。

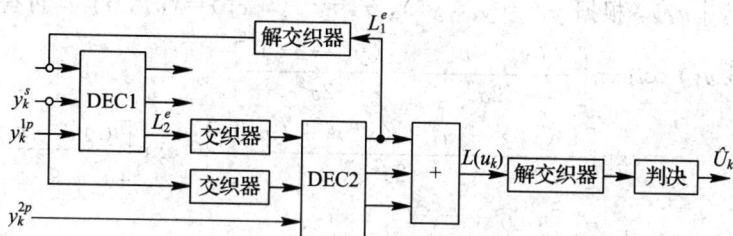

图 11-4 Turbo 码译码器结构框图

关于 $p(u_k|y_1,L_1^e)$ 和 $p(u_k|y_2,L_2^e)$ 的求解,目前已有多种方法,它们构成了 Turbo 码的不同算法。下面将讨论 Turbo 码的译码算法。

11.2.4 Turbo 码的译码算法

由于 Turbo 码译码是一个迭代过程,它需要软输出算法,如最大后验概率(MAP)算法和软输出维特比算法(SOVA)。

1. 分量码的最大后验概率译码

考虑如图 11-5 所示的软输入软输出(SISO)译码器,它能为每一译码比特提供对数似然比输出。

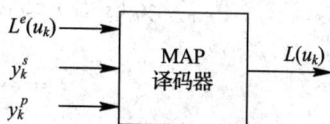

图 11-5 软输入软输出译码器框图

图 11-5 中,MAP 译码器的输入序列为 $Y=y_1^N=(y_1,y_2,\cdots,y_k,\cdots,y_N)$,其中,$y_k=(y_k^s,y_k^p)$。$L^e(u_k)$ 是关于 u_k 的先验信息,$L(u_k)$ 是关于 u_k 的对数似然比(LLR)。它们的定义如下:

$$L^e(u_k)=\ln\frac{p(u_k=1)}{p(u_k=0)} \tag{11-8}$$

$$L(u_k)=\ln\frac{p(u_k=1|y_1^N)}{p(u_k=0|y_1^N)} \tag{11-9}$$

利用这个 MAP 译码器的软输出值的正、负符号,可进行硬判决译码,即当 $L(u_k)\geqslant 0$ 时,判决 $\hat{u}_k=1$;当 $L(u_k)<0$ 时,判决 $\hat{u}_k=0$。

下面就对式(11-9)的计算方法进行推导。利用 Bayes 规则,式(11-9)可以写为

$$L(u_k)=\ln\frac{p(y_1^N|u_k=1)}{p(y_1^N|u_k=0)}+\ln\frac{p(u_k=1)}{p(u_k=0)}=\ln\frac{p(y_1^N|u_k=1)}{p(y_1^N|u_k=0)}+L^e(u_k)$$

式中，$L^e(u_k)$是关于 u_k 的先验信息。在以往的译码方案中，通常认为先验等概，因而 $L^e(u_k)=0$。而在迭代译码方案中，$L^e(u_k)$是前一级译码器作为外信息给出的。为了能使迭代继续进行，当前译码器应从式(11-9)的第一项中提取出新的外信息并且提供给下一级译码器，作为下一级译码器接收的先验信息。式(11-9)可以写为

$$L^e(u_k)=\ln\frac{p(u_k=1)}{p(u_k=0)}=\ln\frac{p(u_k=1)}{1-p(u_k=1)} \tag{11-10}$$

从上式可得

$$P(u_k)=A_k\exp[u_kL^e(u_k)/2] \tag{11-11}$$

式中，$A_k=\dfrac{1}{1+\exp[L^e(u_k)]}$为常量。

对于 $p(y_k\mid u_k)$，根据 $y_k=(y_k^s,\ y_k^p)$，$x_k=(x_k^s,\ x_k^p)=(u_k,\ x_k^p)$，可得

$$p(y_k\mid u_k)\propto\exp\left[-\frac{(y_k^s-u_k)^2}{2\sigma^2}-\frac{(y_k^p-x_k^p)^2}{2\sigma^2}\right]$$

$$=\exp\left[-\frac{(y_k^s)^2+u_k^2+(y_k^p)^2+(x_k^p)^2}{2\sigma^2}\right]\cdot\exp\left[\frac{u_ky_k^s+x_k^py_k^p}{\sigma^2}\right]$$

$$=B_k\exp\left[\frac{u_ky_k^s+x_k^py_k^p}{\sigma^2}\right] \tag{11-12}$$

结合式(11-11)，可得

$$\gamma_k(s',s)\propto A_kB_k\exp[u_kL^e(u_k)/2]\cdot\exp\left[\frac{u_ky_k^s+x_k^py_k^p}{\sigma^2}\right] \tag{11-13}$$

式中，$\gamma_k(s',\ s)\equiv p(S_k=s,\ y_k\mid S_{k-1}=s')$为 s' 和 s 之间的分支转移概率。若定义 $\gamma_e^k(s',s)=\exp[L_cy_k^px_k^p/2]$；定义信道可靠性值 $L_c\equiv4aE_s/N_0$；对于 AWGN 信道上的 QPSK 传输，$L_c\equiv N_0/4$；而 $\sigma^2\equiv N_0/2$。于是，式(11-13)可以写为

$$\gamma_k(s',s)\propto\exp\left[\frac{1}{2}u_k(L^e(u_k)+L_cy_k^s)+\frac{1}{2}L_cy_k^px_k^s\right]$$

$$=\exp\left[\frac{1}{2}u_k(L^e(u_k)+L_cy_k^s)\right]\cdot\gamma_k^e(s',\ s) \tag{11-14}$$

根据 BCJR(Bahl-Cocke-Jelinek-Raviv)算法，$L(u_k)$可以按下式计算：

$$L(u_k)=\ln\frac{\displaystyle\sum_{\substack{(s'=s)\\u_k=1}}\tilde{\alpha}_{k-1}(s')\cdot\gamma_k(s',\ s)\cdot\tilde{\beta}_k(s)}{\displaystyle\sum_{\substack{(s'=s)\\u_k=0}}\tilde{\alpha}_{k-1}(s')\cdot\gamma_k(s',\ s)\cdot\tilde{\beta}_k(s)} \tag{11-15}$$

式中，$\alpha_k(s)\equiv p(S_k=s,\ y_1^k)$为前向递推；$\beta_k(s)\equiv p(y_{k+1}^N\mid S_k=s)$为后向递推。将式(11-15)代入 MAP 译码算法，可得

$$L(u_k)=L_cy_k^s+L^a(u_k)+\ln\frac{\displaystyle\sum_{s+}\tilde{\alpha}_{k-1}(s')\cdot\gamma_k(s',\ s)\cdot\tilde{\beta}_k(s)}{\displaystyle\sum_{s-}\tilde{\alpha}_{k-1}(s')\cdot\gamma_k(s',\ s)\cdot\tilde{\beta}_k(s)} \tag{11-16}$$

式中，第一项叫做信道值；第二项代表的是前一个译码器为第二个译码器所提供的关于 u_k

的先验信息；第三项代表的是可送给后续译码器的外部信息。对于图 11-4 所示的 Turbo 译码器，如果分量码译码器 DEC1 和 DEC2 均采用上述 MAP 算法，则它们在第 i 次迭代的软输出分别为

$$\text{DEC1:} \quad L_1^{(i)}(u_k) = L_c y_k^s + [L_{21}^e(u_k)]^{(i-1)} + [L_{12}^e(u_k)]^{(i)}$$

$$\text{DEC2:} \quad L_2^{(i)}(u_k) = L_c y_{I_k}^s + [L_{12}^e(u_{I_k})]^{(i)} + [L_{21}^e(u_{I_k})]^{(i)}$$

式中，$L_{21}^e(u_k)$ 是前一次迭代中 DEC2 给出的外信息 $L_{21}^e(u_{I_k})$ 经解交织后的信息，在本次迭代中被 DEC1 用作先验信息；$L_{21}^e(u_k)$ 是 DEC1 新产生的外信息，即式（11-16）中的第三项；$L_{21}^e(u_{I_k})$ 为经交织的从 DEC1 到 DEC2 的外信息。整个迭代中软信息的转移过程为

$$\text{DEC1} \rightarrow \text{DEC2} \rightarrow \text{DEC1} \rightarrow \text{DEC2} \rightarrow \cdots$$

MAP 算法的引入使组成 Turbo 码的两个编码器均可采用性能优异的卷积码，同时采用了反馈译码结构，实现了软输入软输出，递推迭代译码，使编译码过程实现了伪随机化，并简化了最大似然译码算法，使其性能达到了逼近 Shannon 限。但 MAP 算法存在几个难以克服的缺点：

（1）译码延迟很大；

（2）计算时既要有前向迭代又要有后向迭代；

（3）与接收一组序列（交织器大小）成正比的存储量等。

2. Log-MAP 算法

Log-MAP 算法是 MAP 的一种简化形式，实现比较简单。就是把 MAP 算法中的变量都转换为对数形式，从而把乘法运算转换为加法运算，同时译码器的输入、输出相应地修正为对数似然比形式。再把得到的算法进行必要的修改就得到了 Log-MAP 算法。下面简单介绍。

在 Log-MAP 算法中，$M_k(s', s)$，$A_k(s)$ 和 $B_k(s)$ 与 MAP 算法中的 $\gamma_k(s', s)$，$\alpha_k(s)$ 和 $\beta_k(s)$ 相对应，它们之间满足对数关系。引入 $\max^*(\ )$ 操作，其定义为

$$\max_e{}^*(f(e)) = \ln\left(\sum_e e^{f(e)}\right)$$

从而

$$\begin{cases} M_k(s', s) = \ln\gamma_k(s'', s) \\ A_k(s) = \ln\alpha_k(s) = \ln\sum_{s'}\alpha_{k-1}(s')\cdot\gamma_k(s', s) = \max_{s'}{}^*[A_{k-1}(s') + M_k(s', s)] \\ B_k(s) = \ln\beta_k(s) = \ln\sum_{s'}\beta_{k+1}(s')\cdot\gamma_k(s', s) = \max_{s'}{}^*[B_{k+1}(s') + M_k(s', s)] \end{cases} \tag{11-17}$$

根据式（11-16）和式（11-17）可得

$$L(u_k) = L_c y_k^s + L^a(u_k) + \max_{s+}{}^*\left[A_{k-1}(s') + \frac{1}{2}L_c y_k^p x_k^p + B_k(s)\right]$$

$$- \max_{s-}{}^*\left[A_{k-1}(s') + \frac{1}{2}L_c y_k^p x_k^p + B_k(s)\right] \tag{11-18}$$

将 Log-MAP 算法中的 $\max^*(\ )$ 简化为通常的最大值运算，即为 Max-Log-MAP 算法。由于进行了简化，Max-Log-MAP 算法性能较 MAP 算法要差一些，Log-MAP 性能介于二者之间。

另一类算法是 SOVA 算法及其改进算法，它是 Viterbi 算法的改进类型。它的译码过

程是在接收序列的控制下，在码的网格图上走编码器走过的路径。该算法运算量较小，适合工程运用，但性能降低。在此不作详细介绍，有需要可参见相关文献。

11.2.5　Turbo 码在移动通信中的应用

Turbo 码已经有了很大的发展，在各方面也都走向了实际应用阶段。在 Turbo 码的应用研究中，Turbo 码被确定为第三代移动通信系统(IMT - 2000)的信道编码方案之一。其中，具有代表性的 3GPP 的 WCDMA、CDMA2000 和我国的 TD - SCDMA 三个标准中的信道编码方案都使用了 Turbo 码，用于高速率、高质量的通信业务。第三代移动通信标准的实施为 Turbo 码的研究提供了重要的应用背景，与 Turbo 码相结合的 TCM 技术也在实际中有了很大的应用。同时，迭代译码的思想已作为"Turbo 原理"而广泛用于编码、调制、信号检测等领域。

小　　　结

高频谱效率编码方面的突破是 Ungerboeck 所提出的编码调制技术。它将信道编码和调制进行联合优化，从而无须花费额外的带宽，就能获得显著的编码增益。Ungerboeck 最早提出的格码调制通过子集划分将卷积码输出映射到多电平调制或多相调制上，它优于后面提出的许多编码调制方案，如陪集码、点格码及复杂的网格码。

接近 Shannon 极限的编译码方法——Turbo 码。它的特点是可以实现长码的编译码方案，利用迭代译码可以实现次最佳的译码性能，同时复杂度也是可以接受的。这种迭代译码方法被广泛地推广到多元信号处理以及其他信号检测与处理领域，已提出了 Turbo 信号检测方案、Turbo 编码调制等技术，并且已经广泛应用于各种通信系统中，被多种通信标准选为信道编码方案。

习　题　11

11 - 1　已知 16 状态的 RSC 码的 $\boldsymbol{G}(D) = \left(1, \dfrac{1+D+D^3+D^4}{1+D^4}\right)$，要求：

(1) 画出此 RSC 编码器；

(2) 求出信息序列 $\boldsymbol{u} = (11100101)_2$ 相应的码字。

11 - 2　假设一个 8 状态二进制 Turbo 码交织器大小为 M，若译码深度为交织器大小，分别计算一个 SISO 译码器采用 BCJR 译码算法所需的存储单元(假设一个数值占有一个存储单元)。

参 考 文 献

[1] Abramson N. Information Theory and Coding. McGraw – Hill，Inc. ，1963.

[2] Berger T. Rate Distortion Theory. Prentice – Hall，Inc. ，1971.

[3] 汉明 R W. 编码和信息理论. 朱雪龙，译. 北京：科学出版社，1984.

[4] Longo G. Information Theory：New Trends and Open Problems CISM. Springer – Verlag，1975.

[5] Blahut R E. Principles and Practice of Information Theory. Addison – Wesley Publishing Company，1990.

[6] Cover T M, Thomas J A. Elements of Information Theory. John Wiley & Sons，Inc. ，1991.

[7] Ewing J H, Gehring F w, Halmos P R. Coding and Information Theory. Steven Roman，1992.

[8] Guiasu S. Information Theory With Application. McGraw – Hill，Inc. ，1997.

[9] 傅祖芸. 信息论编码：基础理论与应用. 北京：电子工业出版社，2015.

[10] 姜丹. 信息论与编码. 3 版. 合肥：中国科学技术大学出版社，2009.

[11] 陈运等. 信息论与编码. 3 版. 北京：电子工业出版社，2016.

[12] 仇佩亮. 信息论与编码. 2 版. 北京：高等教育出版社，2011.

[13] 戴善荣. 信息论与编码基础. 北京：机械工业出版社，2016.

[14] 王育民，李晖. 信息论与编码. 2 版. 北京：高等教育出版社，2013.

[15] 曲炜，朱诗兵. 信息论基础及应用. 北京：清华大学出版社，2005.

[16] 冯桂，周林. 信息论与编码. 北京：清华大学出版社，2016.

[17] 曹雪虹，张宗橙. 信息论与编码. 北京：清华大学出版社，2016.

[18] Cover T M, Joy A. Thomas. Element of Information Theory. 北京：清华大学出版社，2003.

[19] Mceliece R J. The Theory of Information and Coding (Second Edition). 北京：电子工业出版社，2003.

[20] 沈连丰，叶芝慧. 信息论与编码. 北京：科学出版社，2009.

[21] 张鸣瑞，邹世开. 编码理论. 北京：北京航空航天大学出版社，1990.

[22] 王新梅，肖国镇. 纠错码：原理与方法(修订版). 西安：西安电子科技大学出版社，2001.

[23] 田丽华. 编码理论. 3 版. 西安：西安电子科技大学出版社，2017.

[24] Lin Shu, Costello D J. 差错控制编码. 晏坚，等，译. 北京：机械工业出版社，2007.

[25] 欧阳长月，张捷，许宗泽. 信息传输基础. 北京：北京航空航天大学出版社，1995.

[26] 傅祖芸. 信息论与编码学习辅导及习题详解. 北京：电子工业出版社，2010.

[27] 傅祖芸. 信息理论与编码学习辅导及精选详解. 北京：电子工业出版社，2004.

[28] 刘东华. Turbo 码设计与应用. 北京：电子工业出版社，2011.

[29] Goldsmith A. 无线通信. 杨鸿文，李卫东，郭文彬，等，译. 北京：人民邮电出版社，2007.

[30] 贺志强，吴伟陵. 信息处理与编码. 北京：人民邮电出版社，2012.

[31] Proakis G. 现代通信系统(MATLAB 版). 刘树棠，译. 2 版. 北京：电子工业出版社，2005.